高职高专工业机器人专业系列教材

机器视觉及其应用技术

主　编　易焕银

副主编　王玉丽　陈卫丽

参　编　胡　凯

主　审　王贵恩

西安电子科技大学出版社

内 容 简 介

机器视觉技术具有快速、非接触、精度高等特点，是实现智能制造的核心技术之一。本书介绍机器视觉的概念、特点、应用，以及机器视觉系统硬件、数字图像处理基础和机器视觉软件等，重点讲解机器视觉软件 VisionPro 的基本使用方法及应用案例。

全书分为 3 个模块，共 14 个项目。模块 1 包含 3 个项目，主要介绍了机器视觉领域的基本知识。模块 2 包含 9 个项目，以 VisionPro 软件为对象，介绍了机器视觉中常用的软件工具。模块 3 通过两个较为复杂的项目案例介绍了 VisionPro 软件的综合应用。

本书可作为高职及应用型本科院校机电工程类和电子信息类等相关专业的教材或企业技术培训用书，也可供视觉精密测量等机器视觉相关领域的工程技术人员参考。

为了便于教学，本书配套有教学课件、实验素材，可在出版社网站免费下载使用，微课视频教学资源以二维码形式呈现于书中，读者扫描二维码即可获取。

图书在版编目(CIP)数据

机器视觉及其应用技术 / 易焕银主编. —西安：西安电子科技大学出版社，2023.2(2024.7 重印)

ISBN 978-7-5606-6775-1

Ⅰ.①机…　Ⅱ.①易…　Ⅲ.①计算机视觉　Ⅳ.① TP302.7

中国国家版本馆 CIP 数据核字(2023)第 008478 号

策　　划　秦志峰　杨丕勇

责任编辑　阎　彬

出版发行　西安电子科技大学出版社(西安市太白南路 2 号)

电　　话　(029)88202421　88201467　　　邮　　编　710071

网　　址　www.xduph.com　　　　电子邮箱　xdupfxb001@163.com

经　　销　新华书店

印刷单位　陕西天意印务有限责任公司

版　　次　2023 年 2 月第 1 版　　2024 年 7 月第 3 次印刷

开　　本　787 毫米×1092 毫米　1/16　印　张　16.25

字　　数　386 千字

定　　价　44.00 元

ISBN 978-7-5606-6775-1

XDUP 7077001-3

前　　言

作为智能制造的核心技术之一，机器视觉技术能够极大地提高企业生产的自动化程度和产品检测的效率。随着智能制造、工业 4.0 等国家发展战略的提出和实施，机器视觉已在工业生产等领域获得越来越多的应用，机器视觉技术也已经成为机电工程类、电子信息类等专业学生必须掌握的一项重要技能。本书就是为了帮助学生更好地掌握机器视觉技术而编写的。

本书首先介绍了机器视觉技术的基础知识，包括机器视觉的核心概念、系统构成、核心器件和数字图像处理基础，然后重点介绍了行业领域颇有影响力的机器视觉软件 VisionPro 的各种核心工具的详细用法，并配套介绍了大量的简单应用案例，最后通过两个综合练习项目强化 VisionPro 软件的使用。本书具体内容包括：

(1) 模块 1 共 3 个项目，其中项目 1.1 介绍了机器视觉的概念、机器视觉系统的构成与工作原理、机器视觉技术的特点以及机器视觉技术的应用与机器视觉行业的人才需求，旨在让读者对机器视觉技术建立基本的宏观认识。项目 1.2 介绍了机器视觉核心光学器件的基础知识、分类、参数和选型，包括工业相机、工业镜头、机器视觉光源，重点在于核心光学器件的选型。项目 1.3 介绍了数字图像处理基础，包括数字图像处理的基本常识、核心概念及在机器视觉领域中常用的数字图像处理操作，为后续各种视觉软件工具的使用提供理论支撑，引发读者思考和理解各类工具运行的底层原理。

(2) 模块 2 共 9 个项目，介绍了 VisionPro 软件的基本使用及各类核心工具的详细用法，包括 PMAlign 工具、Fixture 工具、Caliper 工具、几何工具、Blob 工具、ID、颜色、OCR 工具和极坐标展开工具，每个工具都在介绍其基本用法后通过应用案例强化学习效果。

(3) 模块 3 包含了“工件综合参数测量与特征检测”和“仪表数值智能识别”两个综合应用项目。前一个项目的难度较小但工作量较大，重点在于培养读者对大型工程的组织和管理能力；后一个项目的实现程序并不复杂，但涉及一定的算法设计，重点在于培养读者对实际工程问题的剖析与算法设计的能力。

(4) 为了引导读者立德成人，立志成才，树立“爱国、敬业、奉献”的职业精神，本书融入了以“工匠精神”为核心的职业教育课程思政元素，介绍了几名接受过中央电视台“大国工匠”栏目专访的典型代表人物。

本书编者在机器视觉、工业机器人、自动控制等相关领域从事多年企业工作，并具有数年在一线教学与指导学生竞赛方面的经验，因而在编写本书的过程中特别注重理论与实践的结合和案例教学。本书配套提供了十多个教学案例的图像素材和丰富的微课资源等教学素材，为选用 VisionPro 视觉软件作为课程教学软件的高职及应用型本科院校提供一本内容详细、资源丰富的机器视觉课程教材。

本书由广东交通职业技术学院易焕银任主编，苏州工业园区职业技术学院王玉丽和广东交通职业技术学院陈卫丽任副主编，深圳市物新智能科技有限公司胡凯参编。全书由广东交通职业技术学院王贵恩教授担任主审。

由于编者水平有限，书中难免会有一些不足之处，恳请读者批评指正。

编　者

2022 年 10 月

目　　录

模块 1　机器视觉基础

本模块介绍机器视觉技术的基础知识，包括机器视觉技术简介、机器视觉系统硬件的认识与选型和数字图像处理基础三个项目。第一个项目帮助读者快速了解机器视觉技术，介绍机器视觉的概念、系统构成、工作原理，机器视觉的优势和劣势、应用案例及人才需求。第二个项目介绍机器视觉系统光学器件的基础知识与选型问题，包括工业相机、工业镜头、相机和镜头的选型和机器视觉光源四个任务。最后一个项目介绍数字图像处理的基本概念与常见操作，为后续模块中应用视觉软件工具提供底层原理方面的解释和理论支持。

项目 1.1　机器视觉技术简介

任务 1　机器视觉技术概述

1. 机器视觉的概念

视觉是人眼对可见光的感觉，视觉信息中包含有大量的信息，要从中提取特征信息，需要复杂的算法。机器视觉就是让机器拥有一双能测量和判断的眼睛。机器视觉(Machine Vision)的定义一般为:“自动地获取分析图像以得到描述一个景物或控制某种动作的数据”。机器视觉系统是指“通过机器视觉产品(即图像摄取装置，有 CMOS(互补金属氧化物半导体)和 CCD(电荷耦合元件)两种)将被摄取的目标转换成图像信号，传送给专用的图像处理系统，得到被摄目标的形态信息，根据像素分布和亮度、颜色等信息，转变成数字化信号；图像系统对这些信号进行各种运算来抽取目标的特征，进而根据判别的结果控制现场的设备动作”。机器视觉是人工智能技术的一个重要分支，其目的是给机器(自动化生产线等)添加一套视觉系统，使机器具有类似生物眼睛一样的视觉功能，主要实现定位、测量、检测和识别四个方面的应用。

2. 机器视觉系统的构成与工作原理

1) 机器视觉系统的构成

图 1.1.1 为一个典型的机器视觉系统结构示意图，主要由图像采集单元(包括光源、相机)、图像处理与分析单元(包括图像处理与分析软件、人机交互与结果显示界面)、通信及执行单元(包括电传部件、控制部件和机械执行部件)三部分构成。如果以人来类比，其中的图像采集单元相当于人的眼睛(镜头相当于眼球，相机相当于视网膜)，图像处理与分析单元相当于人的大脑，通信及执行单元相当于人的手、脚等执行器官。

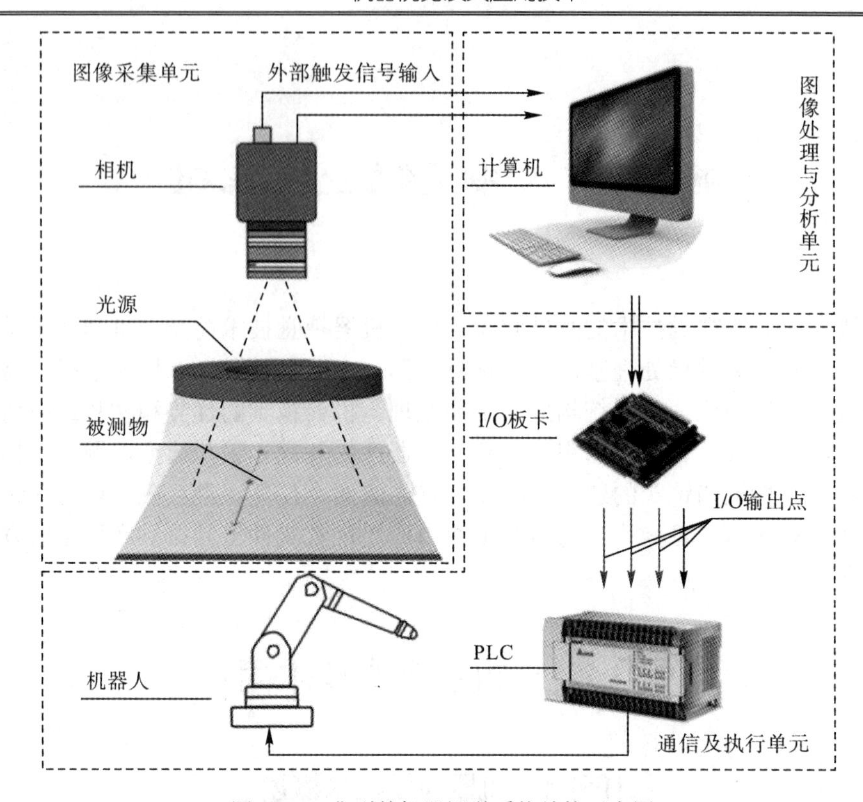

图 1.1.1　典型的机器视觉系统结构示意图

图像采集单元包括工业相机及镜头、机器视觉光源等光学器件和图像采集卡，各种光学器件的选型和调节至关重要，其成像质量和效果往往决定了整个机器视觉系统的性能。图像处理与分析单元是整个机器视觉系统的核心，通常是运行在某种处理器(常为 X86 或 ARM CPU)平台上的机器视觉软件(如康耐视公司的 VisionPro、Teledyne DALSA 公司的 iNspect Express 等)，其一般采用图像增强等预处理方法以及图像前景和背景的分割、检测特征的提取和其他机器视觉算法等。严格来说，由图像采集单元和图像处理与分析单元两部分即可构成完整的机器视觉系统，通信及执行单元并非机器视觉系统的必备部分，正如由人的眼睛、神经系统及大脑即可构成完整的视觉系统。

2) 机器视觉系统的工作原理

下面以一个典型自动化生产线上的机器视觉检测系统的工作过程为例来说明机器视觉系统的工作原理，该系统的构成如图 1.1.2 所示。检测传感器探测到目标工件运动到机器视觉系统的视野中心附近后，会向图像采集单元发送触发脉冲信号。在收到触发脉冲信号后，图像采集单元抓拍待检测目标并输出数字图像信号，然后传送给图像处理与分析单元。图像处理与分析单元首先对输入的数字图像信号进行处理、分析和识别，并计算出观测目标的测量和检测结果，然后将结果输出到检测结果显示界面，或通过通信模块发送给逻辑控制模块(如 PLC 等)，最后根据检测结果控制机械执行模块(如工业机器人、气缸、液压机构和电机等)完成相应的物理操作，如分拣、剔除、提示、报警等动作。

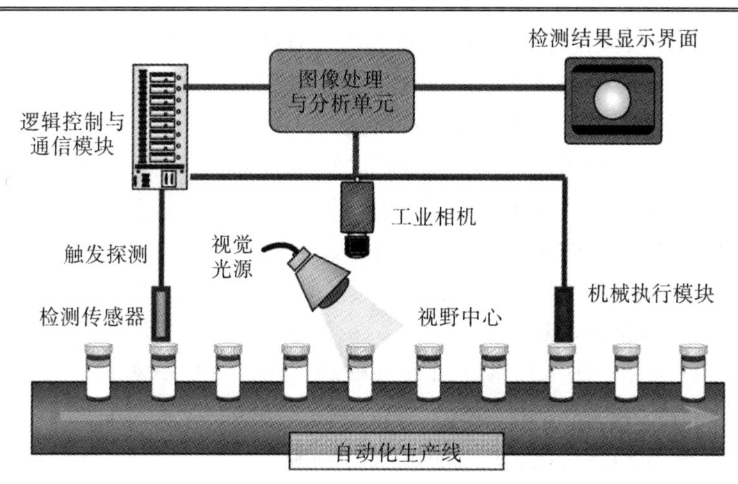

图 1.1.2　典型的自动化生产线上的机器视觉检测系统

3. 机器视觉的特点

1) 主要优势

表 1.1.1 为机器视觉与人类视觉的特点对比表。

表 1.1.1　机器视觉与人类视觉对比

对比项	机器视觉	人类视觉
观测精度	精度高，可到微米级，易量化	精度低，无法量化
速度	快，快门时间可达 10 μs，高速相机帧率可达 1000 f/s 以上，部分系统可每秒检测 1000 次	存在 0.1 s 的视觉暂留，无法检测快速运动的对象，检测效率较低
色彩识别能力	受硬件条件的制约，普遍对色彩的分辨能力相对较弱，但优势是检测的结果可量化	人类具有较强的色彩分辨能力，但结果无法量化且易受心理等主观因素的影响
灰度分辨力	强，当前的视觉系统普遍采用 256(8 bit)个灰度级，部分采用 10 bit、12 bit、16 bit 等灰度级	差，约能分辨 64 个灰度级，且结果难以量化，易受心理等主观因素的影响
空间分辨力	强，通过配置千万像素级别的相机和镜头及视觉光源，可对微米级别的对象进行精确观测	弱，无法对微小的对象进行精确有效的观测
环境适应性	强，通过加装通风、防护等装置，可在恶劣的环境下长时间工作	弱，对温度、湿度、噪音等方面的要求较高，无法适应某些对人体有损害的场合
感光范围	宽，光谱范围较宽，适用于任何相机传感器能有效成像的场合，如肉眼不可见的 X 光等	窄，一般仅限于 400～750 nm 范围内的可见光
适应性	差，环境光照条件或检测背景的较大变化往往会导致检测结果出错或误差显著增大	强，对环境光照条件或检测背景的适应性较强
智能程度	较低，目前大部分视觉检测系统的智能程度不高，对变化目标的适应性较差，但随着深度学习等人工智能技术的应用，智能程度提升明显	高，可快速辨别和适应变化的目标，目前人类的逻辑推理、结果分析和总结的能力及灵活性显著高于机器
其他	客观性强，可连续工作	主观性强，易受心理影响，易疲劳

机器视觉检测相对于人工检测有如下主要优势：

(1) 观测精度高。人类视觉只有 64 个灰度级，对微小的目标分辨能力较弱，在精确性上有明显局限，而目前的机器视觉系统一般使用 256 个灰度级(甚至可提高到 65 536 个灰度级)，可显著提高观测精度，并可观测微米级的目标。

(2) 速度快。由于人的视觉存在 0.1 s 的视觉暂留，因此对快速运动的目标很难看清楚。当前的高速相机的帧率可达1000 f/s以上，已有机器视觉系统的检测速度可达1000 f/s以上。

(3) 稳定性高。人工检测容易受到视觉疲劳、主观情绪波动、个人之间的差异等因素影响而带来较高的漏检率和错检率，但机器视觉系统没有喜怒哀乐，可 24 h 稳定工作，保证了检测结果的稳定性和可重复性。

(4) 信息的集成方便。人工检测很难复现检测现场，过程检测和事后统计效率较低，而机器视觉系统所获得的图片和检测结果等信息较为系统、全面且可追溯，相关检测图片等可实时存盘，相关检测结果统计也方便集成和溯源。

(5) 对检测环境要求低。人工检测对工作环境的温度、湿度要求较高，另外有许多工作场合的检测环境对人体有损害，而机器视觉适合恶劣、危险环境，几乎没有人身安全、健康等方面的问题，可代替人在一些比较危险的环境下进行检测。

2) *主要劣势*

机器视觉检测也并非完美无缺，有如下主要劣势：

(1) 适应性较差。机器视觉检测系统对光学成像的要求较为苛刻，对环境光照变化、观测对象震动等方面的适应性较差，因此目前的机器视觉检测系统普遍都只能在特定环境下对特定类型的工件进行检测。

(2) 机器视觉系统复杂，价格较高。机器视觉检测系统的光学器件等硬件价格不菲，软件系统非常复杂，导致系统整体价格较高，一般仅适用于大批量生产场景，对于多品种小批量生产模式推广难度极高。

任务 2　机器视觉的应用与人才需求

1. 机器视觉的应用领域

机器视觉是实现智能制造的核心技术之一，由于具有快速、非接触、精度高、可重复性好、可 24 h 持续工作、方便信息集成等优势，机器视觉被赋予替代人工、提升生产效率、降低生产成本的重任。机器视觉系统非常擅长结构化场景下的定量测量和检测，应用领域越来越广泛，图 1.1.3 所示为采用机器视觉系统的八大理由。

由于机器视觉的应用能够极大地提高生产的自动化程度，降低检验成本，提升产品的质量及生产效率，因此其在金属加工、机械零件生产、汽车制造、PCB 生产、电子制造、制药、食品加工、包装、化工生产、科学研究、医学、农业和军事等行业领域得到了广泛应用。例如目前机器视觉技术广泛应用于工业品的质量检测领域，特别是在表面尺寸测量及缺陷检测方面已经成为主导技术。图 1.1.4 所示为机器视觉系统在工业生产线的 4 个典型应用案例。其中，第 1 个案例(图 1.1.4(a))是某大型轴承供应商利用机器视觉系统检测其所生产的轴承是否存在质量问题，汽车厂商对轴承的质量要求极高，该公司一直在寻求能实现 100%质量保证的技术；第 2 个案例(图 1.1.4(b))是某知名饮料生产商利用机器视觉系统检测饮料的液位是否正常，该系统检测速度非常快，在系统成本、可靠性、检测效率等方面比人工检查优势明显；第 3 个案例(图 1.1.4(c))为某汽车轮胎生产商利用机器视觉系统检测轮胎表面是否存在缺陷，该系统可以对流水线上运动的轮胎是否存在缺陷进行检测并可定位跟踪轮胎缺陷的位置；第 4 个案例(图 1.1.4(d))为某机器视觉厂商在一次工博会上展示机器视觉系统引导机器人完成不规则工件码垛技术，该系统可实现对流水线上快速运动的工件进行快速、准确地抓取，然后将所抓取的工件准确放置到快速运动的另一条流水线上。

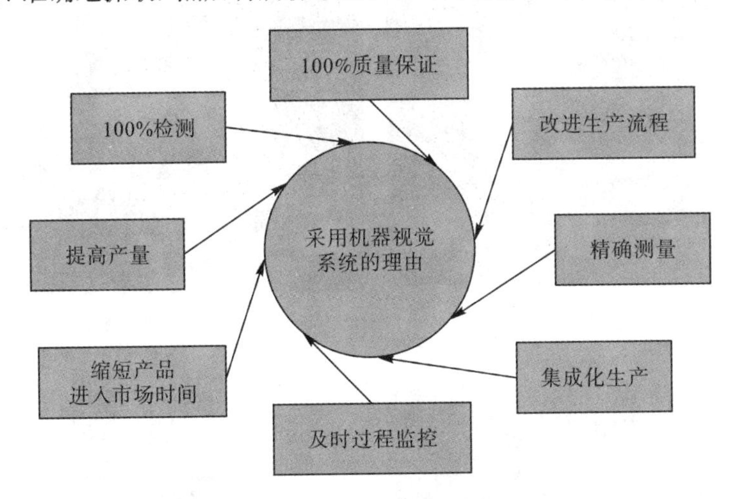

图 1.1.3　采用机器视觉系统的八大理由

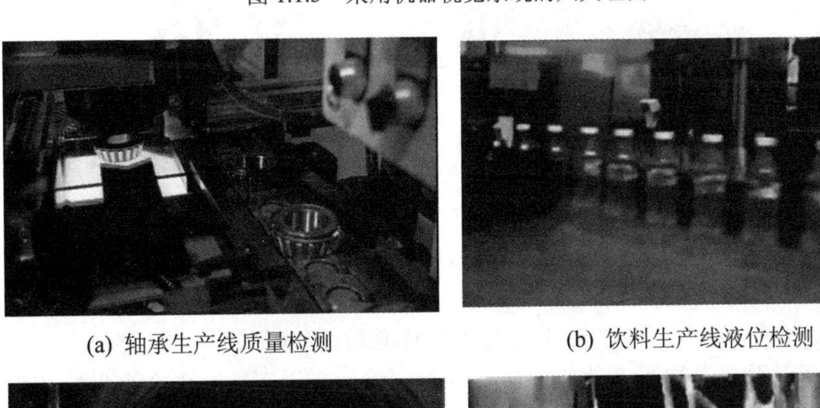

(a) 轴承生产线质量检测　　(b) 饮料生产线液位检测

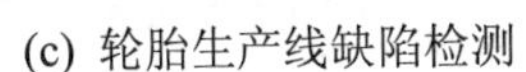

(c) 轮胎生产线缺陷检测　　(d) 生产线不规则工件码垛

图 1.1.4　机器视觉系统的典型应用

2. 机器视觉应用的分类

机器视觉技术应用非常广泛，按所实现的功能来划分，主要有定位、测量、检测和识别 4 个方面，各功能的应用案例如图 1.1.5 所示。

(a) 定位　(b) 测量

(c) 检测　(d) 识别

图 1.1.5　机器视觉各种功能的应用案例

(1) 定位：用于搜索被测工件并确认其位置，输出有无工件、中心点坐标和旋转角度等信息。一般定位功能要求快速、精确、可靠，常用于引导工业机器人、机械臂进行准确抓取，是后续机器视觉系统进行测量、检测、识别等步骤和整个自动化系统运行的基础。例如，在半导体封装领域，机械臂等执行机构需要根据机器视觉系统输出的芯片定位信息调整夹具后才能准确抓取芯片。

(2) 测量：通过识别工件上的两个或若干个点、提取感兴趣区域的前景像素等方式，计算出被检测工件的尺寸、角度、半径、同心度、个数、面积等几何参数，并将测量结果与标准值进行比较，输出各测量参数的检测值是否在容差范围内等信息，是生产线的基础性需求。机器视觉测量由于是物理非接触测量，且近年来工业相机的帧率、分辨率、视觉软件的运行速度都达到了非常高的水平，因此其目前在速度和准确性等方面已对人工或其他检测设备的物理接触式测量形成碾压优势。

(3) 检测：以外观的缺陷检测为主，常见的缺陷包括污点、凹坑、裂纹、划痕、气泡、磨损、毛刺和装配缺陷等。在硬件方面，利用被检测工件在表面正常或缺陷情况下的不同特性进行视觉成像系统的设计，将工件表面缺陷凸显出来。在软件方面，进行图像处理并提取检测特征，采用设计的特征分类器来判断被检测工件是否存在缺陷。在大批量生产中，机器视觉系统在准确性、可重复性、质量和效率方面比人工手动检测有显著优势。

(4) 识别：又称解码，对图像进行分析并提取预编码和目标对象的物理特征等信息，在工业生产中常见的应用包括对条码、二维码、OCR(Optical Character Recognition，光学字符识别)等进行识别。识别功能是自动生产线中追溯和信息采集等功能的基石，在汽车、快递、食品、药品等领域应用较多，如物料分拣、条码扫描和快件分拣等。从宏观上来看，识别功能包括识别物体的外形、颜色、纹理、图案以及识别人体的人脸、虹膜、指纹等。

3. 机器视觉行业的人才需求

随着我国人力成本的与日俱增、人口红利的减退以及用户对商品品质要求的日益严格，预计未来机器视觉市场将出现井喷式增长。据统计，2019 年全球机器视觉市场总量达 88.433 亿美元，机器视觉人才需求达到 380 万人。图 1.1.6 所示是某机器视觉公司采集的部分人才招聘网站 2020 年第一季度机器视觉相关岗位的招聘数据及分析结果。该公司累计获取了 5070 个岗位数据，招聘人数共计 12914 人，并在此基础上进行了机器视觉岗位的需求分析。由图 1.1.6 可见，在机器视觉各类岗位需求中，以算法工程师、应用工程师、软件工程师的需求量最大，招聘人数占比均在 20%以上，其次是销售工程师、系统开发工程师和现场工程师。

机器视觉系统应用应岗位群人才需求分析

最终岗位类别	岗位数量	招聘人数	岗位数占比	招聘人数占比
机器视觉算法工程师	1599	3503	31.54%	27.13%
机器视觉应用工程师	1511	3473	29.80%	26.89%
机器视觉软件工程师	904	2694	17.83%	20.86%
机器视觉销售工程师	307	898	6.06%	6.95%
机器视觉系统开发工程师	259	809	5.11%	6.26%
机器视觉现场工程师	248	1076	4.89%	8.33%
机器视觉研发工程师	109	240	2.15%	1.86%
机器视觉光学工程师	87	127	1.72%	0.98%
机器视觉硬件工程师	46	94	0.91%	0.73%
合计	5070	12914	100%	100%

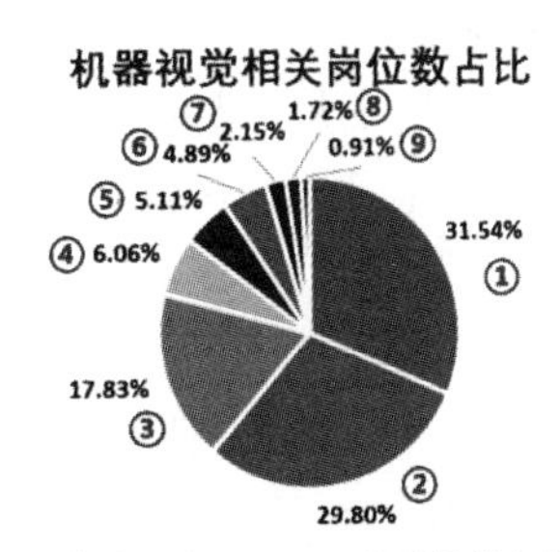

图 1.1.6　机器视觉岗位人才招聘数据及分析结果

表 1.1.2 所示为以上机器视觉相关招聘岗位的学历分布，由表可见，在机器视觉各类招聘岗位中，以本科生的需求人数最多，占比超过 50%，其次是大专生和硕士生。

表 1.1.2　机器视觉相关岗位学历分布　　单位：人

岗　位	博士生	硕士生	本科生	大专生	无学历标签	中专生	岗位数总计
机器视觉硬件工程师	—	5	32	4	5	—	46
机器视觉应用工程师	4	137	874	444	39	13	1511
机器视觉研发工程师	3	15	76	12	2	1	109
机器视觉销售工程师	—	1	90	195	14	7	307

续表

岗　位	博士生	硕士生	本科生	大专生	无学历标签	中专生	岗位数总计
机器视觉现场工程师	—	7	87	117	15	22	248
机器视觉系统开发工程师	11	60	153	34	1	—	259
机器视觉算法工程师	71	679	756	54	39	—	1599
机器视觉软件工程师	1	57	608	214	20	4	904
机器视觉光学工程师	1	20	59	7	—	—	87
合计	91	981	2735	1081	135	47	5070

项目 1.2　机器视觉系统硬件的认识与选型

任务 1　工业相机

1. 认识工业相机

相比于日常生活中使用的普通相机，工业相机具有更高的图像稳定性、更快的数据传输速率和更强的抗干扰能力等特点。工业相机比普通相机性能更加可靠且易于安装，结构上更加紧凑、结实且不易损坏，可连续工作的时间更长，且可在相对较差的环境下使用。工业相机的曝光时间非常短，帧率远高于普通相机，可用于抓拍高速运动的物体。工业相机的光谱范围宽，且输出的是裸数据，相比于普通相机的输出图像，更适合于采用图像处理算法对图像进行深度处理。而普通相机是为了人眼视觉而设计的，对于工业应用来说图像质量较差，不利于采用图像算法对图像进行分析处理。另外相对于普通相机来说，工业相机的价格较昂贵。

图 1.2.1 所示为三种典型的相机实物图。工业相机与单反相机及卡片式数码相机不同之处在于：首先，工业相机没有图像存储接口，不能外接 SD 卡；其次，工业相机没有观察窗或液晶显示屏；最后，工业相机的机身没有集成镜头，也没有自动对焦/变焦功能接口。

(a) 单反相机

(b) 卡片式数码相机

(c) 工业相机

图 1.2.1　三种典型的相机实物图

工业相机的结构简单，形状小巧，稳定性强，而且工业相机使用的是电子快门，所以在正常状态下工业相机的使用寿命往往有 5～10 年，甚至更长。而单反相机及卡片式数码相机因使用的是电子控制的机械快门，寿命有限。工业相机往往采用电信号控制触发拍照，实时输出数据，而单反相机及卡片式数码相机无法做到高频、高速同步拍照，且数据无法实时输出。所以虽然单反相机及卡片式数码相机具有电动聚焦、分辨率高等优点，但是在工业领域中，单反相机远远不及工业相机应用得广泛。

工业相机内部的功能模块结构如图 1.2.2 所示，主要由五大部分构成，分别为镜头接口，图像传感器，参数控制模块，板载处理器，数据传输接口以及供电、I/O 信号接口。

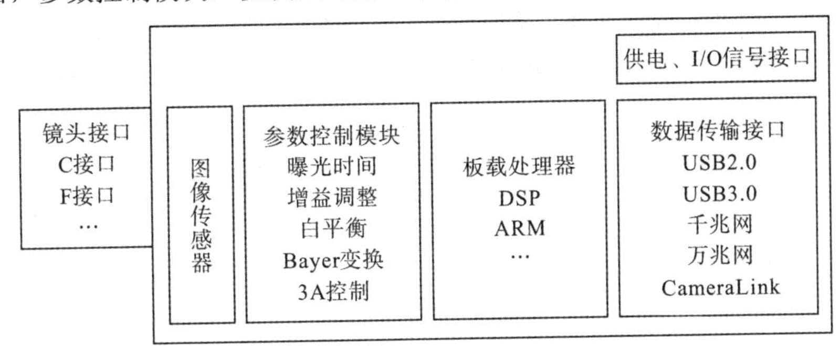

图 1.2.2 工业相机内部功能模块结构图

2. 工业相机的分类

工业相机的分类有多种角度和形式，但较为常见的是按相机集成度、传感器类型、传感器结构、传感器色彩输出类型来分类，详见表 1.2.1。

表 1.2.1 工业相机的常见分类

分类依据	种类名称	
相机集成度	普通工业相机	智能工业相机
传感器类型	CCD 工业相机	CMOS 工业相机
传感器结构	面阵工业相机	线阵工业相机
传感器色彩输出类型	黑白工业相机	彩色工业相机

1) 按相机的集成度分类

按相机的集成度来分类，工业相机可以分为普通工业相机和智能工业相机，图 1.2.3 是普通工业相机和智能工业相机的实物图。智能工业相机的出现时间较晚，集成度远高于普通工业相机，其内部集成了图像采集、图像处理与通信功能，从而在模块化、可靠性和易于实现等方面有一定的优势，但其在检测功能的软、硬件两方面的深度定制上存在明显劣势，适用于快速搭建比较简单的机器视觉系统。

(a) 普通工业相机

(b) 智能工业相机

图 1.2.3 普通工业相机和智能工业相机实物图

基于普通工业相机和智能工业相机的机器视觉系统在结构上有较为明显的差异。图 1.2.4(a)展示的是一种基于计算机和普通工业相机(简称为 PC Base)的机器视觉系统。PC Base 架构的优势是可拓展性强，灵活度高。计算机可以接入多个工业相机，实现多视场、多工位、多功能的应用组合。

图 1.2.4(b)展示的是典型的基于智能工业相机的机器视觉系统。该系统的工作流程与基于计算机和普通工业相机的机器视觉系统类似。唯一不同的是图像处理在相机端直接完成，并将判断结果传送给 PLC。与 PC Base 系统相比，基于智能工业相机的系统更简洁且更稳定。

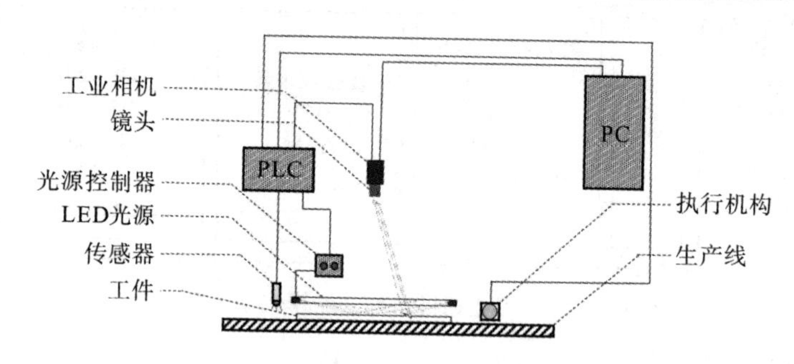

(a) 基于计算机和普通工业相机的视觉系统(PC Base)

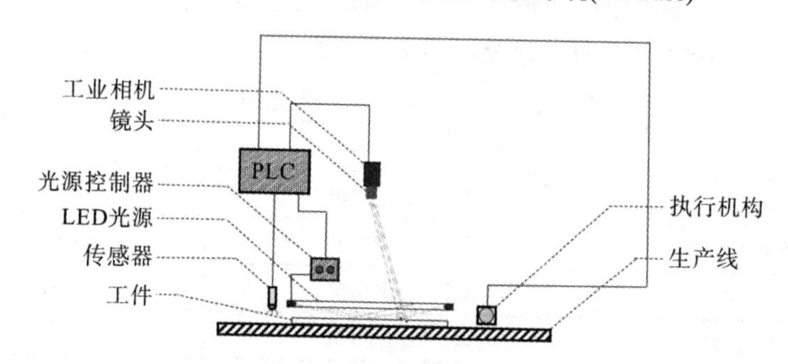

(b) 基于智能工业相机的机器视觉系统

图 1.2.4　基于普通工业相机和智能工业相机的视觉系统的结构差异

2) 按传感器的类型分类

CCD 相机的工业应用远早于 CMOS 相机，但由于 CMOS 相机制作工艺的成熟以及在成像速度、功耗和价格等方面的优势，在日常生活中大部分使用的数码相机和中低端机器视觉的应用中已经取代 CCD 相机成为主流。虽然执 CCD 牛耳的索尼公司已于 2017 年宣布停产 CCD 相机，但因 CCD 相机成像的图片质量优于 CMOS 相机，故其在天文、生物和军事等高端领域的地位依然无法被 CMOS 相机撼动。

CCD 相机的基本感光单元为 MOS(金属-氧化物-半导体)电容。图 1.2.5(a)所示是 CCD 传感器的工作示意图。CCD 传感器的工作过程分为四个阶段，分别是电荷的生成、电荷的收集、电荷的转移和电荷的测量。CCD 传感器的电荷收集及转移、测量是在像元外部完成的。

图 1.2.5(b)是 CMOS 传感器的工作示意图。CMOS 传感器的每个像元都有单独的电压转换电路，CMOS 传感器通常还包括放大器、噪声校正和数字化电路，以便于传感器输出数字位。这些功能增加了 CMOS 相机设计的复杂性，减少了光捕获的区域。CMOS 传感器

每个像元都是独立完成 A/D 转换的，导致其输出图像的均匀性较低，但因为 A/D 转换是大规模并行处理的，所以 CMOS 相机能达到更高的输出总带宽。

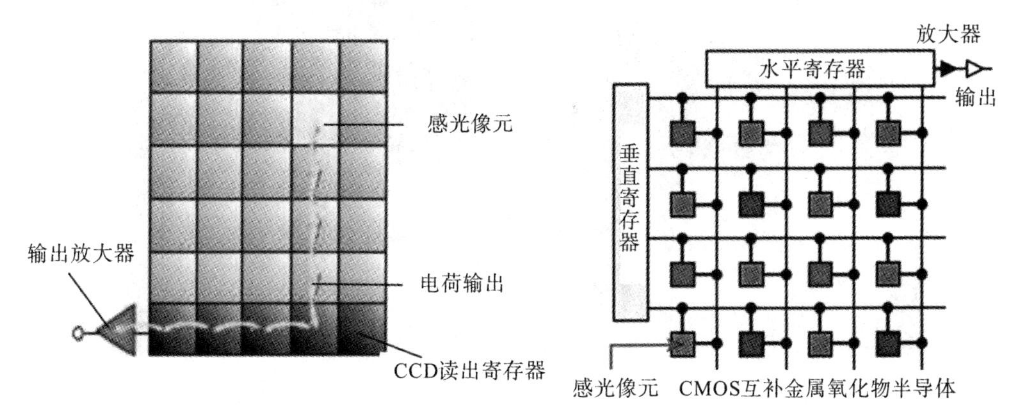

(a) CCD 传感器工作示意图　(b) CMOS 传感器工作示意图

图 1.2.5　CCD 传感器和 CMOS 传感器的工作示意图

CCD 传感器和 CMOS 传感器两种传感器的特点对比如表 1.2.2 所示。总体来看，CMOS 传感器的结构更简单，帧率更高，制造成本更低，因此 CMOS 传感器逐渐成为工业相机中的主流图像传感器，CCD 传感器则更多地应用在天文、生物、军事等高端领域。

表 1.2.2　CCD 传感器与 CMOS 传感器特点对比

优缺点	CCD 传感器	CMOS 传感器
优点	噪声小 成像均匀性好 灵敏度高	芯片集成度高 制造难度低 帧率高
缺点	芯片集成度低 制造难度高 帧率低	噪声大 成像均匀性差 灵敏度低

3) 按传感器的结构分类

按照传感器中像元的排列(即传感器的结构)分类，可以将工业相机分为面阵工业相机和线阵工业相机两种。面阵工业相机传感器的像元排列呈面状分布，单次成像即可输出二维的“面”(矩阵)图像。而线阵工业相机传感器上的像元排列呈线状(一般为 1 行或 3 行)分布，单次成像即可输出一维的“线”图像，其最大的特性在于可修改成像的最大行数。面阵工业相机较线阵工业相机更为常用，但类似以下方面的应用则应该考虑采用线阵工业相机。

(1) 圆柱形表面检测(弧转面)。

(2) 需添加工业相机到空间受限的机器。

(3) 需要获取更高分辨率和更大的长宽比图像。

面阵工业相机的传感器像元排列是矩形的，而线阵工业相机的传感器是线形的，且有单线和多线两类。图 1.2.6 所示是面阵工业相机和线阵工业相机的实物外观图。面阵工业相机分辨率为其横向和纵向像元的个数，如 1920×1080，分辨率越高，成的像细节越多；线阵工业相机的分辨率为其横向像元数乘以像元的行数，如 4096×1，表示单线有 4096 个像元。

(a) 面阵工业相机外观

(b) 线阵工业相机外观

图 1.2.6　面阵工业相机和线阵相机外观

图 1.2.7 所示是面阵工业相机和线阵工业相机的工作模式对比图。这两种相机输出图像的主要差异在于：面阵工业相机每次获取的是一个面的信息，线阵工业相机每次获取的是一条线的信息，如果线阵工业相机要成像，需要将输出的每行像素拼接起来。

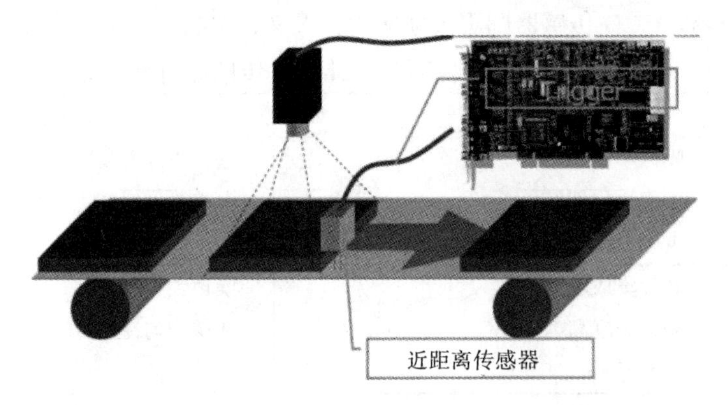

(a) 面阵工业相机工作模式

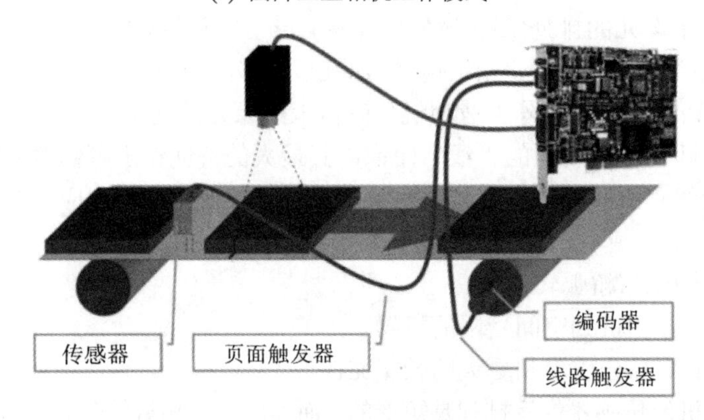

(b) 线阵工业相机工作模式

图 1.2.7　面阵工业相机和线阵工业相机工作模式对比

4) 按传感器的色彩输出类型分类

按传感器色彩输出类型来分类，工业相机分为黑白工业相机与彩色工业相机，前者输出的是单色信息的灰度图像，后者输出的是与人眼所见相似的彩色图像。市面上同型号的黑白工业相机与彩色工业相机价格基本相同，一般可以通过它们型号名称的最后一个字母来区分(M 为黑白工业相机，C 为彩色工业相机)。由于在相同分辨率条件下，黑白工业相机的检测精度显著高于彩色工业相机，因此除非一定需要以彩色信息作为检测特征，在工业应用中一般优先采用黑白工业相机。

人的眼球底部分布着丰富的视网膜神经，这些神经的细胞分为两种，一种叫作视杆细胞，一种叫作视锥细胞。视杆细胞只能感应光的强弱，而视锥细胞主要感应光的颜色，对光的强弱不敏感。视锥细胞又分为三种，各自吸收不同波段的光，分别是蓝-紫色、绿色、红-黄色。也就是说，人的肉眼感光主要分为三个通道，即蓝色通道 B、绿色通道 G 以及红色通道 R。人眼对绿色通道 G 更为敏感。

彩色相机分为伪彩色相机与真彩色相机。市面上的彩色相机(无论是日常生活中使用的普通相机还是工业相机)大部分都是伪彩色相机，其与黑白相机一样，里面只有一块感光芯片。真彩色相机一般是指具有 24 位色彩的相机。柯达公司的 Bryce Bayer 于 1974 年提出了一种 Bayer 阵列方案。在这种方案中，传感器的像素前方设置了一层彩色滤光片阵列，如图 1.2.8 所示，每个像素只感应滤光片允许通过的光波段，可以输出 R、G、B 三通道中一个通道的值。为了解决每个像素缺失另外两个通道值的问题，需要对邻近像素进行插值计算，从而得到 R、G、B 三通道的完整数据。采用 Bayer 阵列的彩色 CCD/CMOS 传感器采集的颜色信息是插值得到的，严格意义上来说是不精确的，它采集到的图像边缘的对比度会比黑白相机差。

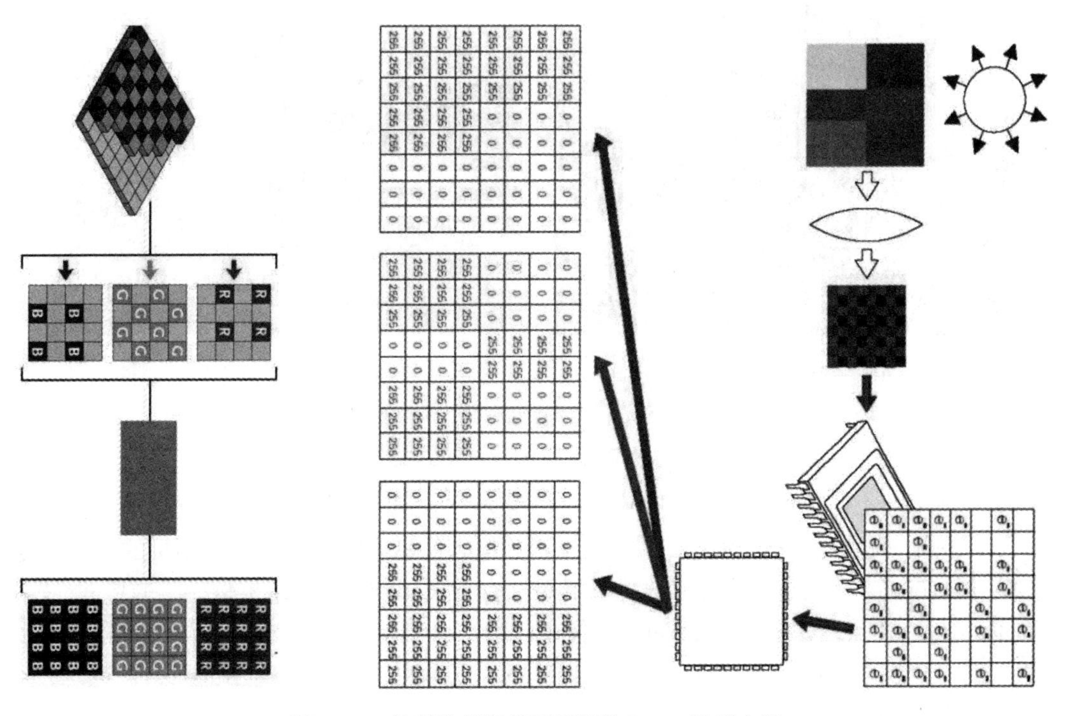

图 1.2.8　伪彩色相机普遍采用的 Bayer 阵列方案

3. 工业相机的主要参数

1) 分辨率

分辨率是指相机每次采集的图像的像素点数目，由横向分辨率和纵向分辨率两个参数构成，表示图像传感器上横向与纵向像素点的数量，如图1.2.9所示。相机传感器的像元矩阵拍照时的亮度感应值与所拍得图像的像素(Pixel)矩阵的灰度值之间存在一一对应关系。

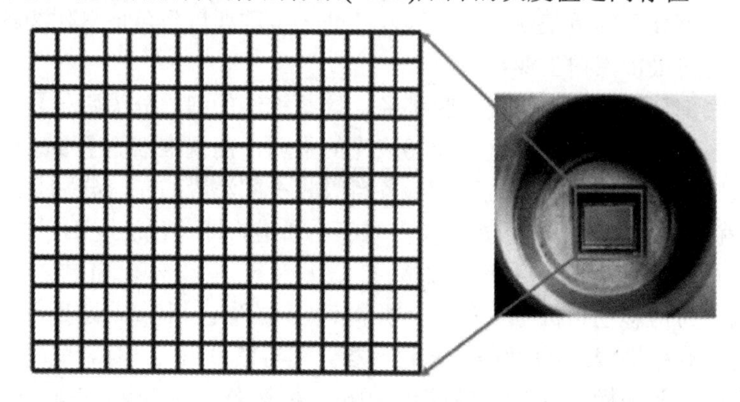

图1.2.9　相机传感器的像元阵列决定相机的分辨率

相机的分辨率对成像质量是一个决定性的参数，在其他条件相同时，高分辨率的相机成像更加清晰，所实现的视觉检测系统的精度更高，图1.2.10所示为相同对象的不同分辨率图像成像效果对比。一般相机的分辨率越高价格越贵，且图像处理的速度也越慢。

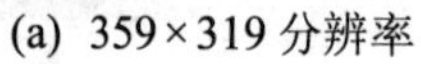

(a) 359×319分辨率

(b) 88×77分辨率

图1.2.10　同一对象的不同分辨率图像

2) 像元

像元是指图像传感器上的每一个像素点，像元尺寸越大，则单个像素点感光越强，对噪声的控制能力也就越强，图1.2.11为像元相关概念的示意图。目前工业相机的像元尺寸一般为3～10μm，其大小对后续参数传感器尺寸有重要影响。一般相机传感器的像元(最小成像单元)与所拍摄图像的像素(Pixel，图像中的最小分割单元)一一对应。与像元和像素密切相关的一个参数是位深或像素深度(Pixel Depth)，即表达每个像素所用的数据位数，工业相机一般为8 bit。

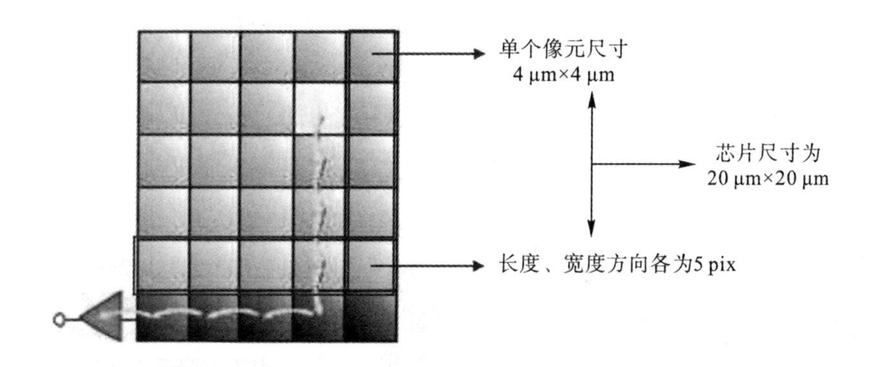

图 1.2.11　像元相关概念示意图

3) 传感器尺寸

传感器尺寸又称芯片尺寸，指相机感光芯片的有效矩形区域的对角线尺寸，由像元的大小和相机的分辨率(即成像图片尺寸)共同决定。传感器尺寸是一个非常重要的参数，根据所配合镜头的焦距和工作距离即可决定成像的视野范围。镜头的光学放大倍数等于感光芯片尺寸除以视场大小。在像素数目和制作工艺水平相同的情况下，相机传感器尺寸越大成像效果越好。

传感器尺寸为对角线长度，且其单位中 1 inch=16 mm，图 1.2.12 所示为常见的工业相机传感器尺寸。这里需要特别说明，在图像传感器的尺寸计算中，1 inch=16 mm≠25.4 mm，这是一个图像传感器的历史传承问题。在 20 世纪五六十年代，电子成像技术开始出现。在那个时候，感光元件是用真空管制作的，现在数码相机上的 CCD 传感器和 CMOS 传感器都还不存在。真空管有个特点，即在其表面有一个玻璃罩子。所以，在计算真空管外径时必须将玻璃罩子的厚度也算进去，但是玻璃罩子是不能成像的，于是，这样做出来的感光元件的实际成像区域对角线长度只有 16 mm 左右。因此在数码传感器领域，1 inch=16 mm 就成了业内一个约定俗成的惯例。

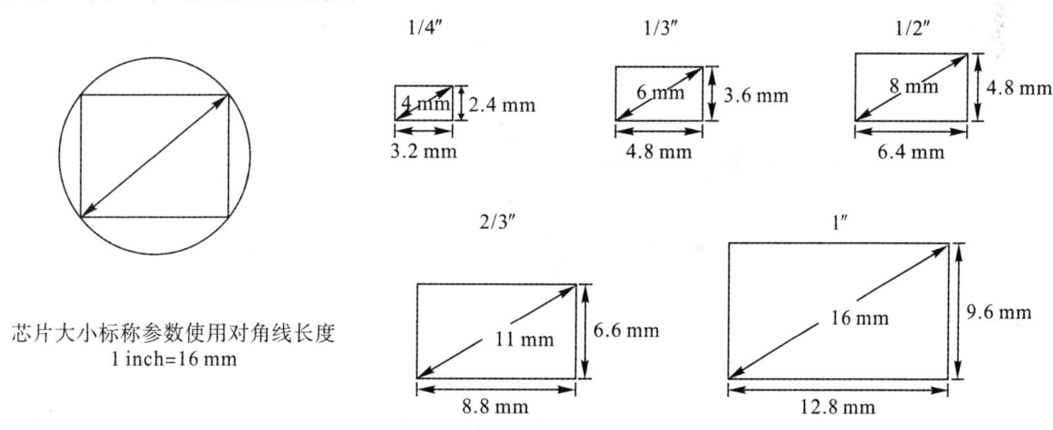

图 1.2.12　常见的工业相机传感器尺寸

4) 快门方式

工业相机的快门方式分为全局快门(Global Shutter)与卷帘快门(Rolling Shutter)两种。这两种快门方式的主要差别是在拍摄快速运动的物体时采用卷帘快门的相机输出的图像会有运动形变，产生“果冻现象”。全局快门曝光时间短，抓拍时整个传感器的所有像元同时曝光，不仅效率高，而且避免了“果冻现象”。卷帘快门抓拍时，像元从第一行到最后一行按顺序曝光，曝光时间长，当相机与被拍摄对象在抓拍期间若有运动则会产生“果冻现象”。图 1.2.13 所示是全局快门与卷帘快门在抓拍运动工件时的成像对比，由图可见，卷帘快门的抓拍结果存在明显的运动形变，产生“果冻现象”。

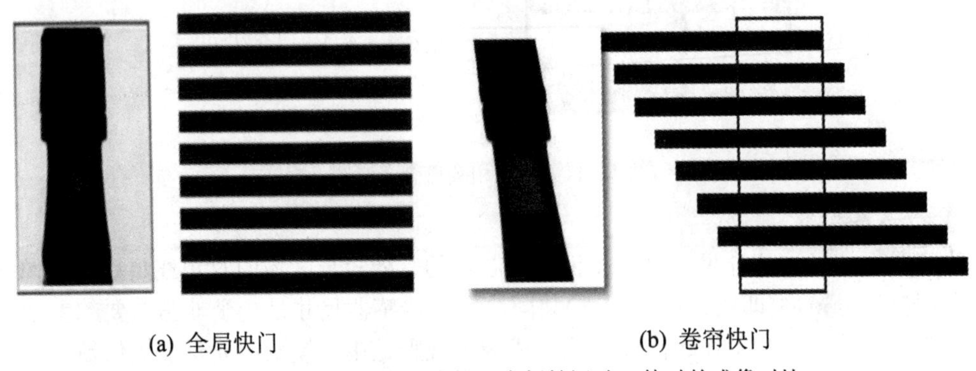

(a) 全局快门　　(b) 卷帘快门

图 1.2.13　全局快门与卷帘快门在抓拍运动工件时的成像对比

5) 帧率

帧率(Frame Rate)是指相机每秒能够采集图像的最大张数，即每秒的帧数(f/s)。相机帧率越高，每秒可采集图像的最大数量就越多。对于线阵工业相机来说，该参数为行频(Line Rate)，即每秒可采集的最大行数(Hz)。

当要检测运动工件时，需要选择帧率较高的工业相机。一般来说，高速相机价格较昂贵。由于传输带宽的限制，工业相机分辨率越高，则帧数越低。

6) 位深

位深指的是将传感器像元感应到的电流模拟信号转换为数字信号时，需要对其进行 A/D 转换，转换时所采用的二进制位数就是位深。位深越高，那么其蕴含的信息细节就越多，但是也意味着要处理的数据量越大。图 1.2.14 所示是不同位深所能表达的灰度细节对比。工业相机常采 8 bit 位深，只有少部分需求会采用 10/12 bit 位深。

图 1.2.14　不同位深所能表达的灰度细节对比

7) 动态范围

以 8 bit 位深的图像为例，动态范围是指图像里灰度值为 255 的像元中电子数与灰度值为 1 的像元中电子数的比例。动态范围越大，意味着像元之间采样的差异越大，说明暗度的细节更多，成像图像的对比度将越高。对于户外成像应用，如自动驾驶，一般要求相机动态范围越大越好。图 1.2.15 所示为 3 种不同动态范围的相机抓拍的图像效果对比图。

图 1.2.15　不同动态范围的相机抓拍的图像对比

8) 光学接口

光学接口在相机的前端，是相机的镜头接口(Mount)，图 1.2.16 为镜头与相机的成像示意图。工业相机的镜头接口有多种类型，其差异主要取决于图像传感器的大小。镜头与相机的接口必须互相匹配，这样镜头才能安装在相机上并且清晰成像。相机的传感器尺寸在 1 inch 以下时，往往采用 C 接口。镜头参数中标注的靶面尺寸 2/3 inch，指的是使用该镜头的相机的芯片尺寸最大不得超过 2/3 inch。在进行相机及镜头选型时，需要注意阅读相机及镜头参数说明书，其中会明确标注接口类型与兼容相机芯片尺寸大小。不同的接口其尺寸差异巨大，进行相机和镜头选型时，应参照其参数表进行接口匹配选型。

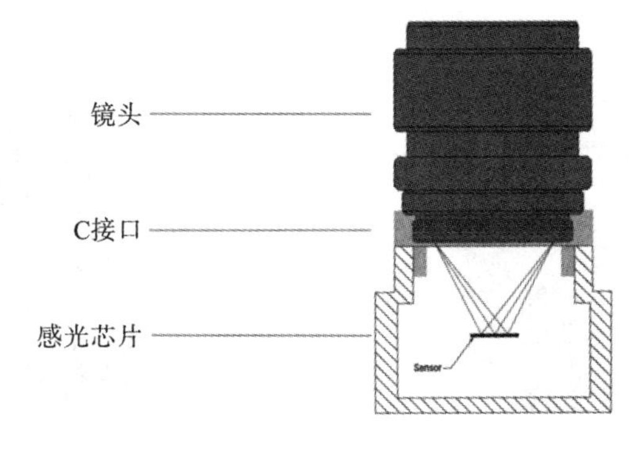

图 1.2.16　镜头与相机的成像示意图

表 1.2.3 是常见的 4 种镜头接口参数，图 1.2.17 为各种接口的工业相机和镜头实物图(CS 接口的相机和镜头与 C 接口的相似)。其中 C 接口和 CS 接口是工业相机应用最广泛的接口，为每英寸 32 牙的英制螺纹口，C 接口和 CS 接口因螺纹标准相同而相互之间具有一定的兼容性，C 接口的后截距为 17.5 mm，而 CS 接口的后截距为 12.5 mm。CS 中的“S”可以用“short”一词来理解和记忆。F 接口又称尼康接口，是尼康镜头的标准接口，一般在需要使用大于 25 mm 的镜头、配套相机的靶面尺寸大于 1 inch 时需采用 F 接口的镜头。随着工业相机的靶面尺寸越来越大，应运而生的是 M72 接口，这种接口具有更大的卡环直径和法兰后截距，可以匹配大靶面的工业相机成像。

表 1.2.3　常见的 4 种镜头接口参数

接口类型	螺纹螺距/mm	法兰后截距/mm	卡环直径/mm	接口类型
C 接口	P=0.75	17.526	25.4	螺口
CS 接口	P=0.75	12.5	25.4	螺口
F 接口	—	46.5	47	卡口
M72 接口	P=0.75	31.8	72	螺口

(a) C 接口相机与 C 接口镜头

(b) M72 接口相机与 M72 接口镜头

(c) F 接口相机与 F 接口镜头

图 1.2.17　各种接口的工业相机和镜头实物图

9) 接线接口

在工业相机的后端是相机的数据传输接口与供电、I/O 信号接口。为了实现数据抓拍，工业相机都具备外部 I/O 信号触发采集图像的功能。如果工业相机采用的传输协议不带供电，则需要通过外接电源实现相机供电。USB3.0 协议因本身带有供电，故 USB3.0 相机可以不用外接供电电源。

图 1.2.18(a)所示是一个千兆网相机背部的结构图，包括 6 pin(6 管脚)电源、I/O 接口、数据接口和指示灯。使用千兆网工业相机前需要对相机进行供电接线，将管脚序号 1 接入 12 V 直流电源，将管脚序号 6 接入 GND，如果需要对相机进行外触发，就要将触发正信号接入管脚序号 2，将 I/O GND 接入管脚序号 5，如图 1.2.18(b)所示。

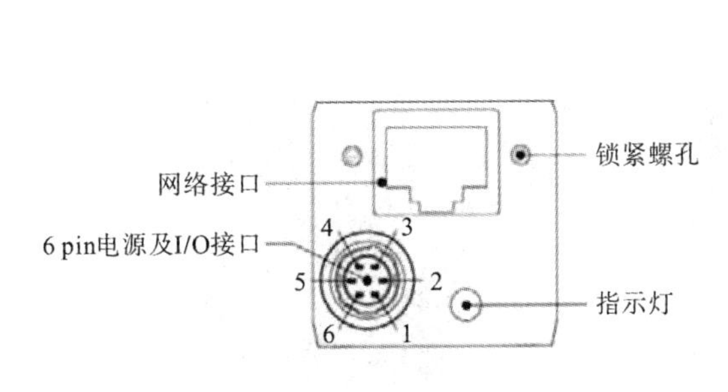

(a) 千兆网工业相机背部结构图

管脚	信号	说明
1	Power	16～26V 直流电源
2	Linel	光耦隔离输入
3	Line2	可配置输入/输出口
4	Linc0	光耦隔离输出
5	I/O GND	光耦隔离地
6	GND	直流电源地

(b) 6pin 相机及 I/O 接口定义

图 1.2.18　典型的千兆网工业相机的背部结构图及接口定义

因为工业相机机身不具有图像算法处理功能，所以需要将所采集到的图像信息通过某种协议传输到图像处理平台。不同图像数据传输协议采用的物理接口和结构也不同。以 PC Base 的机器视觉系统为例，由于计算机中没有 CameraLink 数据接口，因此要在计算机中安装 CameraLink 图像采集卡，实现相机与计算机的物理连接和数据传输。常见的相机传输协议有 USB3.0、GigE(千兆网)、CameraLink、CoaXPress 4 种，各自的特性如表 1.2.4 所示，实物如图 1.2.19 所示。

表 1.2.4　常见的几种相机物理接口传输协议

接口类型	带宽	距离/m	特　点
USB3.0	4.8 GB/s	5	常见，低成本，多相机扩展容易，传输速率高
GigE	1000 MB/s	100	常见，低成本，多相机组网，传输距离远
CameraLink Base/Medium/Full/Full+	255/510/680/850(MB/s)	10	抗干扰能力强，传输带宽高，需配专用采集卡，配件成本高
CoaXPress	6.25 GB/s×N	40	传输速率高，传输距离长，需配专用采集卡，配件成本高

由于 GigE 接口的工业相机方便多相机组网，且具有成本低、速度快、连接线获取方便、传输距离远等优点，因此在工业应用中更为常见。下面简要介绍 GigE 接口相机的硬件连接和软件设置的操作方法。

(1) 硬件连线。相机可以直接通过单条网线连接到计算机，也可以将相机和计算机都连接到千兆网路由器上，各网线的黄绿信号灯如能正常发亮则表明连接正常。与 USB 3.0

接口的相机不同，GigE 接口的相机需要一条单独的电源线供电。

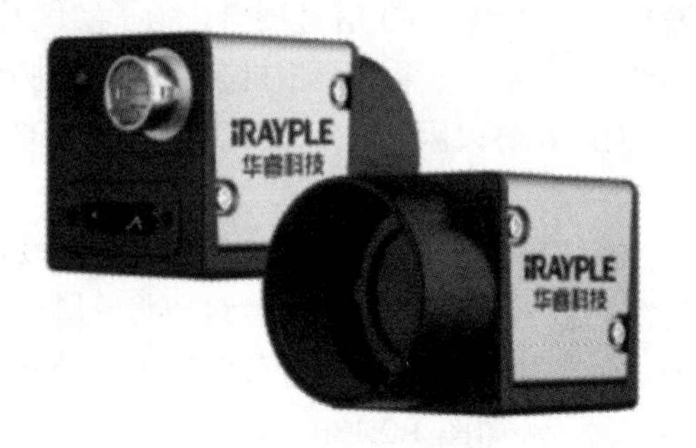

(a) USB3.0 接口相机与线缆

(b) GigE(千兆网)接口相机与线缆

(c) Mini-Cameralink 接口相机与线缆

(d) Coaxpress 接口相机与线缆

图 1.2.19　工业相机的常见接线实物图

(2) IP 设置。将相机、计算机和路由器(如有用到)IP 设为同一局域网内的地址，且相机与计算机的网段必须一致。如子网掩码都设为 255.255.255.0，则相机与计算机 IP 地址的前 3 个字段必须一致且最后 1 个字段必须不同，如 192.168.2.X，其中 X 的取值范围为 2~254，且在整个子网中是唯一的。相机与计算机的 IP 地址设置示例如图 1.2.20 所示，相机的 IP 地址设为 192.168.2.52，计算机的 IP 地址设为 192.168.2.80。

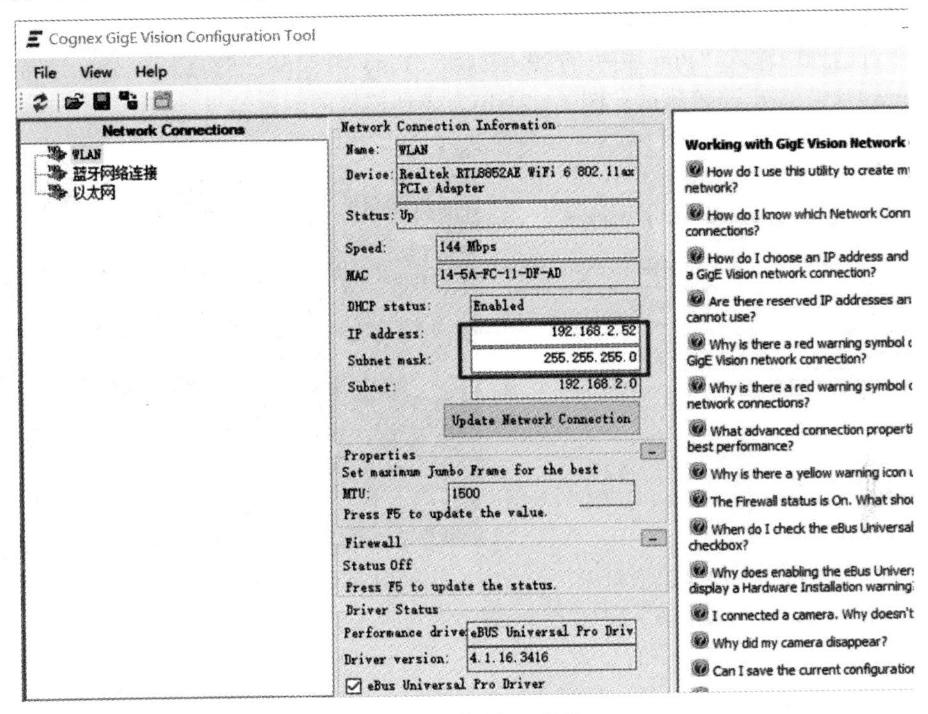

(a) 设置相机的 IP 地址

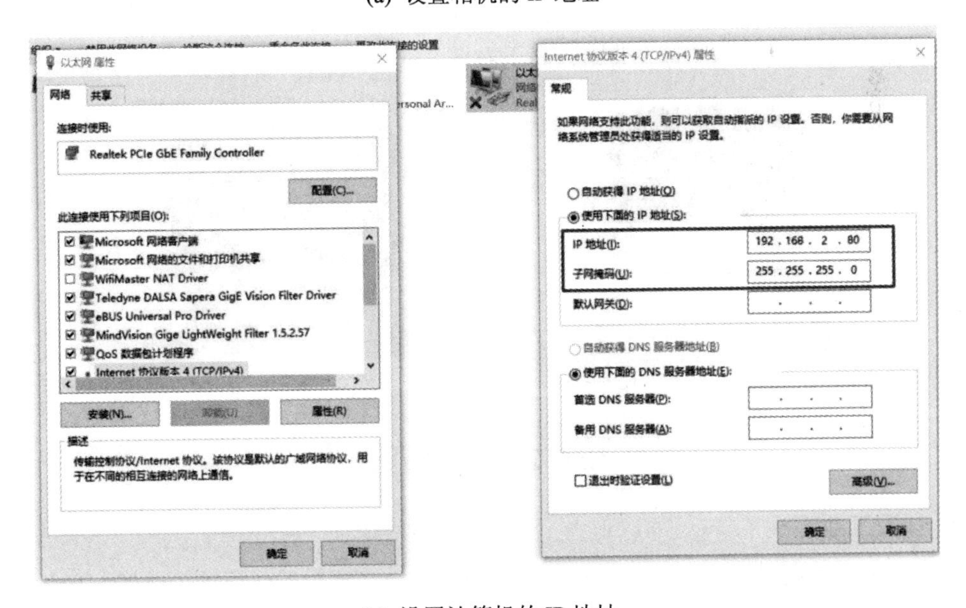

(b) 设置计算机的 IP 地址

图 1.2.20　相机和计算机的 IP 地址设置示例

(3) 设置巨型帧。巨型帧，英文名称为 Jumbo Frame，大于 1500 bit 的数据包即为巨型帧。由于工业相机采集的图像数据量非常大，而以太网默认最大的传输数据单元(帧，Frame)为 1500 bit，因此需要设置巨型帧以提高传输效率。设置方法为：鼠标右键点击“以太网”→“属性”→“配置”→“高级”→“巨型帧”，将其设为 9014 Bytes，如图 1.2.21(a)所示。

(4) 测试网络连接。以上连接和设置完成后，需通过网络命令 Ping 来测试计算机与相机的网络连通情况，操作方法为：点击“开始”→“运行”→输入“cmd”并确定打开命令行，在对话框中输入“Ping 相机的 IP -t”(如“Ping 192.168.2.52 -t”)，确认连接正常后按“Control+C”停止连接测试。图 1.2.21(b)为成功连接的测试结果。

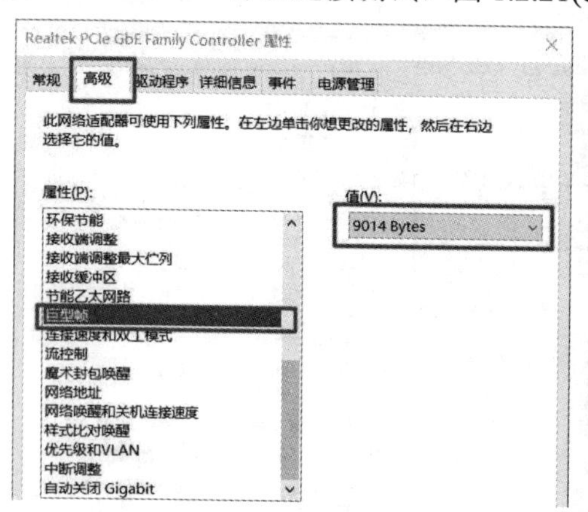

(a) 巨型帧的设置方法　　(b) 测试计算机与相机的网络连通结果

图 1.2.21　巨型帧的设置与网络连通测试

10) 信噪比

信噪比又称为讯噪比，英文名称为 SNR 或 S/N(Signal-Noise Ratio)，是指图像中的有效信号与无效噪声的比值。信噪比越高，则意味着噪声抑制越好。图 1.2.22 所示是不同信噪比的图像对比，显然左图的信噪比远高于右图。

图 1.2.22　不同信噪比的图像

任务 2　工业镜头

1. 认识工业镜头

镜头的主要作用是通过光的折射和聚焦将检测物体在相机的传感器上成像。工业镜头与单反镜头及电影镜头不同，三者实物图如图 1.2.23 所示。工业镜头不像单反镜头或电影镜头那样带有机身马达及对焦功能接口，工业镜头需要手动调节聚焦位置与光圈，而且焦距是固定的。工业镜头的优点是耐冲击性好，寿命长，成像畸变小。选择工业镜头时，要考虑的因素包括工业相机的接口、工作距离、视野范围、传感器尺寸、放大倍率、焦距、光圈等。

(a) 工业镜头

(b)　单反镜头

(c) 电影镜头

图 1.2.23　三种镜头实物图

2. 工业镜头的主要参数

工业镜头有一系列的参数，包括焦距、传感器的靶面尺寸、光圈、工作距离、聚焦范围、景深、分辨率、畸变等。图 1.2.24 所示是工业镜头主要的参数图解，其具体含义下面将进行介绍。

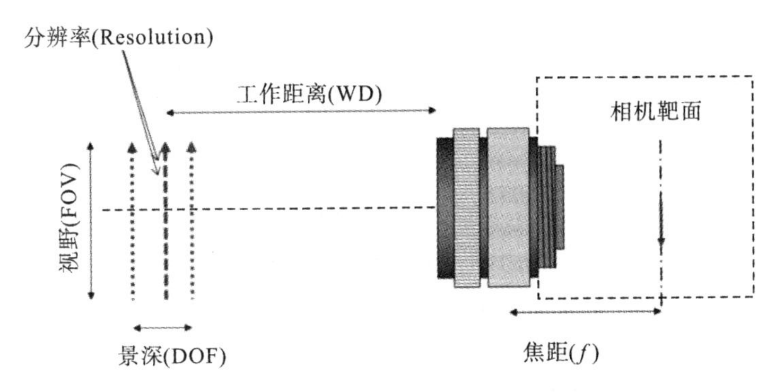

图 1.2.24　工业镜头相关的主要参数

图 1.2.25 所示是工业镜头调节的实物外观和相关结构。工业镜头有焦距和光圈两个参数可以调节，一般靠近凸透镜的一端为调焦环，靠近相机接口的一端为光圈调节环。调焦或调光圈时，应拧开对应的锁定螺丝，且调节过程中需要将视觉软件调至视频显示模式以便实时可看到调节效果，调节完成后应拧紧对应的锁定螺丝。

(a) 镜头调节的实物外观

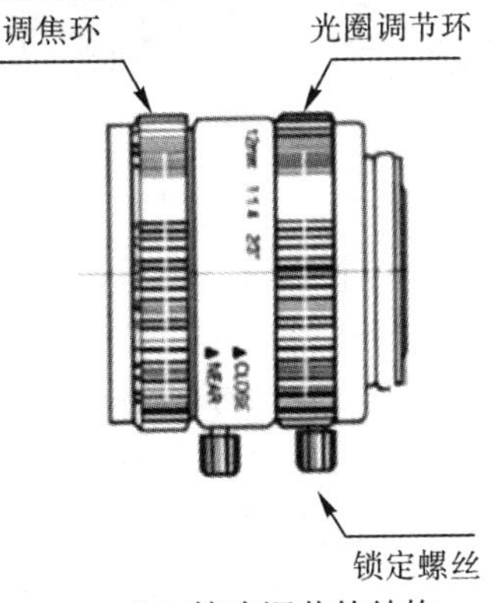

(b) 镜头调节的结构

图 1.2.25　工业镜头的调节

1) 焦距

焦距的英文名称是 Focal Length，是镜头最基本的参数，指在成像清晰的条件下，从镜头的中心到相机的传感器之间的距离，一般用字母 f 表示。在其他条件不变的情况下，焦距越大工作距离就越大，但成像的视野范围反而越小，具体原因请参考任务 3 的相似三角形公式。焦距的单位通常用 mm 表示，工业镜头的焦距一般在镜头上面都有标注。

按焦距分类，镜头可以分为广角镜头、长焦镜头、变焦镜头和定焦镜头，表 1.2.5 所示为各类镜头的特征与案例。广角镜头的景深大，聚焦距离较近；长焦镜头的景深小，可放大远距离物体；变焦镜头的焦距可以调节，比较灵活；定焦镜头也有调焦环，但只用于聚焦，使成像清晰。在机器视觉应用中，定焦镜头由于价格低、畸变小、成像锐利、稳定性好，应用得最为广泛。

表 1.2.5　各类镜头的特征与案例

镜头类型	焦距特征	案例
广角镜头	焦距小于标准焦距 50 mm	16 mm
长焦镜头	焦距大于标准焦距 50 mm	75 mm
变焦镜头	焦距可在一定范围内进行调节	35～70 mm
定焦镜头	镜头焦距不可调节	25 mm

2) 光圈

光圈位于镜头靠近观测物的一端，主要用于控制镜头的通光量。其孔径可以扩大或者缩小，从而改变光圈值和光通量，如图 1.2.26 所示。光圈越大，镜头光通量越多，图片越亮。一般用光圈值(F 值)表示光圈的大小，如 F1.4、F2、F2.8。镜头的光圈值 F 由其孔径光阑的直径 D 及焦距 f 确定：$F=f/D$，即光圈值与焦距成正比，与光圈成反比。

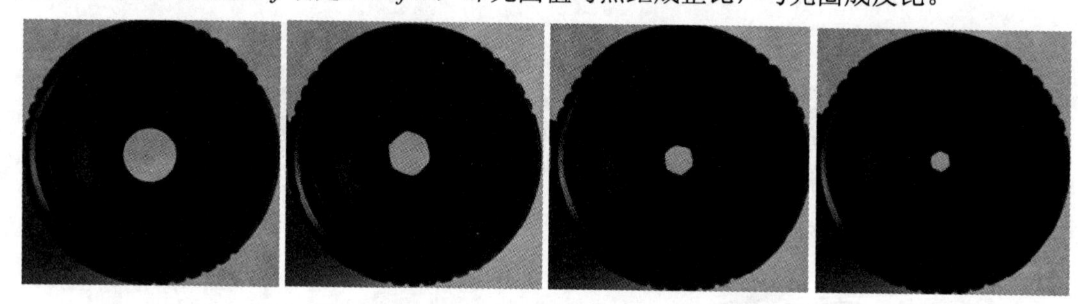

图 1.2.26　光圈及其调节效果

3) 靶面尺寸

选择镜头的一个基本原则是镜头支持的最大芯片尺寸(镜头成像的最大靶面)要大于等于所选配相机的传感器尺寸，即镜头成像的最大靶面大于等于相机的传感器尺寸。镜头成像的本质是将物方的圆形视野聚焦，并在像方成一个圆形像。这个圆形像的直径在镜头参数中叫作靶面尺寸。如果镜头靶面与图像传感器尺寸匹配，如图 1.2.27(a)所示，那么相机成像为正常图像，效果如图 1.2.27(b)所示；如果镜头所成的圆形像小于相机的芯片对角线，如图 1.2.27(c)所示，那么相机成像会出现类似于暗访画面的效果，如图 1.2.27(d)所示，即 4 个角出现黑边。

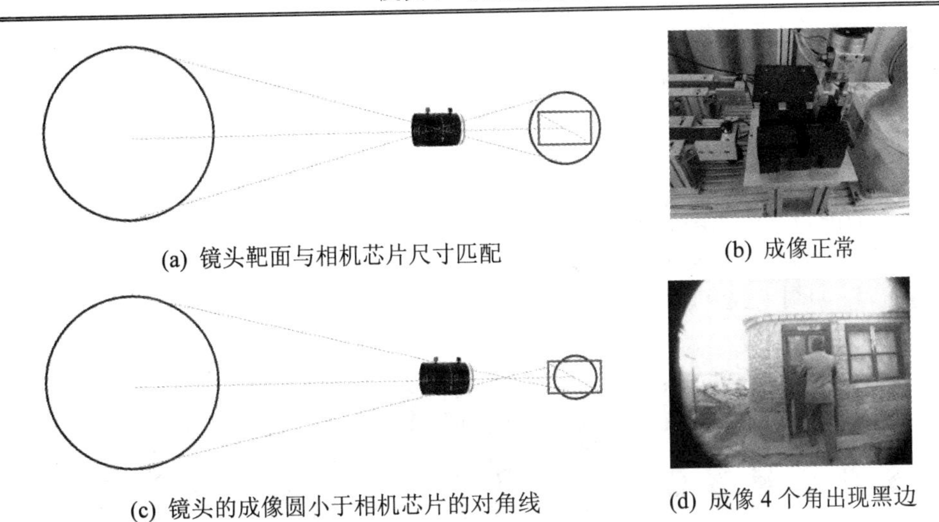

(a) 镜头靶面与相机芯片尺寸匹配　　(b) 成像正常

(c) 镜头的成像圆小于相机芯片的对角线　　(d) 成像 4 个角出现黑边

图 1.2.27　靶面尺寸的影响

4) 工作距离

工作距离又称作物距，英文名称为 Working Distance(缩写为 WD)，是镜头前端的中心到被观测物体之间的距离，如图 1.2.24 所示。被观测物体只有落在镜头的最小工作距离和最大工作距离之间的空间之中才可以清晰成像，二者之差即为景深。

5) 聚焦范围和景深

镜头距离物体有效工作距离的范围称为聚焦范围，超出该范围则不能清晰成像。镜头的景深(Depth of Field)是指被观测物在镜头前端移动时，能够清晰成像的前后移动的距离范围。镜头的景深与光圈、工作距离相关。光圈越大，工作距离越近，焦距越长，景深越小；光圈越小，工作距离越远，焦距越短，景深越大。

如图 1.2.28 所示，被观测物聚焦清晰后，在被观测物前后的一定范围内，其成像仍然

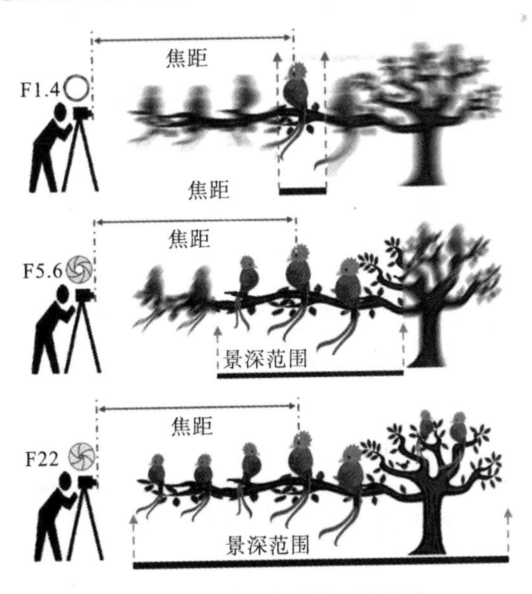

图 1.2.28　光圈值对景深的影响

清晰的范围即为景深。聚焦某个目标时，若光圈设置得越大，光圈值越小，则景深范围也越小；若光圈设置得越小，光圈值越大，则景深越大，聚焦目标前后的物体也变得清晰可见。

6) *分辨率*

分辨率(Resolution)又称作分辨力，是镜头的又一个重要参数，是指镜头清晰地再现被观测物细节的能力。镜头的分辨率越高，成像越清晰。分辨率的定义为镜头在像平面上每毫米内能够分辨的黑白相间条纹的对数，单位为 lp/mm，即“线对/毫米”，其中 lp 是“line pairs”的缩写。如图 1.2.29 所示，一个线对就是一条黑线与一条白线，100 lp/mm 是在 1 mm 之内存在 100 条黑白线。

图 1.2.29　线对的概念

工业应用中为了便于记忆和查看镜头与相机在分辨率上的匹配关系，标称镜头分辨率常按照匹配的相机分辨率来表述，常见型号镜头的分辨率参数如表 1.2.6 所示。

表 1.2.6　镜头的标称分辨率与匹配相机分辨率的关系

镜头标称分辨率	100 万像素	200 万像素	500 万像素
镜头线对分辨率	90 lp/mm	110 lp/mm	160 lp/mm

3. 畸变

镜头因为设计和加工等方面的原因，拍摄物体时会产生形变。虽然人眼察觉不到小于2%的畸变，但在精密测量、高精度定位等精度要求较高的实际应用中，需考虑镜头畸变的影响与校正，常采用标定板来进行畸变校正。在被摄平面内主轴线以外的直线成像后在图像中变为曲线，由此造成的成像误差称为畸变。畸变一般只影响成像的几何形状(像素的相对位置)，而不影响成像的清晰度。

畸变可以分为枕形畸变与桶形畸变，如图 1.2.30 所示。枕形畸变效果与枕头被压后的效果相似，非轴线位置的像素向远离中心方向偏移，桶形畸变则与之相反。

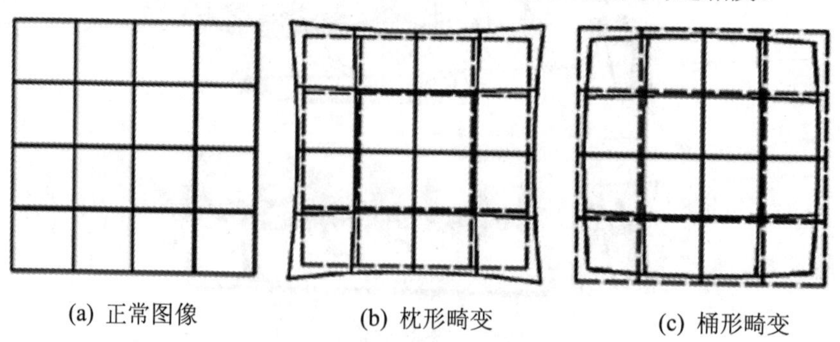

(a) 正常图像　(b) 枕形畸变　(c) 桶形畸变

图 1.2.30　两种畸变的示意图

图 1.2.31 所示为枕形畸变与桶形畸变的实例照片。

(a) 枕形畸变实例

(b) 桶形畸变实例

图 1.2.31　畸变实例图

4. 远心镜头

远心镜头与普通镜头的根本差异在于远心镜头可以消除透视差，没有透视变形，效果对比如图 1.2.32(a)和 1.2.32(b)所示。普通镜头的成像规律是近大远小，如图 1.2.32(c)所示；远心镜头的成像规律是无论远近大小都一致，如图 1.2.32(d)所示。远心镜头的工作距离是恒定的，镜头前端到物体的距离不能改变，常见远心镜头的工作距离为 65mm 及 110mm。远心镜头虽然有很多优势，如无透视误差、失真小、畸变低、景深大等，但也有很明显的劣势，如价格贵、尺寸大、较笨重等，因此其应用范围远不及普通镜头广泛。

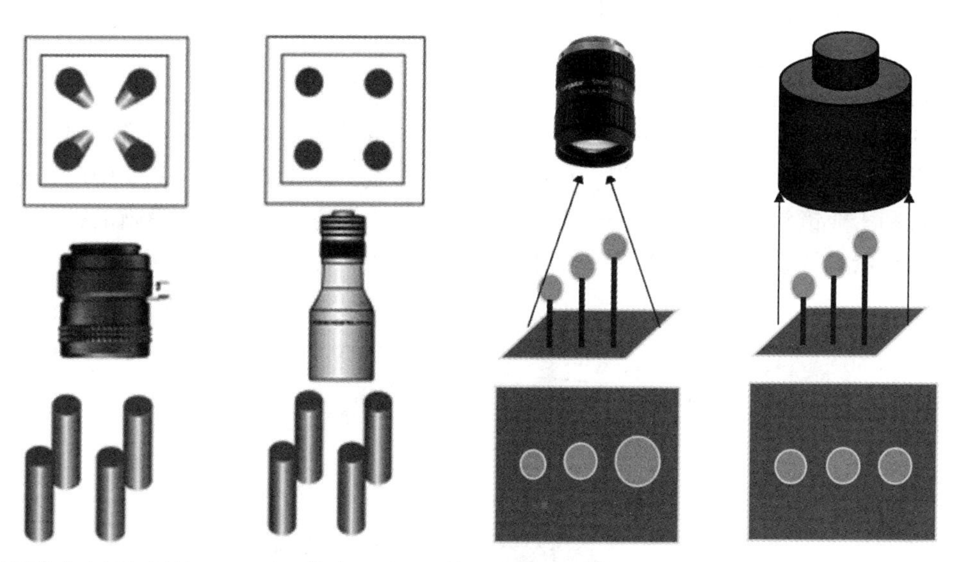

(a) 普通镜头有透视误差　(b) 远心镜头无透视误差　(c) 普通镜头成像效果　(d) 远心镜头成像效果

图 1.2.32　普通镜头与远心镜头成像效果对比

远心镜头不存在焦距的概念，主要参数为工作距离、靶面尺寸、分辨率、放大倍率、畸变率等。其中，放大倍率决定镜头的视野范围。如图 1.2.33 所示，已知图像传感器长度为 Y'，物体长度(也为镜头的视野范围)为 Y，则镜头放大倍率=Y'/Y，与被拍摄物体离镜头的距离无关，下面举例说明。

已知相机的分辨率为 1920×1200，像元尺寸为 4.8 μm，选用 0.5 倍的镜头，那么可以拍摄的视野范围是多少呢？

首先根据芯片大小与分辨率和像元尺寸的关系(即芯片大小=分辨率×像元尺寸)，可计算出相机芯片的大小为 9.2 mm×5.8 mm，又因选用的是 0.5 倍的镜头(即放大倍率为 0.5)，代入公式 $Y=Y'$/放大倍率，即可算出此镜头的视野范围是固定值 18.4 mm×11.6 mm，不受镜头移动的影响。

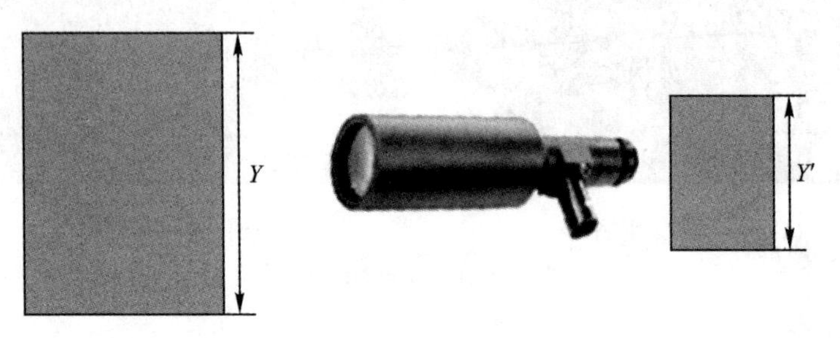

图 1.2.33　远心镜头的视野范围为固定值

任务 3　相机和镜头的选型

机器视觉成像系统设计的基本思路和过程为：首先根据被测物的尺寸确定视场大小，然后根据检测环境等要求确定工作距离，再根据检测精度要求确定相机的芯片尺寸、分辨率以及镜头的焦距等，最后根据被测物的表面形状、边界轮廓、光滑度、颜色和检测特征等因素来选用光源类型，并调节其打光的角度和方式。最终实现的成像效果要求被测特征尽可能凸显，而背景和其他不关心的特征尽可能淡化。

相机和镜头的正确选型对成功搭建一套机器视觉系统至关重要。工业相机、镜头等光学器件的价格比较昂贵，而这些器件的卖家一般不支持非质量原因的退换货，因此在搭建机器视觉系统前，需正确计算好相机和镜头的相关参数。在任务 1 和任务 2 中已经叙述了工业相机和工业镜头的主要参数，但内容比较零散，为了方便读者建立清晰的整体概念，本任务对机器视觉成像的主要参数进行集中梳理，如图 1.2.34 所示。

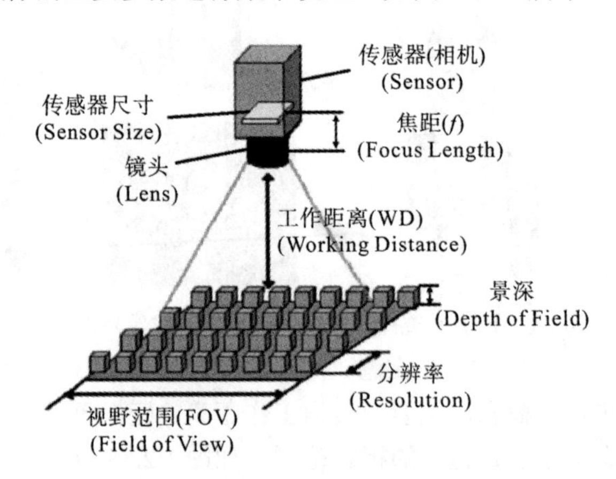

图 1.2.34　机器视觉成像的主要参数

1. 视野范围

视野范围(Field of View，FOV)又称为视场或视野，是相机实际拍到区域的尺寸。其定义为成像系统在检测平面中所能够覆盖到的观测范围，即相机芯片靶面上的图像所对应的观测对象所在平面的可视范围尺寸。

由于在相机分辨率相同的情况下，视野范围(FOV)越小检测精度越高，因此在设定视野范围时，应该让被测物尽量占据大部分视野，一般在 75%左右较为合适。如图 1.2.35 所示，(a)图的视野范围过大，不利于后续算法的处理，降低了系统的检测精度，(b)图的视野大小则比较合适。

(a) 不合适的视野　　　　(b) 合适的视野

图 1.2.35　视野大小选择示例

2. 像素分辨率

像素分辨率直接决定了系统的检测精度，像素分辨率的高、低效果对比如图 1.2.10 所示。直观理解就是，低分辨率下的成像效果类似屈光不正的人眼看到的效果，而高分辨率下的成像效果类似于视力良好甚至是配备了显微镜的人眼看到的效果。

像素分辨率又称像素当量，是指图像中每个像素所代表的视场中的实际尺寸(单位为 mm)，即图像中的 1 个像素对应视野中多少毫米，单位为 mm/pixel，计算公式为

像素分辨率=视野/像素数(相同方向)

具体到 X/Y 方向则为

X 方向的系统精度(X 方向的像素分辨率)＝X 方向的视野范围/X 方向成像的像素数

Y 方向的系统精度(Y 方向的像素分辨率)＝Y 方向的视野范围/Y 方向成像的像素数

像素分辨率选择的方法为：首先应确定系统成像的视野范围，然后根据要求的系统检测精度，按公式“相机(X/Y 方向)分辨率=(X/Y 方向)视野范围大小/要求的(X/Y 方向)系统检测精度”计算出相机的(X/Y 方向)的最小分辨率，最后选择相机的实际分辨率。下面通过举例说明。

如 X 方向的视野为 5 mm，X 方向的检测精度要求为 0.02 mm，则 X 方向的最小分辨率=5/0.02=250。然而在实际项目中，图像采集很难达到理想状态，为了提高系统的稳定性，通常选取检测精度的 1/2～1/4，甚至 1/10 来估算相机的分辨率。若此处选取检测精度的 1/4 计算，则该相机 X 方向的分辨率为 1000。Y 方向的分辨率估算方法与 X 方向类似，最终可选用 130 万像素的相机。

3. 相似三角形公式

在相机、镜头选型过程中依据的最重要的关系是图 1.2.36 所示的相似三角形，即镜头两侧有两个相似的等腰三角形，由此可推导出焦距 f、工作距离 WD、芯片尺寸 CCD 和视场大小 FOV 这 4 个参数之间的比例关系(相似三角形公式)为

$$\frac{f}{\mathrm{WD}}=\frac{\mathrm{CCD}}{\mathrm{FOV}}$$

式中，芯片尺寸 CCD 和视野范围(FOV)可以取 X 方向、Y 方向或对角线方向中的任何一个，但二者的选取方向必须一致。

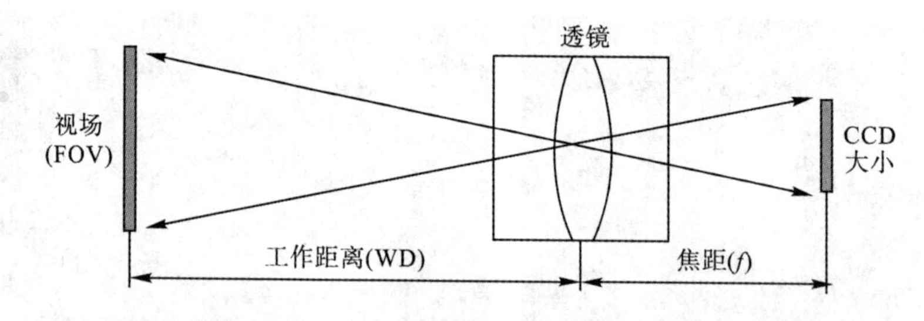

图 1.2.36　相机、镜头选型中的相似三角形

下面举例说明该公式的运用。如给定一个正方形的被拍摄物体，尺寸为 100 mm × 100 mm。假设根据检测精度要求和上文方法，选用相机的分辨率为 1600 × 1200，相机芯片尺寸为 2/3 inch，则图像传感器大小 CCD 为 8.8 mm × 6.6 mm。因相机的芯片为长方形，而物体为正方形，所以只需要相机的短边成像能覆盖物体投影的像即可，即视野范围的短边为 100mm。假设短边占该方向视野的 75%，则视野范围(FOV)在短边方向的大小为 100/0.75 ≈ 133.3 mm。如果指定工作距离 WD 为 500 mm，则根据计算公式 f = WD × CCD/FOV，代入实际值，就可以算出镜头的 f = 500 × 6.6/133.3 ≈ 24.76 mm。由于工业镜头焦距的常用规格有 8 mm、12 mm、16 mm、25 mm、35 mm、50 mm、75 mm，因此选用焦距为 25 mm 的镜头。

4. 其他需考虑的因素

1) 光学放大倍数

光学放大倍数是指观测物在芯片中的成像大小与原观测物大小之比，英文名称是 Magnification，其计算公式为 CCD/FOV 或 f/WD。对于工业视觉检测应用，该参数的值一般都小于 1；对于显微镜应用，该参数值大于 1。

2) 相机和镜头的匹配

相机和镜头选型时还需考虑相机与镜头的匹配问题。一方面，镜头的靶面尺寸要大于等于相机的传感器尺寸，否则成像会出现图 1.2.27(d)所示的 4 个角全黑现象。另一方面，镜头与相机的连接接口有 C 接口、CS 接口、F 接口等，最常用的接口是部分组合可以通用的 C 接口和 CS 接口，结构如图 1.2.37 所示。接口的螺纹直径均为 25 mm，但长度不同，故需要考虑相互之间的匹配问题：C 接口镜头匹配 C 接口相机，CS 接口镜头匹配 CS 接口相机，C 接口镜头配合 5 mm 接圈可以匹配 CS 型相机，CS 接口镜头则不能匹配 C 接口相机。

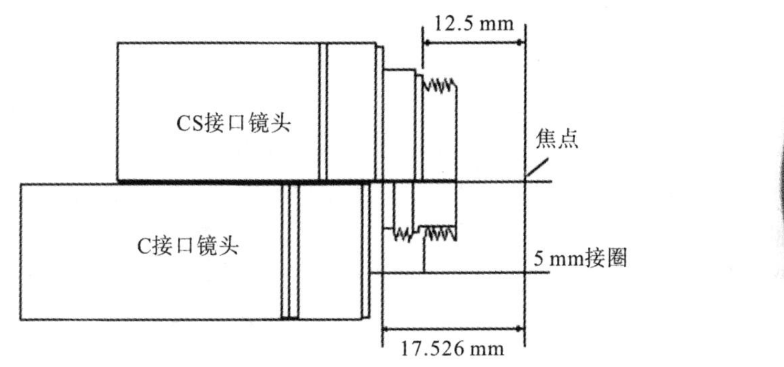

图 1.2.37　C 接口和 CS 接口及接圈配件

3) 各参数之间的影响

图 1.2.38 所示是一般光学成像系统的各个参数图解。为了理解某一参数变化时对其他参数的影响以方便调节，在此将各参数之间的关系整理成如表 1.2.7 所示(缩写含义见图 1.2.34)。

表 1.2.7　光学参数之间的影响关系

光圈越大，景深越小；光圈越小，景深越大	焦距越大，景深越小；焦距越小，景深越大
WD 越小，景深越小；WD 越大，景深越大	WD 越大，FOV 越大；WD 越小，FOV 越小
CCD 越大，FOV 越大；CCD 越小，FOV 越小	焦距越大，FOV 越小；焦距越小，FOV 越大

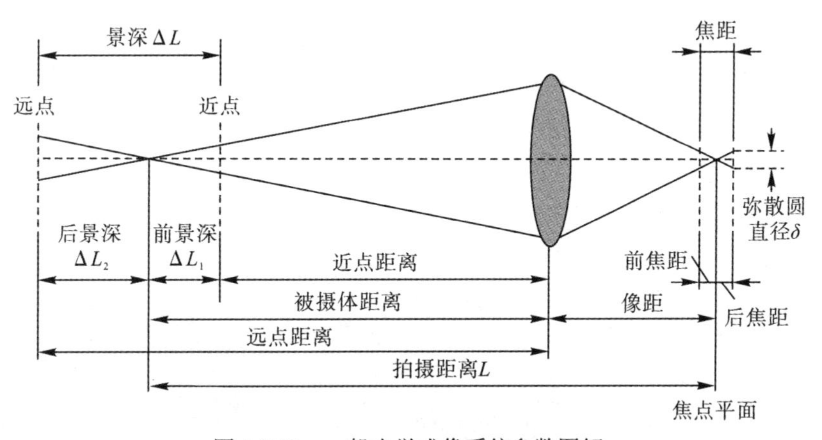

图 1.2.38　一般光学成像系统参数图解

任务 4　机器视觉光源

机器视觉光源的作用是克服环境光的干扰并获得对比鲜明的成像，从而形成有利于后续图像处理的效果，同时保证系统硬件在成像时的稳定性。由于系统的成像质量直接影响后续图像处理的精度和速度，进而影响系统的性能，甚至决定整个机器视觉系统的成败，因此机器视觉系统搭建过程中最关键的环节之一是选择合适的打光方案。理想的光源应明亮、均匀、稳定，选择合适的光源可突显检测特征点，从而简化视觉算法。另外，应尽量将被观测物与背景最大程度区分，以及尽量提高被测物特征与其他部分的对比度，从而提高检测速度和精度，保证检测系统的稳定性。

在工业案例中，实现稳定、高效的光照本身就意味着检测系统成功了一半。为了得到理想的打光效果，工业应用中还常借助一些其他的光学器件辅件，如偏振片等。打光的目标是尽可能突显待检测物特征的同时抑制其他特征和噪声。图 1.2.39 所示为不同打光方案的成像效果对比，系统的目标是检测被测物上的字符，显然(a)图的检测难度远大于(b)图。

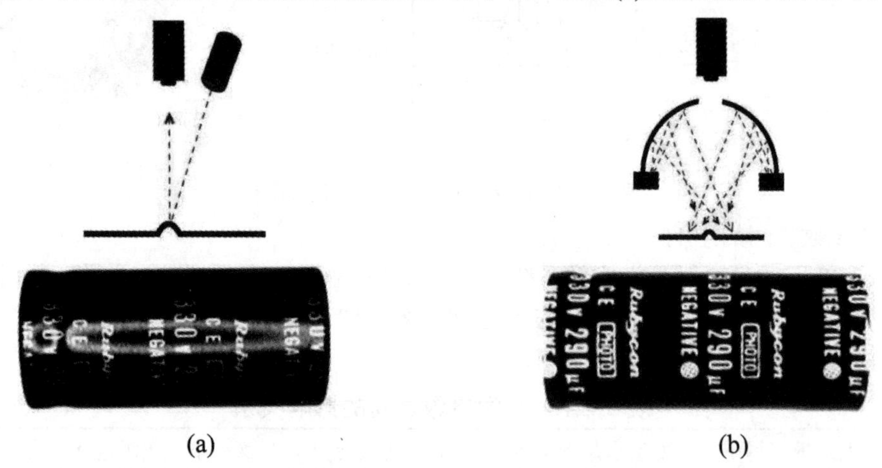

(a)　　(b)

图 1.2.39　不同打光方案的成像效果对比

光源直接影响相机成像的质量，然而打光是一门艺术，没有一个通用的打光方案能够适应各种应用场合。好的成像应该具备如下条件：

(1) 整体成像均匀，色彩真实，亮度适中。

(2) 检测物特征真实，前景和背景对比明显，边界清晰。

(3) 背景淡化，易于后续进行图像处理。

1. 机器视觉光源的种类

常见的机器视觉光源有荧光灯、卤素灯和 LED 光源三种，图 1.2.40 所示是各种类型光源实物图。

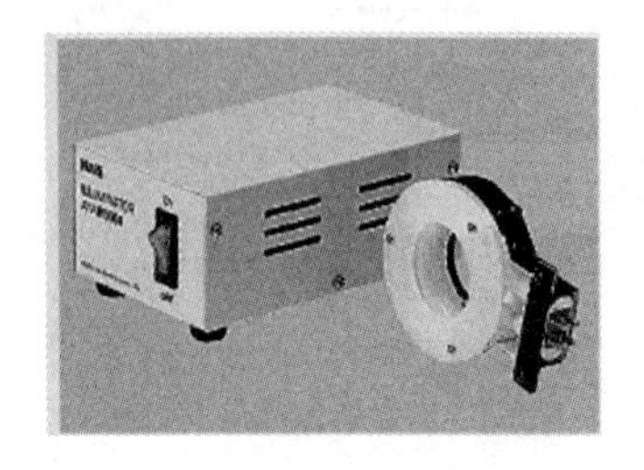

(a) 荧光灯

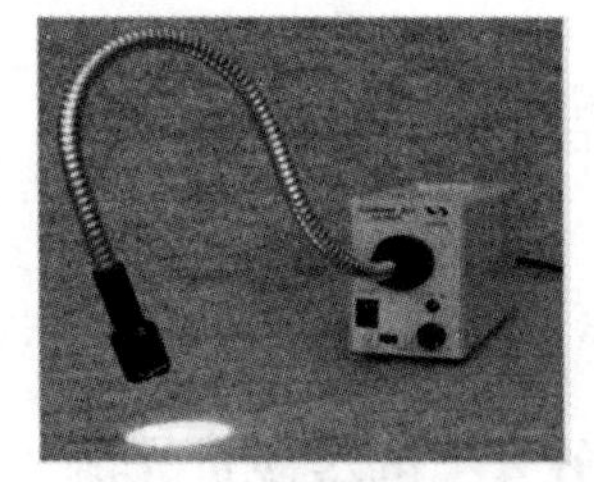

(b) 卤素灯

(c) LED 光源

图 1.2.40　各种类型光源实物图

以上三种光源各自有其优缺点，如表 1.2.8 所示。最初的机器视觉系统通常采用卤素灯，随着照明技术的发展，荧光灯逐渐被应用在机器视觉系统中，目前机器视觉系统大量使用的是 LED 光源。工业 LED 光源成本的降低极大地促进了机器视觉技术的普遍应用，因为 LED 光源可以更容易实现更灵活的结构和颜色设计，这也意味着可以让光源射出光线的角度和颜色可以被灵活定制。LED 光源优点还不止于此，它还具有亮度可控，而且可以频闪，亮度大而且频谱丰富等优点。所以 LED 光源的普及增强了工业相机所获得图像的对比度，使得机器视觉系统更加稳定和高效。

表 1.2.8　各类型机器视觉光源的优缺点

比较项目	荧光灯	卤素灯	LED 灯源
价格	低	高	中
亮度	低	高	中
稳定性	低	中	高
闪光装置	无	无	有
使用寿命	中	低	高
光线均匀度	高	中	低
多色光	无	无	有
设计的复杂程度	低	中	高
受温度的影响程度	中	低	高

2. 常见的 LED 光源

由于 LED 光源在成本和性能方面具有显著优势，如成本低，寿命长，形状、尺寸、颜色和照射角度定制方便，电源带有外触发，亮度可调节且稳定，反应速度快(可在 10 μs 内达到最大亮度)，支持计算机控制和频闪，散热效果好等，因此大部分机器视觉光源市场目前已被 LED 光源占据。根据 LED 光源颗粒的排列位置，可以将 LED 光源分为环形光源、背光源、同轴光源、AOI 光源和穹顶光源等。

1) *环形光源*

环形光源是指 LED 光源外观为环状结构，是最常见的光源种类之一，成本低，维护简单。根据照明的角度，可以将环形光源分为高角度环形光源(如图 1.2.41 所示)和低角度环形光源(如图 1.2.42 所示)。环形光源应用领域有 PCB 印刷电路板检测、IC 元件检测、电子元件检测、显微镜照明、液晶校正、塑胶容器检测、集成电路印字检查等。

(a) 高角度环形光源

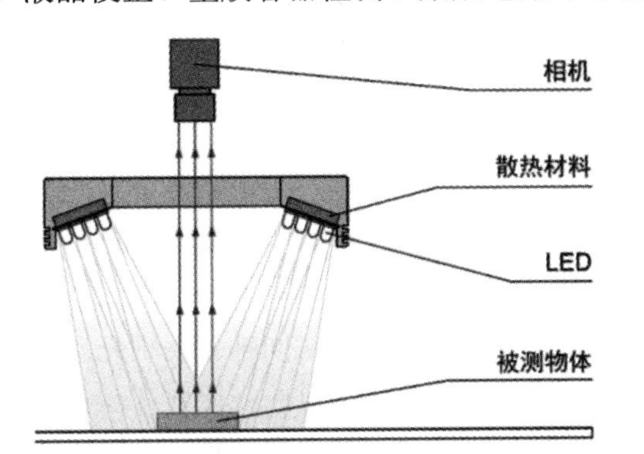

(b) 高角度环形光源照明示意图

(c) 光源安装示意图

(d) 打光前后效果图

图 1.2.41　高角度环形光源及其应用案例

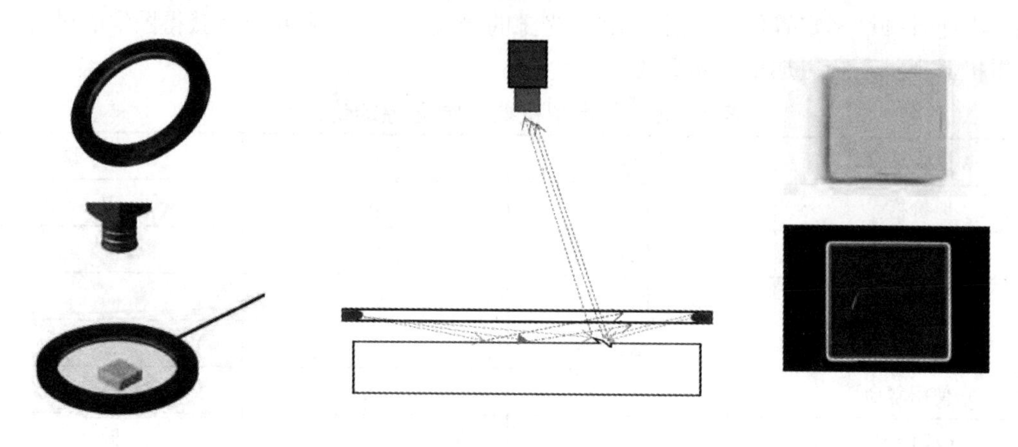

(a) 低角度环形光源　　(b) 低角度环形光源照明示意图　　(c) 光源安装示意图

图 1.2.42　低角度环形光源及其应用案例

2) 背光源

背光源又称作面光源，背光源的 LED 颗粒装在水平基板上，均匀朝上发光。它的特点是发光范围为一个面，对于透明物体，光线可以穿透，对于不透明物体，光线无法穿透，物体的形状轮廓与背光形成对比，从而极易测量/检测。背光源的应用领域有机械零件外形轮廓尺寸的测量、电子元件的外观检测、IC 的外形检测、异物检测、胶片污点检测、液面检测、透明物体划痕检测等。图 1.2.43 所示是背光源实物及其应用案例。

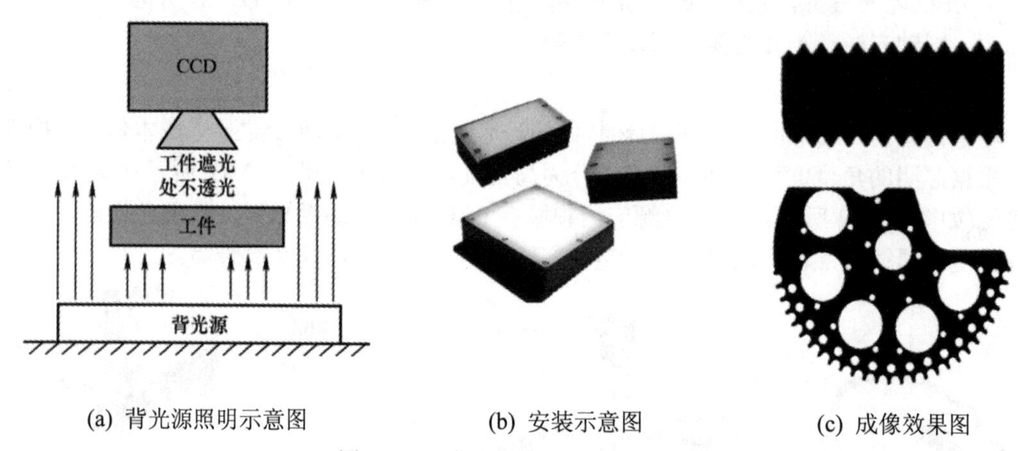

(a) 背光源照明示意图　　(b) 安装示意图　　(c) 成像效果图

图 1.2.43　背光源实物及其应用案例

3) 同轴光源

同轴光源的特点是光源的光线入射与反射同轴。同轴光源中的半透镜的作用是让一半的光通过，一半的光反射。同轴光源直接通过的光照射在黑色的基板上，无法进入相机视野内，而一半的光垂直向下反射到物体表面，再垂直向上进入相机中，因为光线入射与反射是同轴的，所以称为同轴照明。同轴光源最适用于反射度极高的物体表明特征的检测，如金属、玻璃、胶片、晶片等表面的划伤检测，芯片和硅晶片的破损检测，包装条码识别等。图 1.2.44 所示是同轴光源照明示意图及其应用案例。

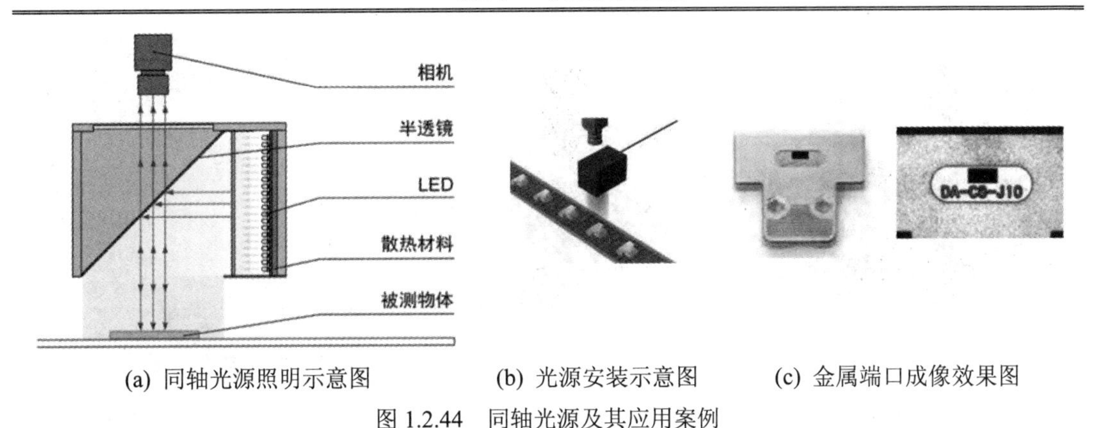

(a) 同轴光源照明示意图　　(b) 光源安装示意图　　(c) 金属端口成像效果图

图 1.2.44　同轴光源及其应用案例

4) AOI 光源

AOI 是英文 Auto Optical Inspection 的缩写，是自动光学检测的意思。AOI 光源的外观与环形光源相似，可以由几个不同颜色和不同大小的环形光源组合拼接得到。AOI 光源的原理是利用不同颜色以不同角度照射到物体表面，因物体表面的高度起伏不同，使其反射的光线颜色和光路产生较大差异，从而使相机检测到不同高度的颜色存在很大差异，进而得到可检测特征的图像信息。AOI 光源主要应用于某些特殊检测领域，如多层次物体的特征检测、塑胶容器件的检测、旋转物体的缺陷检测和电路板焊接的检测等。图 1.2.45 所示是 AOI 光源的照明示意图及其应用案例。

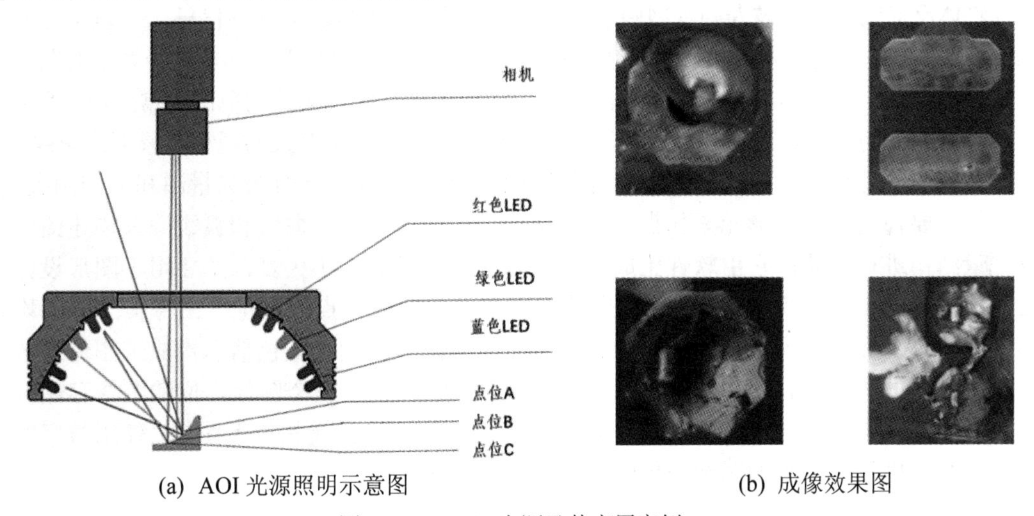

(a) AOI 光源照明示意图　　(b) 成像效果图

图 1.2.45　AOI 光源及其应用案例

5) 穹顶光源

穹顶光源又称作碗光源、Dome 灯、球形光源，外观上为半球形设计，是一种空间 360° 的无影光源。穹顶光源中的 LED 发出的光线经球面形成漫反射效果，使照射到观测物表面的光线在均匀性和平滑性方面优于其他类型光源。穹顶光源适用于金属、玻璃等表面反光强烈的物体及曲面、弧形表面的检测等场景。图 1.2.46 所示是穹顶光源的照明示意图及其应用案例。

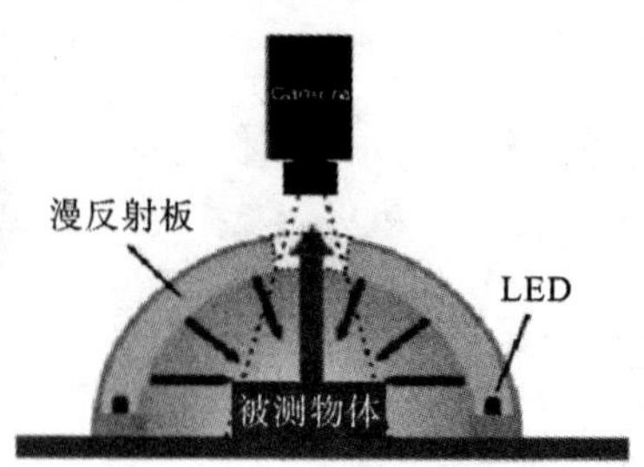

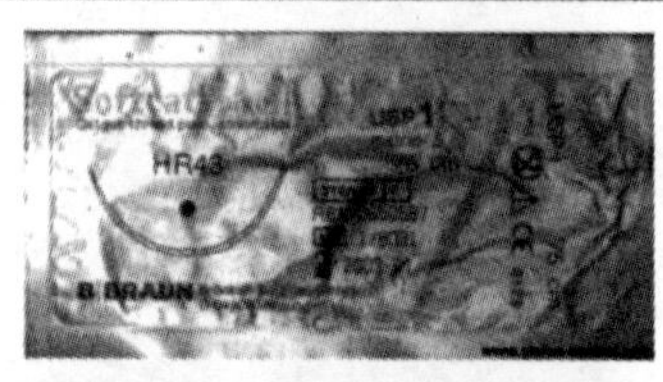

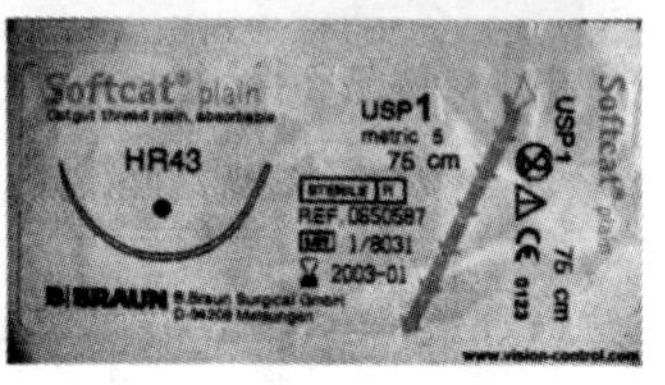

(a) 穹顶光源　　(b) 穹顶光源照明示意图　　(c) 成像效果图

图 1.2.46　穹顶光源及其应用案例

项目 1.3　数字图像处理基础

任务 1　认识数字图像

1. 图像与数字图像

物体反射的自然光被人的视网膜感知形成了图像，人类接收的外界信息 75%以上是通过视觉实现的。图是物体对光的投射或者反射形成的分布图，像是人的视觉神经系统对图进行接收后在大脑中形成的视觉认识和具体印象。在现实生活中，图像的范围非常广泛，照片、绘画、草图、动画、影视等都属于广义的图像范畴，可以说所有人的视觉对象都是图像。

计算机所能显示和处理的图像称为数字图像。数字图像主要分为矢量图和位图两大类。矢量图主要使用一些图形元素如点、线、圆、多边形、矩形、曲线和弧线等来描述图像，以矢量结构进行存储，它由软件生成，最突出的特点是放大不失真，主要用于图形设计、文字设计等方面。位图图像(Bitmap)也被称为栅格图像或者点阵图像，图像被划分为均匀的栅格，每个栅格称为像素，所有像素点所记录的图像强度和颜色信息构成了图像细节。将位图图像放大看时，可以看到无数单个方块(像素)组成了整个图像。位图图像存储过程如图 1.3.1 所示。在本项目中，数字图像处理所涉及的图像都是指位图图像，使用数字照相机或者数字摄像机得到的图像一般而言也是指位图图像。

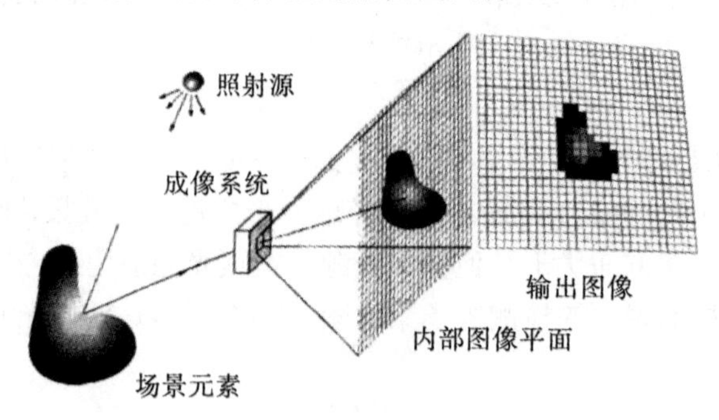

图 1.3.1　位图图像存储过程

2. 图像的显示

图像显示是指通过图像显示设备将图像展示出来，常用的图像显示设备是电视显示器，随机存取的阴极射线管(CRT)和各种打印设备也可用于图像的显示和输出。图像显示设备的显示屏幕也是由许多点构成的，这些点对应着图像的像素点，从而将图像显示出来。

任务 2　数字图像处理的核心概念

1. 图像的采样和量化

数字图像处理系统由图像输入设备、计算机和图像输出设备组成，如图 1.3.2 所示。

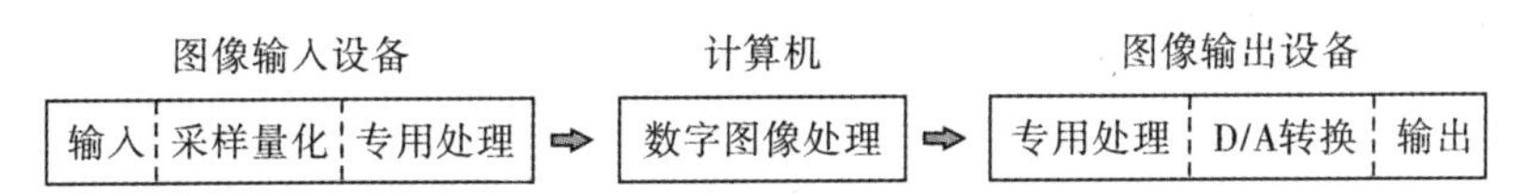

图 1.3.2　数字图像处理系统的组成

图像设备采集的图像为模拟图像，这种图像必须在空间和时间上都被离散化后才能转化为数字图像，从而被计算机识别和处理。图像的采样就是对图像进行空间上的离散化处理，把空间上连续变化的图像离散化，即用间隔采样的图像部分点的灰度值来表示图像。

经过采样的图像在空间上被离散为像素阵列，但是每一个像素样本还是有无穷多个连续变化的灰度值，因此必须对每个图像像素的灰度幅值进行离散化处理，才能真正转化为数字图像。对图像灰度幅值的离散化处理叫作量化。如图 1.3.3 所示，数字化整个图像的坐标值称为采样，数字化图像像素灰度的幅度值称为量化。

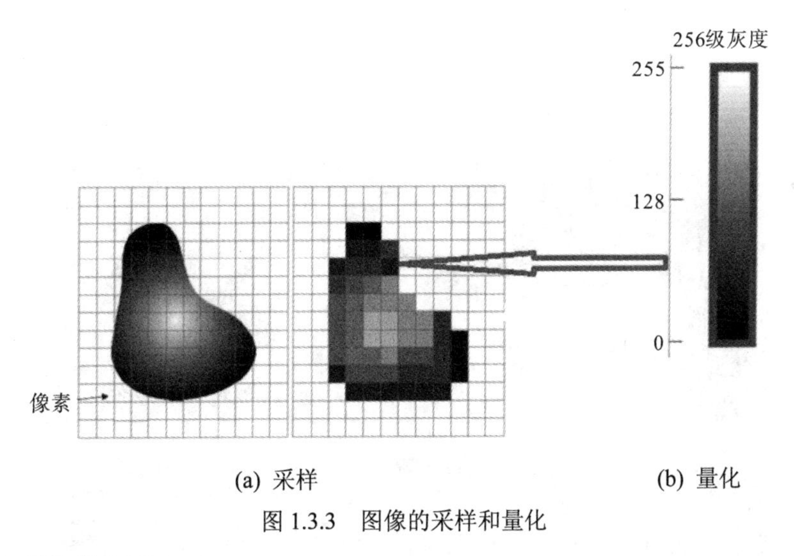

(a) 采样　　(b) 量化

图 1.3.3　图像的采样和量化

2. 数字图像的表示

一幅物理连续图像经过采样和量化后就变成了数字图像 $f(x, y)$，通常由采样点的值所组成的矩阵来表示，每个采样点为一个像素，如图 1.3.4 所示。

把物理图像转化为计算机能够识别和处理的数字图像后，数字图像可以由下面的 $m \times n$ 数字矩阵表示，即

$$f(i,j)=\begin{bmatrix} f(0,0) & f(0,1) & \cdots & f(0,n-1) \\ f(1,0) & f(1,1) & \cdots & f(1,n-1) \\ \vdots & \vdots & \vdots & \vdots \\ f(m-1,0) & f(m-1,1) & \cdots & f(m-1,n-1) \end{bmatrix}$$

其中，$f(\,)$代表图像中对应位置的像素彩色值或者灰度值，m、n 分别表示数字图像在横(X)、纵(Y)方向上的像素总数。

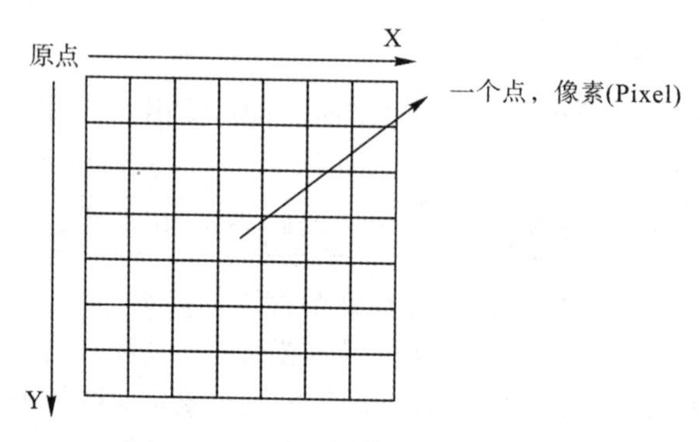

图 1.3.4　数字图像的像素

3. 图像的分辨率

图像的分辨率主要包括空间分辨率和灰度级分辨率两个指标。

图像的空间分辨率是指图像数字化时的像素密度，即图像中单位长度内的像素数，其单位是每英寸的像素数 DPI(Dots per Inch)。空间分辨率决定了图像中可分辨的最小细节，分辨率越高说明数字图像显示的实际图像越精细。一张空间分辨率为 $m\times n$ 的数字图像也经常被称为 $m\times n$ 像素图像。图 1.3.5 所示为图像空间分辨率从高到低变化的效果图。从图中可以看出，分辨率越低，细节越模糊。

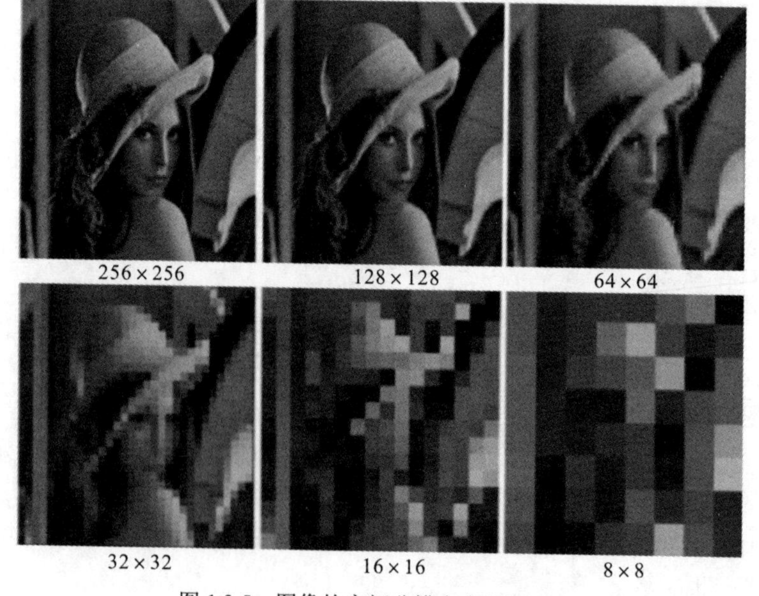

图 1.3.5　图像的空间分辨率变化效果图

图像的灰度级分辨率是指图像上每一个像素的颜色值所占的二进制位数，也叫作颜色深度。图 1.3.6 所示为不同灰度级分辨率的图像。从图中可以看出，单位像素占二进制位数越多，灰度级分辨率越高，表示的颜色数目就越大，图像也就越清晰。最常见的图像为 8 位图像，灰度级为 256 级，即 2 的 8 次方。

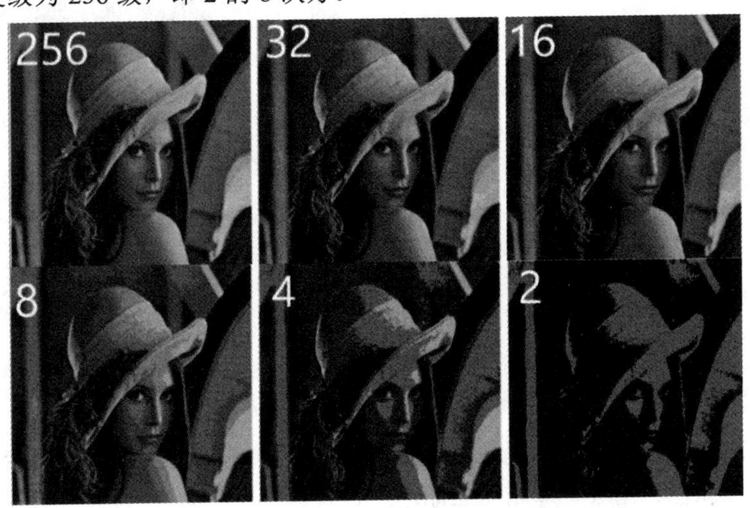

图 1.3.6　256、32、16、8、4、2 灰度级分辨率的图像

4. 图像的种类

根据图像中每个像素表达出来的不同信息，可以将图像分为二值图像、灰度图像、彩色图像、索引图像和多帧图像 5 种。

1) 二值图像

二值图像(Binary Image)中像素的取值只有 0 和 1，0 代表黑色，1 代表白色。只需要 1 位(bit)就可以完整将每个像素的信息存储(如图 1.3.7 所示)，保存简单。通常用它来保存状态或区分图像中的前景及背景，二值图像实例如图 1.3.8 所示。

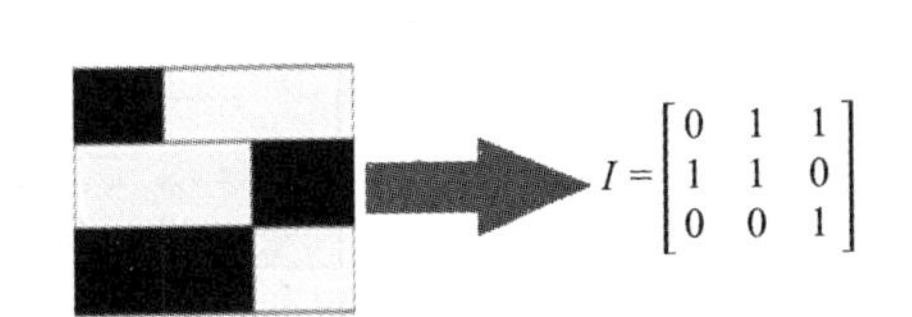

图 1.3.7　二值图像的存储

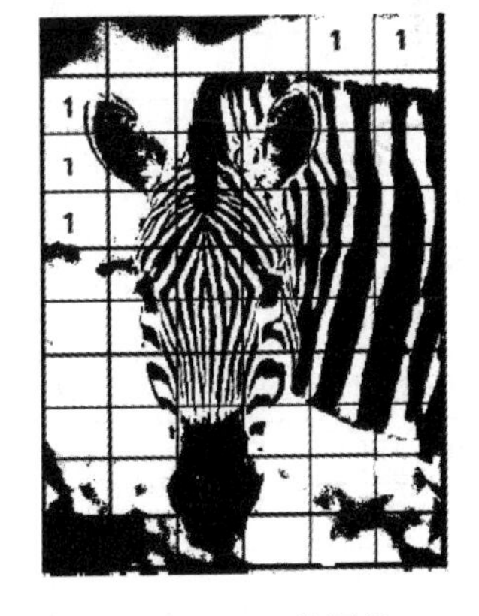

图 1.3.8　二值图像

2) 灰度图像

灰度图像(Gray Image)的每个像素值由一个量化的灰度范围值来描述，1 字节(8 位)可表示 256 级灰度[0，255]。即在黑色 0 和白色 255 之间加入了很多介于黑色和白色之间的

颜色深度值，每个灰度称为一个灰度级，每个像素点只有一个采样灰度值。最常用的 256 级灰度图像的存储如图 1.3.9 所示，灰度图像实例如图 1.3.10 所示。

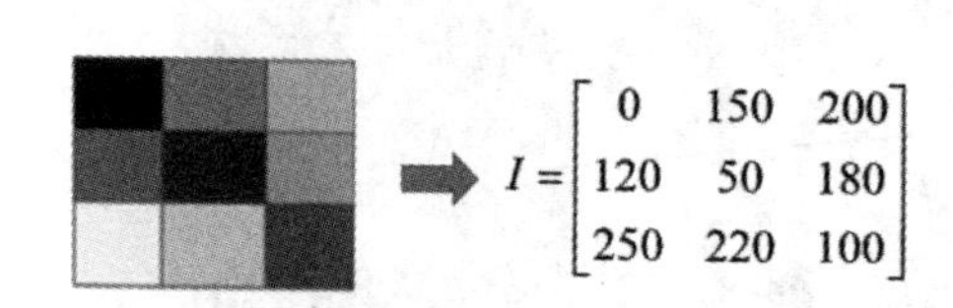

图 1.3.9 灰度图像的存储

图 1.3.10 灰度图像

3) 彩色图像

红(R)、绿(G)、蓝(B)三种颜色几乎可以合成自然界中的所有颜色，红、绿、蓝三色也称为自然界的三原色。由红、绿、蓝三原色组合叠加来获得的各种彩色图像称为 RGB 图像。计算机显示设备通常使用 RGB 格式的彩色图像。如果将 RGB 值看作是 3 个维度的坐标，则构建的空间称为 RGB 色彩空间。除了 RGB 格式外，常见的色彩格式还有 HSV/HSI(数字图像算法常用)、CMYK(主要用于印刷) 、YUV(用于图像传输) 格式。

在计算机中存储的彩色图像，一个像素点包含了三种颜色分量，一种分量通常使用一个字节 8 位(bit)来存储，一个像素点总共需要 24 位(bit)二进制数来存储，这种图像也叫作 24 位真彩色图像。RGB 颜色代码通常可以使用十六进制数来表示，比如：0xFFFFFF 代表白色，0x000000 代表黑色，0x00FF00 代表纯绿色，0xFF0000 代表纯红色。常见颜色的 RGB 值的组合如表 1.3. 1 所示。

表 1.3.1 常见颜色的 RGB 组合值

颜 色	R	G	B
红(0xFF0000)	255	0	0
绿(0x00FF00)	0	255	0
蓝(0x0000FF)	0	0	255
黄(0xFFFF00)	255	255	0
紫(0xFF00FF)	255	0	255
青(0x00FFFF)	0	255	255
白(0xFFFFFF)	255	255	255
黑(0x000000)	0	0	0
灰(0x808080)	128	128	128

4) 索引图像

索引图像是将图像中全部用到的颜色存储为调色板，也叫作颜色查找表，然后把每一点的像素值直接作为调色板下标进行颜色查找，即把像素值“直接映射”为调色板数值的一种图像。

一幅索引图像由一个数据矩阵和一个调色板矩阵组成，计算机装载图像时，调色板将和图像一同自动装载，如图 1.3.11 所示。图像中的色彩值较少时可以用索引图像存储，比如色彩构成比较简单的 Windows 壁纸，色彩比较复杂的图像则大多采用 RGB 真彩色图像来存储。

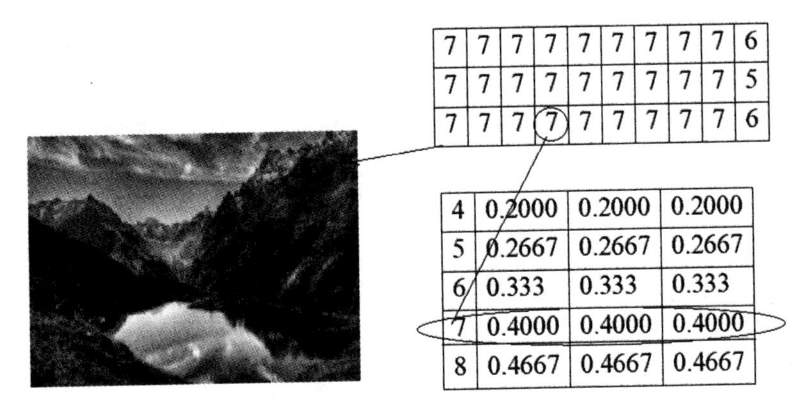

7	7	7	7	7	7	7	7	7	6
7	7	7	7	7	7	7	7	7	5
7	7	7	7	7	7	7	7	7	6

4	0.2000	0.2000	0.2000
5	0.2667	0.2667	0.2667
6	0.333	0.333	0.333
7	0.4000	0.4000	0.4000
8	0.4667	0.4667	0.4667

图 1.3.11　索引图像组成

5) 多帧图像

多帧图像在一个图像文件中包含了多幅图像或帧，也称为图像序列，主要用于需要对时间或场景上相关图像的集合进行操作的场合。例如，计算机 X 线断层扫描图像或电影帧等。

在一个多帧图像数组中，每一帧图像的大小和颜色分量必须相同，并且这些图像所使用的调色板也必须相同。

5. 图像的文件格式

图像数据要以一定的文件格式存储在计算机中，不同的系统平台和软件常使用不同的图片文件格式。比较常用的图像文件格式有 BMP 格式、JPEG 格式、GIF 格式和 TIFF 格式。

(1) BMP(Bitmap)格式是 Windows 系统的一种标准文件格式，也称为位图文件。BMP 格式应用广泛，被多种 Windows 应用程序支持。一个 BMP 图像包含三部分内容：位图文件头(表头)、位图信息(调色板)、位图阵列(图像数据)。一个位图文件只能存放一幅图像，由于它含有较丰富的图像信息，并很少进行压缩，因此需要占用较大的磁盘空间。

(2) JPEG 格式由 1986 年成立的联合图像专家组(Joint Photographic Experts Group)开发，编号为 ISO/IEC 10918。JPEG 文件的扩展名是.jpg 或.jpeg，JPEG 格式利用优秀的有损压缩技术去除了冗余的图像和色彩数据，获得了较好的图像质量，并拥有极高的压缩率。它允许用户自行选择压缩比例对图像进行压缩操作，自行调节图像质量，应用非常广泛。

(3) GIF(图形交换格式，Graphics Interchange Format)格式图像是美国一家在线信息服务机构开发的，它主要是为了交换图片并克服网络传输的带宽限制而设计，可以占用很少的磁盘空间，压缩比很高，它可以把几幅静止图像组合成连续的动画图像进行播放，并支持 2D 动画格式(GIF89a 格式)，是目前互联网上绝大部分彩色动画文件使用的文件格式。GIF 使用 8 bit 文件格式，只能存储不超过 256 色的图像。

(4) TIFF(标签图像文件格式，Tag Image File Format)是苹果电脑中广泛使用的图像格式，可以跨平台存储和扫描图像。TIFF 格式较复杂，支持任意大小的图像，存储信息多，图像质量较高。

6. 像素的领域类型与空间关系

数字图像在空间上是由一个个具有一定空间关系的像素组成的，像素在图像空间中按某种规律排列，相互之间存在一定的联系。要对图像进行有效地分析和处理，需要先定义像素之间的空间关系。

1) 像素的领域类型

一个像素的邻近像素组成该像素的邻域。像素邻域的类型示意图如图 1.3.12 所示。

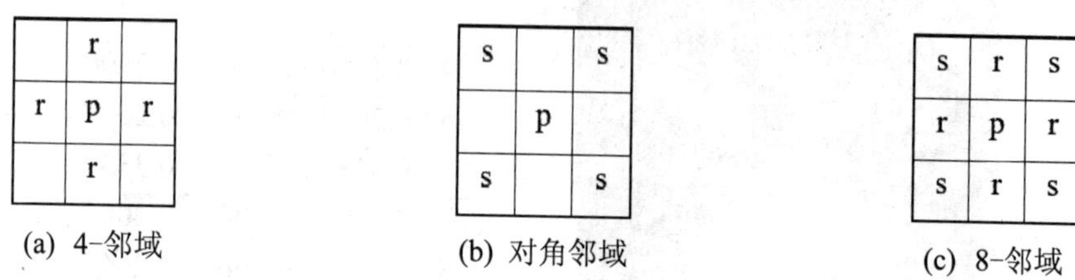

图 1.3.12　像素的领域类型示意图

坐标为(a, b)的像素 p 的上下左右共 4 个近邻像素组成 p 的 4-邻域，记为 $N_4(p)$。这些邻近像素的坐标分别是$(a+1, b)$、$(a-1, b)$、$(a, b+1)$、$(a, b-1)$。

坐标为(a, b)的像素 p 的对角(左上、右上、左下、右下)共 4 个近邻像素组成 p 的对角邻域,记为 $N_D(p)$。这些邻近像素的坐标分别是$(a+1, b+1)$、$(a+1, b-1)$、$(a-1, b+1)$、$(a-1, b-1)$。

像素 P 的 4 个 4-邻域和 4 个对角邻域像素共同组成像素 p 的 8-邻域，可记为 $N_8(p)$。

注意：如果像素 p 处在图像的边缘，则它的某些邻域像素将落在图像之外。

2) 像素的空间关系

(1) 邻接关系。对于 p 和 q 两个像素，如果 q 在 p 的邻域中，可以是 4-邻域、8-邻域或者对角邻域，则称像素 p 和像素 q 满足邻接关系。邻接仅考虑了像素间的空间关系。

(2) 连接关系。如果两个像素 p 和 q 是邻接的，且它们的灰度值满足某个特定的相似准则(灰度值也可以是其他属性值，相似准则可以是灰度值相等或者同在一个灰度集合中)，则称 p 和 q 满足连接关系。

(3) 连通关系。如果两个像素 p 和 q 不直接邻接，但它们均在另一个像素的相同邻域中(4-邻域、8-邻域或者对角邻域)，并且这三个像素的灰度值均满足某个特定的相似准则(灰度值相等或者同在一个灰度集合中)，则称 p 和 q 之间的关系为连通。连通是连接的推广，即两个像素由于都与另一个像素连接而连通。进而若两个像素 p 和 q 之间有一系列连接的像素，则像素 p 和 q 也是连通的，这一系列的像素就构成了像素 p 和 q 的通路。

任务 3　常用的数字图像处理操作

数字图像处理是指利用计算机对数字图像进行各种加工，以改善图像的外观，达到人眼主观满意的效果，或者提取目标的某些特征，便于人们对图像进一步进行分析和识别。下面介绍几种常用的数字图像处理操作。

1. 图像的二值化

图像的二值化主要是指将 256 阶的灰度图通过合适的阈值，转换为黑白二值图，即图像中像素只有 0 和 1 两种取值(或 0 和 255)。其目的通常是为了将图像的前景和背景进行分割，以便于进一步处理，如图 1.3.13 所示。

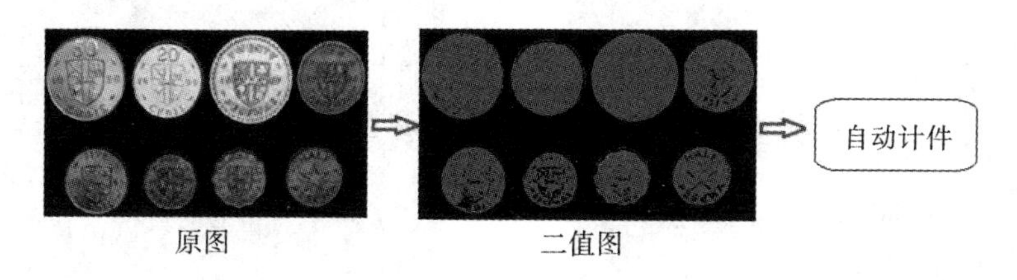

图 1.3.13　图像的二值化

对图像进行二值化处理，首先要选择合理的阈值，然后再对每一个像素进行处理，像素灰度值大于阈值的设置为 255，小于阈值的设置为 0，即完成整幅图像的二值化处理。

对于图像中的像素(x，y)，若其灰度值为 $f(x，y)$，设置阈值为 TH，则图像二值化的数学表达式为

$$g(x,y)=\begin{cases}255 & \text{if} \quad f(x,y)\geqslant \text{TH} \\ 0 & \text{if} \quad f(x,y)<\text{TH}\end{cases} \tag{3-1}$$

阈值的选择对于图像二值化操作效果至关重要。选择合理的阈值有助于正确地分割图像的前景和背景，如图 1.3.14 所示。

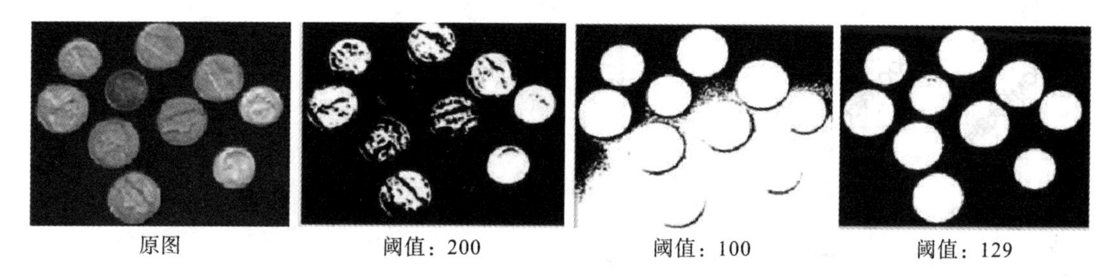

图 1.3.14　不同阈值的图像的二值化效果

2. 图像的直方图

图像的直方图可直观地表达图像中具有某种灰度级的像素的个数，反映图像中某种灰度值在图像中出现的频率。直方图是对图像中所有灰度的像素数目统计得到的，它是图像最基本的统计特征，是图像处理中重要的图像分析工具，如图 1.3.15 所示。图 1.3.15(b)是一个二维图，横坐标为灰阶，表示图像中各个像素点的灰度级，纵坐标为各个灰度级在图像像素点上出现的次数或者概率(像素数)。直方图的本质是概率分布的图像化。

直方图的建立过程如图 1.3.16 所示。首先分析、计算出图像中每个像素的像素值，然后统计出每个像素值出现的次数，最后画出直方图。

一个图像不仅可以建立灰度直方图，也可以建立彩色直方图。RGB 图像有 3 个颜色通道，可以分别建立对应颜色通道的直方图，如图 1.3.17 所示。

灰度直方图的应用非常广泛，可以通过灰度直方图了解图像的灰度分布，以及通过对图像灰度密度进行修改，有选择地突出想要的图像特征，从而提高对比度，扩大前景和背

景灰度的差别，常用的方法有直方图拉伸和直方图均衡化。灰度图像直方图均衡化效果如图 1.3.18 所示。

(a) 灰度图像

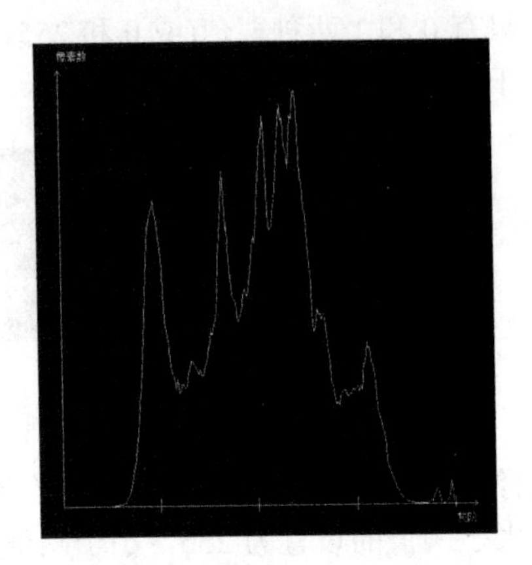

(b) 直方图

图 1.3.15　灰度图像及其直方图

0	1	3	2	1	3	2	1
0	5	7	6	2	5	6	7
1	6	0	6	3	5	1	2
2	6	7	5	3	6	5	0
3	2	2	7	2	4	1	6
2	2	5	6	2	7	6	0
1	2	3	2	1	2	1	2
3	1	2	3	1	2	2	1

$V_0=5$
$V_1=12$
$V_2=18$
$V_3=8$
$V_4=1$
$V_5=5$
$V_6=8$
$V_7=5$

(a) 统计像素值

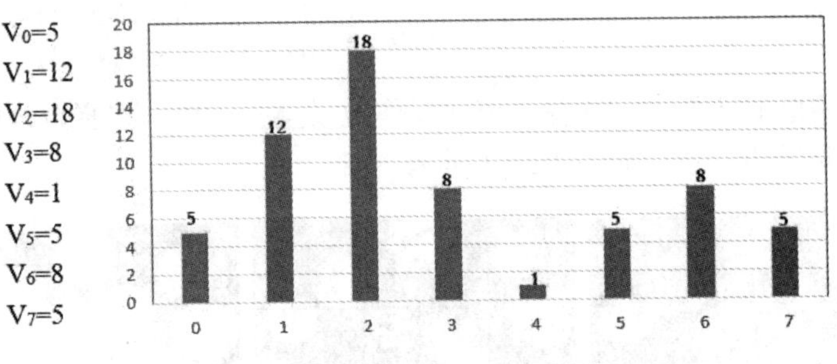

(b) 画直方图

图 1.3.16　直方图的建立过程

(a) RGB 图像

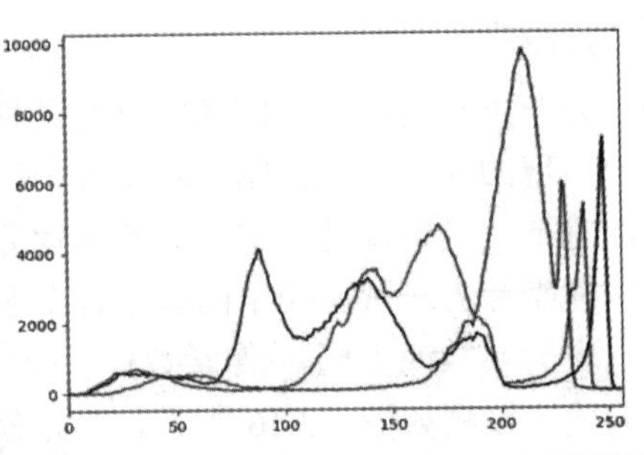

(b) 直方图

图 1.3.17　RGB 图像及其直方图

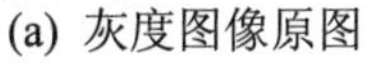

(a) 灰度图像原图　　　　(b) 直方图均衡化后的图像

图 1.3.18　灰度图像原图及直方图均衡化后的图像

3. 图像的点运算

图像的点运算是对图像的每一个像素点进行逐点运算，它将原始图像的每个$(a，b)$点的灰度值经过各种点运算映射为新的灰度值，即将输入图像通过点运算映射为输出图像，但图像内像素点的空间关系并没有被改变。点运算又称为灰度变换、对比度拉伸或对比度增强。

如果输入图像是$f(a，b)$，输出图像为$g(a，b)$，则点运算可以表示为

$$g(a，b)=T[f(a，b)] \tag{3-2}$$

式中，$T(\,)$为灰度变换函数，它表示输入函数和输出函数之间的转换关系。点运算可理解为从像素到像素的复制操作。

点运算可分为线性点运算与非线性点运算。线性点运算是指输出灰度级与输入灰度级呈线性关系的点运算。灰度变换函数为

$$g(a，b)=k[f(a，b)]+m \tag{3-3}$$

其中，k、m 为常数。

当 k=1 且 m=0 时，输入图像原样复制给输出图像；

当 $k>1$ 时，将增大输出图像的对比度；

当 $k<1$ 时，将减小输出图像的对比度；

当 $k=1$ 而 $m\neq 0$ 时，点运算仅使所有图像的灰度值增加或减少，效果为整幅图像在显示时更亮或更暗。

线性点运算灰度全部加 50 后的效果图如图 1.3.19 所示。

(a) 灰度图像原图　　　　(b) 线性点运算效果图

图 1.3.19　灰度图像原图及线性点运算效果图

非线性点运算常见的有对数变换，表达式为

$$g(a, b)=c * \log(1+f(a, b)) \tag{3-4}$$

式中，对数变换的作用主要是降低图像对比度，即扩展图像中的暗像素值，同时压缩亮像素值。这样就得到了最终的图像输出结果，如图 1.3.20 所示。

(a) 灰度图像原图

(b) 对数变换结果图

图 1.3.20　灰度图像原图及对数变换结果图

4. 图像的空间滤波

图像的空间滤波主要是利用卷积核对图像中的像素进行操作，达到平滑图像、消除噪声的目的。图像的空间滤波分为均值滤波和中值滤波。

1) 均值滤波

均值滤波又称为线性空间滤波，它利用邻域平均法，即用相邻几个像素灰度的平均值来代换每个像素的灰度。均值滤波能有效抑制噪声，但容易使图像边缘模糊。

均值滤波常用的两种滤波器模板(即 3×3 卷积核)如图 1.3.21 所示。

$$(1/9)\times\begin{bmatrix}1&1&1\\1&1&1\\1&1&1\end{bmatrix} \qquad (1/16)\times\begin{bmatrix}1&2&1\\2&4&2\\1&2&1\end{bmatrix}$$

(a) 均值滤波器模板　　(b) 加权均值滤波器模板

图 1.3.21　两种常用的滤波器模板

图 1.3.21(a)是均值滤波器模板，即使用权重相同的 8-邻域作为滤波器模板，取邻域平均值作为中心像素点的滤波输出值；图 1.3.21(b)为加权均值滤波器模板，它的中心点权重最高，然后随着距中心点距离的增加权重系数值不断减小，其目的是在平滑处理过程中试图降低图像模糊度。均值滤波处理后的图像如图 1.3.22 所示。

(a) 灰度图像原图

(b) 均值滤波后效果图

图 1.3.22　灰度图像原图及均值滤波效果图

2) 中值滤波

中值滤波采用的是非线性平滑滤波信号处理技术，能在保护图像边缘的同时有效抑制噪声。中值滤波不需要制定卷积核，只需要指定滤波器尺寸，即先选取一个以某个像素为中心点的邻域(即相邻的几个像素)，然后将这几个像素的灰度值进行排序，取中间值作为这个像素灰度的新值。中值滤波操作主要是使用图像中某点像素周围的中间值取代这点像素原来的值。中值滤波对处理图像椒盐噪声有特别明显的效果，如图 1.3.23 所示。

(a) 灰度图像原图

(b) 中值滤波效果图

图 1.3.23　灰度图像原图及中值滤波效果图

5. 图像的形态学操作

图像形态学是图像处理技术的一个单独分支，主要针对目标是灰度图像和二值图像，它的理论基础是集合论，即图像中的集合代表二值图像或者灰度图像的形状，如二值图像的前景像素集合。图像形态学的作用是简化图像数据，保持基本形状特性，去除不相干的结构，使后续的图像识别工作能够抓住目标对象最为本质的形状特征，如边界和连通区域等。图像形态学的基本操作有膨胀运算、腐蚀运算、开运算和闭运算。

1) 膨胀运算

假设输入图像为二值图像，值为 1 的像素为待处理的前景像素集合，如图 1.3.24 所示。

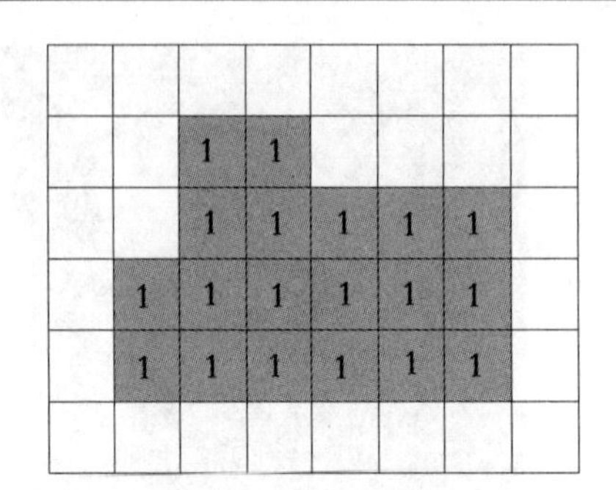

图 1.3.24　二值图像

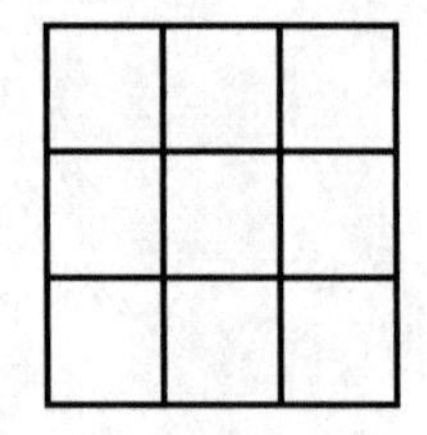

图 1.3.25　3×3 的结构元素

给定一个 3×3 的结构元素如图 1.3.25 所示，中心位置为锚点，使用结构元素遍历所有待处理像素，遍历时，锚点对齐待处理像素，同时结构元素覆盖的所有点置为 1。对二值图像的膨胀处理过程如图 1.3.26～图 1.3.30 所示。

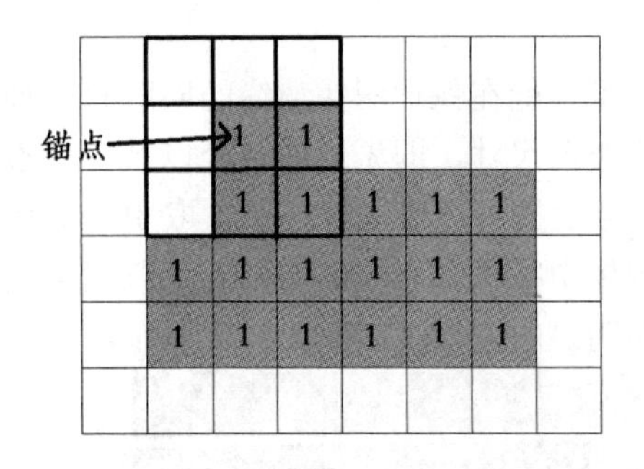

图 1.3.26　第一个待处理像素膨胀运算

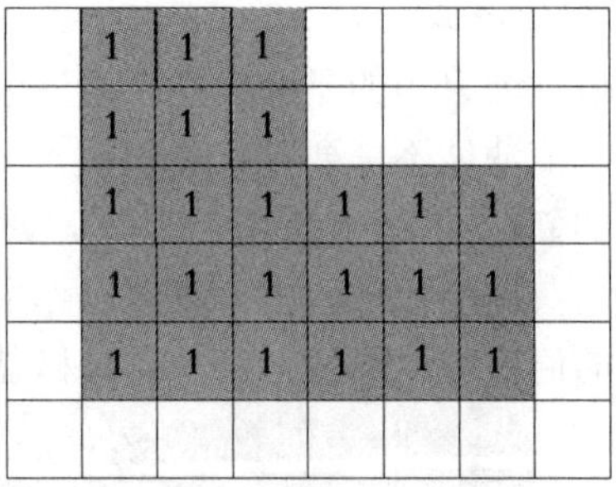

图 1.3.27　第一个待处理像素膨胀运算处理后结果

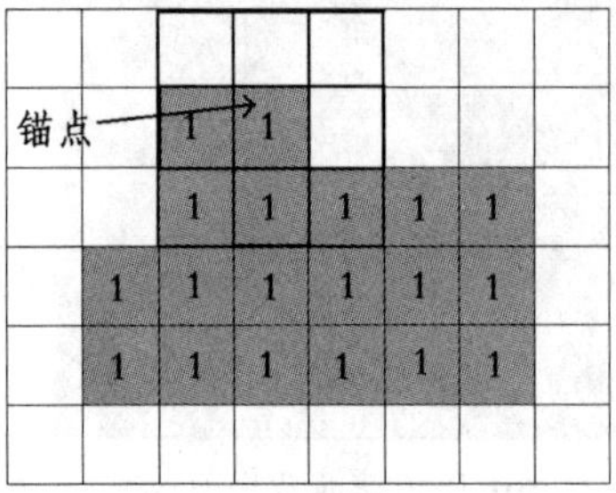

图 1.3.28　第二个待处理像素膨胀运算

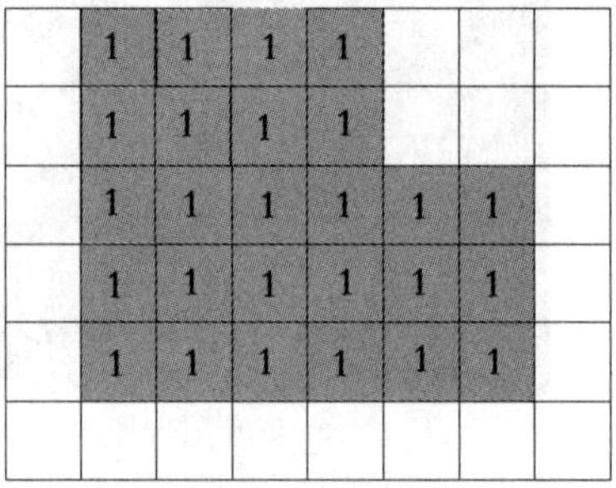

图 1.3.29　第二个待处理像素膨胀运算处理后结果

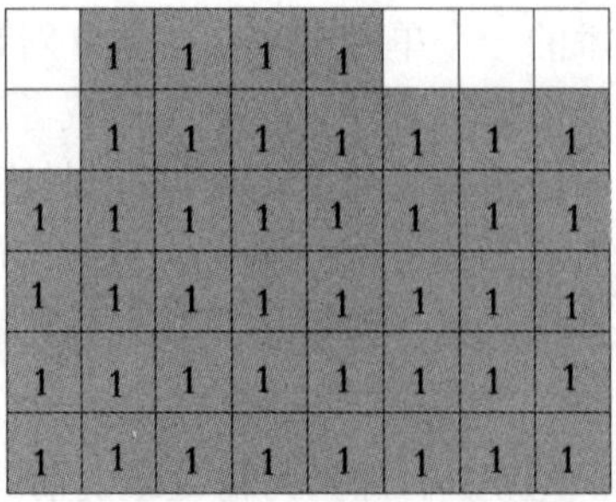

图 1.3.30　二值图像所有像素膨胀运算完成后结果

从以上二值图像的膨胀运算过程可以看出，膨胀运算对图像的前景有明显的膨胀效果。灰度图像膨胀运算的实例结果如图 1.3.31 所示。

(a) 灰度图像原图

(b) 膨胀运算结果图

图 1.3.31　灰度图像原图及其膨胀运算结果图

2) 腐蚀运算

假设输入图像为二值图像，值为 1 的像素为待处理前景像素集合，如图 1.3.32 所示。

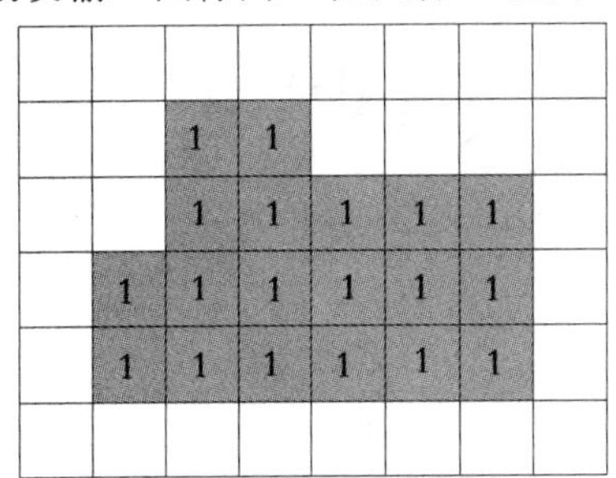

图 1.3.32　二值图像

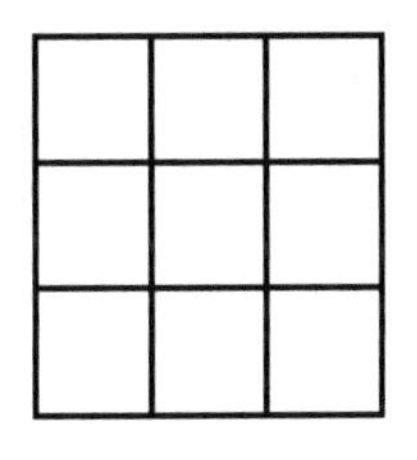

图 1.3.33　3×3 的结构元素

给定一个 3×3 的结构元素如图 1.3.33 所示，中心位置为锚点，使用结构元素遍历所有待处理像素，遍历时，锚点对齐待处理像素，结构元素覆盖范围内的像素点如果出现 0，则被处理的像素也置为 0。腐蚀运算过程如图 1.3.34 和图 1.3.35 所示，腐蚀运算结果如图 1.3.36 所示。

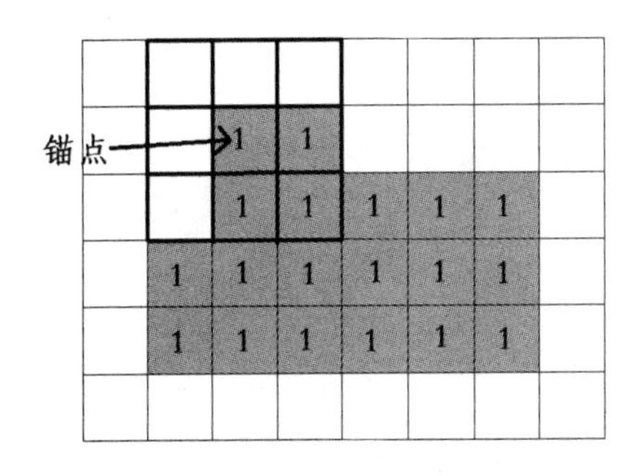

图 1.3.34　第一个待处理像素腐蚀运算

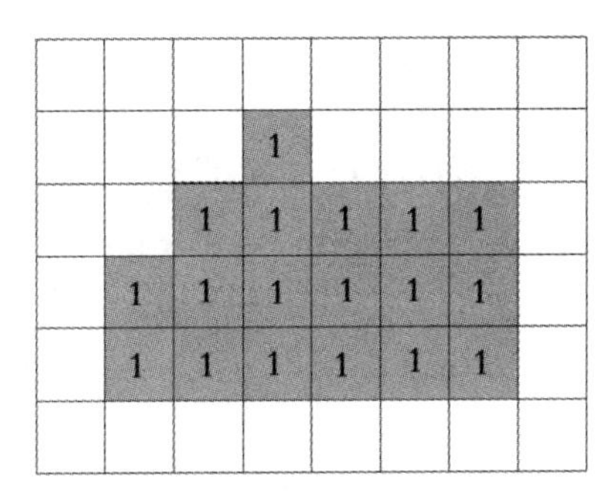

图 1.3.35　第一个待处理像素腐蚀运算处理后结果

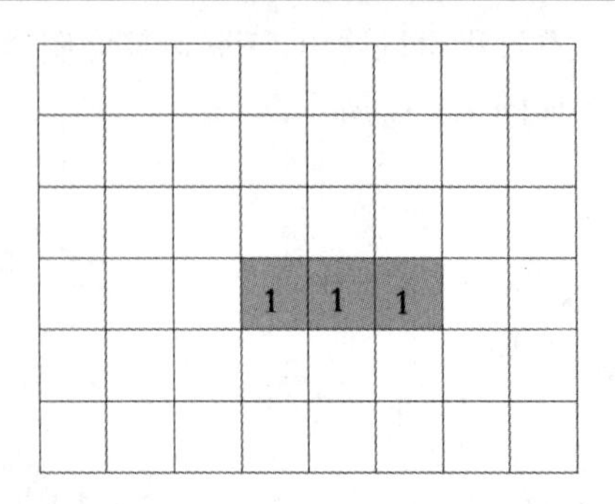

图 1.3.36　所有像素腐蚀运算完成后结果

从以上腐蚀运算过程可以看出，腐蚀运算可以去除一些粘连像素和噪声。灰度图像腐蚀运算的实例结果如图 1.3.37 所示。

(a) 腐蚀前图像

(b) 腐蚀后图像

图 1.3.37　灰度图像腐蚀运算结果图

3) 开运算

开运算的操作过程为：先使用 3×3 卷积对图像进行腐蚀操作，然后对腐蚀结果进行 3×3 膨胀。对二值图像进行开运算操作过程如图 1.3.38、图 1.3.39 和图 1.3.40 所示。

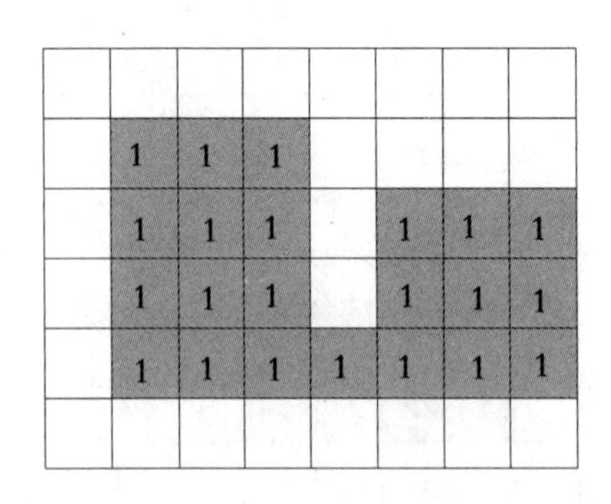

图 1.3.38　二值图像原图

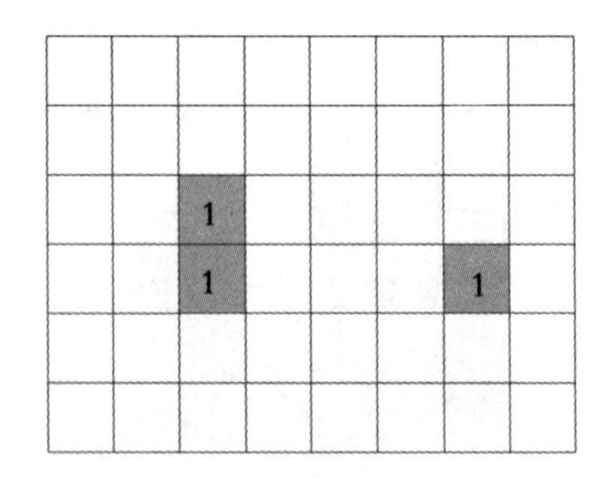

图 1.3.39　腐蚀后结果

从以上开运算过程可以看出，先腐蚀再膨胀的图像并不会恢复原状，而是会消除粘连部分，同时不影响图像其他部分的形状。对灰度图像进行开运算的效果如图 1.3.41 所示。

	1	1	1				
	1	1	1		1	1	1
	1	1	1		1	1	1
	1	1	1		1	1	1

图 1.3.40　膨胀后结果

(a) 灰度图像原图

(b) 开运算效果图

图 1.3.41　灰度图像原图及开运算效果图

4) 闭运算

闭运算的操作过程为：先用 3×3 卷积对图像进行膨胀操作，然后对膨胀结果进行 3×3 腐蚀。对二值图像进行闭运算的操作过程如图 1.3.42、图 1.3.43 和图 1.3.44 所示。

	1	1	1				
	1	1	1		1	1	1
	1	1	1		1	1	1
	1	1	1	1	1	1	1

图 1.3.42　二值图像原图

1	1	1	1	1			
1	1	1	1	1	1	1	1
1	1	1	1	1	1	1	1
1	1	1	1	1	1	1	1
1	1	1	1	1	1	1	1
1	1	1	1	1	1	1	1

图 1.3.43　膨胀后结果

	1	1	1				
	1	1	1	1	1	1	
	1	1	1	1	1	1	
	1	1	1	1	1	1	

图 1.3.44　腐蚀后结果

对灰度图像进行闭运算的效果如图 1.3.45 所示。

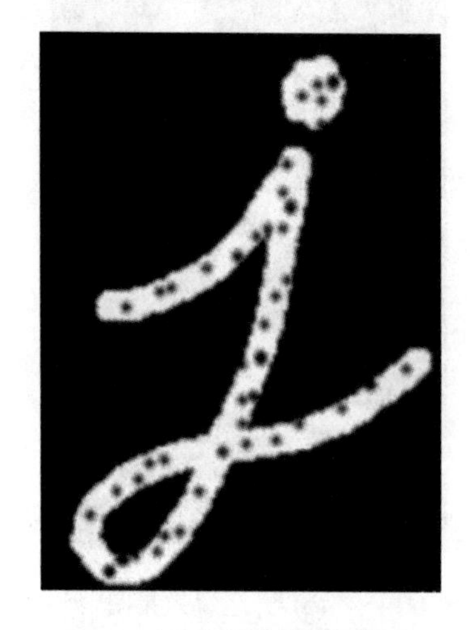

(a) 灰度图像原图

(b) 闭运算效果图

图 1.3.45　灰度图像原图及闭运算效果图

习　题

一、单选题

1. 机器视觉可以实现(　　)功能。

A. 定位　　B. 检测　　C. 测量　　D. 识别

2.以下(　　)工作机器视觉无法完成。

A. 二维码识别　　B. 文字识别　　C. 人像美颜拍照　　D. 医疗成像

3. 微信扫一扫功能是属于视觉系统的(　　)应用。

A. 引导　　B. 检测　　C. 识别　　D. 测量

4. 产品加工完成后使用机器视觉系统来识别成品是否存在缺陷、污染物、功能性瑕疵等问题是利用了机器视觉系统的(　　)功能。

A. 引导　　B. 检测　　C. 识别　　D. 测量

5. (　　)是指被测物体表面到相机镜头中心的距离。

A. 焦距　　B. 像距　　C. 景深　　D. 物距

6. 普通镜头加接圈后可以(　　)。

A. 缩小物距，缩小视野　　B. 缩小物距，增大视野

C. 增大物距，缩小视野　　D. 增大物距，增大视野

7. (　　)不属于远心镜头的优势。

A. 低畸变　　B. 高分辨率　　C. 价格便宜　　D. 大景深

8. 某相机芯片长边尺寸为 8.4 mm，分辨率为 2448×2048，若使用 0.2 倍的远心镜头，则其像素精度是(　　)。

A. 0.017 mm/pixel　　B. 0.041 mm/pixel　　C. 0.042 mm/pixel　　D. 0.002 mm/pixel

9. 同一定焦镜头，物距越大，视野(　　)。

A. 越大　　B. 越小

C. 不变　　D. 取决于镜头的品牌

10. FOV 大小为 80 mm×60 mm，用 30 万像素(640×480)的相机进行拍照，其单个像素的分辨率是(　　)。

A. 0.25 mm/pixel　　B. 0.125 mm/pixel　　C. 0.05 mm/pixel　　D. 0.0937 mm/pixel

11. (　　)不属于机器视觉中的光源起到的作用。

A. 照亮目标，提高亮度　　B. 形成有利于图像处理的效果

C. 造成视觉效果，更好看　　D. 降低环境光的干扰

12. 怎样调整光圈可以获得较大的景深？(　　)

A. 增大光圈　　B. 缩小光圈　　C. 都可以　　D. 不起作用

13. (　　)适合通孔和边缘的检测。

A. 条形光源　　B. 环形光源　　C. 同轴光源　　D. 背光源

14. 单个像素所代表的实际尺寸称之为(　　)。

A. 像素　　B. 像素分辨率　　C. 像元　　D. 像元尺寸

15. 如果你的电脑静态 IP 地址设置为 192.168.1.100，子网掩码为 255.255.255.0，相机 IP 地址设置为(　　)，可使相机连接到你的电脑。

A. 192.168.1.101　　B. 255.255.255.1　　C. 192.1.1.100　　D. 192.168.1.100

16. 某款镜头的最大兼容 CCD 尺寸是 1/2"靶面，(　　)靶面的相机可以使用该款镜头。

A. 1 inch　　B. 2/3 inch　　C. 1/2 inch　　D. 8.8 mm×6.6 mm

17. 可以提供均匀照明，减少高反光表面的镜面反射的光源是(　　)。

A. 穹顶光源　　B. 条形光源　　C. 同轴光　　D. 背光源

18. (　　)是指能够取得清晰图像的成像所测定的被摄物体前后移动的距离范围。

A. 焦距　　B. 像距　　C. 景深　　D. 工作距离

19. 放大倍率主要是指(　　)之间的比值。

A. 视野和像素数　　B. 物距和像距

C. 感光芯片尺寸和视野大小　　D. 像素数和视野大小

20. 镜头上光圈的作用是(　　)。

A. 改变通光量的大小，从而获得所需亮度的图像

B. 改变聚焦，达到完美视野图像

C. 平衡光路，达到完美视野图像

D. 过滤光线，相当于偏振片的作用

21. 相机按(　　)来分类，可分为 CCD 相机和 COMS 相机。

A. 芯片类型　　B. 传感器大小　　C. 输出模式　　D. 色彩

22. 视场水平方向的长度是 32 mm，相机水平方向分辨率是 1600，则视觉系统的理论精度是(　　)。

A. 0.01 mm　　B. 0.02 mm　　C. 0.03 mm　　D. 0.04 mm

23. 在视觉系统中，FOV 表示(　　)。

A. 视野　　B. 焦距　　C. 像距　　D. 景深

24. 光圈 f 值越小，通光孔径就(　　)，在同一单位时间内的进光量便(　　)。

A. 越小，越少　　B. 越小，越多　　C. 越大，越少　　D. 越大，越多

二、判断题

1. CMOS 芯片曝光方式一般为卷帘式快门曝光，适合拍摄运动物体。(　　)
2. 面阵相机和物体间要有相对运动才能成像。(　　)
3. 选择镜头时，镜头的最大兼容芯片尺寸要大于或等于所选择的相机芯片的尺寸。(　　)
4. 同一物距，芯片尺寸不变，像距越大，视野越大。(　　)
5. 如果客户想在不更换镜头的情况下缩小视野，可以使用接圈。(　　)
6. 工业相机常见的曝光方式是全局曝光和卷帘曝光。(　　)
7. 增加接圈会使景深变大。(　　)
8. 镜头的光学放大倍率是指芯片尺寸和视野尺寸的比值。(　　)
9. 光圈值 F1.4 和 F2.8 中，F2.8 成像更亮。(　　)
10. 相机的芯片是由像元组成的，它的功能是将光信号转换成电信号。(　　)
11. 提高相机分辨率一定能改善图片质量。(　　)
12. 光源的亮度不会对图像效果产生直接影响。(　　)
13. C 型镜头加 5 mm 接圈可以匹配 CS 型相机。(　　)
14. 同一物距下，镜头曲率越大，焦距越小，FOV 越大。(　　)
15. 物距是指被测物体清晰成像时最上表面和最下表面的距离。(　　)
16. 对于黑白相机来说，像元深度定义灰度由暗到亮的灰阶数。(　　)
17. 相比于普通彩色相机，黑白相机分辨率高、信噪比大、灵敏度高。(　　)
18. 同一视野，焦距越长，视场角越小。(　　)
19. 远心镜头的放大倍率是不可调的。(　　)
20. 镜头选型时，镜头焦距的长短对于视野影响不大。(　　)

三、填空题

1. 8 级灰度图像的灰度值范围是________，________表示白，________表示黑。
2. 常见的图片文件格式有________、________、________、________。
3. 常用的图像处理方法有________、________、________。

4. 看图填空。

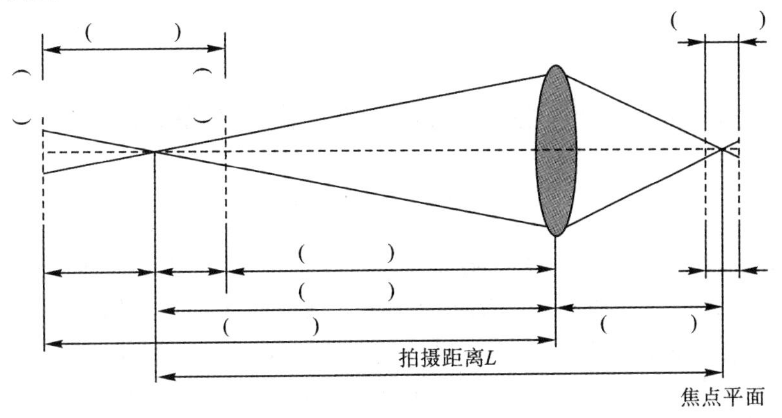

四、问答题

1. 什么是机器视觉？机器视觉技术有何优缺点？
2. 简述机器视觉系统的构成和基本原理。
3. 举两个机器视觉技术的应用案例。
4. 简述膨胀运算、腐蚀运算、开运算和闭运算操作过程及其作用。

思政学习：大国工匠高凤林

模块 2　典型机器视觉软件的使用

软件和算法是机器视觉系统的大脑，也是系统中最复杂的部分，目前市面上常见的机器视觉开发软件有 OpenCV、Halcon 和 VisionPro 等。其中 OpenCV 的最大优势是免费、开源，但其主要面向于计算机视觉领域，开发难度较大；VisionPro 的封装程度高，集成了大量经过工业化应用验证过的视觉工具，通过拖曳式编程即可搭建一些基本的视觉应用，入门难度较低；Halcon 提供了大量的机器视觉算法，架构非常灵活，开发难度介于前两者之间。本模块通过 9 个项目介绍机器视觉软件 VisionPro 的基本使用方法，该软件由机器视觉行业颇有影响力的康耐视公司开发。第一个项目介绍 VisionPro 软件的安装、QuickBuild 的核心概念与基本操作方法。后面的 8 个项目介绍软件的各类常用工具，即 PMAlign 工具、Fixture 工具、Caliper 工具、几何工具、Blob 工具、ID 工具、颜色工具、OCR 工具和极坐标展开工具，都采用先简要介绍工具的基本用法，再通过简单的应用案例强化其使用方法。由于编者水平和篇幅的限制，本模块内容未能覆盖所介绍的 VisionPro 软件工具的详细原理、参数和使用技巧，需要 VisionPro 软件其他本书未介绍的工具用法及上述工具完整详细信息的读者可参考软件自带的说明文档 (可在软件的安装路径\Cognex\VisionPro\Doc\下文件中找到)。

项目 2.1　VisionPro 软件的安装与软件界面介绍

任务 1　VisionPro 软件的安装

1. VisionPro 软件基本安装步骤

(1) 安装 VisionPro 软件前确定已关闭杀毒软件，然后在 VisionPro 软件的安装包路径 DISK1 中找到 setup.exe 应用程序，并双击进入欢迎界面进行安装，如图 2.1.1 所示。

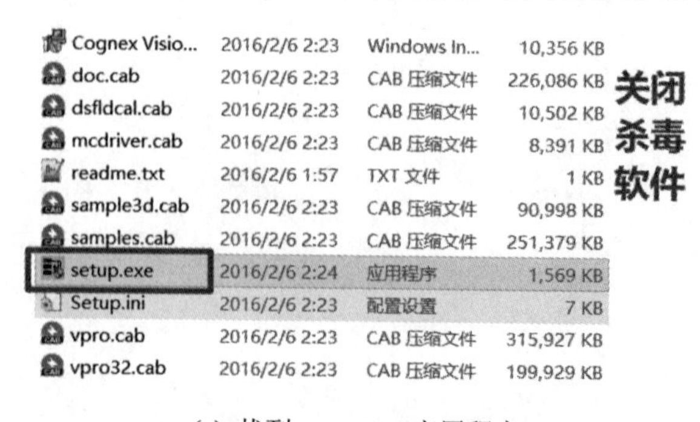

(a) 找到 setup.exe 应用程序

(b) 软件欢迎界面

图 2.1.1　VisionPro 软件安装

(2) 点击“下一步”按钮，弹出 VisionPro 软件安装初始化界面，如图 2.1.2 所示。

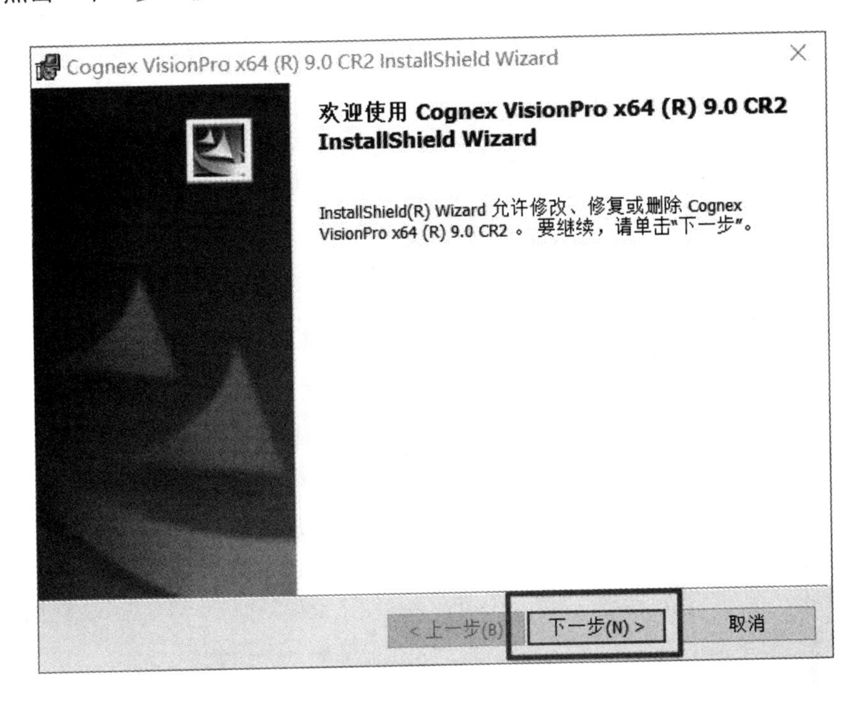

图 2.1.2　VisionPro 软件安装初始化界面

(3) 点击“下一步”按钮，弹出许可证协议界面，并选择“我接受该许可证协议中的条款(A)”选项，如图 2.1.3 所示。

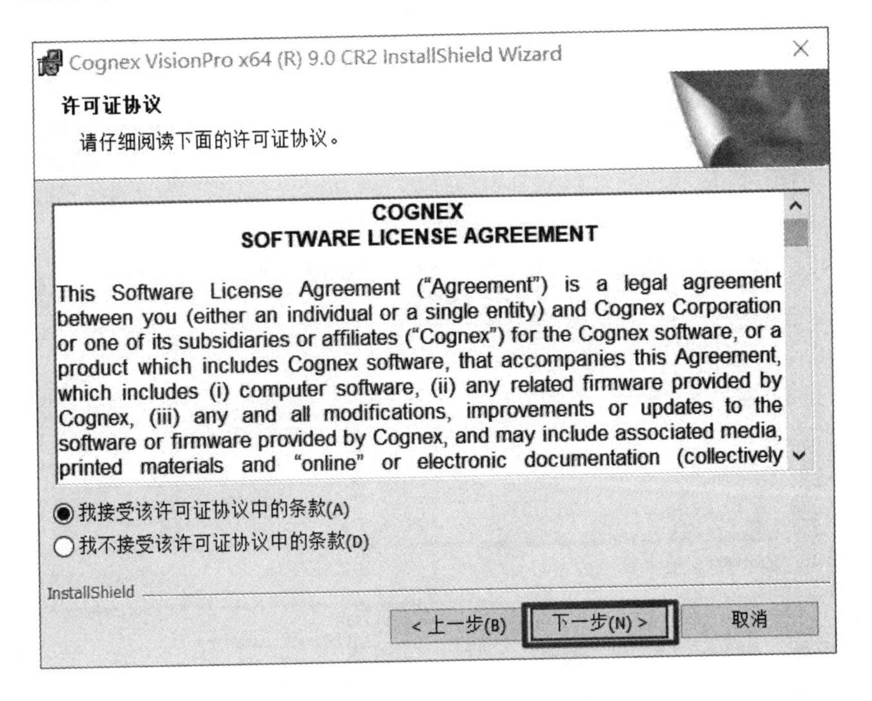

图 2.1.3　软件许可证协议界面

(4) 点击“下一步”按钮，弹出用户信息输入界面，输入用户姓名和单位，如图 2.1.4 所示。

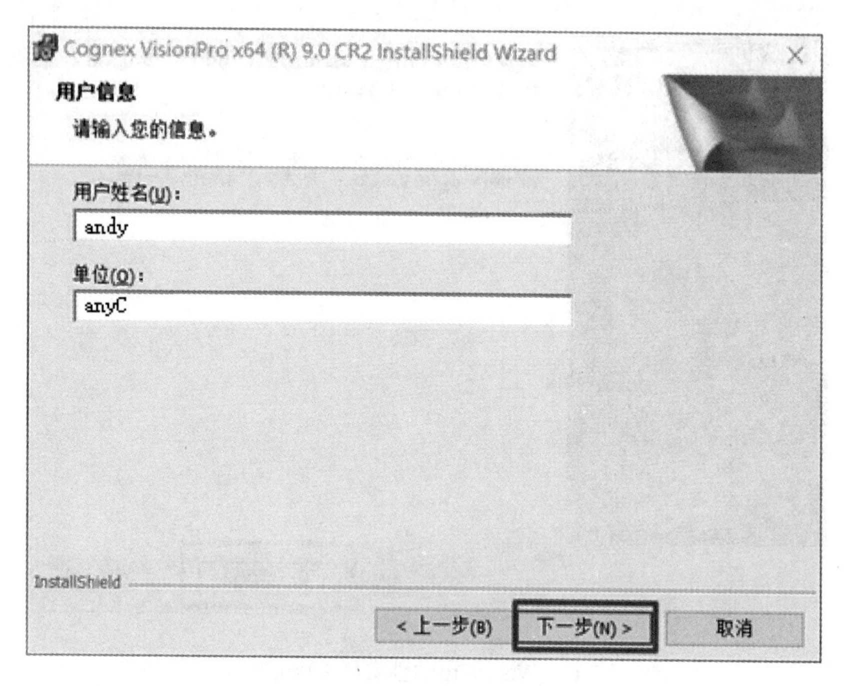

图 2.1.4　用户信息输入界面

(5) 点击“下一步”按钮，弹出自定义安装界面，同时可以通过点击“更改”按钮对默认的安装路径“C:\Program Files\Congex\”进行修改，如图 2.1.5 所示。

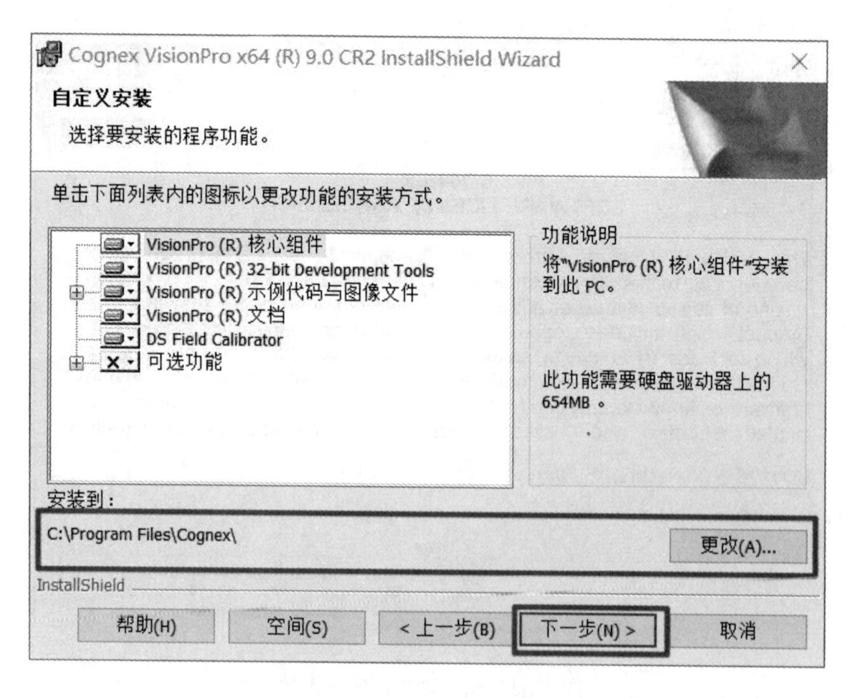

图 2.1.5　自定义安装界面

(6) 点击“下一步”按钮，弹出准备开始安装界面，如图 2.1.6 所示。

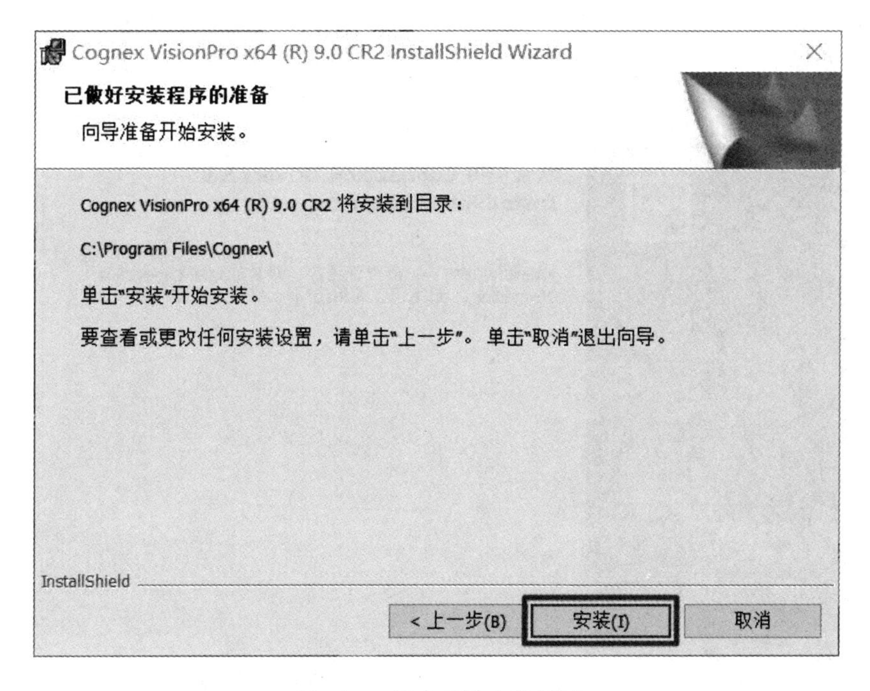

图 2.1.6　准备开始安装界面

(7) 首先点击“安装”按钮，安装完成后弹出安装完成界面，如图 2.1.7 所示。在此界面中建议不要勾选“在 Visual Studio 中安装 VisionPro 控件”选项(因本书内容不涉及)。然后点击“完成”按钮后将进入“VisionPro 控件安装向导”界面。

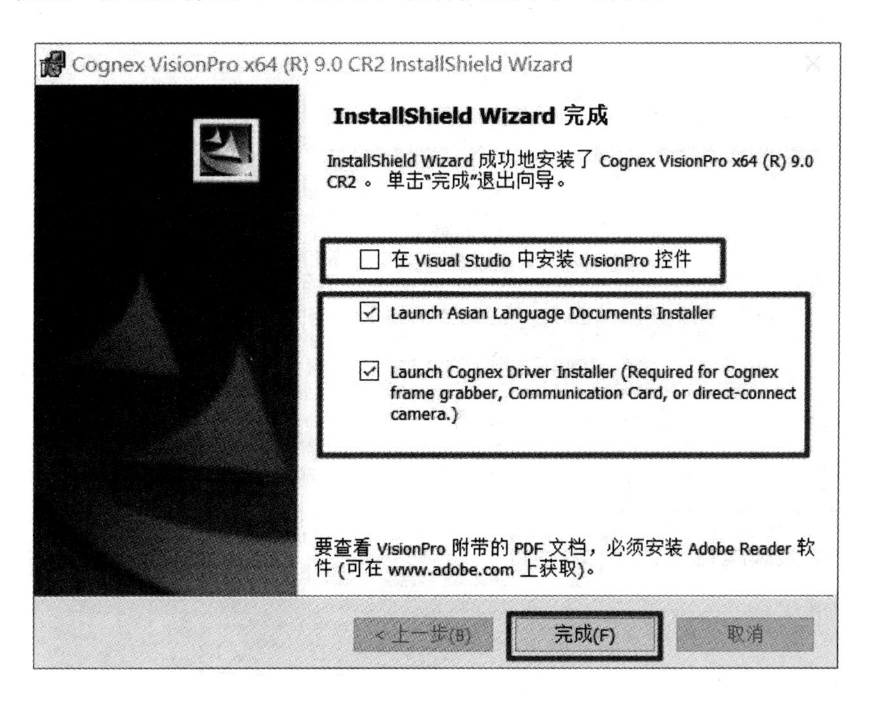

图 2.1.7　安装完成界面

2. 安装 Cognex 驱动程序步骤

(1) 在“VisionPro 控件安装向导”界面点击“下一步”按钮，弹出图 2.1.8 所示的驱动程序安装开始界面。

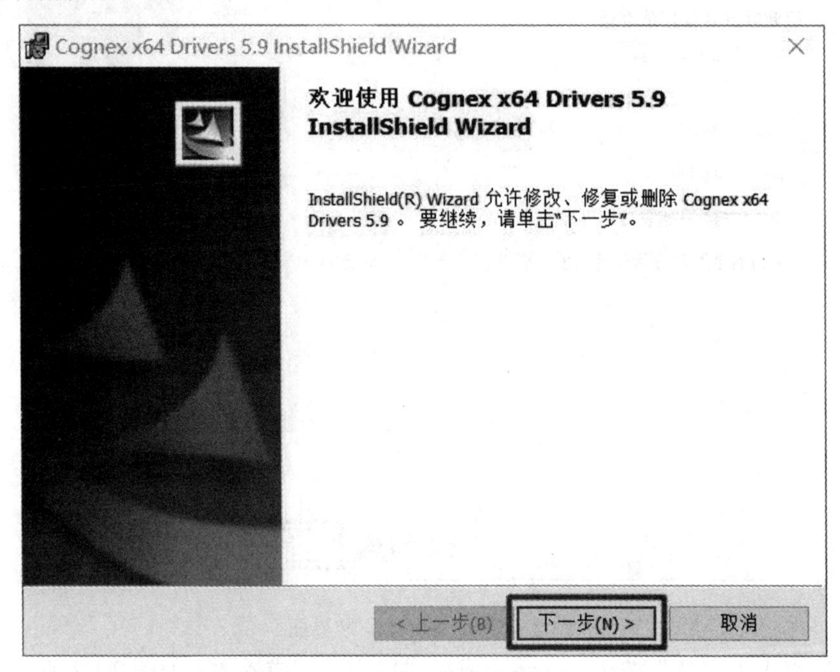

图 2.1.8　驱动程序安装开始界面

(2) 点击“下一步”按钮，弹出图 2.1.9 所示的驱动程序安装许可证协议界面，选择“我接受许可证协议中的条款(A)”选项。

图 2.1.9　驱动程序安装许可证协议界面

(3) 点击“下一步”按钮，弹出图 2.1.10 所示的驱动程序安装类型选择界面，选择“完整安装”选项，然后点击“下一步”按钮进入驱动程序安装确认界面。

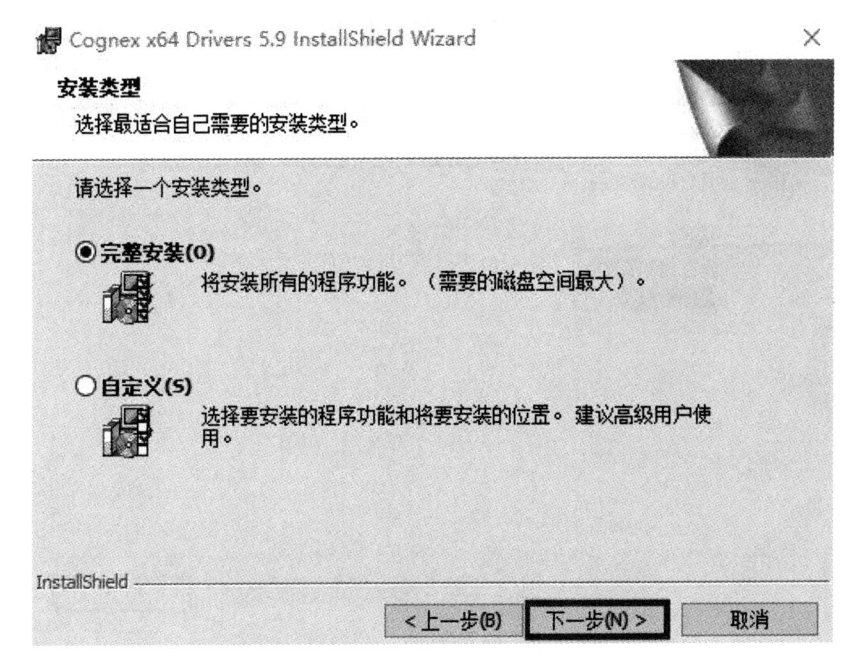

图 2.1.10　驱动程序安装类型选择界面

(4) 图 2.1.11 所示为驱动程序安装确认界面，点击“安装”按钮进入安装界面。

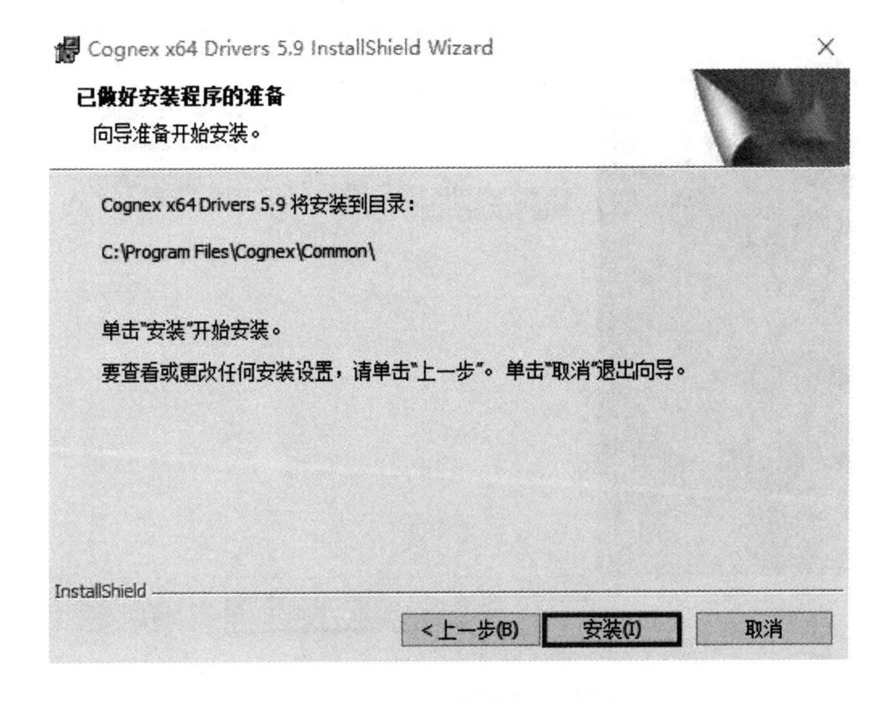

图 2.1.11　驱动程序安装确认界面

(5) 选择所需安装的驱动程序，安装过程界面如图 2.1.12 所示。

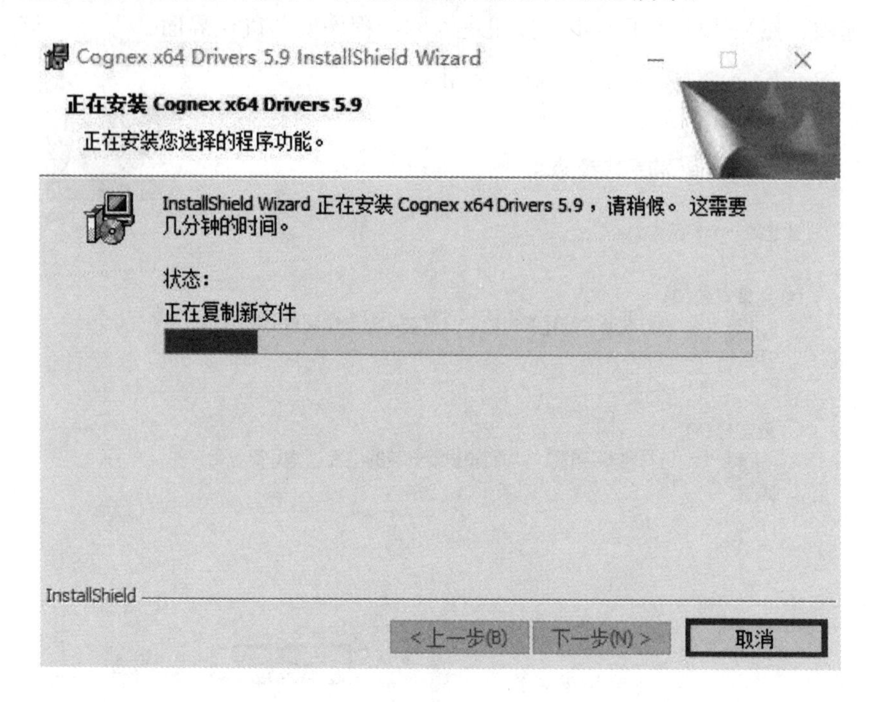

图 2.1.12　驱动程序安装过程界面

(6) 安装完成后的界面如图 2.1.13 所示。

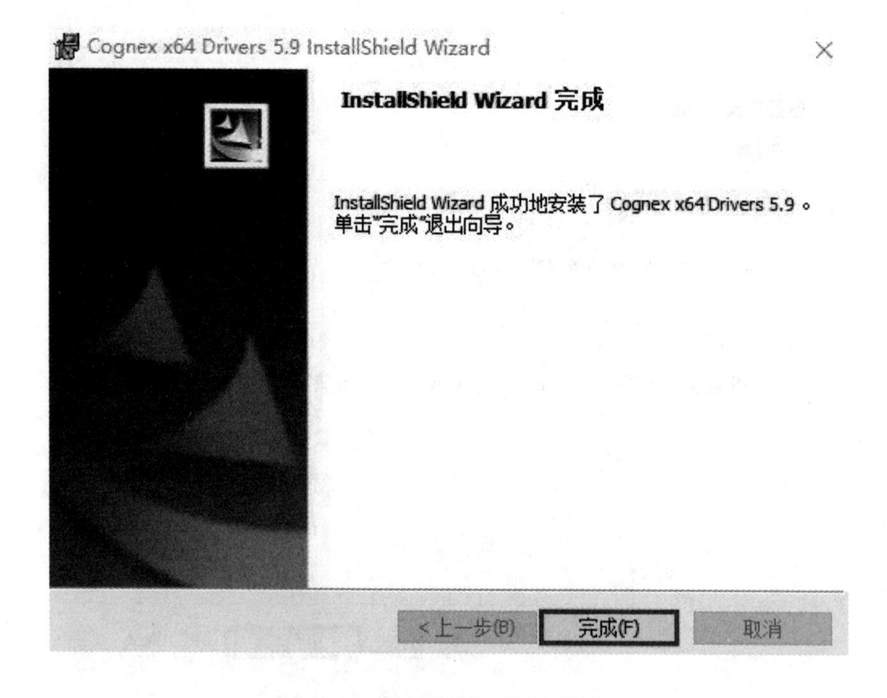

图 2.1.13　驱动程序安装完成界面

任务 2　VisionPro 软件界面介绍

VisionPro 是美国康耐视公司的一款视觉处理软件，提供了易于应用的交互式开发环境。VisionPro 可以通过应用程序向导生成应用程序，不需要任何代码即可完成视觉项目。VisionPro 项目结构为：QuickBuild 工程→Job→ToolGroup/ToolBlock→工具(CogXXX，XXX 为各类工具的英文缩写)。一个 QuickBuild 工程包含一个或多个相互独立的 Job，每个 Job 又包含一个或多个工具组(ToolGroup)或工具块(ToolBlock)，在 ToolGroup 或 ToolBlock 中可添加若干个工具，通过使用 ToolGroup 或 ToolBlock 可以将完成某一功能的多个工具进行封装，实现项目的模块化管理，也可将某一特定功能的 ToolGroup 或 ToolBlock 导出后重复使用，实现类似于各类编程语言中的“函数”功能。ToolBlock 中还可以继续包含 ToolGroup 或 ToolBlock，且 ToolGroup 或 ToolBlock 之间没有明确的层次关系。

1. QuickBuild 操作界面

VisionPro 软件安装完成后双击桌面上的“VisionPro (R) QuickBuild”图标可打开 QuickBuild 界面。QuickBuild 界面包括程序设计区域、工具栏和导航器，如图 2.1.14 所示。

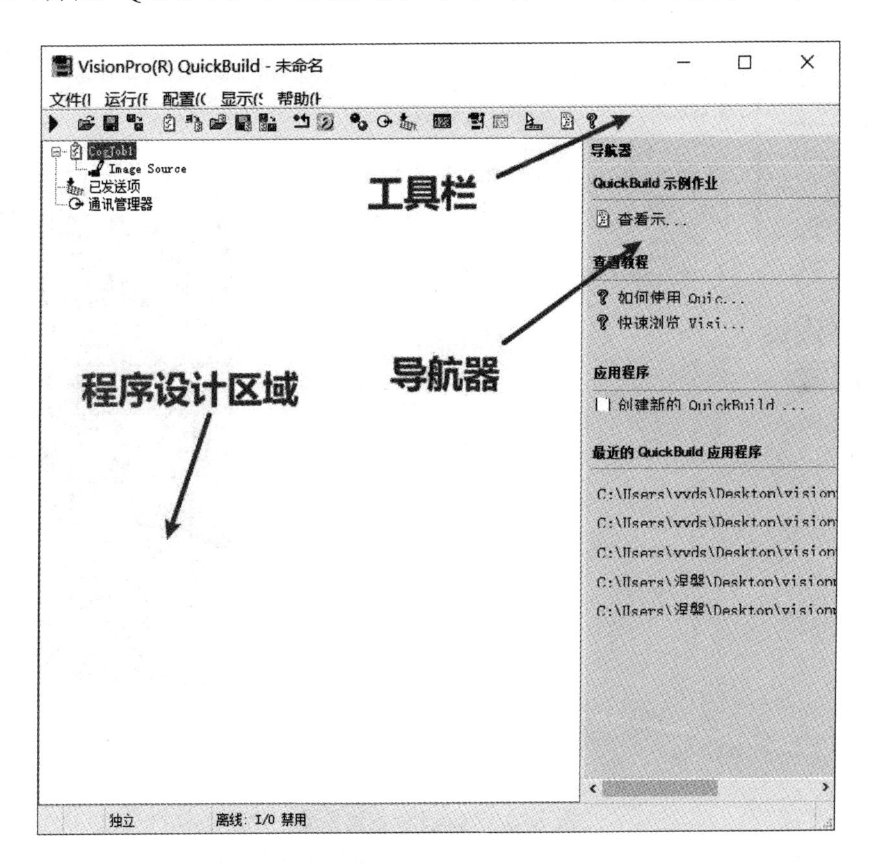

图 2.1.14　QuickBuild 界面

(1) QuickBuild 工具栏。该区域包含“单次运行 QuickBuild 应用程序”“打开 QuickBuild 应用程序”“保存 QuickBuild 应用程序”和“另存为 QuickBuild 应用程序”等基础操作按钮，图 2.1.15 所示为 QuickBuild 操作界面工具栏按钮图标解析。

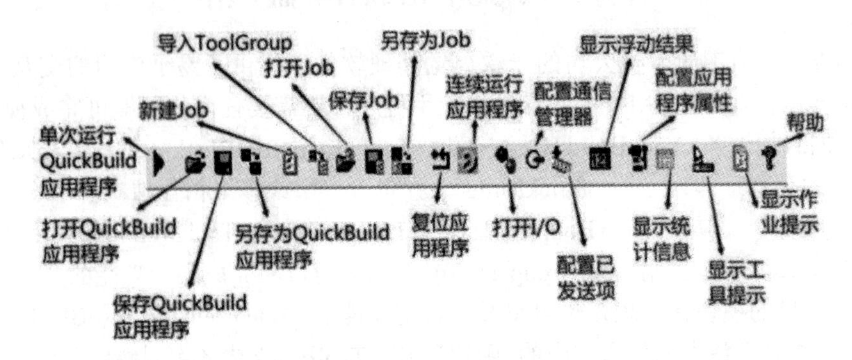

图 2.1.15 QuickBuild 操作界面工具栏按钮解析

(2) 程序设计区域。在该区域可以添加多个 CogJob(作业)，CogJob 能够为视觉程序提供设计需求，双击打开后可以在 CogJob 的编辑界面中打开工具箱，并可对所需的工具进行双击、点击或者拖曳，如图 2.1.16 所示。

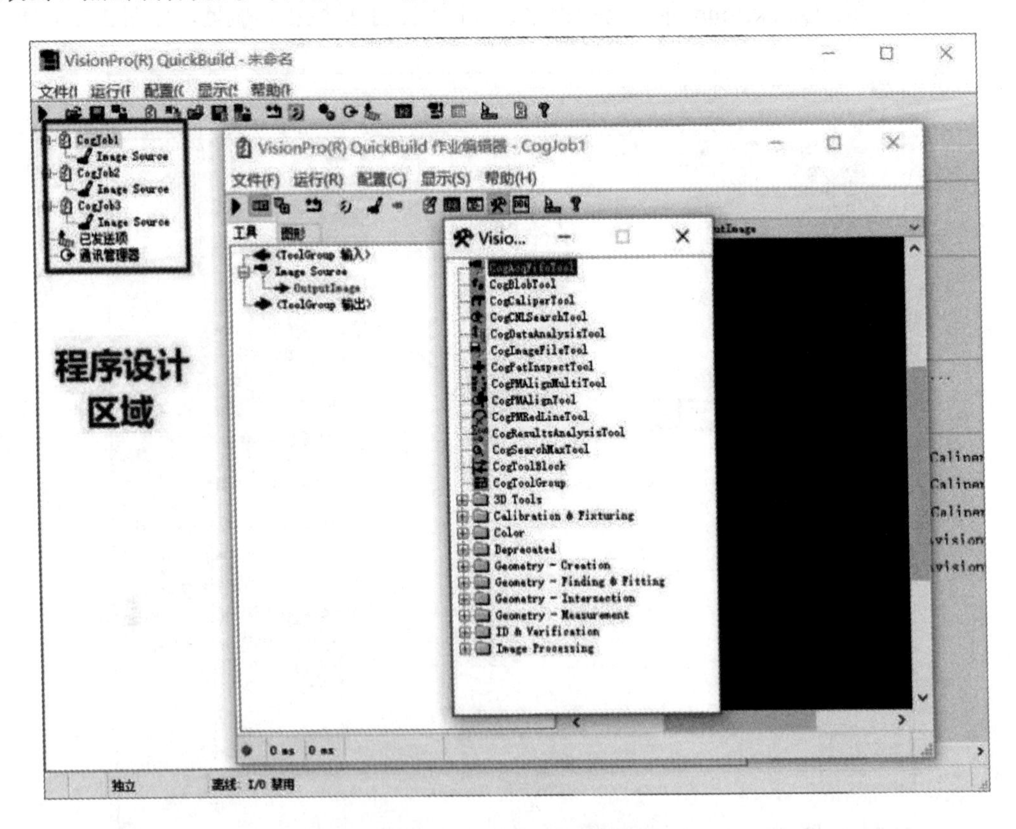

图 2.1.16 CogJob 编辑界面

(3) 导航器。在该区域点击“查看示例作业”命令按钮，可对 VisionPro 软件自带的示例进行学习，另外通过“查看教程”命令按钮能够查看 VisionPro 软件的帮助文档，图 2.1.17 所示为示例作业查看界面。

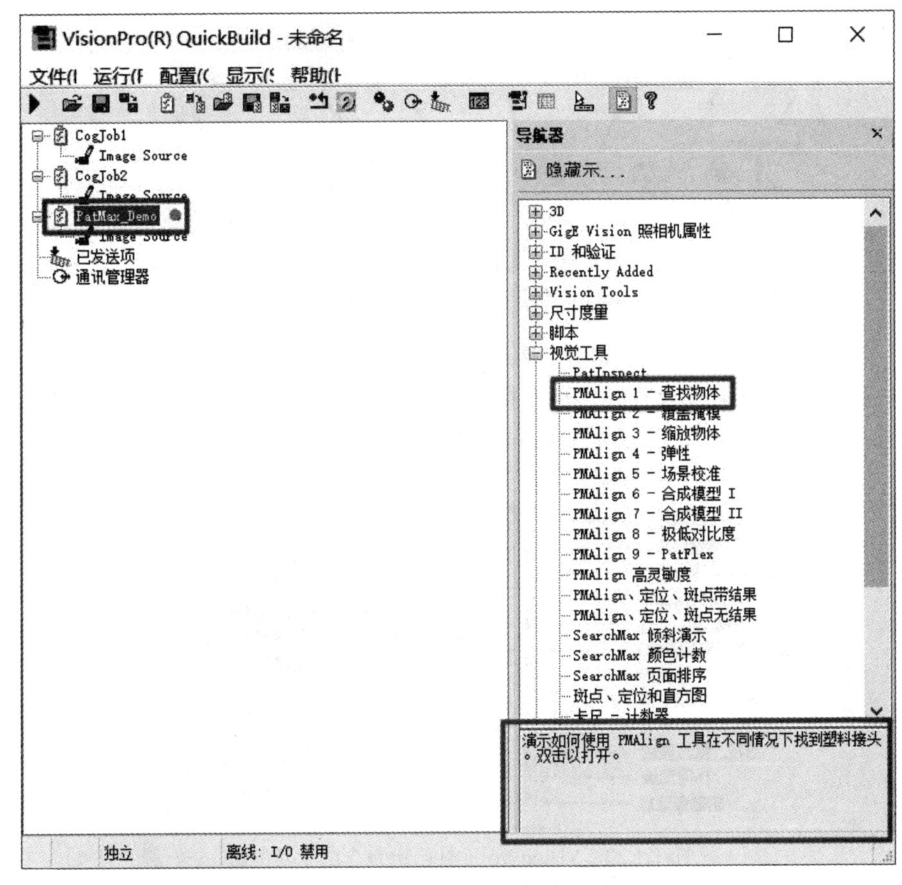

图 2.1.17　示例作业查看界面

2. CogJob 操作界面

在 QuickBuild 界面双击“CogJob 1”进入作业编辑器界面，作业编辑器界面包括程序编辑区域、工具栏和结果显示区域，如图 2.1.18 所示。

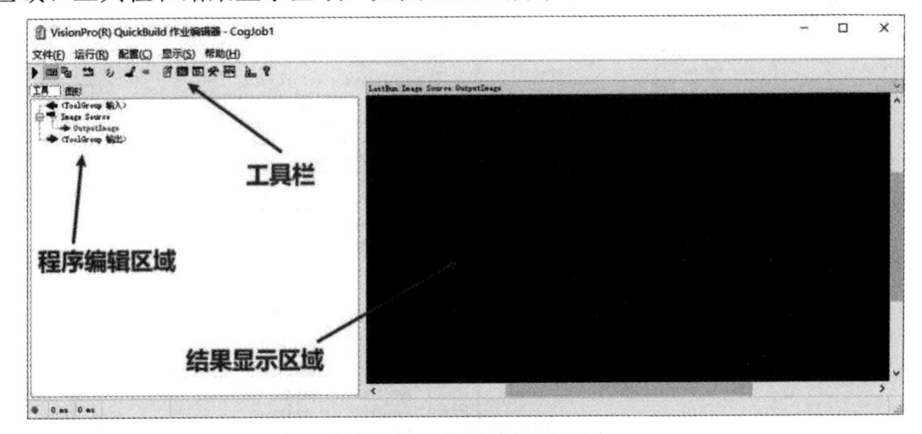

图 2.1.18　作业编辑器界面

(1) 作业编辑器界面工具栏。在此工具栏中包含着“单次运行”“本地显示”“浮动显示”等多种工具按钮，图 2.1.19 所示为作业编辑器界面工具栏按钮解析。

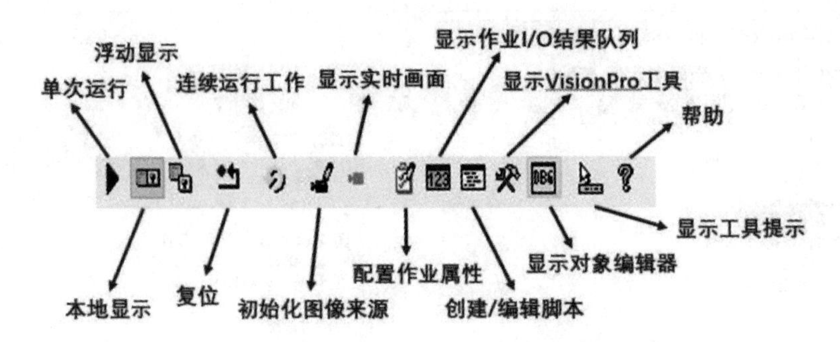

图 2.1.19　作业编辑器界面工具栏按钮解析

VisionPro 工具箱中包含着许多机器视觉工具，如 CogPMAlignTool、CogCaliperTool、CogBlobTool 等，图 2.1.20 所示为 VisionPro 软件工具箱包含的工具解析。

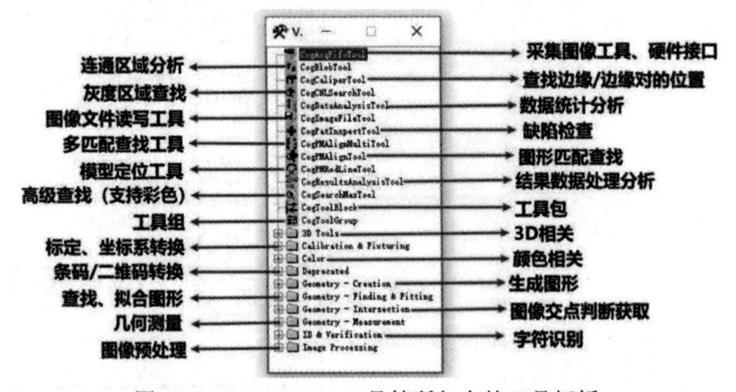

图 2.1.20　VisionPro 工具箱所包含的工具解析

(2) 程序编辑区域。能够在此区域中添加工具对象并进行编辑和检测，图 2.1.21 所示为作业编辑界面中程序编辑区域说明。

图 2.1.21　作业编辑器界面中程序编辑区域说明

在程序编辑区域双击“Image Source”工具，如果 VisionPro 软件已经连接上相机，则可以直接通过相机来采集对象图像。但在学习过程中更常用的是加载本地图像，图 2.1.22 所示为 Image Source 加载本地图像界面。

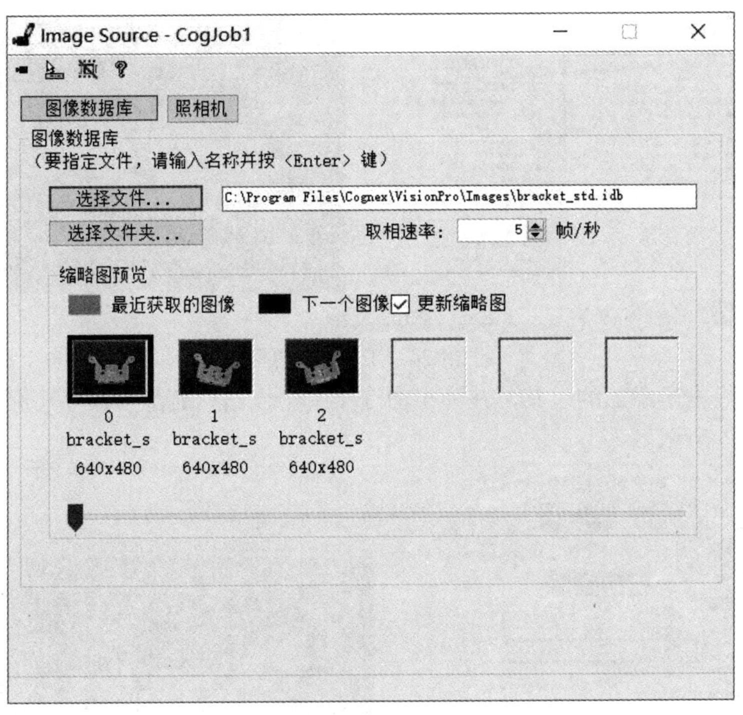

图 2.1.22　Image Source 加载本地图像界面

首先在加载本地图像界面点击“选择文件”按钮，软件安装路径“C:\Program Files\Cognex\VisionPro\Images”中为 VisionPro 软件自带的示例图像(此处为默认安装路径，安装根目录由软件安装时选择确定)，查找到该路径后选择“bracket_std.idb”文件，然后点击“打开”按钮；也可以点击“选择文件夹”按钮，选择文件夹里的图像。最后点击单次运行按钮，在所在界面右侧加载出对应的图像。图 2.1.23 所示为图像数据来源文件选择界面。

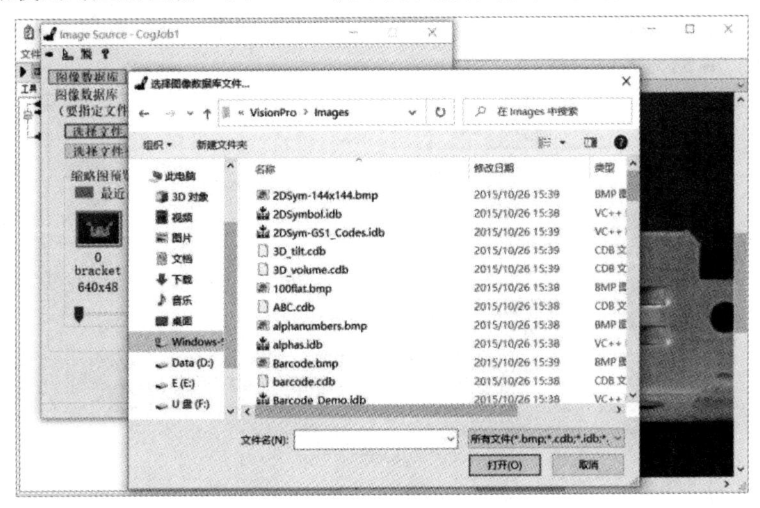

图 2.1.23　图像数据来源文件选择界面

图像加载完成后，双击所要添加的工具，如图 2.1.24 所示。

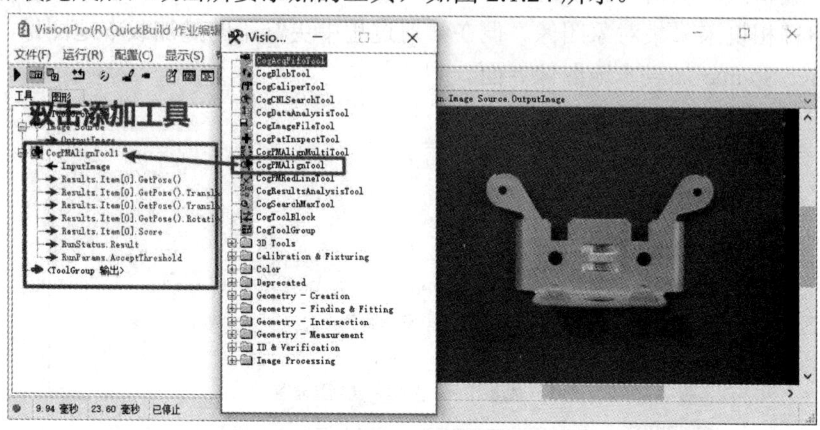

图 2.1.24　工具添加界面

鼠标右键点击所添加的工具，在弹出命令菜单中点击“删除”命令可删掉已添加的工具，如图 2.1.25 所示。

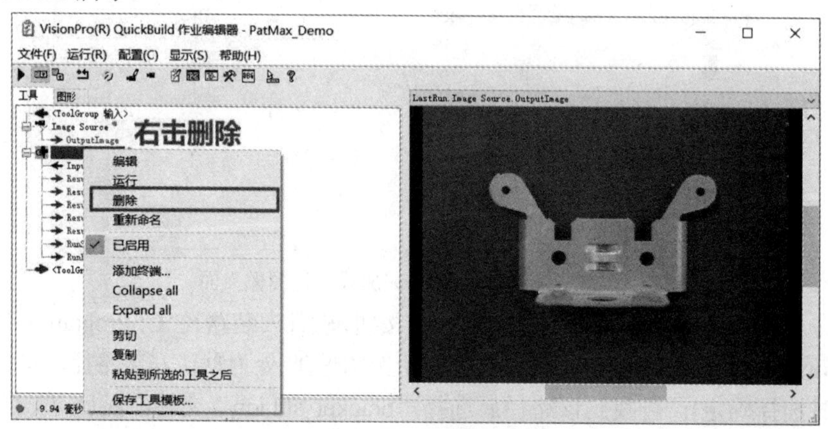

图 2.1.25　工具删除界面

在工程项目程序搭建完成后，可返回到 QuickBuild 操作界面，对其进行保存。可以保存 QuickBuild 的整个工程项目程序(包含所有的 CogJob 程序)，也可以单独保存某个 CogJob 程序，如图 2.1.26 所示。

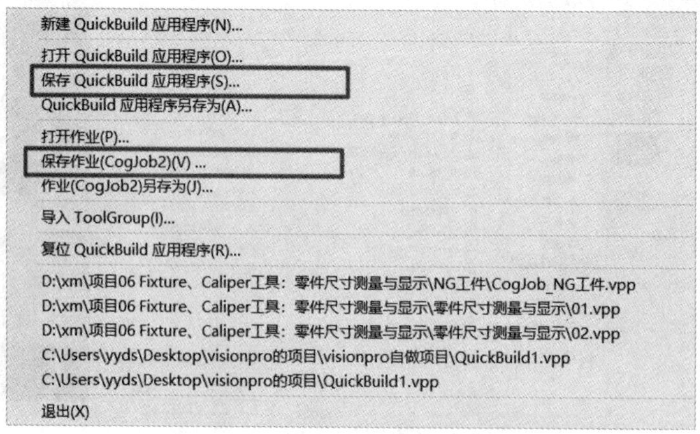

图 2.1.26　程序文件保存类型选择

项目 2.2　PMAlign 工具的使用

任务 1　PMAlign 工具的基本使用方法

1. PMAlign 工具的概念

PMAlignTool 主要作用是根据图像训练的模板对图像进行识别和定位，以及基于轮廓和边缘特征进行目标搜索。

2. PMAlign 工具的基本使用方法

PMAlign 工具基本使用

(1) 打开 VisionPro 软件后打开作业编辑器，并点击初始化图像来源按钮和工具箱，添加图像和工具，初始化作业编辑器界面。图像源为 VisionPro 软件安装路径下的示例图像文件“C:\Program Files\Cognex\VisionPro\Images\bracket_std.idb”，如图 2.2.1 所示。

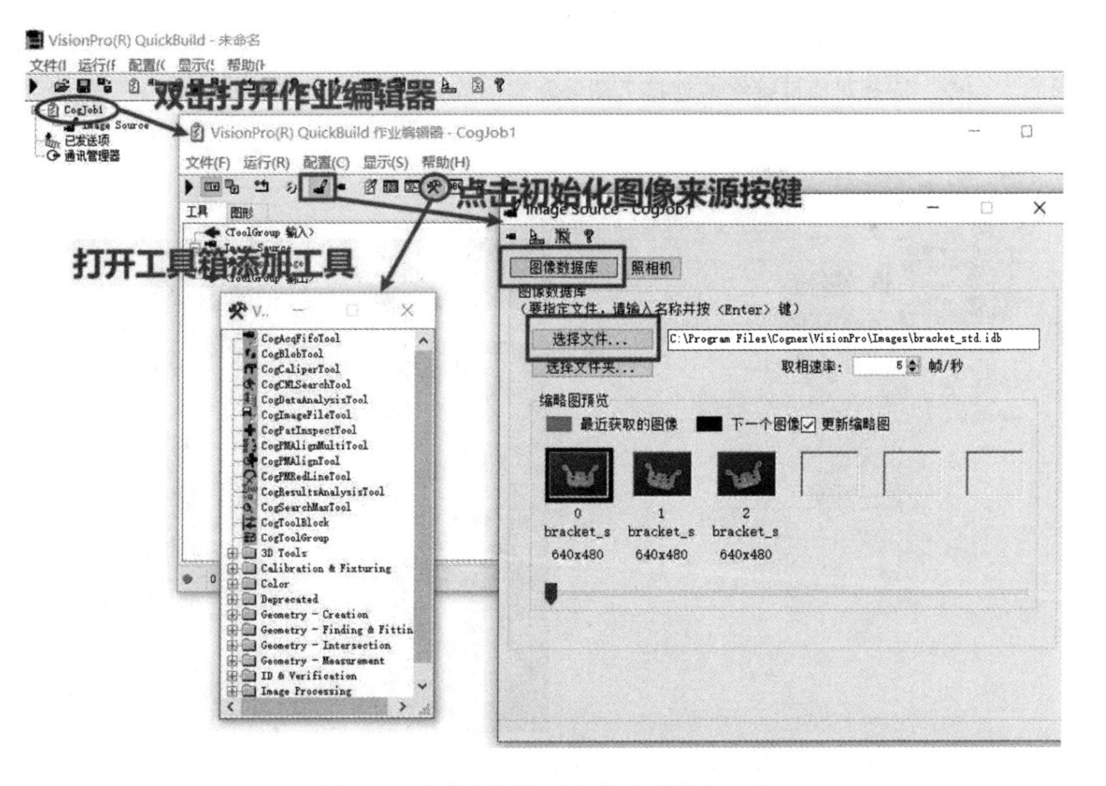

图 2.2.1　在作业编辑器界面添加图像和工具

(2) 添加 CogPMAlignTool，并根据需要修改检测工具 CogPMAlignTool1 的名称(点击鼠标右键→选择“重新命名”命令)，如图 2.2.2 所示。

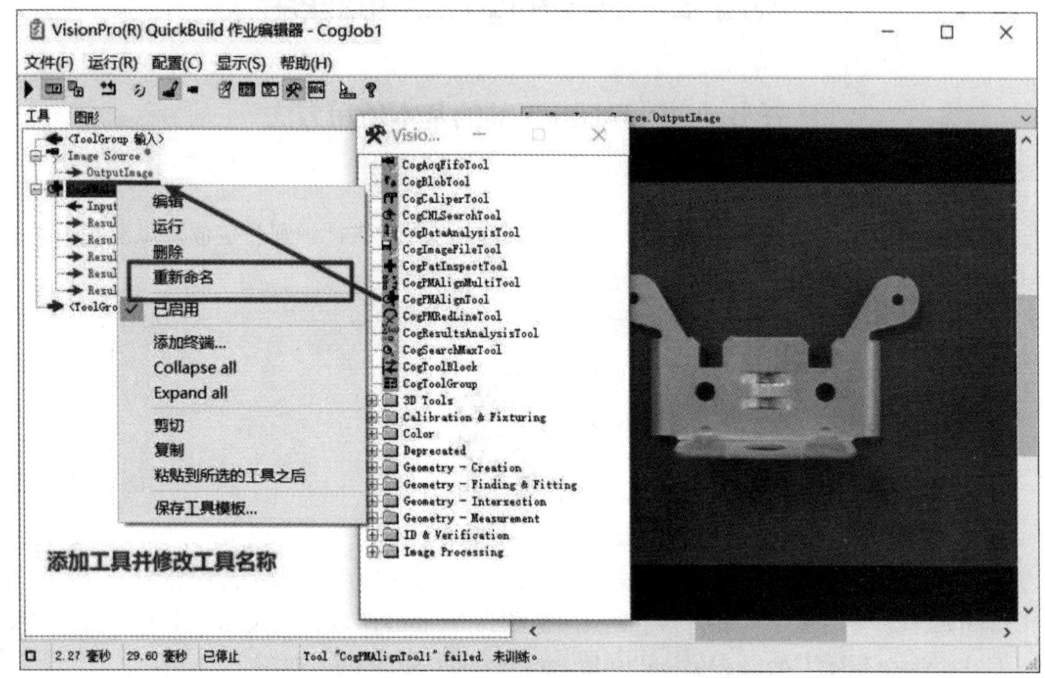

图 2.2.2　CogPMAlignTool 的添加和重新命名

(3) 连接数据链接，实现数据的传输(拖曳连接或点击鼠标右键在弹出菜单中选择“链接自”命令，选择对应链接终端连接上图像源输出数据)，如图 2.2.3 所示。

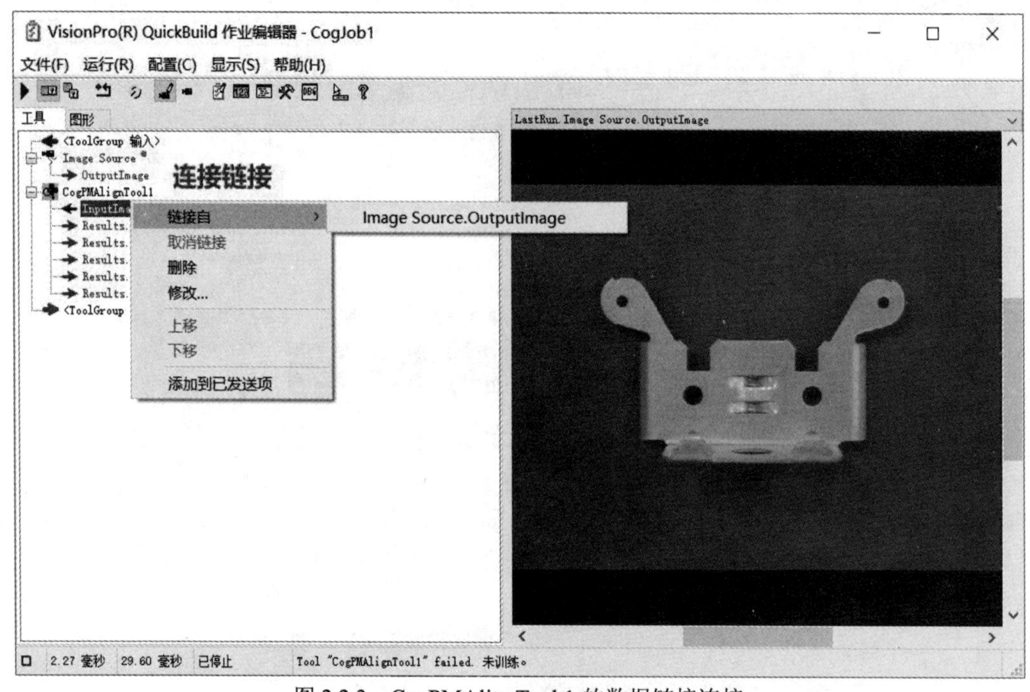

图 2.2.3　CogPMAlignTool 1 的数据链接连接

(4) 双击“CogPMAlignTool1”打开 CogPMAlignTool1 参数设置界面，然后点击“抓取训练图像”按钮对目标对象进行抓取，如图 2.2.4 所示。

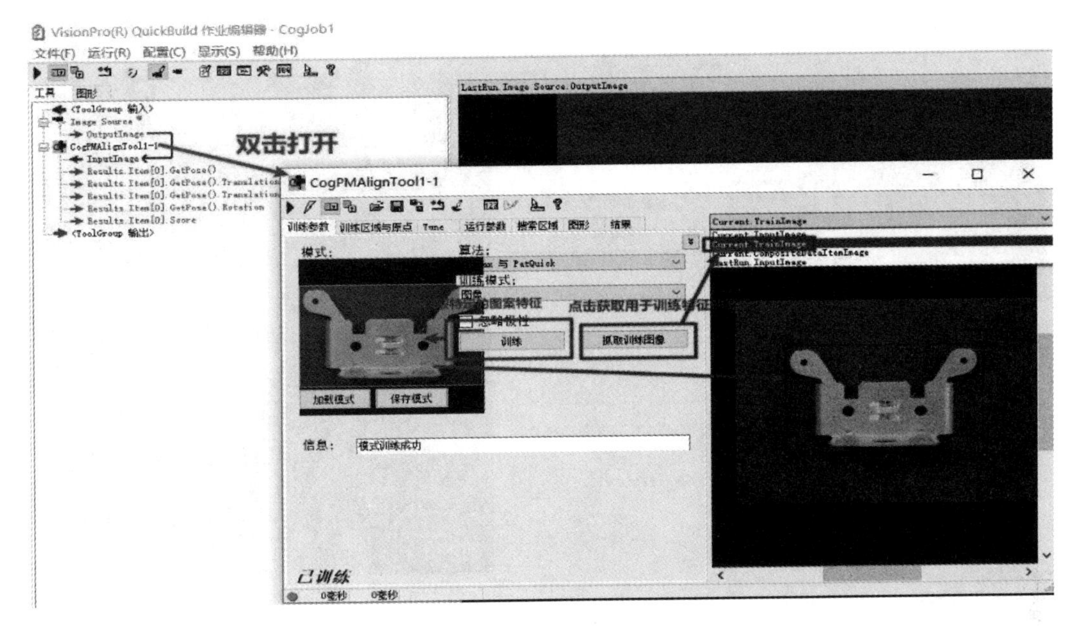

图 2.2.4　模板对象的抓取

CogPMAlignTool 有多种常用算法，如 PatMax、PatQuick、PatFlex 等，如图 2.2.5 所示，下面简要介绍其中的 3 种算法。

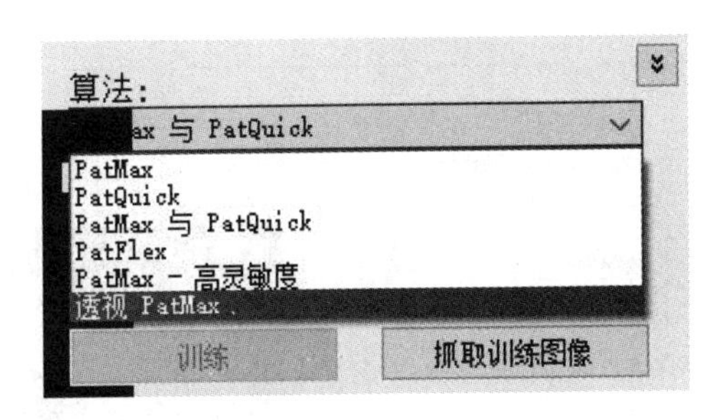

图 2.2.5　算法种类

① PatMax：此算法精度高，在二维元件上表现最佳，适用于细微细节的处理。

② PatQuick：此算法速度快，对于三维或者低质量元件效果更佳，能承受更多的图像差异。

③ PatFlex：此算法灵敏度高，在处理弯曲不平的表面的时候表现更佳且灵活，但不够精确。

CogPMAlignTool 的训练参数包含多种高级参数，如弹性、粒度、极性等，图 2.2.6 所示为训练参数中的高级参数。

① 弹性：在查找与原来的受训图案存在一些几何形状变化的元件时很有用。

② 粒度：被描述为探测到的目标特征的半径，以像素为单位表示。

③ 极性：极性是对 PatMax 的一个提示，可以使图案更明确；除非对象受极性变化影

响，否则建议使用极性功能，忽略极性可能增加误匹配的概率。

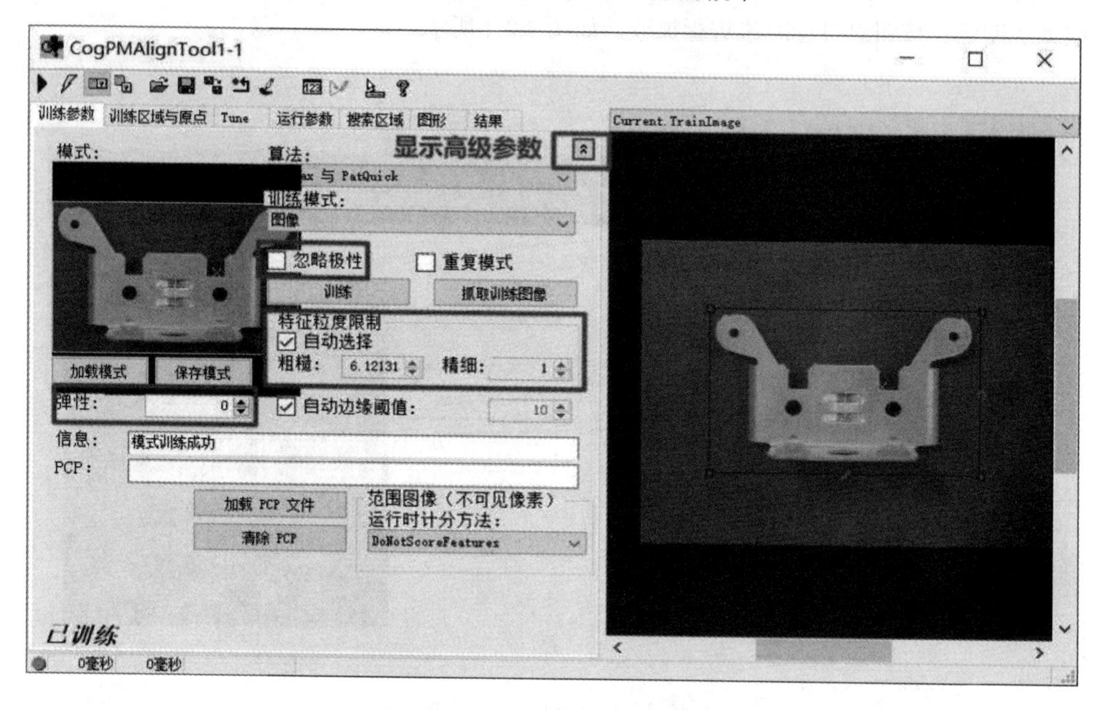

图 2.2.6　训练参数中的高级参数

设置“训练区域与原点”选项卡时，可以在 Current.TrainImage 界面调整交互图形和手动设置对应参数，如图 2.2.7 所示。

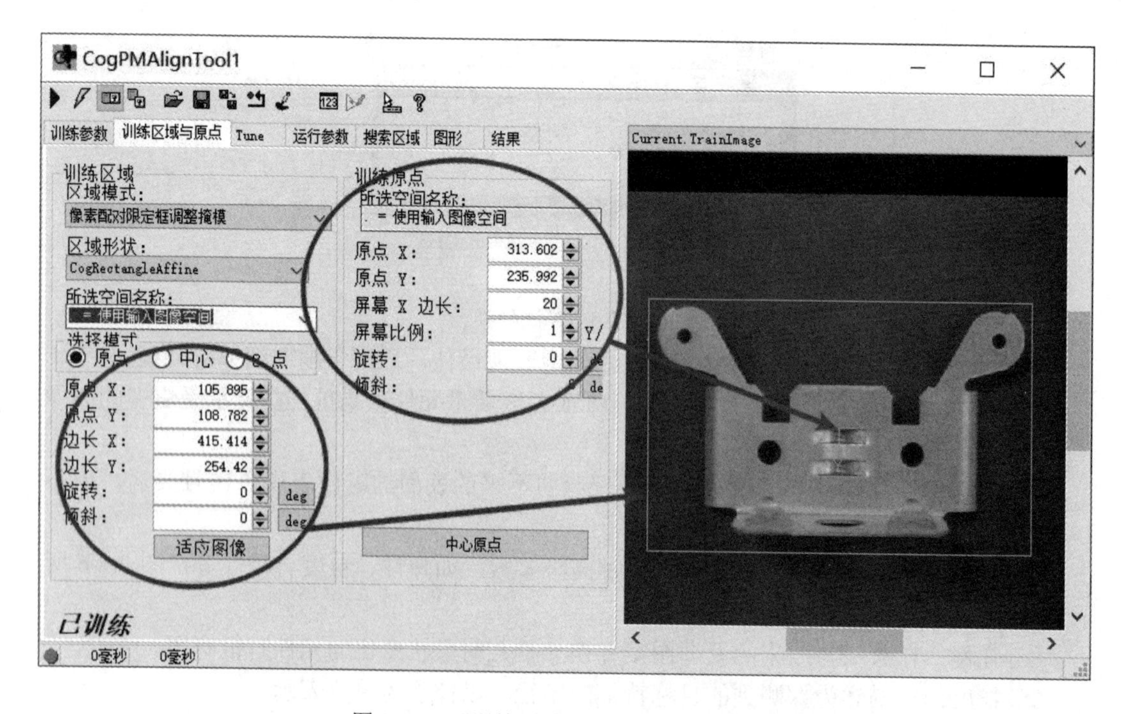

图 2.2.7　“训练区域与原点”选项卡界面

“运行参数”选项卡中包含区域角度、计分时考虑杂斑、查找概数、对比度阈值、特征缩放等功能参数，如图 2.2.8 所示。以下为“运行参数”选项卡中的参数功能介绍。

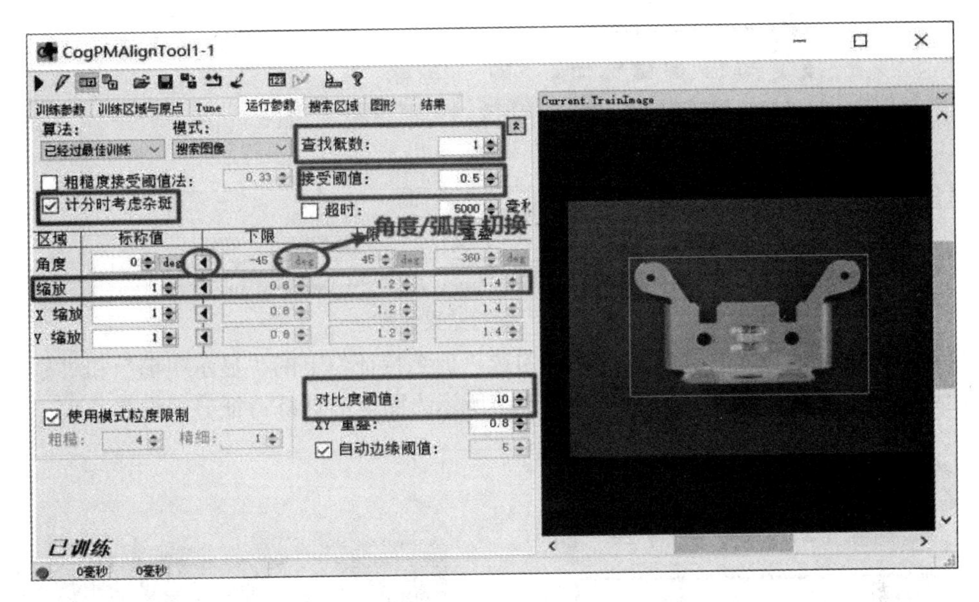

图 2.2.8　“运行参数”选项卡界面

① 区域角度：用于修改工具界面运行参数选项卡的角度，使检测区域范围更广。由于要搜索的对象在图像中的角度绝大部分情况下都是变化的，因此几乎所有的 PMAlign 工具应用都需要使用该参数。

② 接受阈值：阈值改为小于 0.5 时选定区域的接受范围更大，大于 0.5 时则反之。

③ 计分时考虑杂斑：仅适用于 PatMax，如果选中，背景噪音以及杂点会拉低得分，否则得分会忽略背景干扰而升高。

④ 查找概数：能够指定对象结果总数。

⑤ 对比度阈值：匹配的最低对比度限制(灰度值为 0～255)。

⑥ 特征缩放：使数据规范化，使对象的特征范围更加具有可比性。当要搜索的对象有大小变化时，需要使用该参数。

⑦ 粗糙度接受阈值法：粗匹配阈值系统默认设置过高时，如果使用该参数，可能在粗匹配阶段特征定位异常，需要手动调整设置，图 2.2.9 所示为粗糙度接受阈值法的设置。

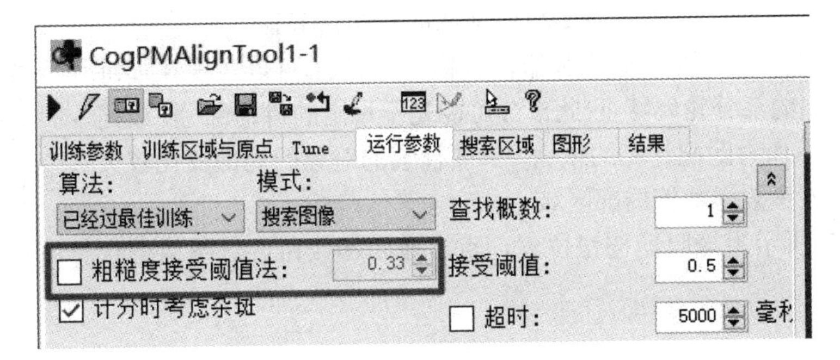

图 2.2.9　粗糙度接受阈值法的设置

使用粗糙度接受阈值法后，对象匹配的分数和拟合误差会受其影响，图 2.2.10 所示为运行结果参数。

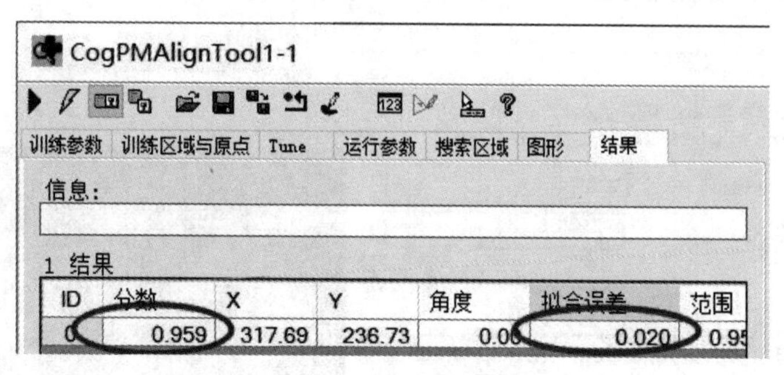

图 2.2.10　运行结果参数

点击“图形”选项卡，在此选项卡中勾选“训练特征”下的“显示粗糙”和“显示精细”选项，可以显示出图形的轮廓，图 2.2.11 所示为图像的训练特征显示设置。

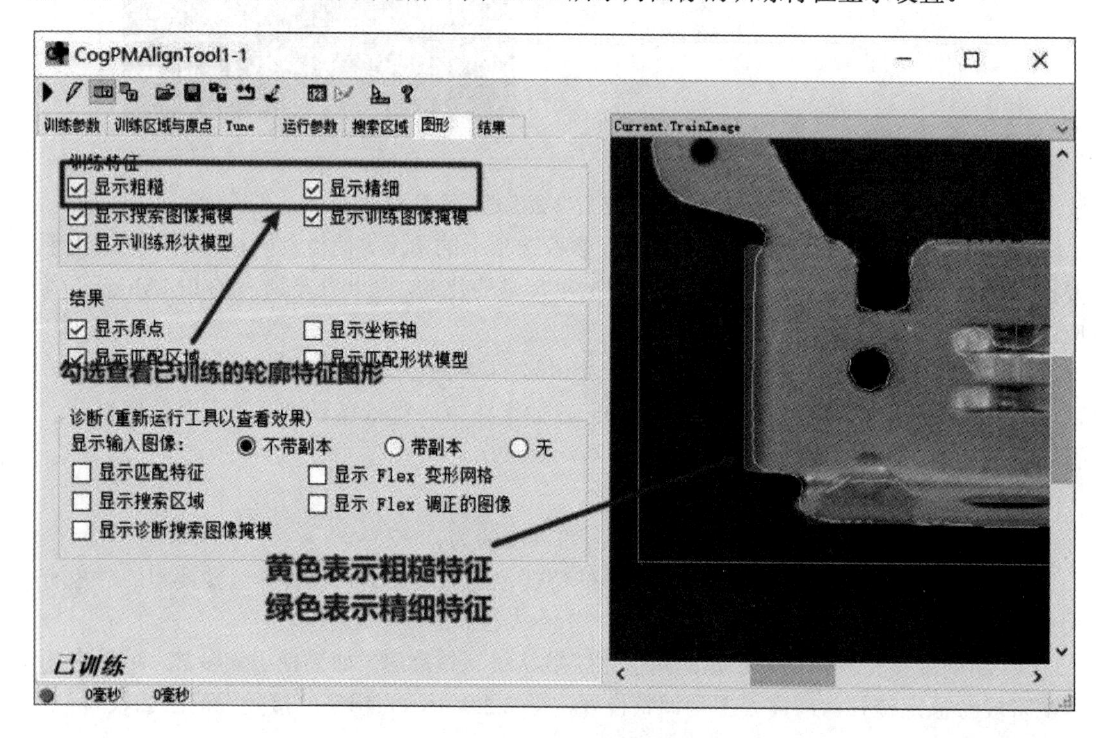

图 2.2.11　训练特征的显示设置

图像掩膜编辑器(下面简称掩膜器，也称为掩模器)可以实现在训练图像中屏蔽指定的部分轮廓特征(此部分可能是不稳定的特征部分，或是干扰噪声等)，不作为匹配计算的依据。当要搜索的对象的局部变化较大时，需要使用该参数屏蔽该局部区域。

掩膜器

图 2.2.12 所示为掩膜器按钮位置，点击掩膜器按钮可对图像进行处理。

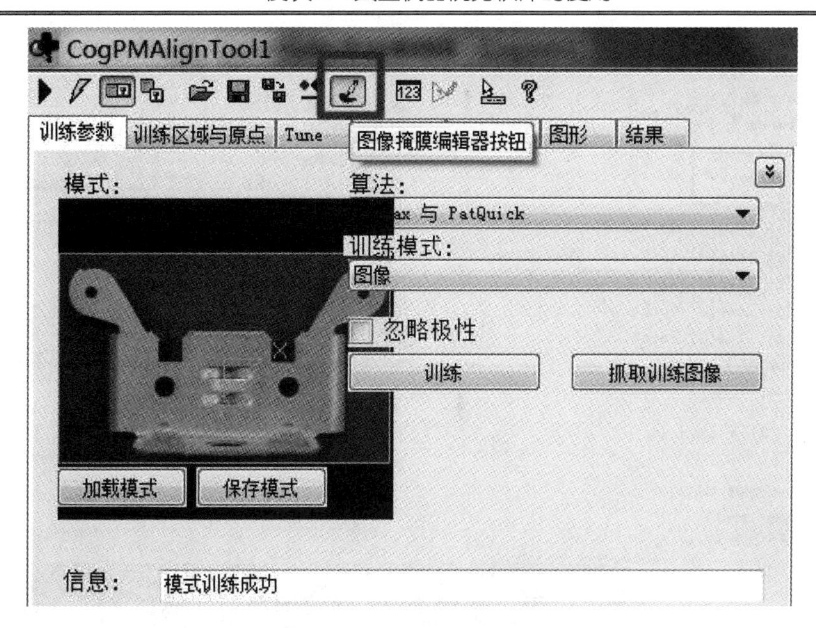

图 2.2.12　掩膜器按钮位置

掩膜器处理过程和经掩膜器处理后的效果如图 2.2.13 所示。

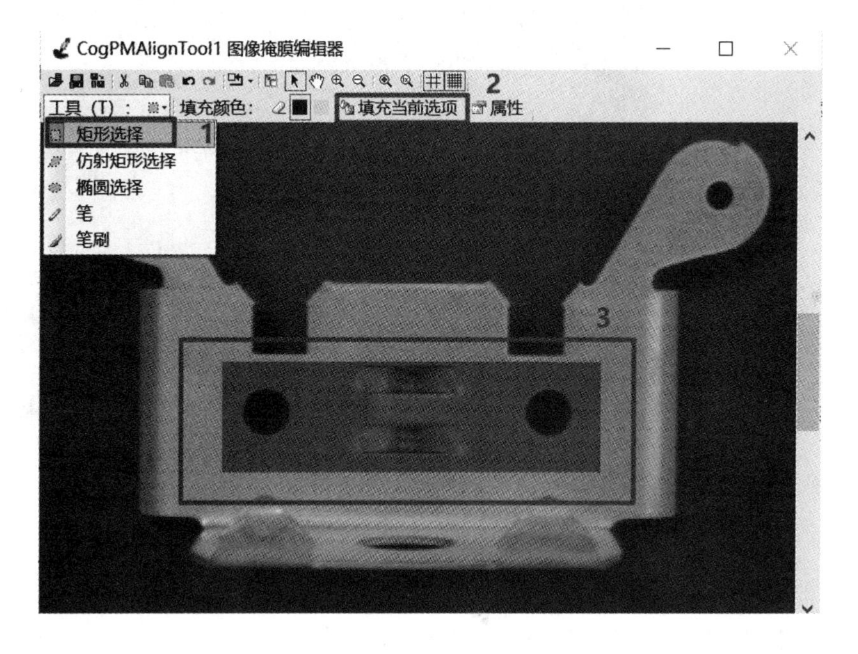

图 2.2.13　掩膜器处理过程和效果

3. 缩放功能的演示(找圆孔)

进行缩放功能演示(找圆孔)首先要选择一个圆孔进行训练，同时需要定位其他圆孔，并且必须设置“运行参数”选项卡中的缩放参数，图 2.2.14 所示为缩放功能演示过程图。

缩放找小圆

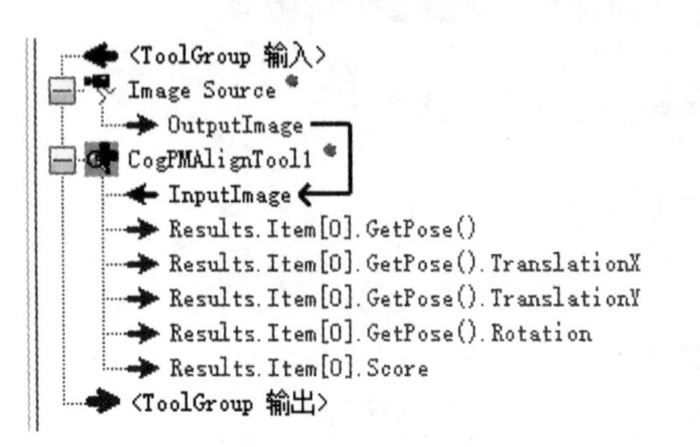

(a) 添加工具

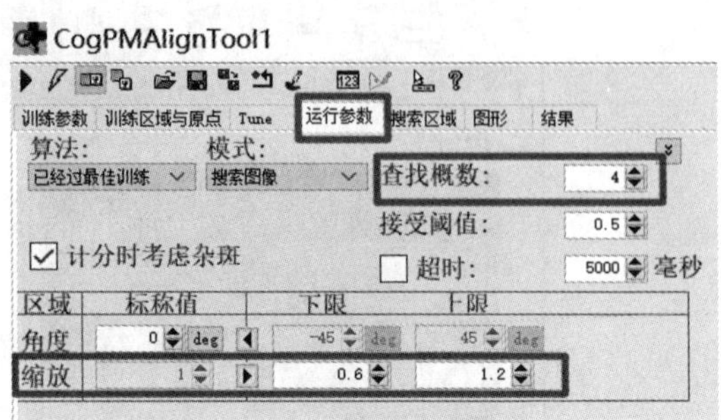

(b) 设置缩放参数

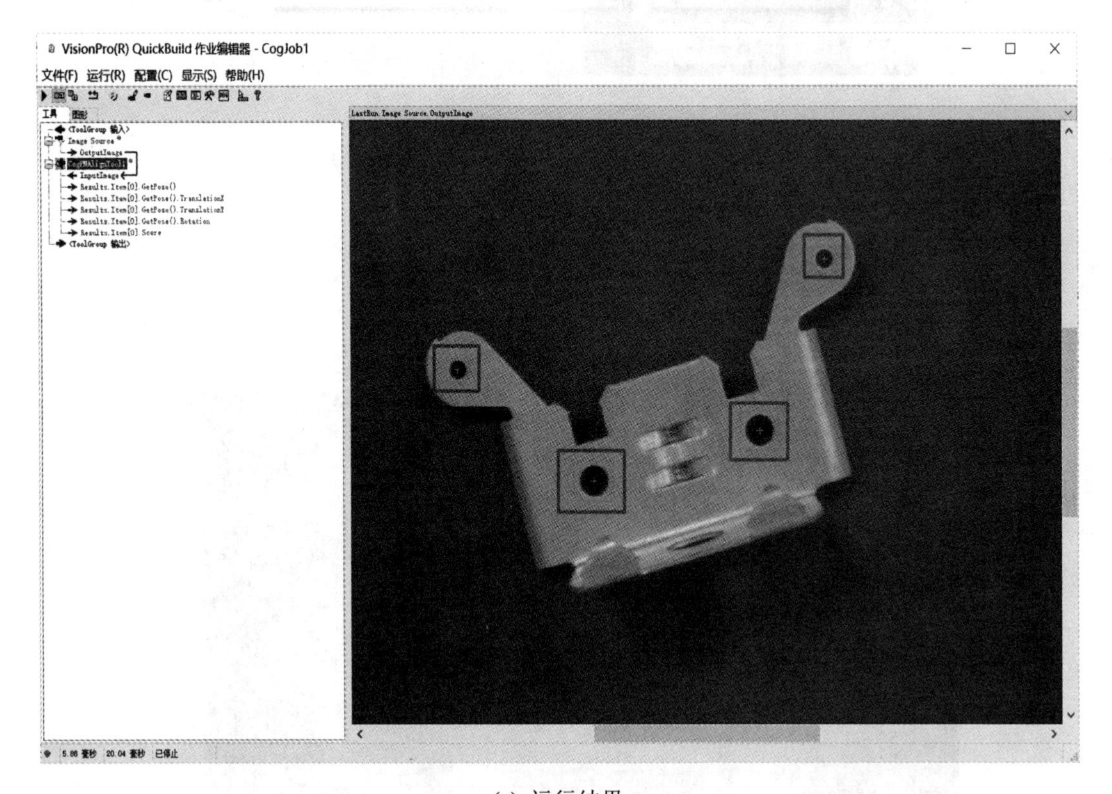

(c) 运行结果

图 2.2.14　缩放功能演示过程图

任务 2　应用案例 1：齿轮齿数计数

齿轮齿数计数

1. 任务要求

对图中的齿轮的齿进行定位、计数并将结果显示在结果显示区域的左上角。图 2.2.15 所示为齿轮个数为 10 的检测结果。

图 2.2.15　齿轮齿数计数检测结果

2. 实施步骤

(1) 打开 VisionPro 软件后打开作业编辑器界面，并点击初始化图像来源按钮和工具箱，添加本项目素材图像和工具，如图 2.2.16 所示。

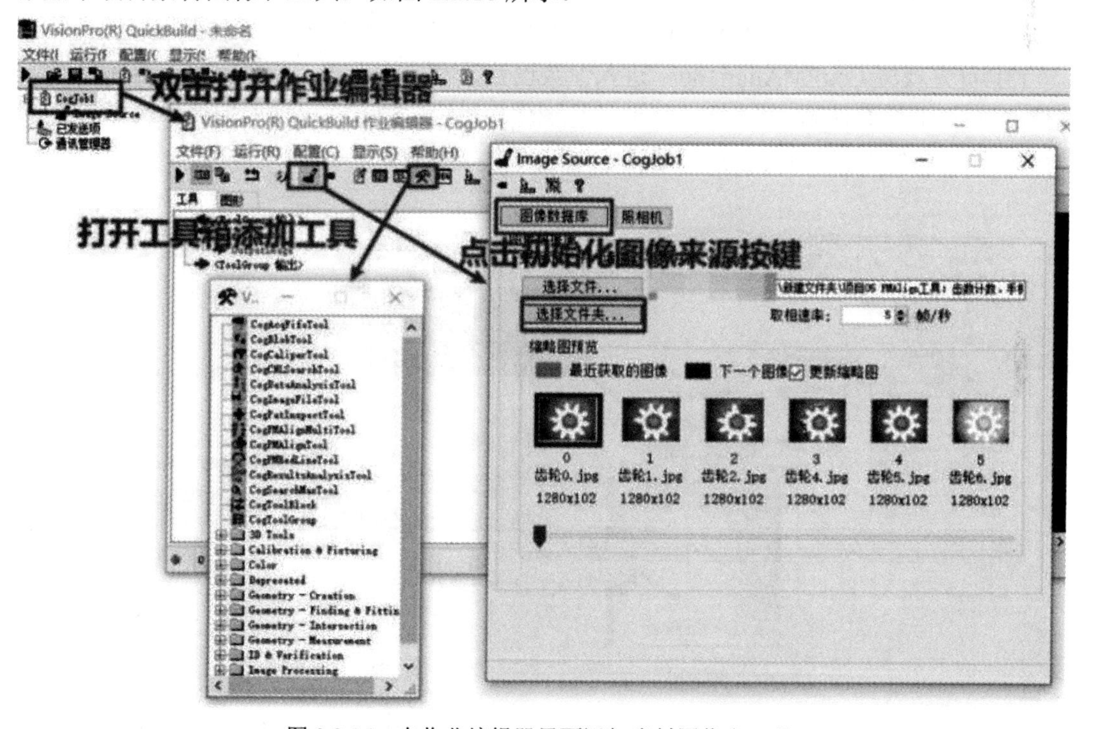

图 2.2.16　在作业编辑器界面添加素材图像和工具

(2) 首先添加 CogPMAlignTool 工具，然后手动拖动图像源的 OutputImage 到 PMAlign 工具的 InputImage 并对其工具名进行修改(可选)，最后单次运行作业，图 2.2.17 所示为工具的添加、重命名和连接数据链接操作示意图。

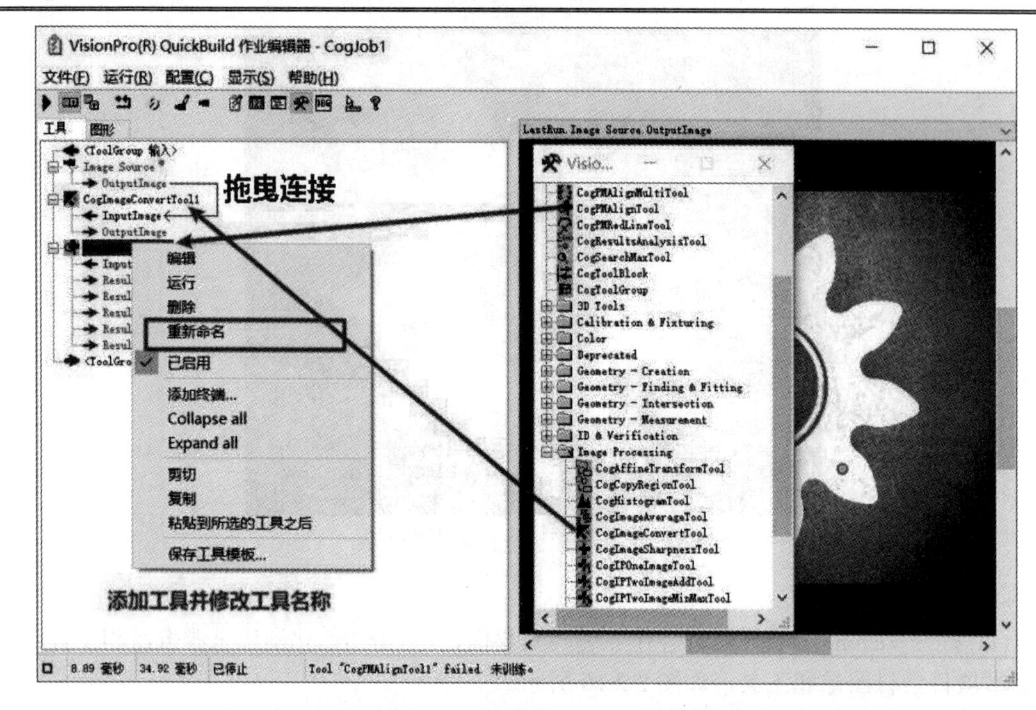

图 2.2.17　CogPMAlignTool 工具的添加、重命名和数据连接操作示意图

(3) 首先双击 CogPMAlignTool1 进入参数设置界面，然后在工具界面右上角选择训练图像 Current.TrainImage，并点击“抓取训练图像”按钮，最后在出现的图像中选择图像的单个齿并点击“训练区域与原点”选项卡中的“中心原点”按钮，如图 2.2.18 所示。

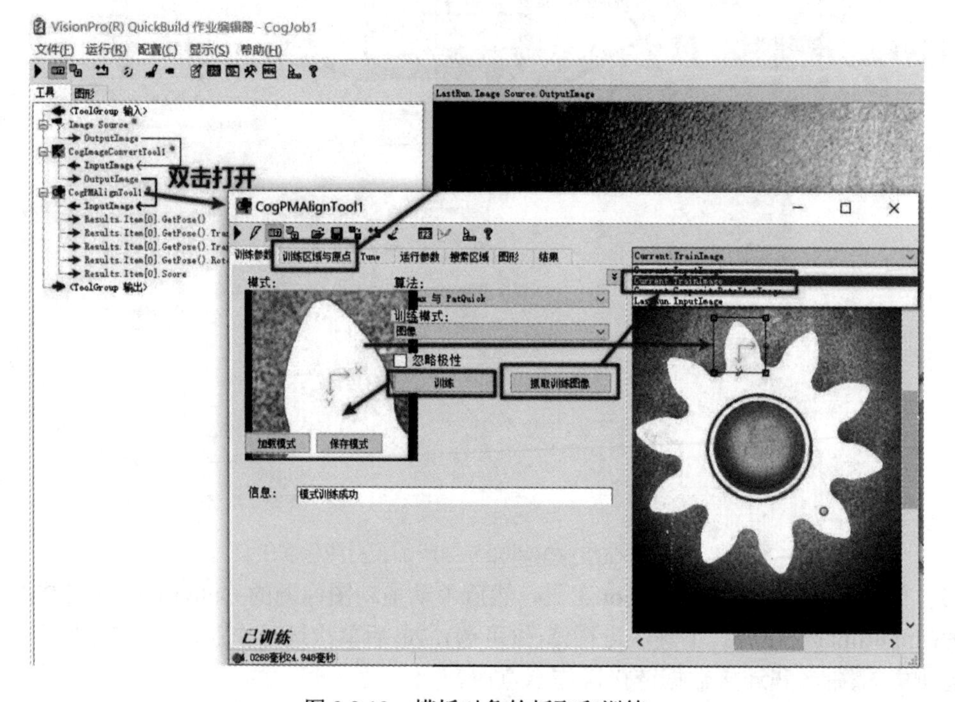

图 2.2.18　模板对象的抓取和训练

(4) 点击“运行参数”选项卡，将齿轮对象的“查找概数”增加到11，“接受阈值”调到0.39并启用区域角度参数(范围为-180°～180°)，如图2.2.19所示。

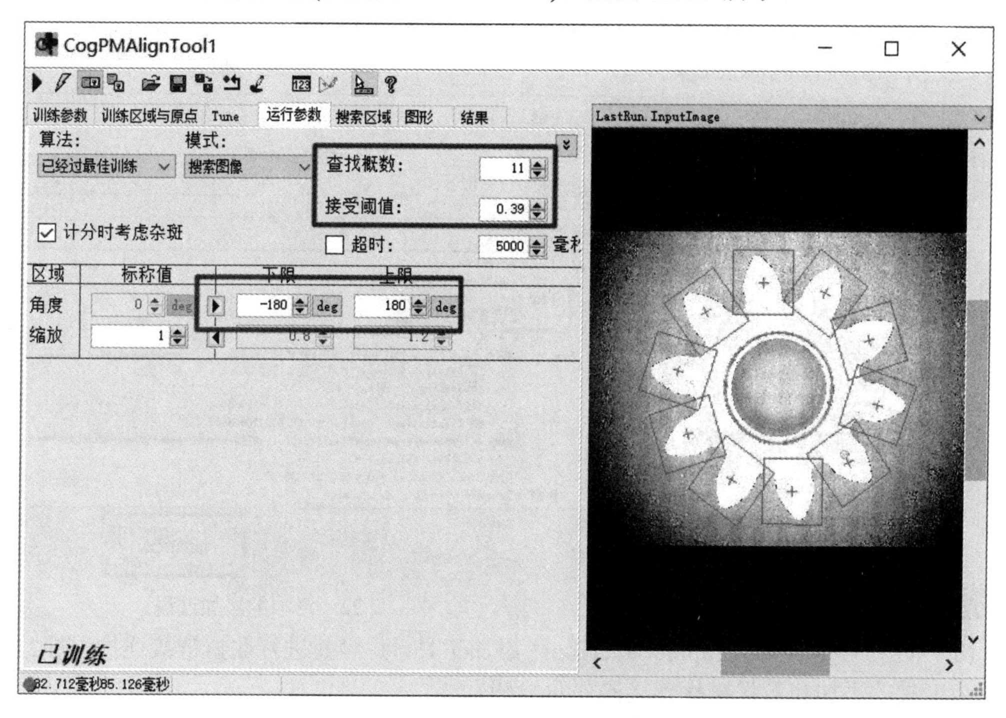

图2.2.19　“运行参数”选项卡的设置

(5) 点击“训练参数”选项卡中的“训练”按钮，如图2.2.20所示。

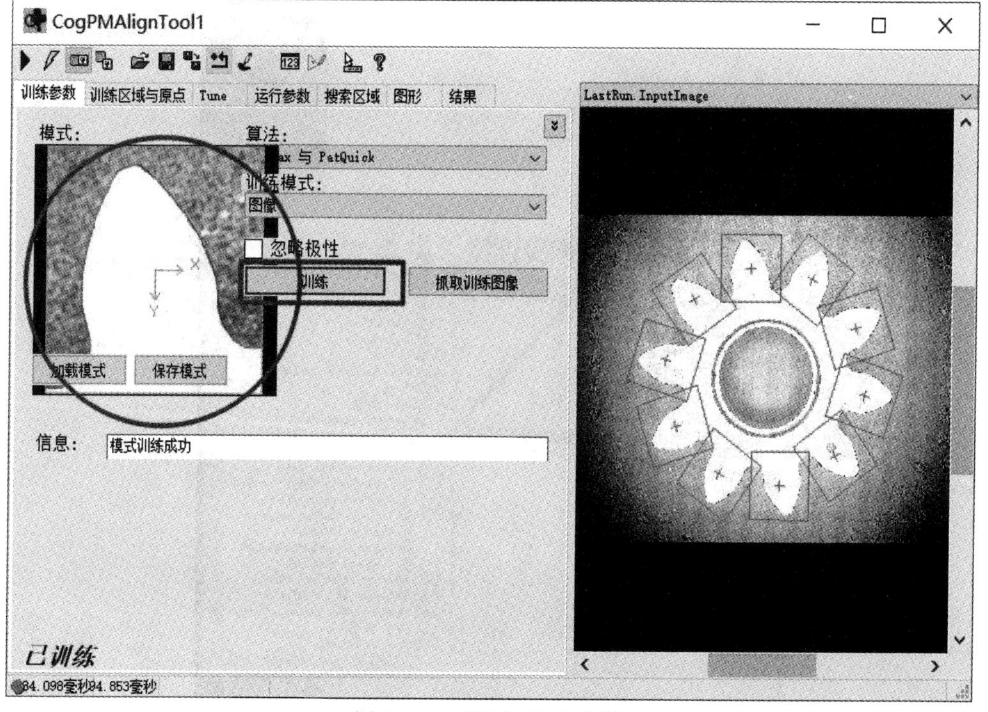

图2.2.20　模板对象的训练

(6) 为 CogPMAlignTool1 添加终端，图 2.2.21 所示为 CogPMAlignTool1 终端的添加入口。

(7) 点击“Results< CogPMAlignresults>”→“Count<Int32>=1”→“添加输出”按钮，图 2.2.22 所示为终端的添加过程。

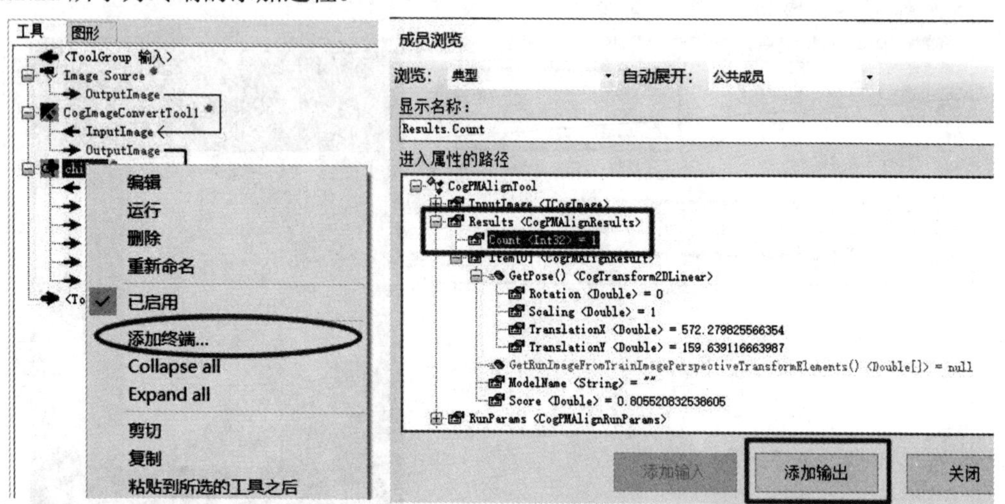

图 2.2.21　CogPMAlignTool1 终端添加入口　　　　图 2.2.22　终端的添加过程

(8) 双击“CogCreateGraphicLabelTool”添加工具，并对其进行数据链接连接，图 2.2.23 所示为工具的添加和数据链接连接操作示意图。

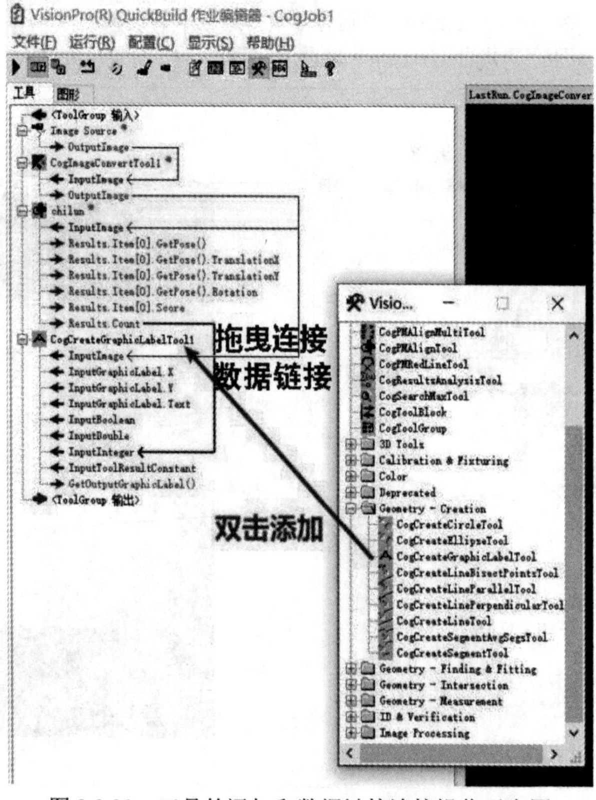

图 2.2.23　工具的添加和数据链接连接操作示意图

(9) 双击“CogCreateGraphicLabelTool1”打开参数设置界面，将“选择器”选为 InputInteger，并修改字体大小和颜色，如图 2.2.24 所示。

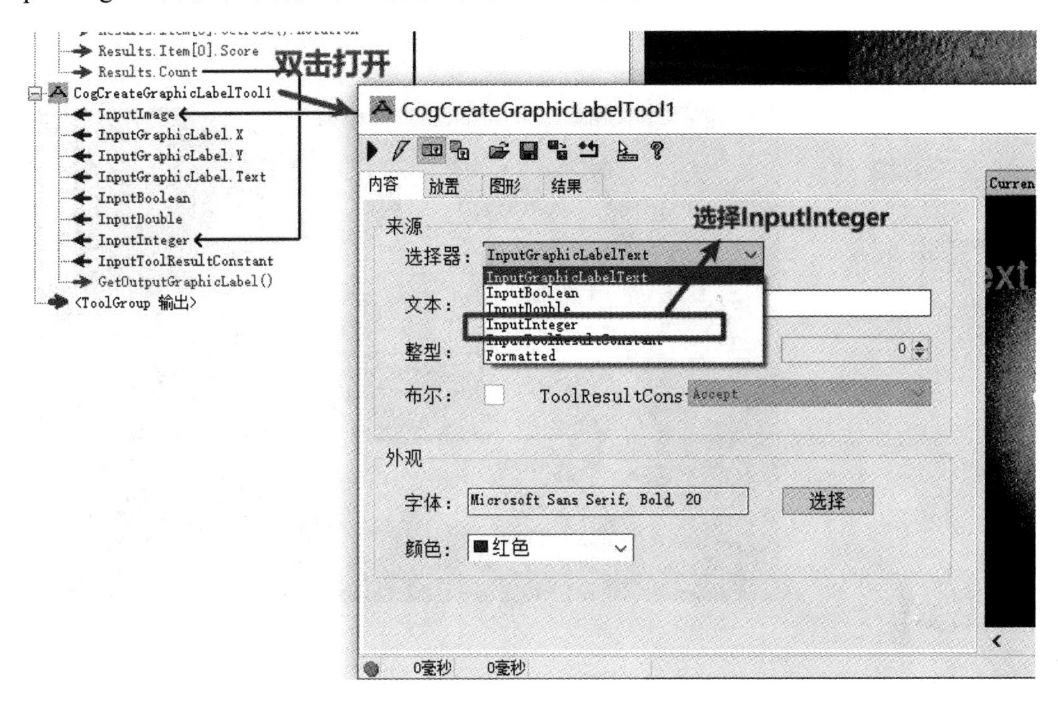

图 2.2.24　CogCreateGraphicLabelTool1 选择器的设置

(10) 点击“放置”选项卡，对结果显示文字的位置进行设置，如图 2.2.25 所示。

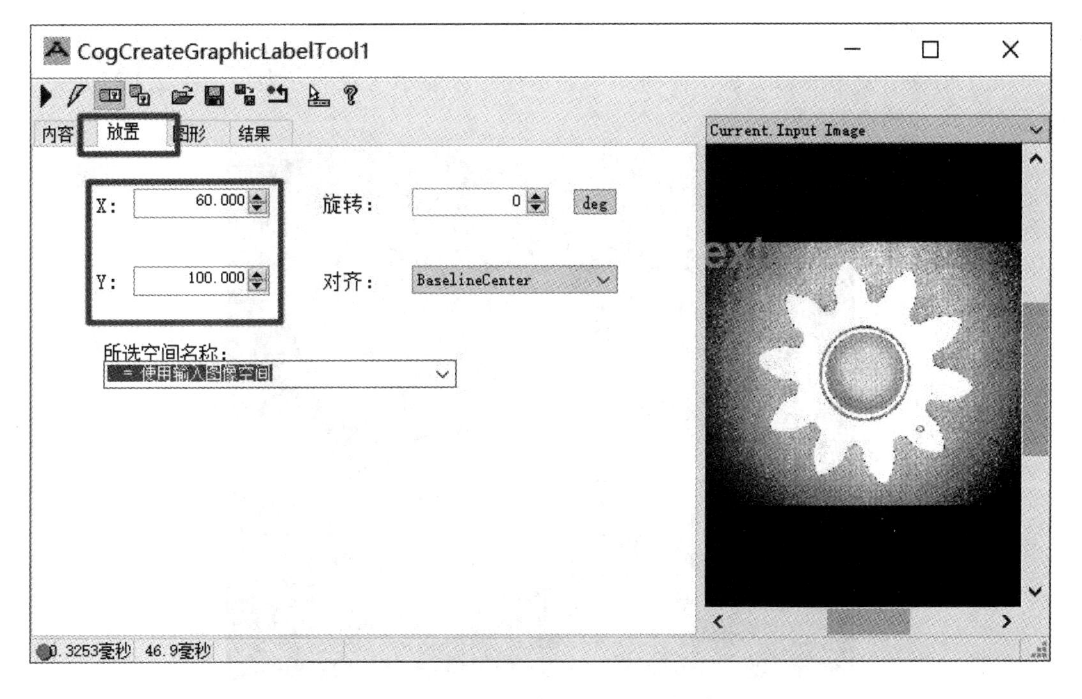

图 2.2.25　结果文字的显示位置的设置

(11) 点击单次运行按钮显示最终结果，如图 2.2.26 所示。然后批量测试，然后确认每张图像都得到正确的齿数统计结果。

图 2.2.26　最终的运行结果

任务 3　应用案例 2：硬币金额求和

1. 任务要求

统计图像中硬币的总金额，并将结果显示在结果显示区域的左上角，图 2.2.27 所示为硬币金额求和的检测结果。

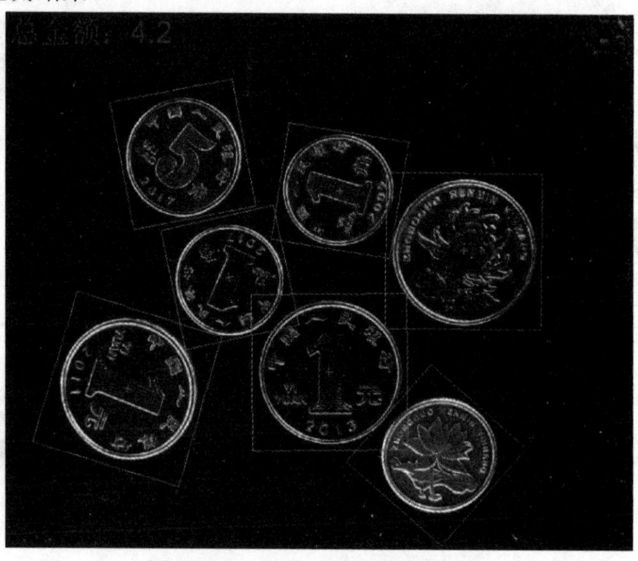

图 2.2.27　硬币金额求和检测结果

2. 实施步骤

(1) 打开 VisionPro 软件后打开作业编辑器，并点击初始化图像来源按钮和工具箱，添加本项目素材图像和 CogPMAlignTool 工具，如图 2.2.28 所示。

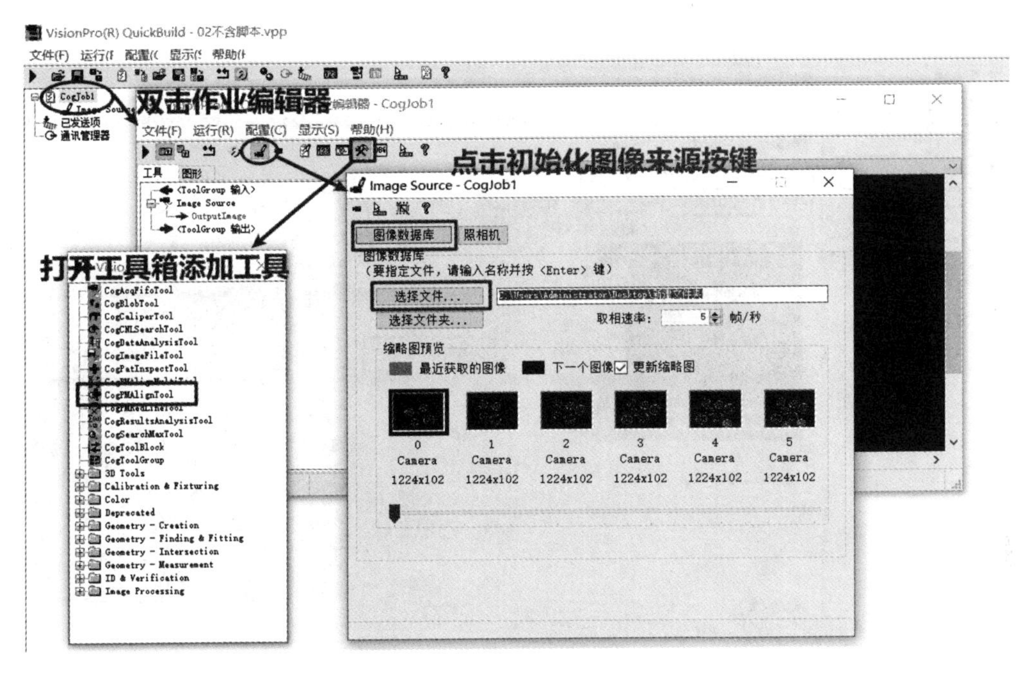

图 2.2.28　在作业编辑器界面添加图像和工具

(2) 手动拖动图像源的“OutputImage”到“CogPMAlignTool”的“InputImage”并对其进行重命名，名称改为“CogPMAlignTool1-1yuan”，如图 2.2.29 所示。

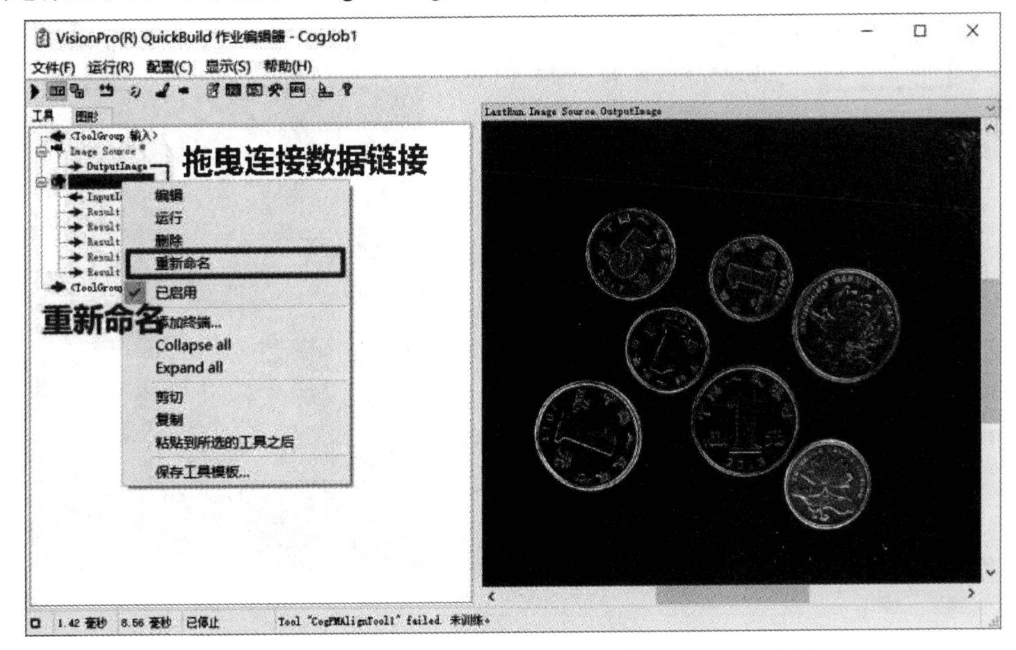

图 2.2.29　工具的添加、重命名和连接数据链接操作示意图

(3) 首先双击“CogPMAlignTool1-1yuan”进入参数编辑界面，并在其界面右上角选择训练图像 Current.TrainImage，然后点击“抓取训练图像”按钮，在出现的图像中选择 1 元的圆形区域，如图 2.2.30 所示。

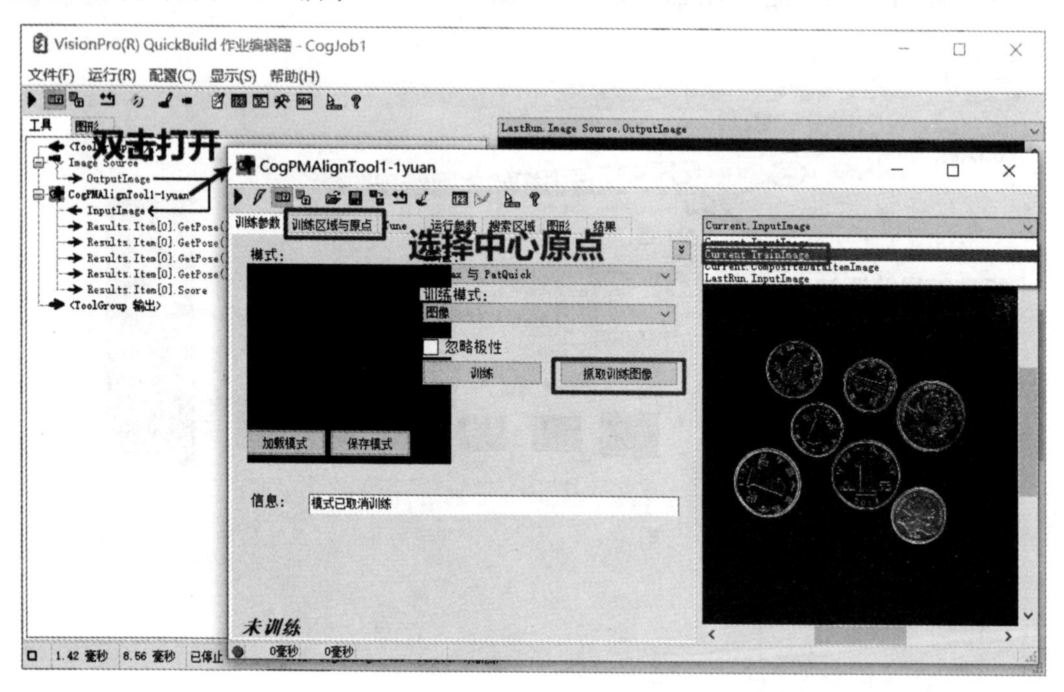

图 2.2.30　模板对象的抓取和训练

(4) 点击“训练区域与原点”选项卡中的“中心原点”按钮，如图 2.2.31 所示。

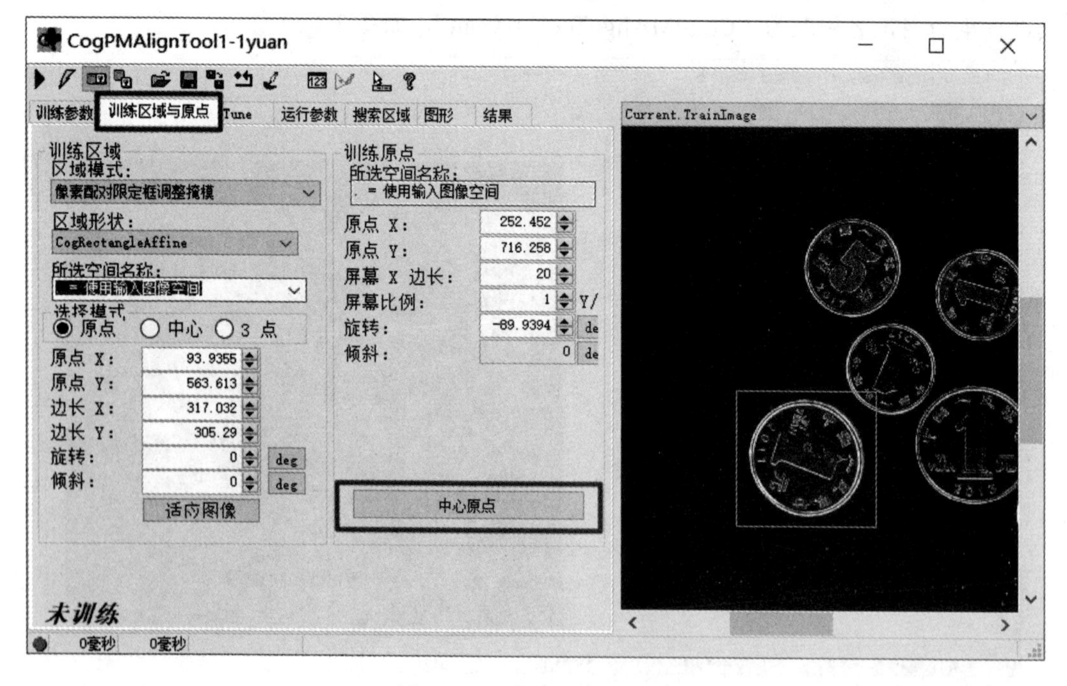

图 2.2.31　中心原点的设置

(5) 点击“运行参数”选项卡，将 1 元对象的查找概数增加到 3(素材图像中该金额硬币最大数目)，并启用区域角度参数(范围为−180°～180°)，如图 2.2.32 所示。

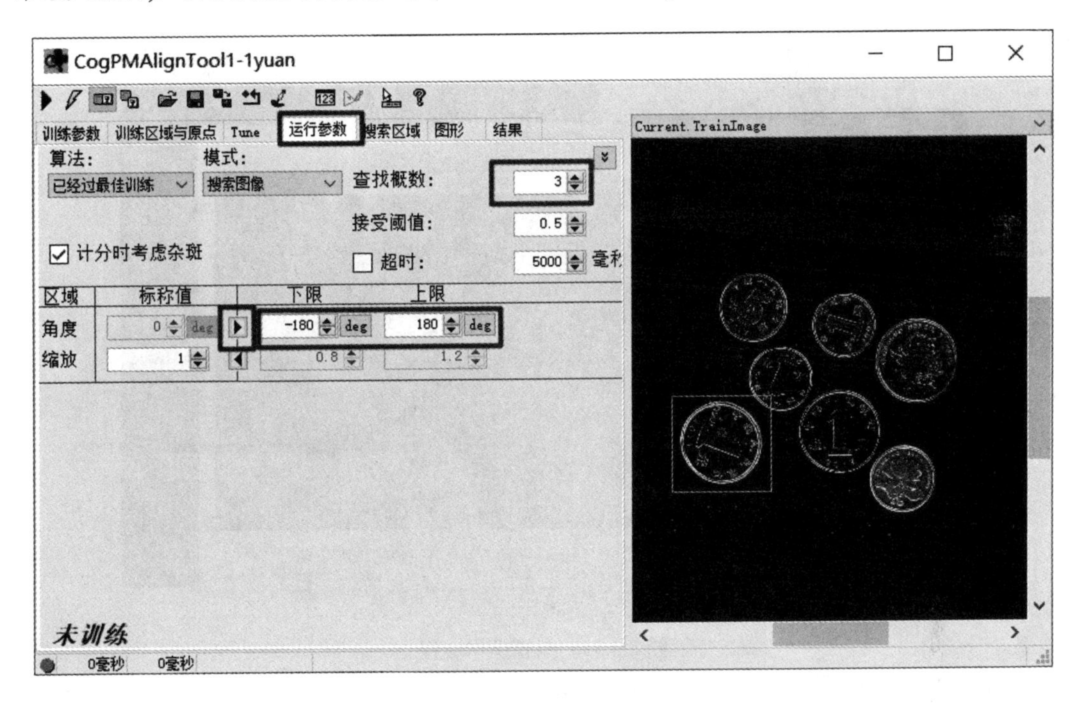

图 2.2.32　“运行参数”选项卡设置

(6) 点击“训练参数”选项卡中的“训练”按钮，如图 2.2.33 所示。

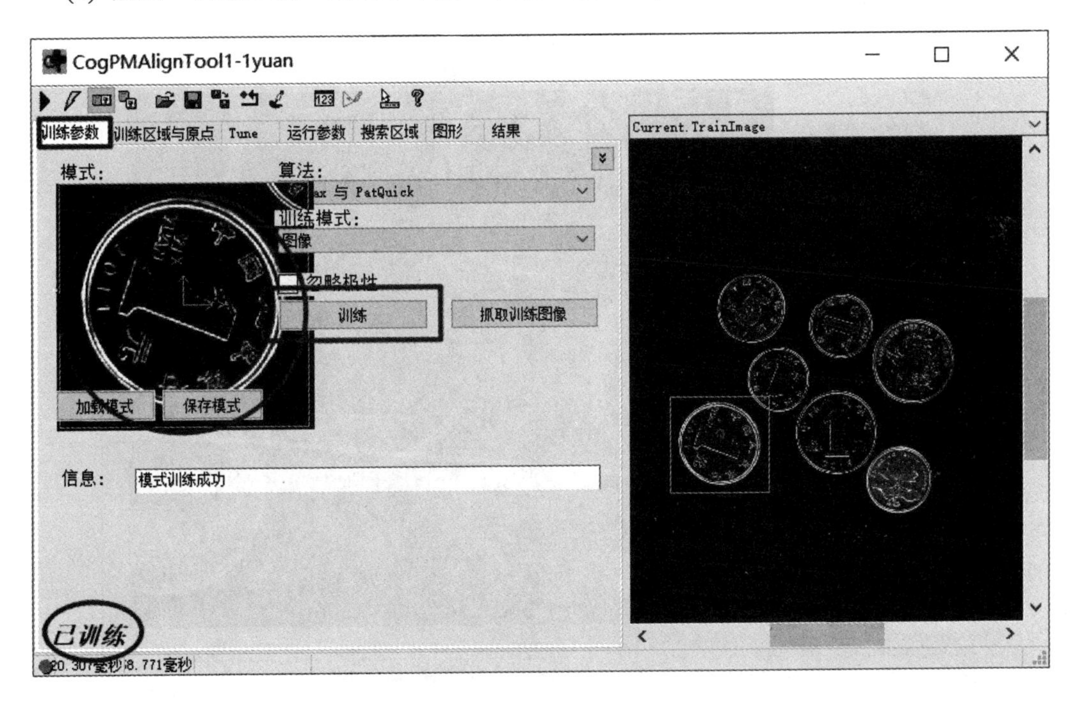

图 2.2.33　模板训练结果

(7) 点击左上角的掩膜器按钮，并选择工具中的矩形选择工具进行框选，对 1 元的硬币对象进行框选并对其进行填充颜色，如图 2.2.34 所示。

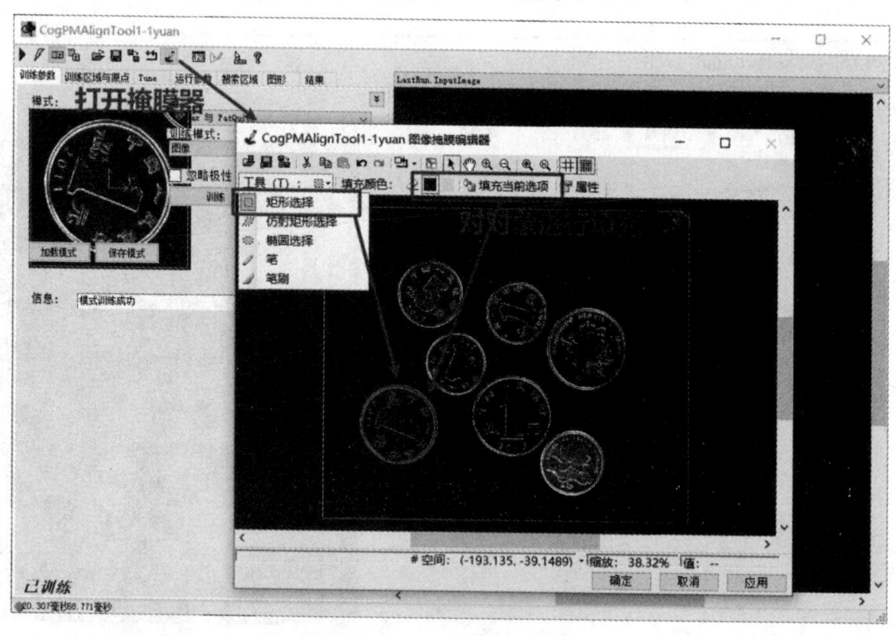

图 2.2.34　掩膜操作流程

(8) 选择工具中的笔刷，并选择橡皮擦擦拭去 1 元硬币对象的圆形边缘，点击“确定”按钮，图 2.2.35 所示为 1 元硬币对象掩膜效果图。

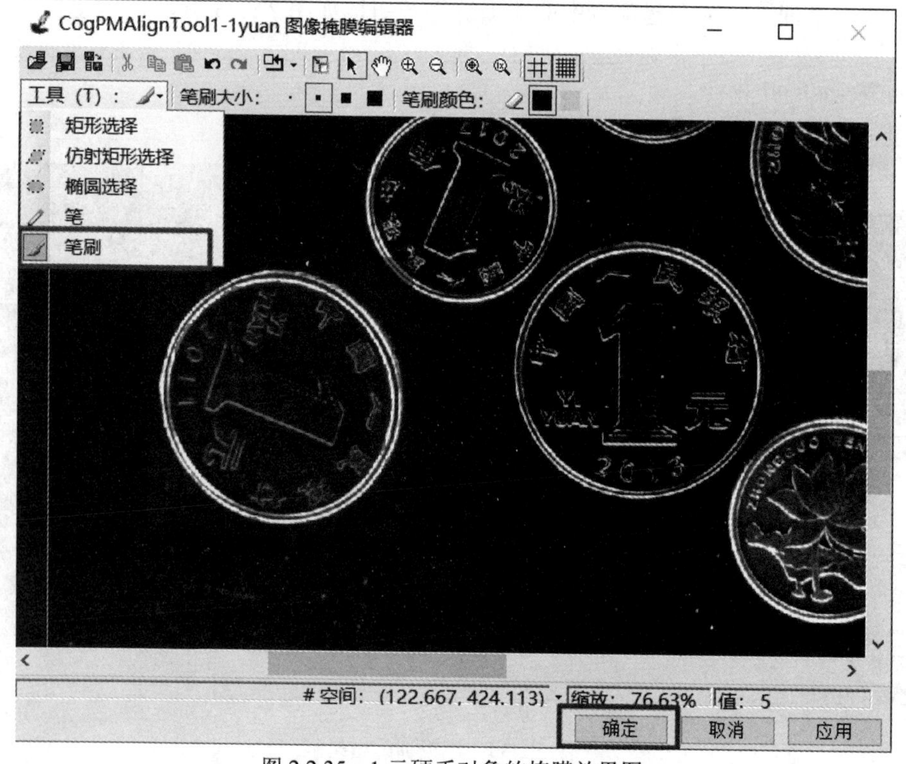

图 2.2.35　1 元硬币对象的掩膜效果图

(9) 经过掩膜器工具处理后的结果如图 2.2.36 所示。

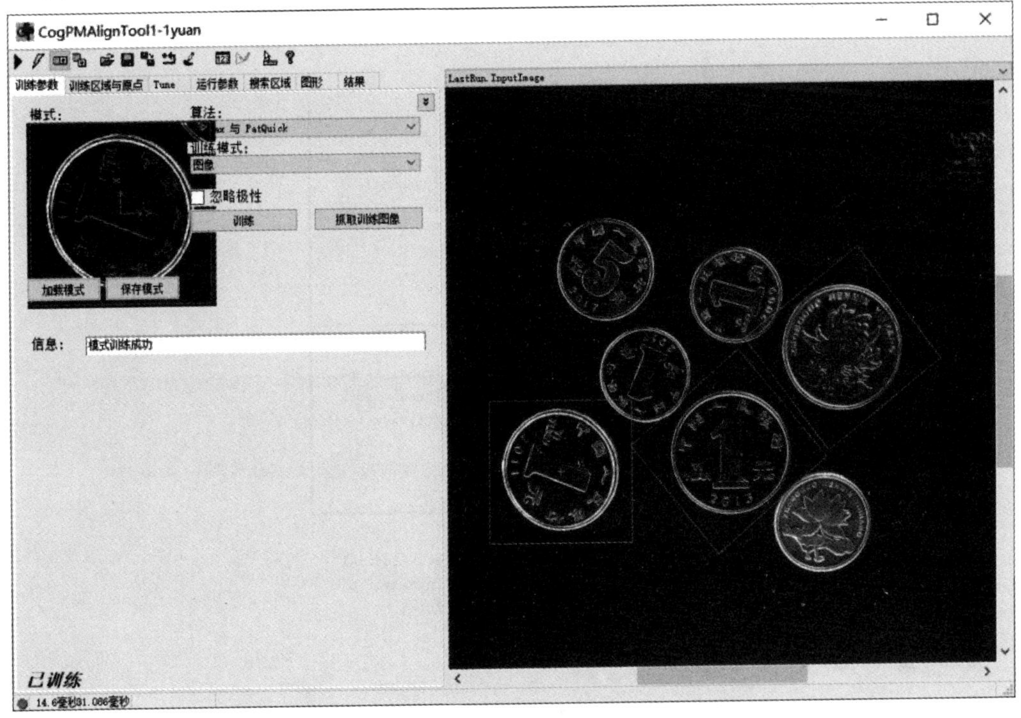

图 2.2.36　1 元硬币对象经过掩膜器工具处理后的结果

(10) 对于其他金额的硬币对象，选择对“CogPMAlignTool1-1yuan”工具进行复制、粘贴，然后参考以上的操作进行适当调整，并对其他硬币金额对象进行捕捉，如图 2.2.37 所示。

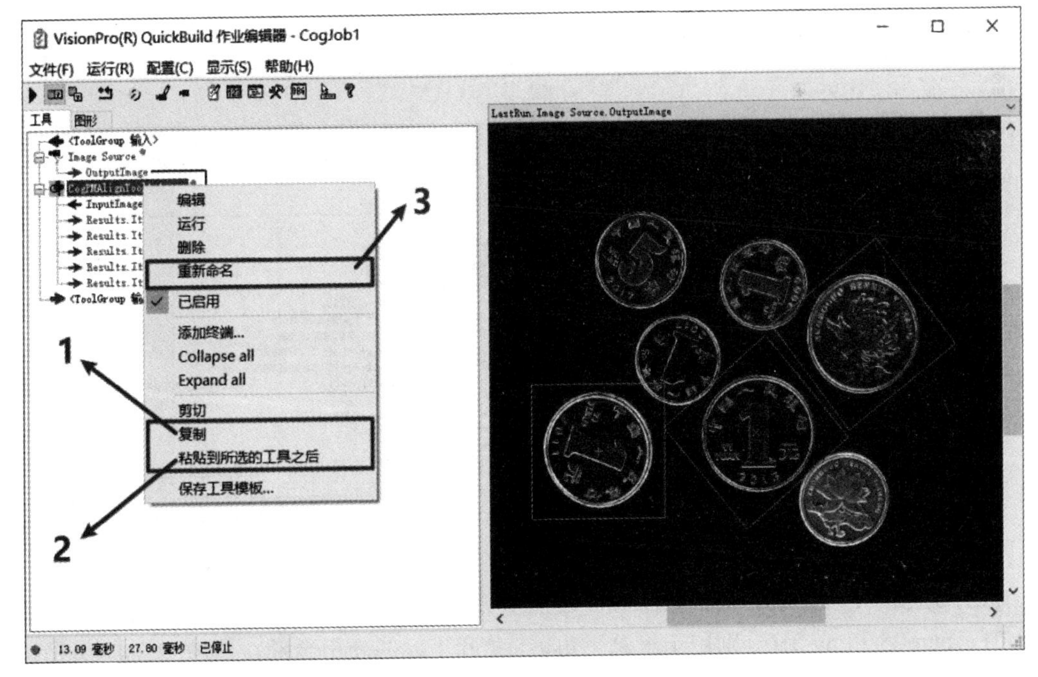

图 2.2.37　“CogPMAlignTool1-1yuan”工具的复制与粘贴操作

图 2.2.38 所示为“CogPMAlignTool1-1yuan”工具复制、粘贴结果。

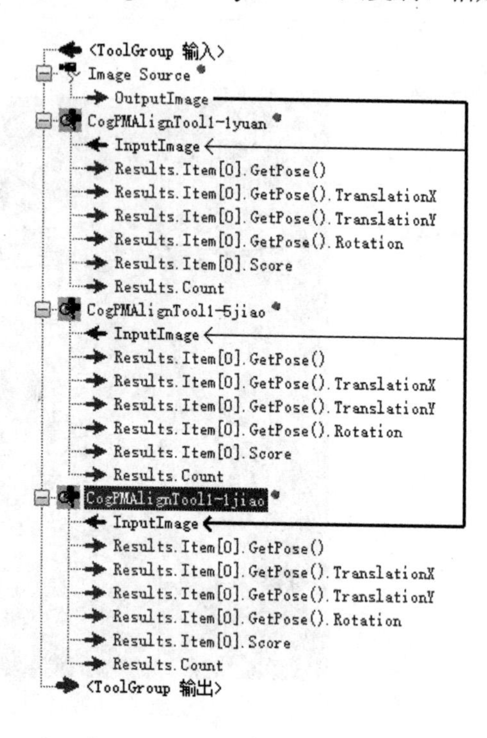

图 2.2.38　“CogPMAlignTool1-1yuan”工具复制、粘贴结果

(11) 对每一个 PMAlign 工具进行鼠标右键点击添加终端，终端入口如图 2.2.39 所示。

(12) 点击“Results<CogPMAlignResults>”→“Count<Int32>=1”→“添加输出”按钮，图 2.2.40 所示为终端的添加过程。

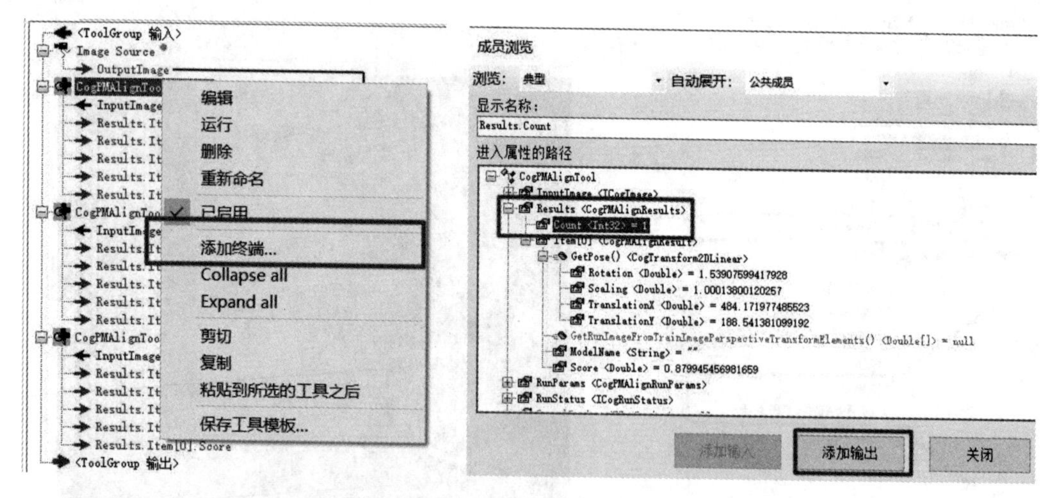

图 2.2.39　为工具添加终端入口　　　　图 2.2.40　终端添加过程

(13) 双击“CogResultAnalysisTool”添加工具，并添加 3 个输入，更改其名称分别为 num01、num05 和 num1(分别用于汇总 1 角、5 角和 1 元的硬币金额)，如图 2.2.41 所示。

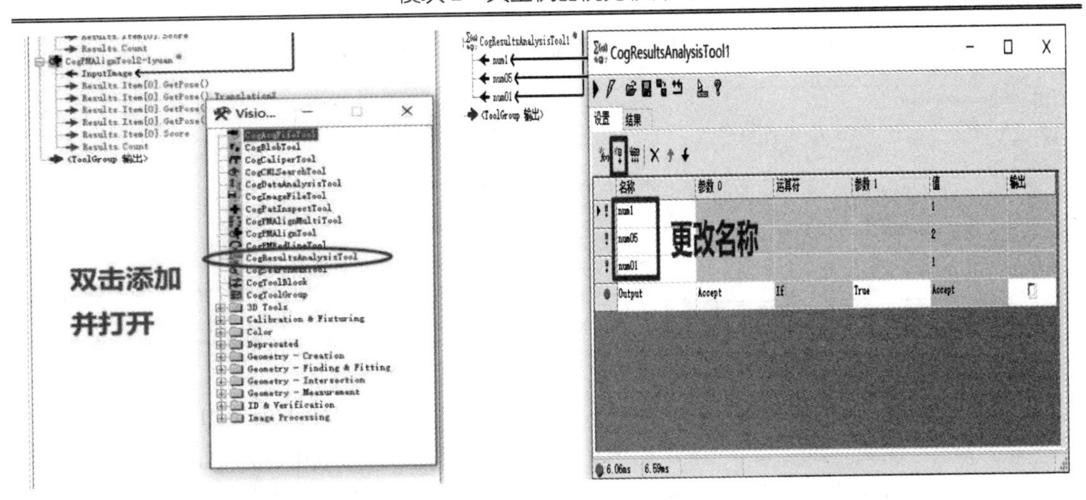

(a) 添加 CogResultAnalysisTool 工具　　　　(b) 更改输入名称

图 2.2.41　添加 CogResultAnalysisTool 工具并更改输入名称

(14) 将 3 个 PMAlign 工具所添加的输出终端数据连接到 CogResultAnalysisTool1 工具对应的 3 个输入，图 2.2.42 所示为工具数据传输图。

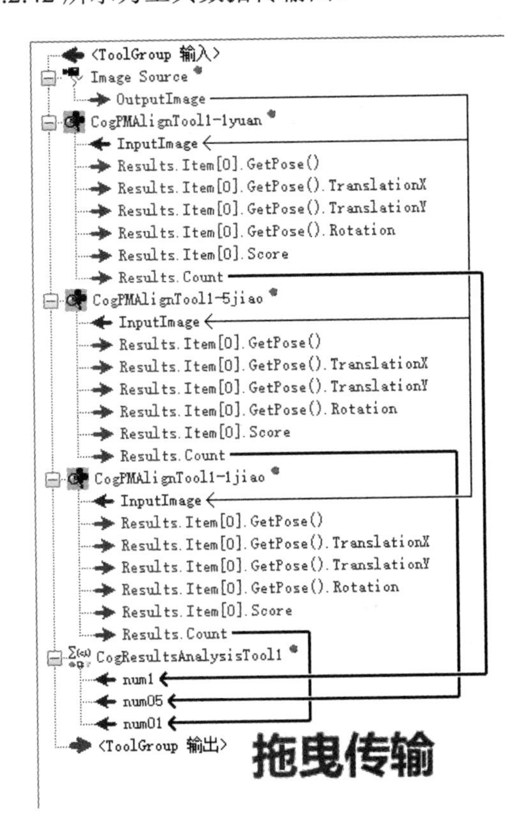

图 2.2.42　CogResultAnalysisTool1 的数据传输

(15) 添加 3 个表达式对 3 种硬币金额进行逐一求和，并对图像中所有硬币的总金额进行求和，如图 2.2.43 所示。

(16) 对 CogResultAnalysisTool1 添加终端，如图 2.2.44 所示。

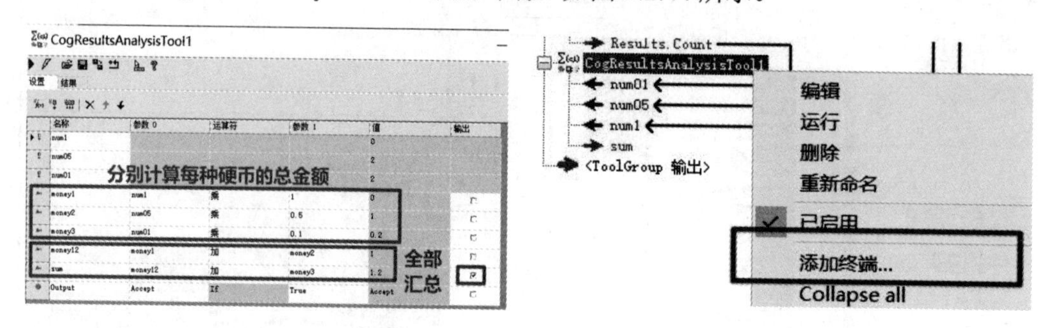

图 2.2.43　求和过程　　　　图 2.2.44　对 CogResultAnalysisTool1 添加终端入口

(17) 点击"浏览"下拉菜单中的"所有(未过滤)"→"Result< CogResultsAnalysisResult>"→"EvaluatedExpressions< CogResultsAnalysisEvaluationInfoCollection>"→"Item["sum"]< CogResultsAnalysisEvaluationInfo>"→"Value<Object>"→"Double"→"添加输出"按钮为终端添加输出，如图 2.2.45 所示。

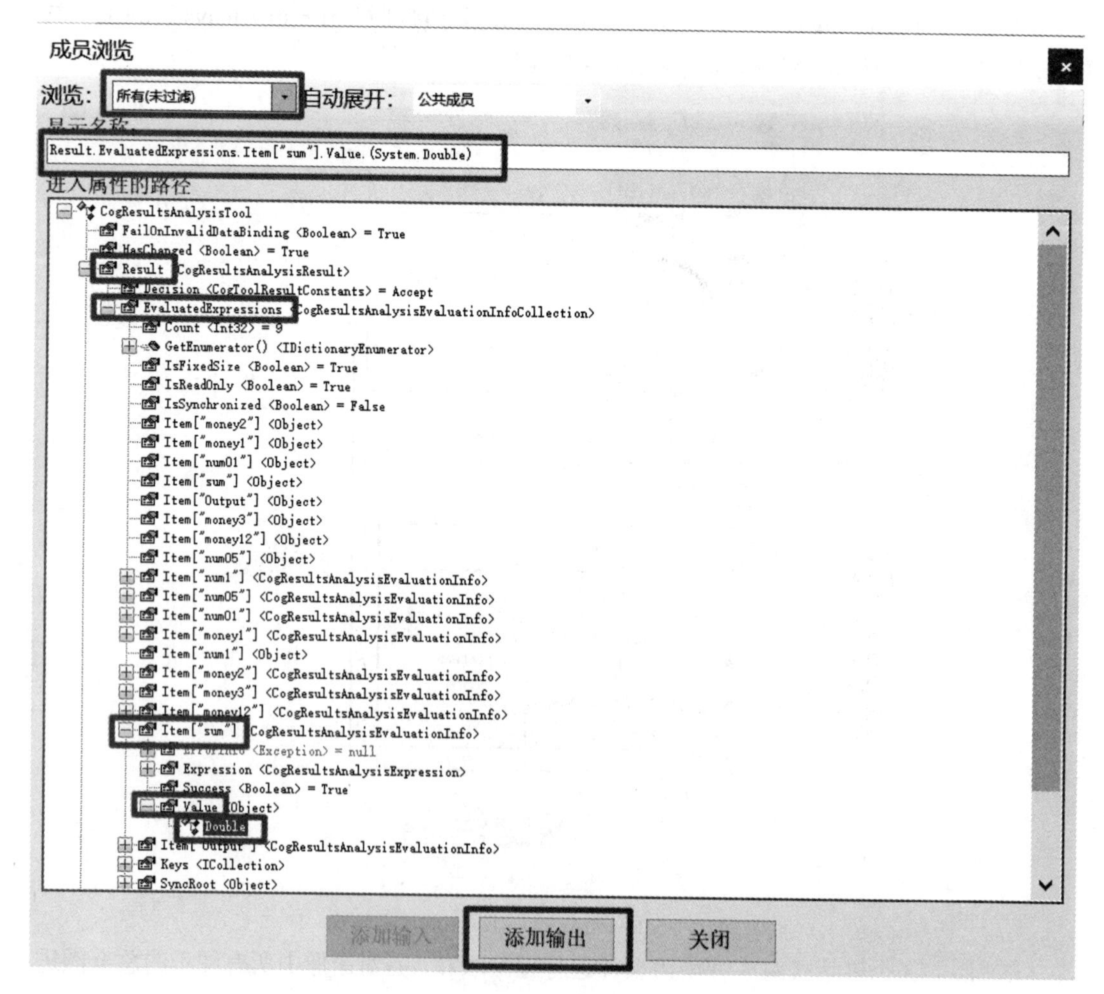

图 2.2.45　添加终端输出的路径

(18) 添加 CogCreateGraphicLabelTool 工具并进行数据连接，图 2.2.46 所示为 CogCreateGraphicLabelTool 工具的添加和数据传输图。

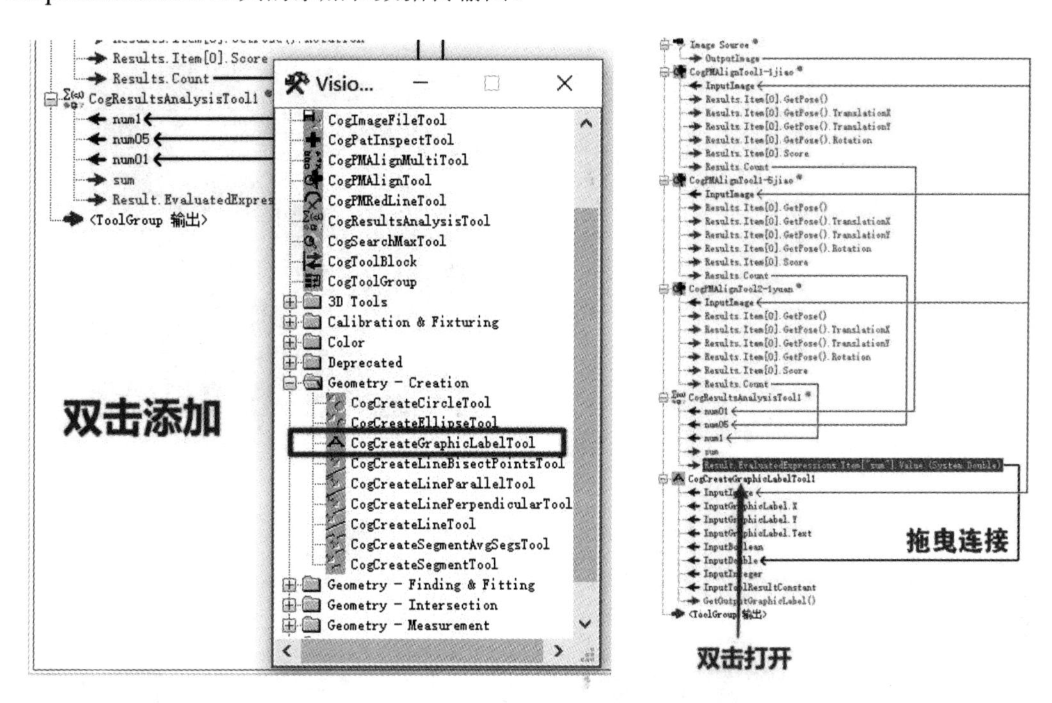

(a) 添加 CogCreateGraphicLabelTool　　(b) 数据传输图

图 2.2.46　CogCreateGraphicLabelTool 工具添加和数据传输图

(19) 双击“CogCreateGraphicLabelTool1”工具进入参数设置界面，将“选择器”选择为“Formatted”，将“文本”输入框改为“总金额：{D:F1}”，并设置字体的外观，如图 2.2.47 所示。

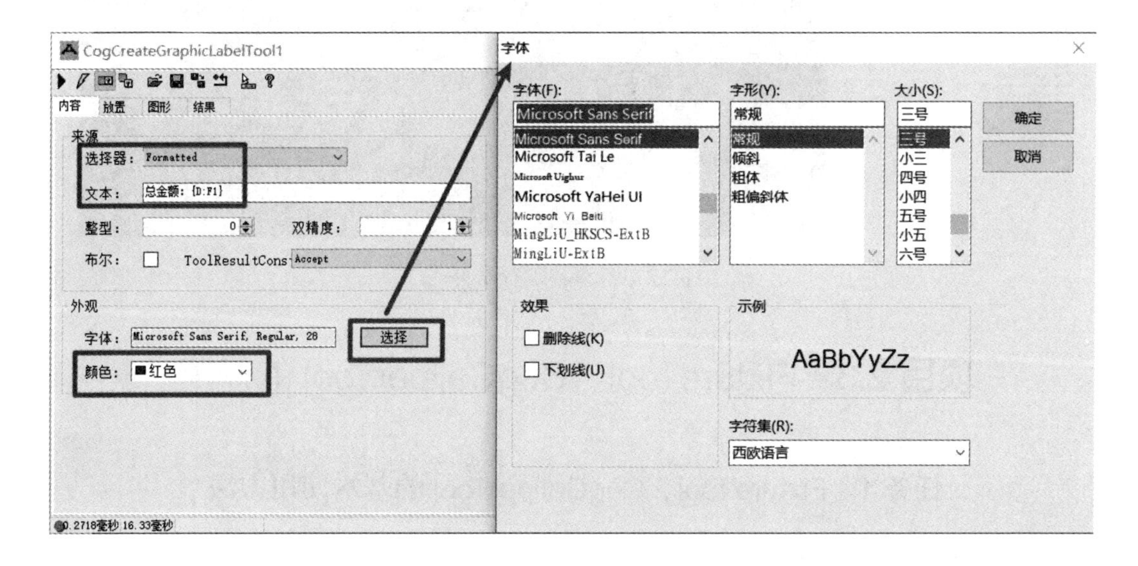

图 2.2.47　选择器和文字外观设置

(20) 点击“放置”选项卡对显示结果文字的位置进行设置，如图 2.2.48 所示。

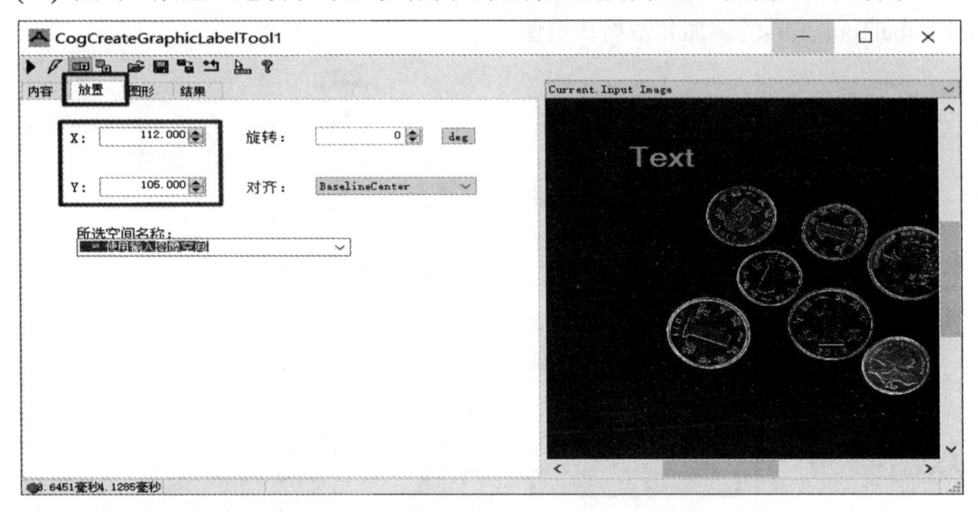

图 2.2.48　显示结果文字位置的设置

(21)点击单次运行按钮显示最终的运行结果，如图 2.2.49 所示。然后批量测试，确认每张图像都得到正确的金额统计结果。

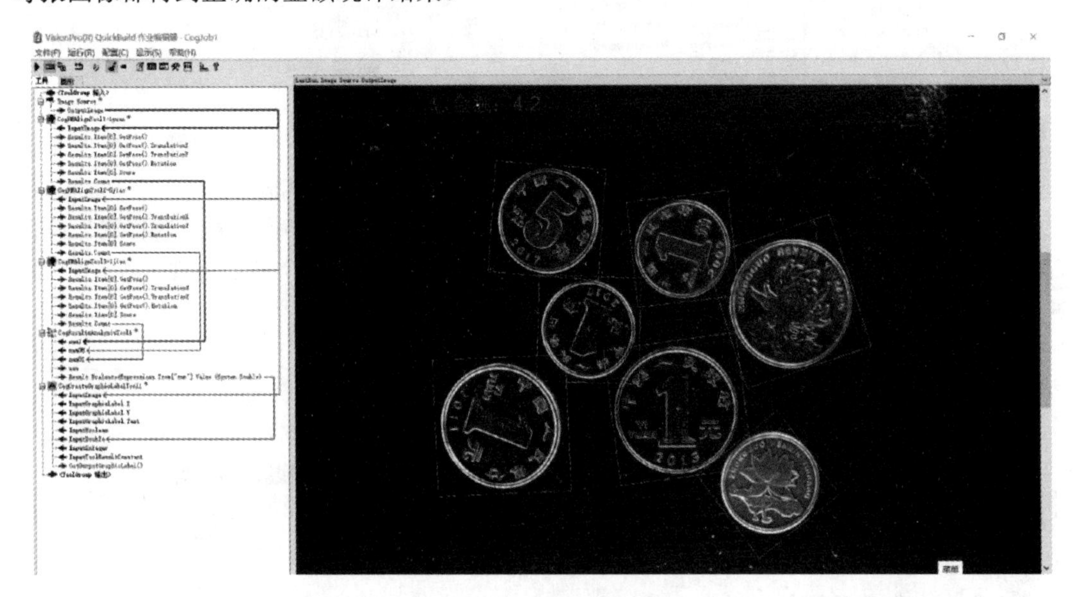

图 2.2.49　最终运行结果

项目 2.3　FixtureTool、CogCaliperTool 的使用

任务 1　FixtureTool、CogCaliperTool 的基本使用方法

1. FixtureTool 的概念

FixtureTool 主要是一个建立定位坐标系的工具，在利用此工具建立坐标系时，需要提

前通过 PMAlignTool 等工具获得一个 2D 转换关系。

2. FixtureTool 的基本使用方法

(1) 打开 VisionPro 软件后打开作业编辑器，并点击初始化图像来源按钮和工具箱添加图像与工具，图像源为 VisionPro 软件安装路径下的示例图像文件，即“C:\Program Files\Cognex\VisionPro\Images\bracket_std.idb”中的图像，如图 2.3.1 所示。

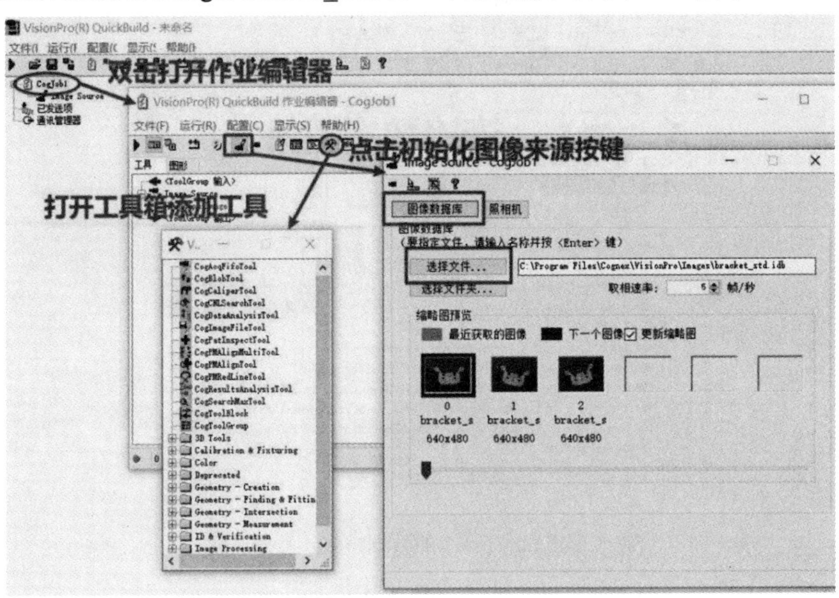

图 2.3.1　在作业编辑器界面添加图像和工具

(2) 添加 FixtureTool 工具，根据需要修改检测工具 FixtureTool1 的名称(鼠标右键点击→选择“重新命名”命令)，如图 2.3.2 所示。

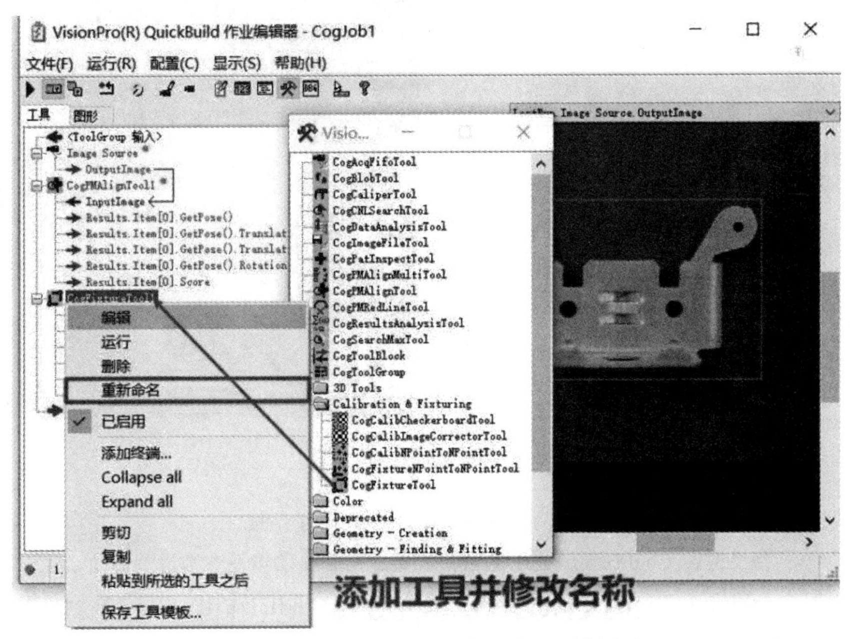

图 2.3.2　FixtureTool 工具的添加和重新命名

(3) 进行数据链接连接，实现数据的传输(点击鼠标右键，在弹出的菜单中选择“链接自”命令，选择对应链接终端连接上图像源输出数据)，并将 CogPMAlignTool1 的输出数据 Results. Item[0].GetPose()传输到 CogFixtureTool1 上，如图 2.3.3(a)所示，再双击 CogFixtureTool1 打开参数设置界面，如图 2.3.3(b)所示。

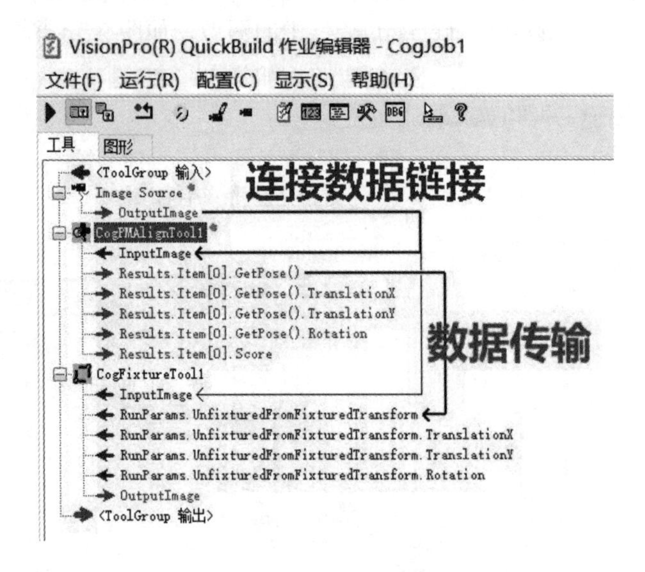

(a) CogFixtureTool1 的数据链接连接和传输

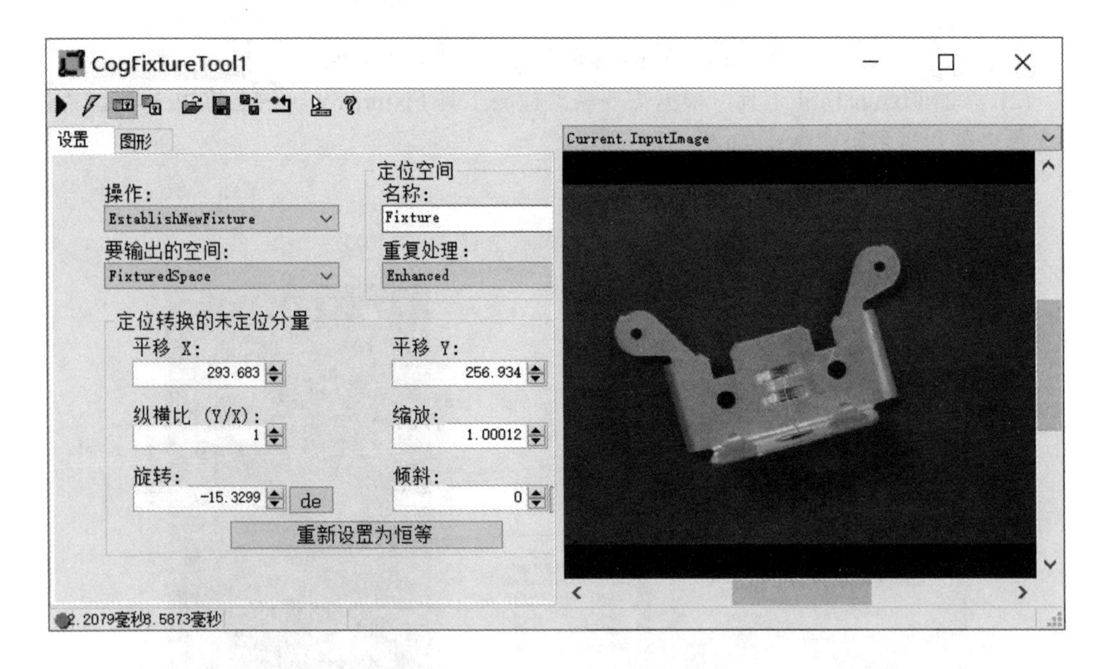

(b) CogFixtureTool1 参数设置界面

图 2.3.3　CogFixtureTool1 的数据链接连接和传输以及参数设置界面

(4) 改变 CogFixtureTool1 参数的操作会影响图像空间的输出，其中参数定位转换的未定位分量包括平移的 X/Y 位置、纵横比、缩放、旋转和倾斜，如图 2.3.4 所示。

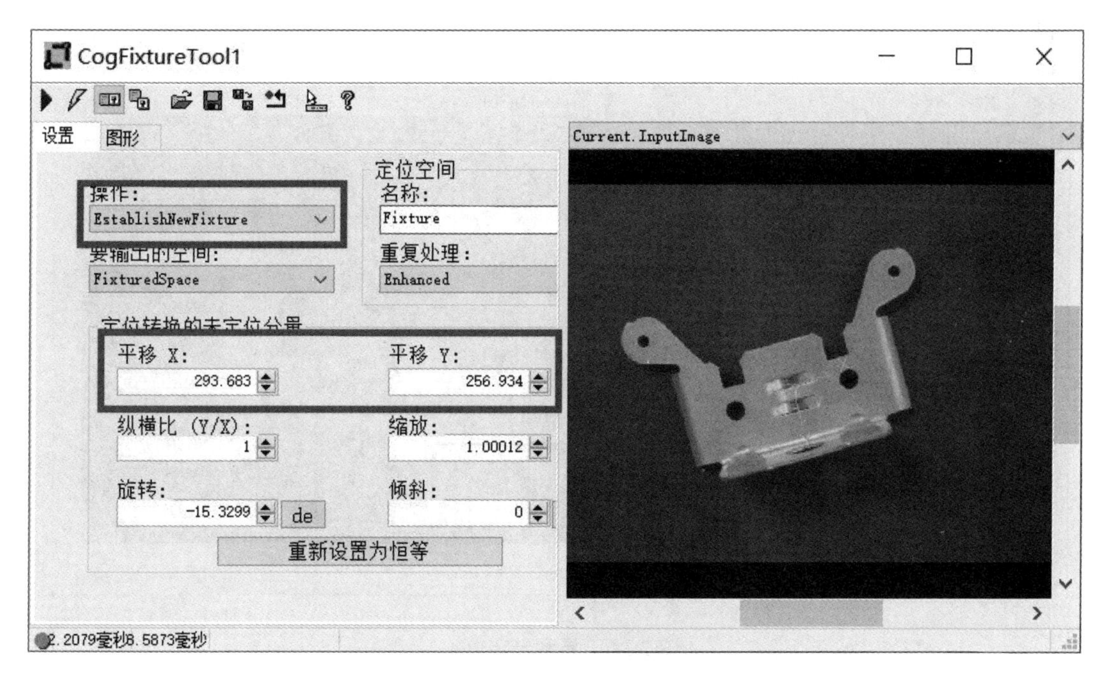

图 2.3.4　CogFixtureTool1 的基本参数设置

(5) 以参考对象相对于模板图像的位姿关系建立一个新的坐标系 Fixtured，而且图像中的位置与姿态必须以 CogPMAlignTool 创建参考对象的匹配模板，如图 2.3.5 所示。

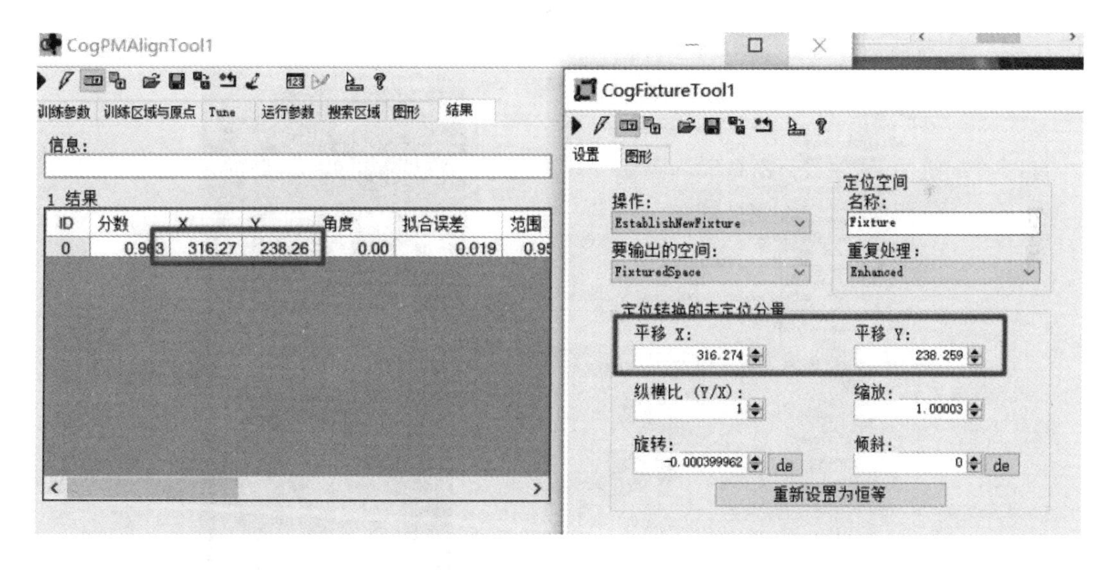

图 2.3.5　建立新的坐标系

(6) 勾选“图形”选项卡中“诊断”选项下的“显示未定位轴”选项并将显示图像切换成 LastRun.OutputImage，在结果显示区域左上角显示一个红色未被定位的坐标系，如图 2.3.6 所示。

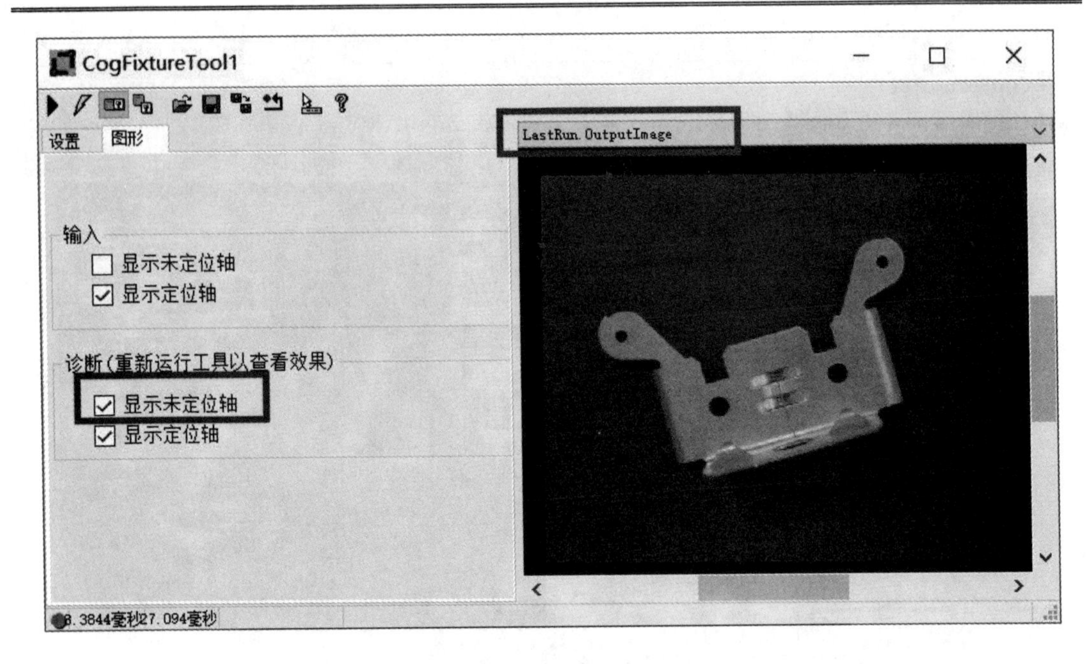

图 2.3.6　显示未定位轴

(7) 若 CogPMAlignTool1 中的定位结果发生错误，则它的结果将无法传输到 CogFixture Tool1，会以红色虚线的形式进行报错，如图 2.3.7 所示。

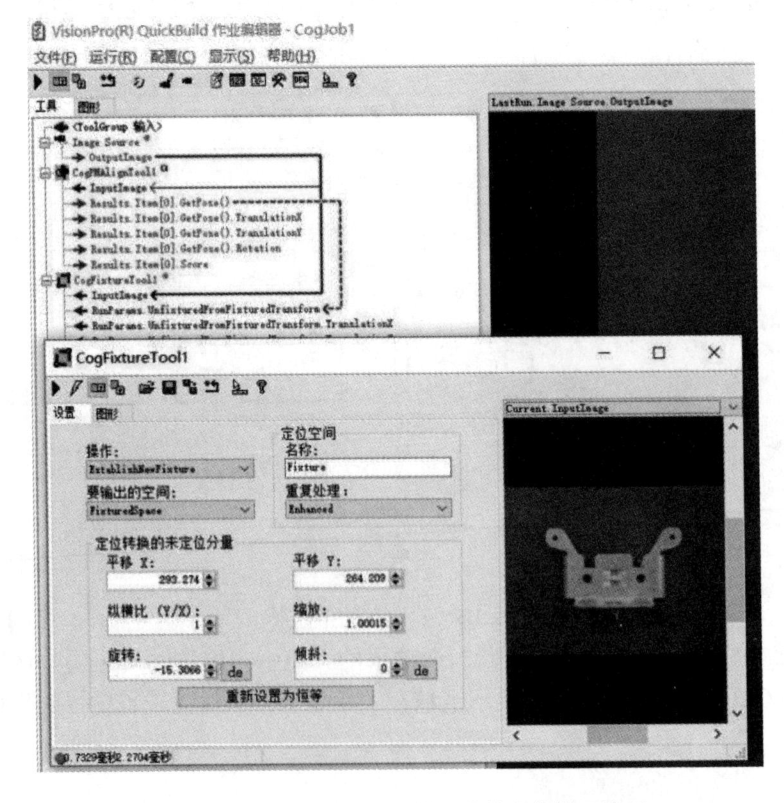

图 2.3.7　CogFixtureTool1 数据传输出错情况演示

3. CogCaliperTool 工具的概念

CogCaliperTool 工具主要是将图像的二维空间转化为一维空间，用来测量物体的宽度、边缘或特征的位置、边对的位置及宽度等。

4. CogCaliperTool 的基本使用方法

(1) 打开 VisionPro 软件后打开作业编辑器，并点击初始化图像来源按钮和工具箱，添加图像和工具，图像源同上，如图 2.3.8 所示。

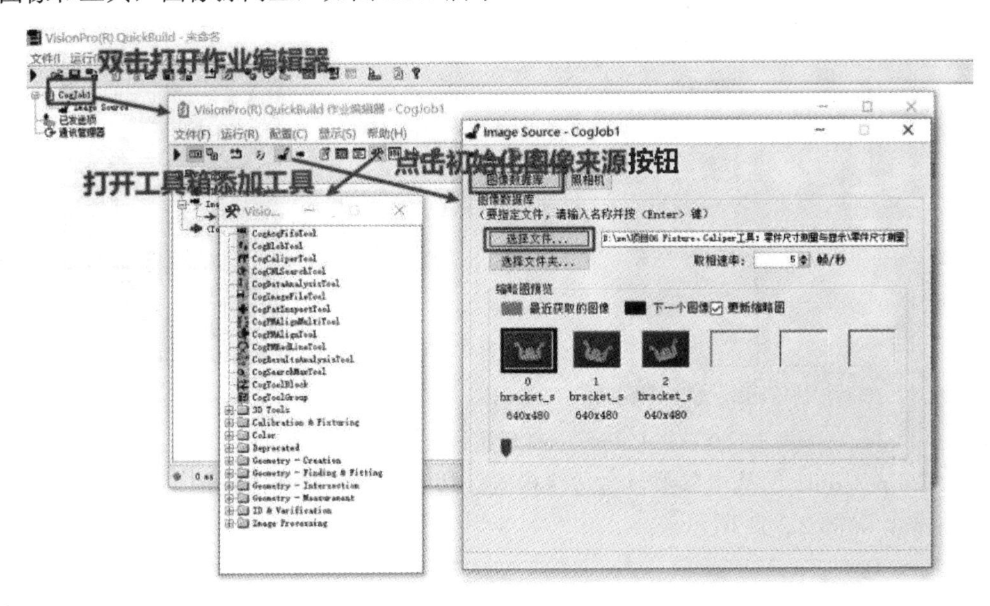

图 2.3.8　初始化作业编辑器界面

(2) 添加 CogCaliperTool 工具，根据需要修改 CogCaliperTool1 的名称(鼠标右键点击并选择“重新命名”命令)，如图 2.3.9 所示。

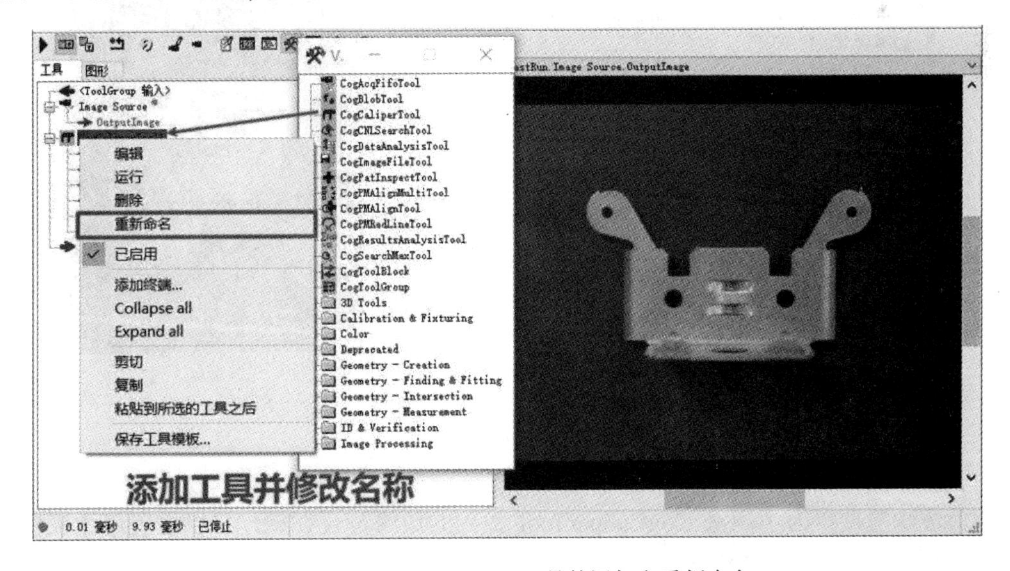

图 2.3.9　CogCaliperTool 工具的添加和重新命名

(3) 将初始化图像传输到 CogCaliperTool1 中，并双击“CogCaliperTool1”，弹出参数设置界面，图 2.3.10 所示为 CogCaliperTool1 数据链接连接和参数设置界面。

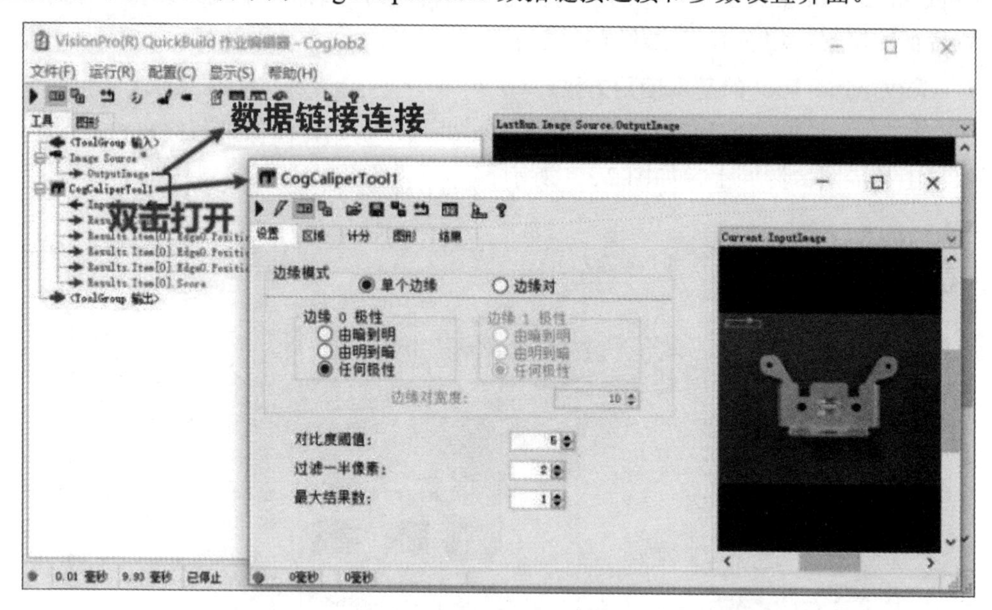

图 2.3.10　CogCaliperTool1 数据链接连接和参数设置界面

CogCaliperTool1 的基本参数包含边缘模式、边缘极性、对比度阈值、过滤一半像素、最大结果数，如图 2.3.11 所示。

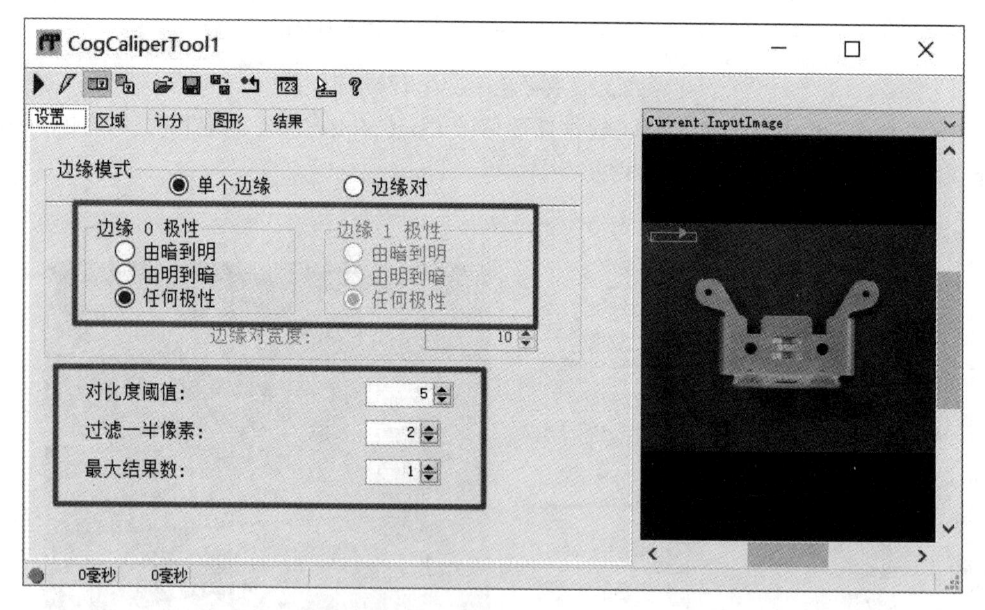

图 2.3.11　CogCaliperTool 的基本参数

① 边缘模式：可设置为查找单个边缘或边缘对。

② 边缘极性：为了确保 CogCaliperTool 找到的边缘符合期望，可以设置边缘极性(从暗到明或从明到暗等)、边缘相对于原点的位置以及边缘对的宽度等参数。

③ 对比度阈值：小于对比度阈值的边缘会被忽略，大于对比度阈值的边缘将被保留。

④ 过滤一半像素：此参数主要用于边缘筛选，其目的是消除噪声和增强峰值。

⑤ 最大结果数：只从备选边缘中保留最强的 n(即最大结果数)条边，如果备选边缘不足 n 条，则全部保留。

(4) 搜索区域分为扫描方向和投影方向，扫描方向与找到的边缘垂直，投影方向与找到的边缘平行，图 2.3.12 所示为 CogCaliperTool1 搜索区域设置界面。

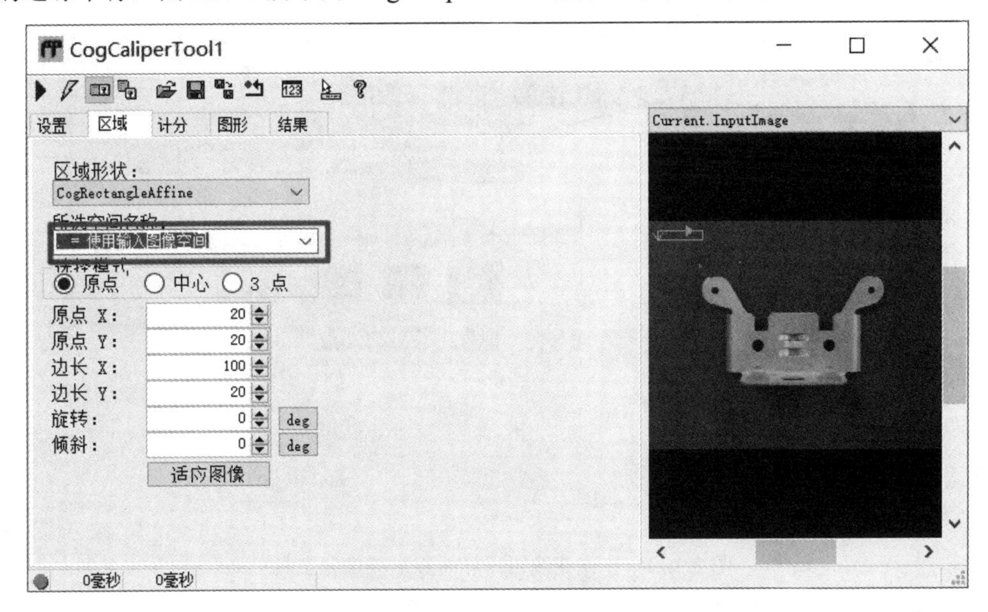

图 2.3.12　CogCaliperTool1 搜索区域设置界面

任务 2　应用案例 1：零件尺寸测量与显示

1. 任务要求

检测图像中的零件上部突出部位的宽度，并最终将结果显示在结果显示区域，图 2.3.13 所示为零件尺寸测量与显示结果图。

零件尺寸测量与显示

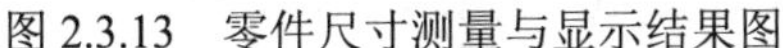

图 2.3.13　零件尺寸测量与显示结果图

2. 实施步骤

(1) 打开 VisionPro 软件后进入作业编辑器，并点击初始化图像来源按钮和工具箱，添加图像与工具，图像源文件与任务 1 相同，如图 2.3.14 所示。

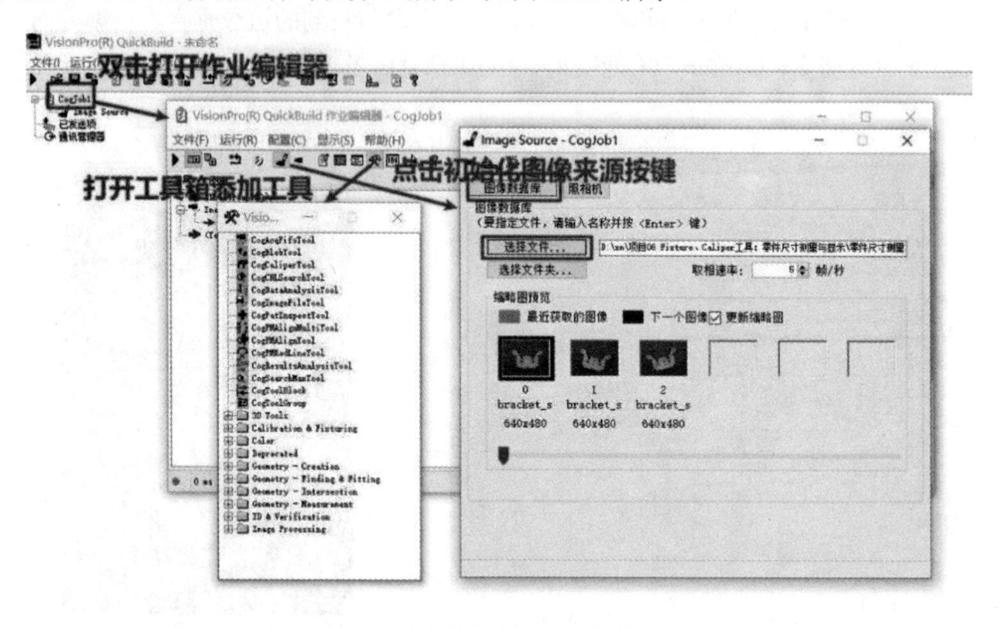

图 2.3.14　在作业编辑器界面添加图像和工具

(2) 添加 CogPMAlignTool 工具，手动拖动图像源的“OutputImage”到 PMAlign 工具的“InputImage”下面，并对 PMAlign 工具名进行修改，单次运行作业，如图 2.3.15 所示。

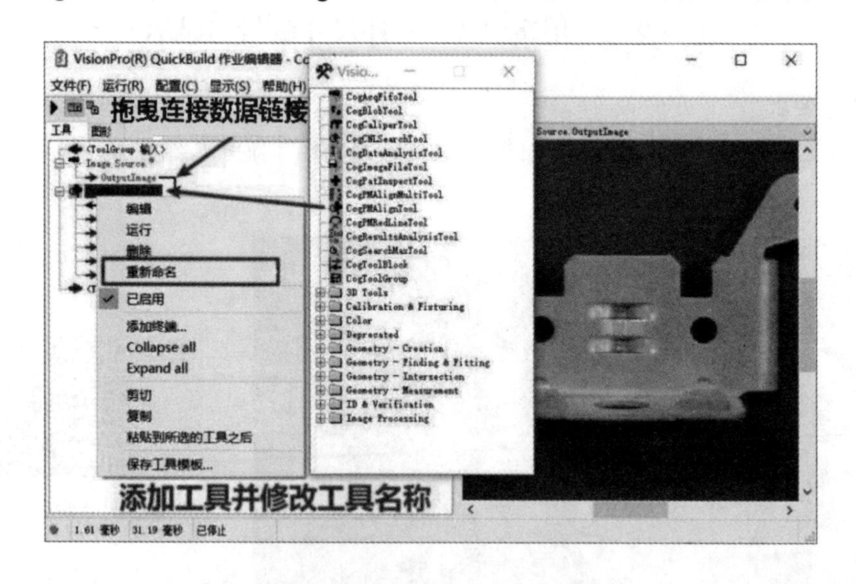

图 2.3.15　工具的添加、重命名和连接数据链接

(3) 双击 CogPMAlignTool1 进入参数设置界面，在工具界面右上角选择训练图像 Current.TrainImage，然后点击“抓取训练图像”按钮，在出现的图像中调整框选工件区域，并点击“训练区域与原点”选项卡中的“中心原点”按钮，如图 2.3.16 所示。

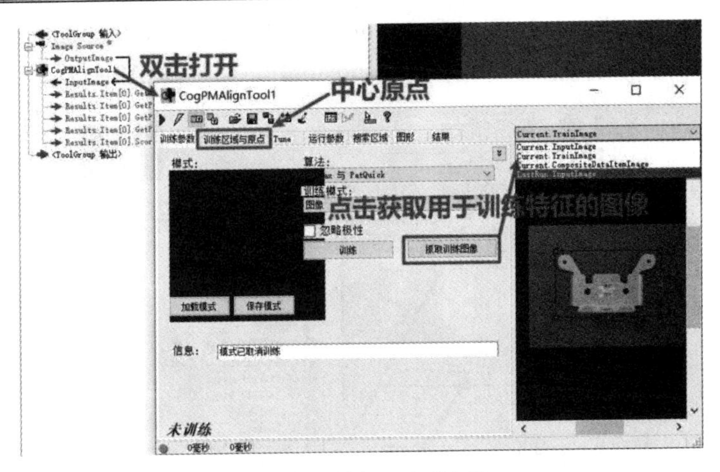

图 2.3.16　模板对象的抓取

(4) 点击“运行参数”选项卡，启用区域角度参数(范围为−180°～180°)，如图 2.3.17 所示。

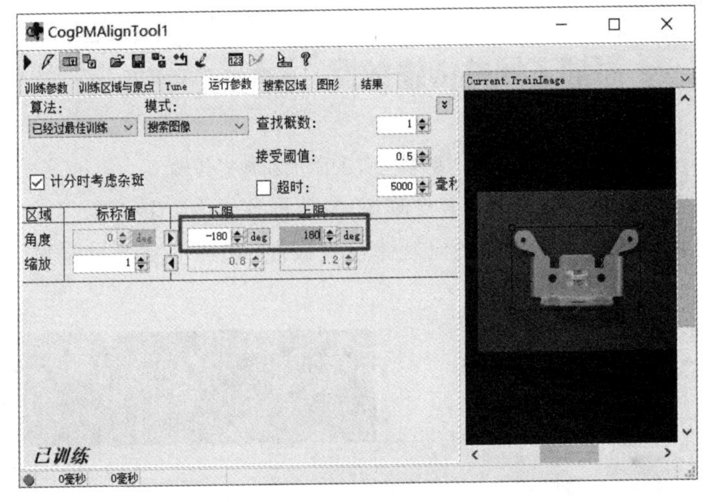

图 2.3.17　“运行参数”选项卡的设置

(5) 点击“训练参数”选项卡中的“训练”按钮，并单次运行作业，如图 2.3.18 所示。

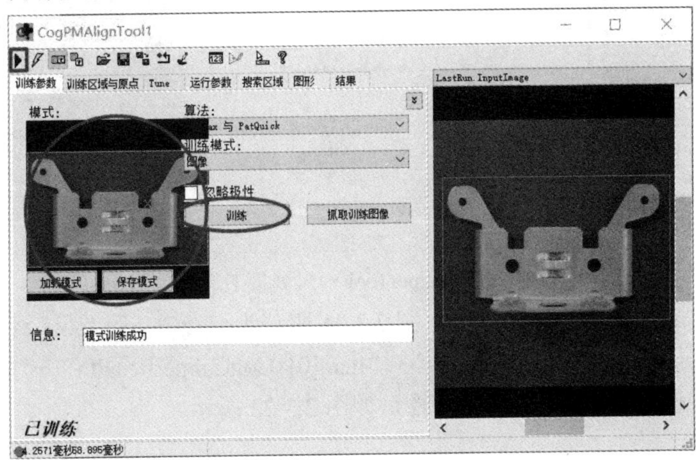

图 2.3.18　模板对象的训练

(6) 添加工具 CogFixtureTool1、CogCaliperTool1、CogCreateGraphicLabelTool1 并将 CogPMAlignTool1 的位姿数据传输给 CogFixtureTool1，如图 2.3.19 所示。

图 2.3.19　更多工具的添加和数据传输

(7) 双击 CogCaliperTool1 打开(卡尺测量)参数设置界面，将对象“边缘模式”设置为“边缘对”，按搜索箭头方向的边缘变化规律设置极性，边缘对宽度设置为 100，如图 2.3.20 所示。

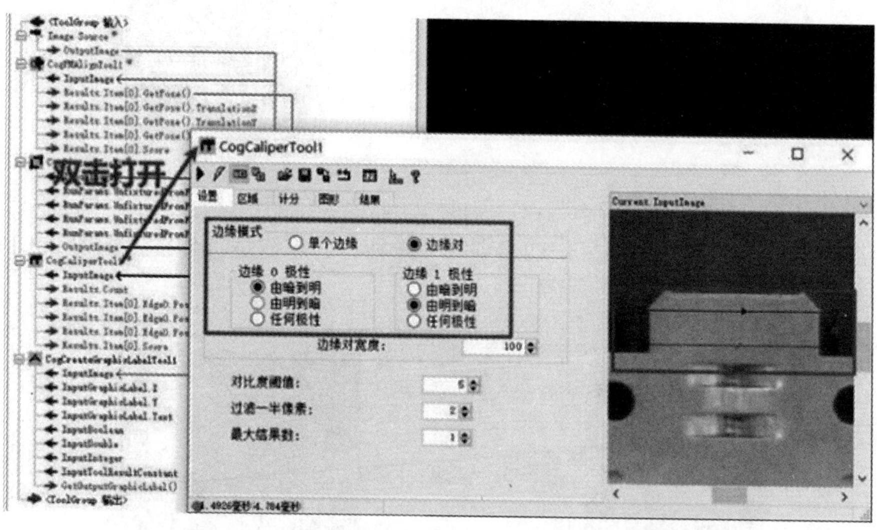

图 2.3.20　CogCaliperTool(卡尺测量工具)参数设置

(8) 为 CogCaliperTool1 添加终端，图 2.3.21 所示为 CogCaliperTool1 终端添加入口。

(9) 点击“Result<CogCaliperResults>”→“Item[0]<CogCaliperResult>”→“Width<Double>=2.96622234819129”为终端添加输出路径，如图 2.3.22 所示。

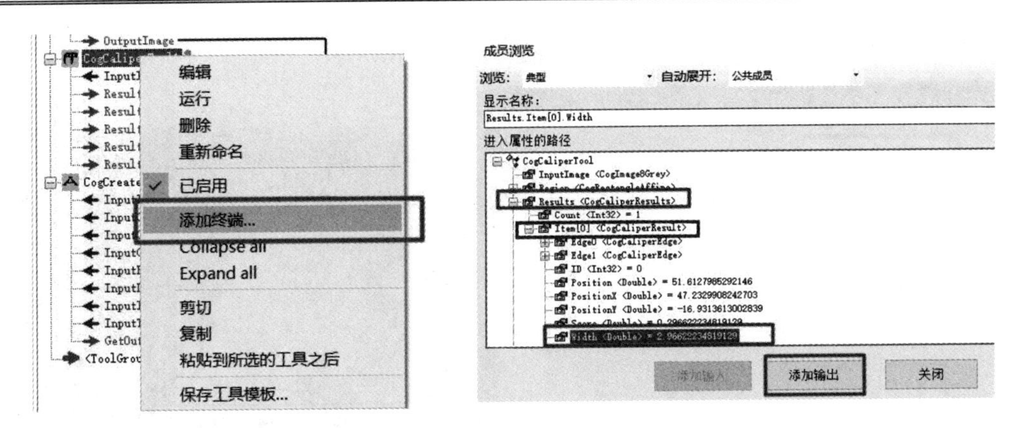

图 2.3.21　为 CogCaliperTool1 工具终端添加入口　　图 2.3.22　添加终端输出路径

(10) 将卡尺测量的结果 Resul.Item[0].Width 传输到 CogCreateGraphicLabelTool1 的 InputDouble 中，如图 2.3.23 所示。

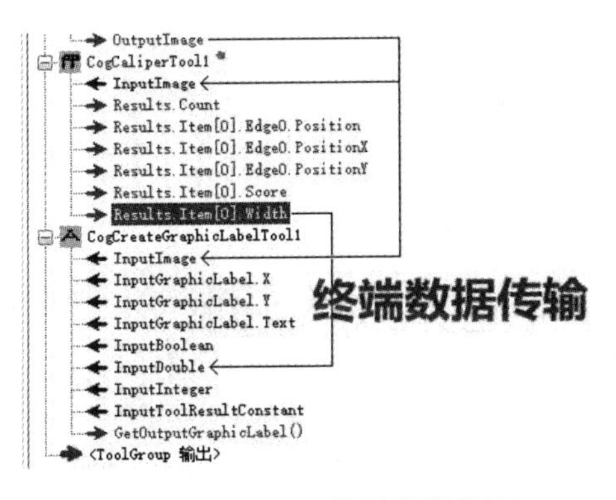

图 2.3.23　终端数据传输

(11) 首先将“选择器”选择为“Formatted”，在“文本：”输入框输入“宽度：{D: F2}”，并设置结果显示文字字体的外观，如图 2.3.24(a)所示；然后点击“放置”选项卡，在其中设置结果显示文字的显示位置，如图 2.3.24(b)所示。

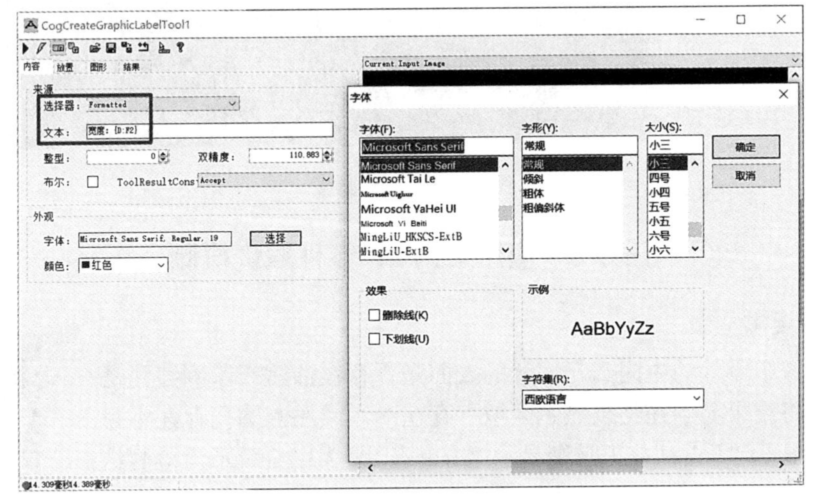

(a)　设置结果显示文字的来源和外观

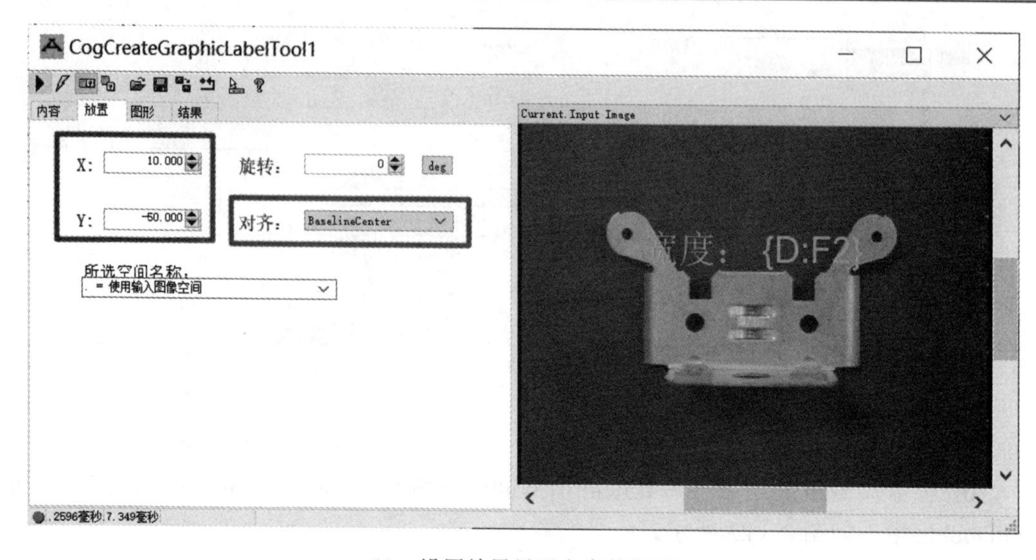

(b)　设置结果显示文字的位置

图 2.3.24　结果显示工具参数的设置

(12) 点击单次运行按钮显示最终结果，如图 2.3.25 所示。批量测试，确认每张图像都得到正确的测量结果。

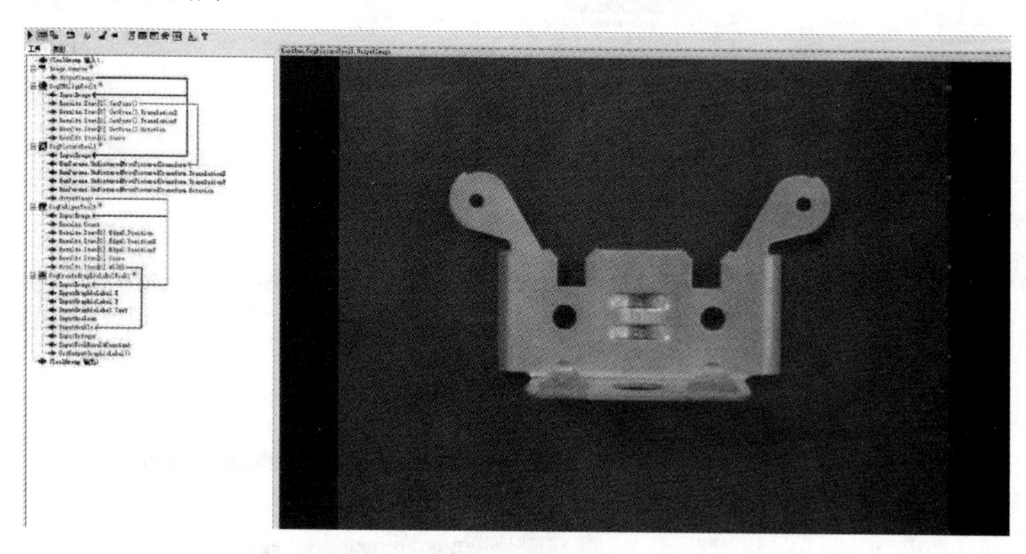

图 2.3.25　测量结果

任务 3　应用案例 2：零件瑕疵检测

1. 任务要求

检测图像中零件的中间凸起部分的表面是否存在油污或左侧圆孔是否完整，并将结果显示在结果显示区域，存在油污或左侧圆孔存在不完整或缺孔时显示“False”，正常则显示“True”，图 2.3.26 所示为检测结果显示示例。

零件瑕疵检测

(a) 正常

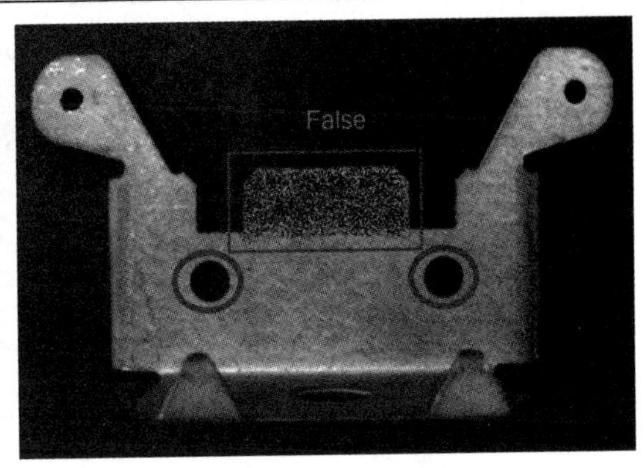

(b) 存在油污瑕疵

图 2.3.26　瑕疵检测结果显示示例

2. 实施步骤

(1) 打开 VisionPro 软件后打开作业编辑器，并点击初始化图像来源按钮和工具箱，添加本项目所需素材图像和工具，如图 2.3.27 所示。

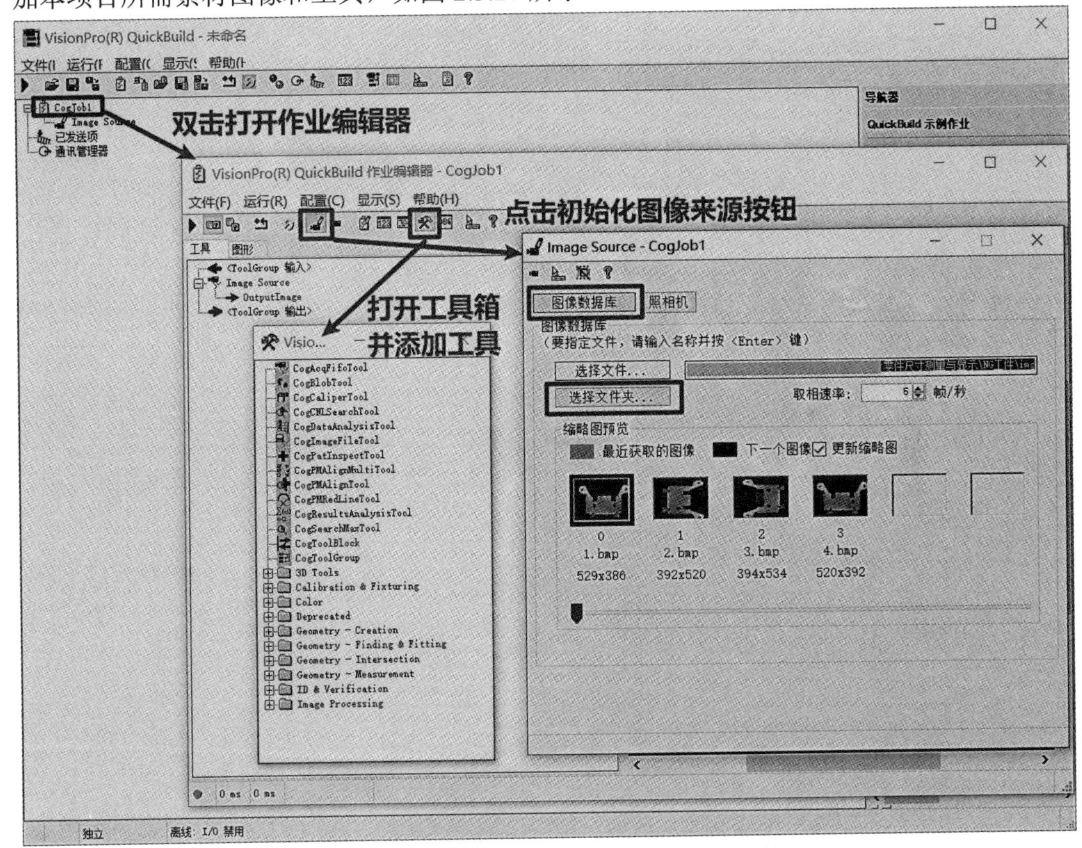

图 2.3.27　在作业编辑器界面添加图像和工具

(2) 添加 CogImageConvertTool、CogPMAlignTool、CogFixtureTool、CogHistogramTool(2 个)、CogResultsAnalysisTool、CogCreateGraphicLabelTool 等工具，如图 2.3.28 所示。

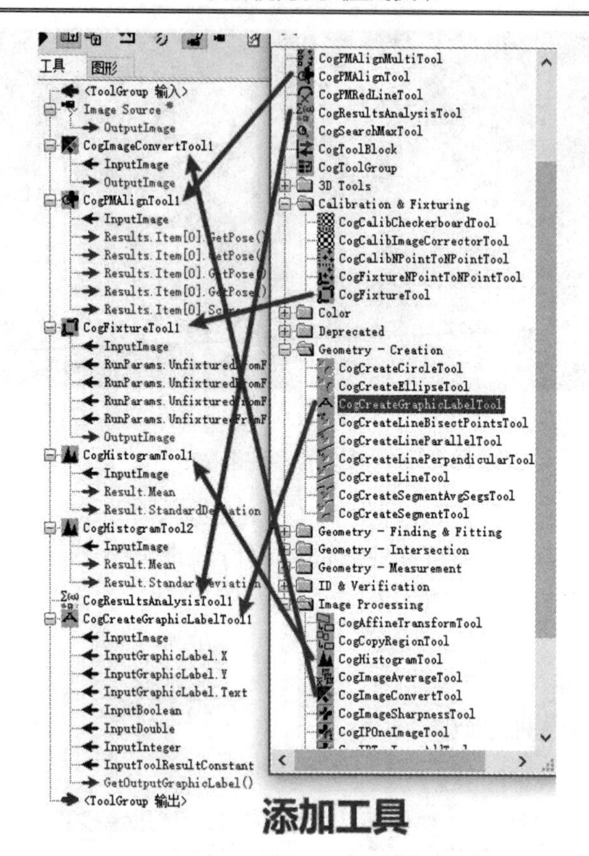

图 2.3.28　添加项目所需工具

(3) 连接工具数据链接并修改工具名称，如图 2.3.29 所示。

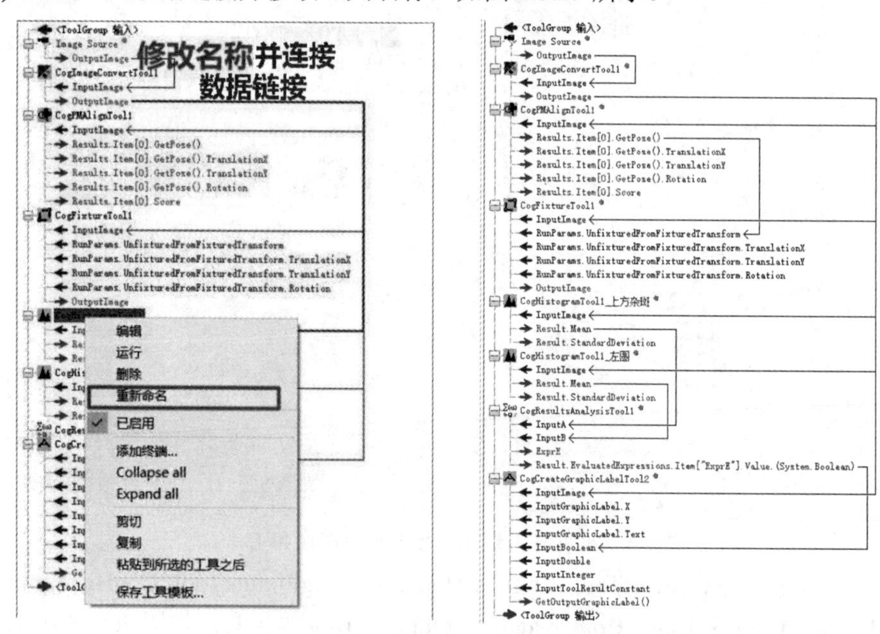

图 2.3.29　连接数据链接及工具重命名

(4) 双击“CogPMAlignTool1”进入参数编辑界面，在工具界面右上角选择训练图像

Current.TrainImage，然后点击“抓取训练图像”按钮，在出现的图像中选择工件整体部分，并点击“训练区域与原点”选项卡中的“中心原点”按钮，如图 2.3.30 所示。

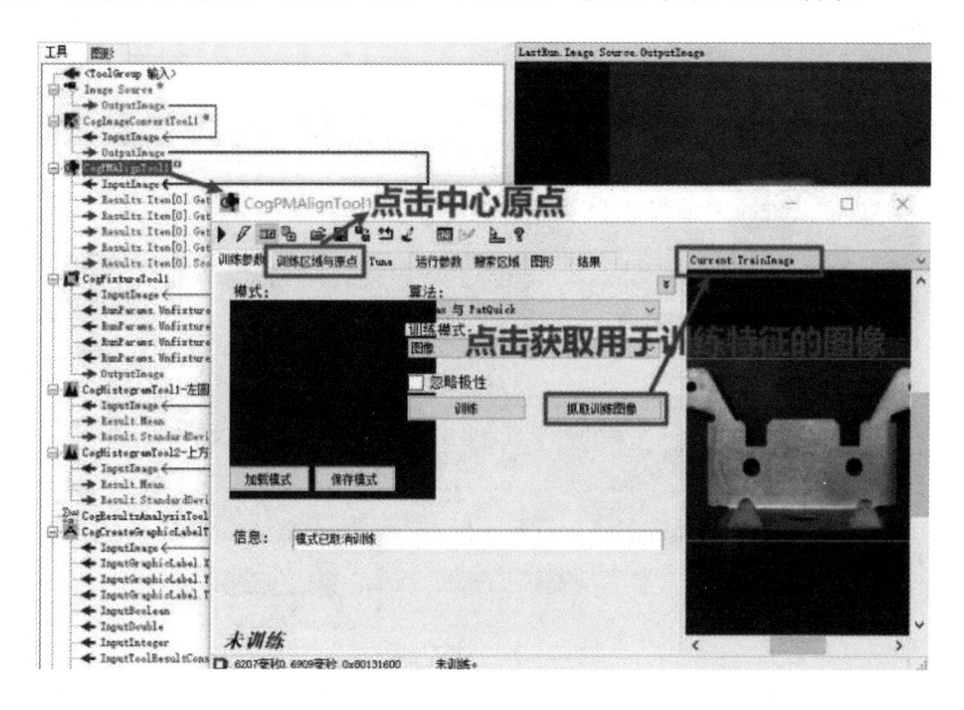

图 2.3.30　模板对象的抓取

(5) 点击“运行参数”选项卡，启用区域角度参数(范围为-180°～180°)，如图 2.3.31 所示。

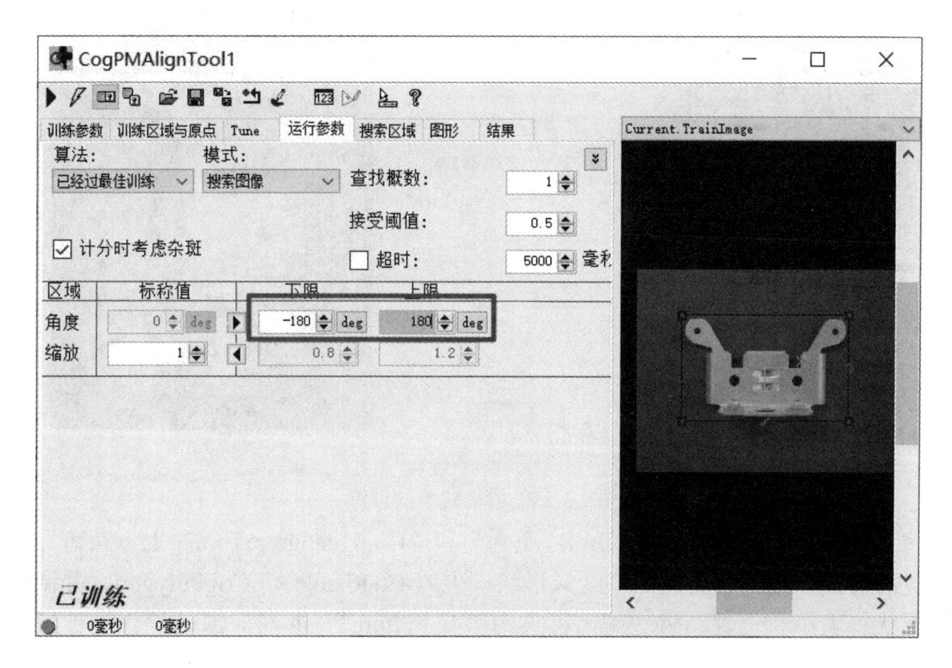

图 2.3.31　运行参数的设置

(6) 首先点击掩膜器工具按钮，并选择“矩形选择”工具，把图像中间两个圆孔和上方边缘掩盖，以避免对定位结果造成干扰，然后点击“确定”按钮，如图 2.3.32 所示。

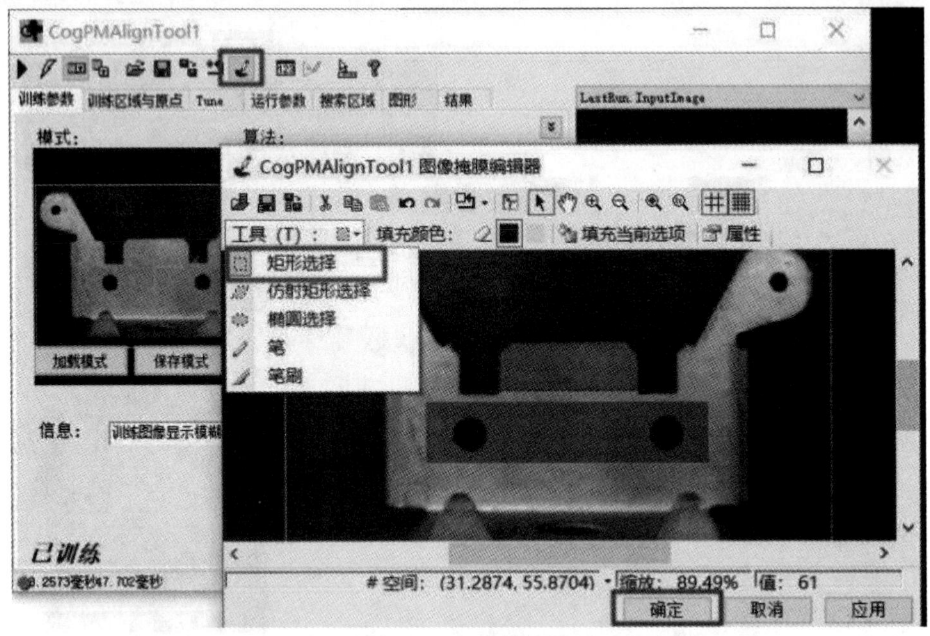

图 2.3.32　对象掩膜

(7) 点击“训练参数”选项卡中的“训练”按钮并单次运行作业，如图 2.3.33 所示。

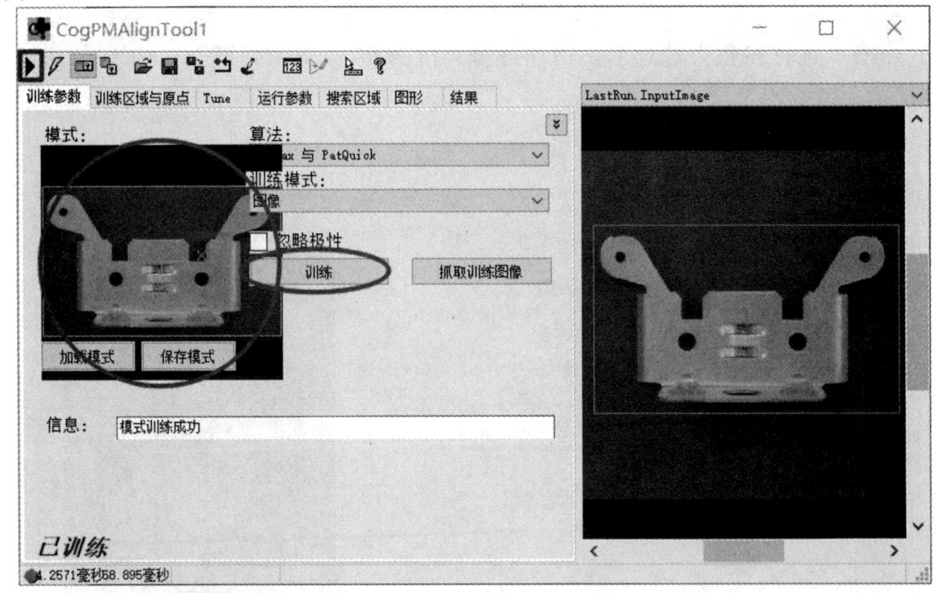

图 2.3.33　模板对象的训练

(8) 分别双击“CogHistogramTool1_左圆”和“CogHistogramTool2_上方杂斑”两个工具打开参数设置界面，分别点击“区域形状”中的 CogCircle 和 CogPolygon，并调整区域形状的形状、大小和位置，将空间名称选为“@\Fixture”，并对对象的位置进行标记，如图 2.3.34 所示。

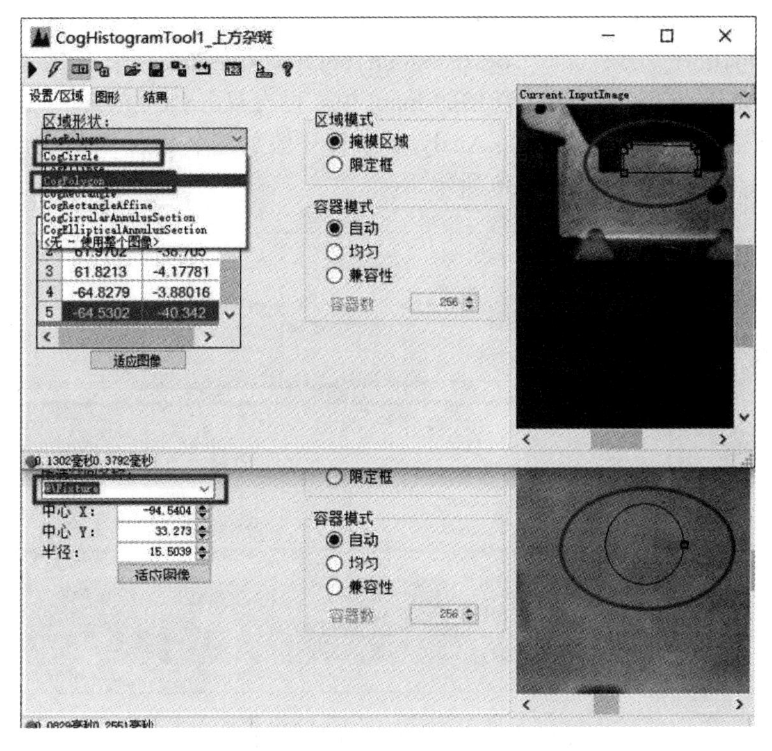

图 2.3.34　标记 CogHistogramTool 对象位置

(9) 将 CogPMAlignTool1 中的位置数据传输到 CogFixtureTool1 上，并打开“CogHistogramTool1_左圆”和“CogHistogramTool2_上方杂斑”工具界面，观察两者的像素值的平均数值的趋向，如图 2.3.35 所示。

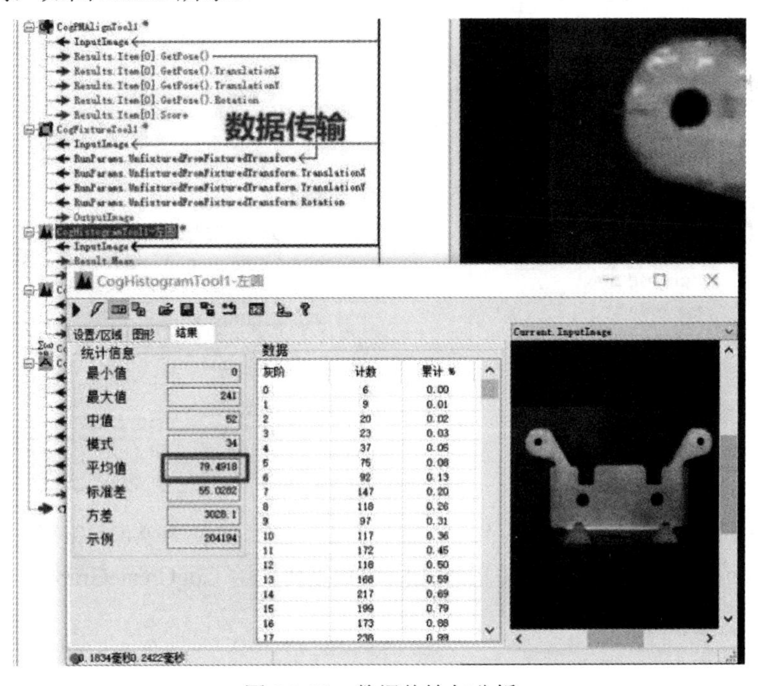

图 2.3.35　数据传输与分析

(10) 双击“CogResultsAnalysisTool1”，打开其参数设置界面，并添加两个 Input，将“CogHistogramTool1_左圆”和“CogHistogramTool2_上方杂斑”两个工具的输出结果传输到 CogResultsAnalysisTool1 的两个新增的 Input 中。再次双击“CogResultsAnalysisTool1”打开其参数设置界面，在 CogResults AnalysisTool1 中添加三个 Expr 对结果数据进行分析、汇总，并将 ExprE 输出，如图 2.3.36 所示。

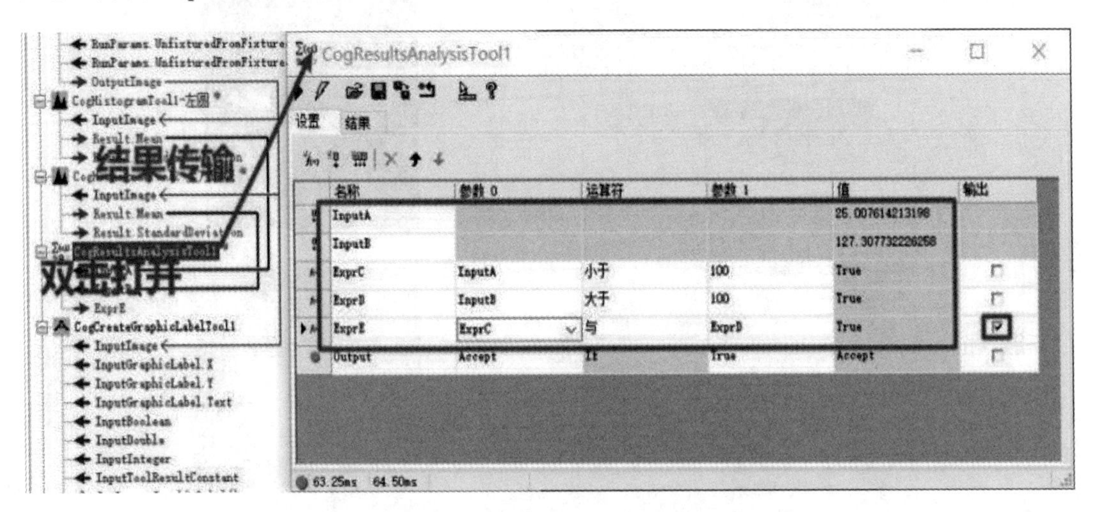

图 2.3.36　数据结果分析工具的设置

(11) 为 CogResultsAnalysisTool1 添加终端，终端入口如图 2.3.37 所示。

(12) 添加终端，点击“Result<CogResultsAnalysisResult>”→“EvaluatedExpressions <CogResultAnalysisEvaluationInfoCollection>”→“Item[“ExprE”]<CogResultsAnalysisEvaluationInfo>”→“Value<Object>”→“Boolean”→“添加输出”按钮，如图 2.3.38 所示。

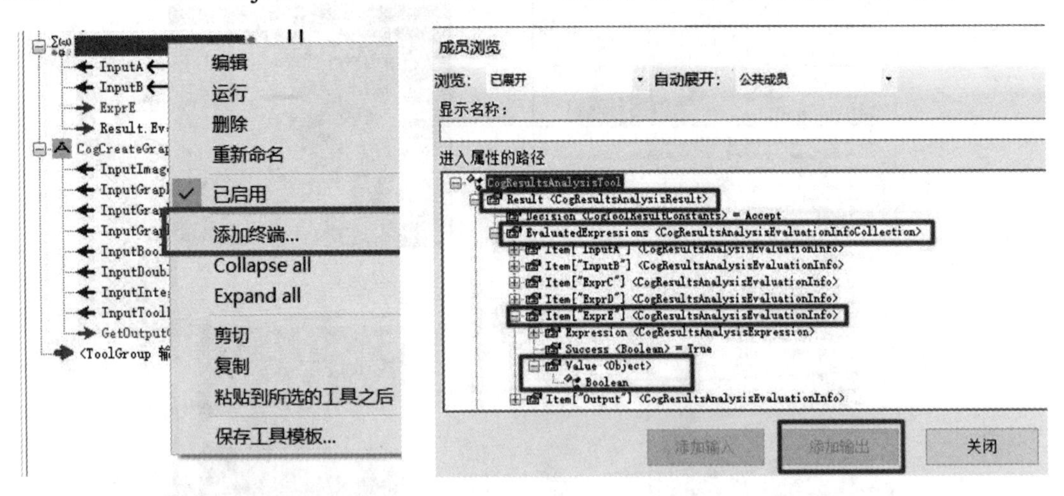

图 2.3.37　为终端添加入口　　　　　　　　图 2.3.38　终端添加路径

(13) 将 CogResultsAnalysisTool1 的输出结果数据传输给 CogCreateGraphicLabelTool1，如图 2.3.39 所示。

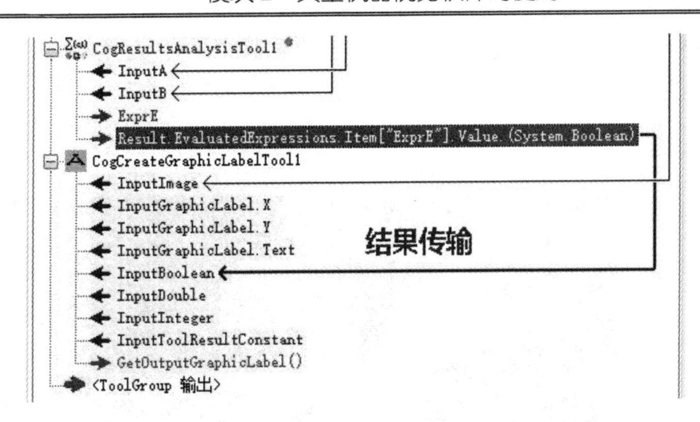

图 2.3.39　结果数据的传输

(14) 双击“CogCreateGraphicLabelTool1”打开其参数设置界面，将“选择器”选择为“InputBoolean”，并点击“选择”按钮对字体进行编辑，如图 2.3.40 所示。

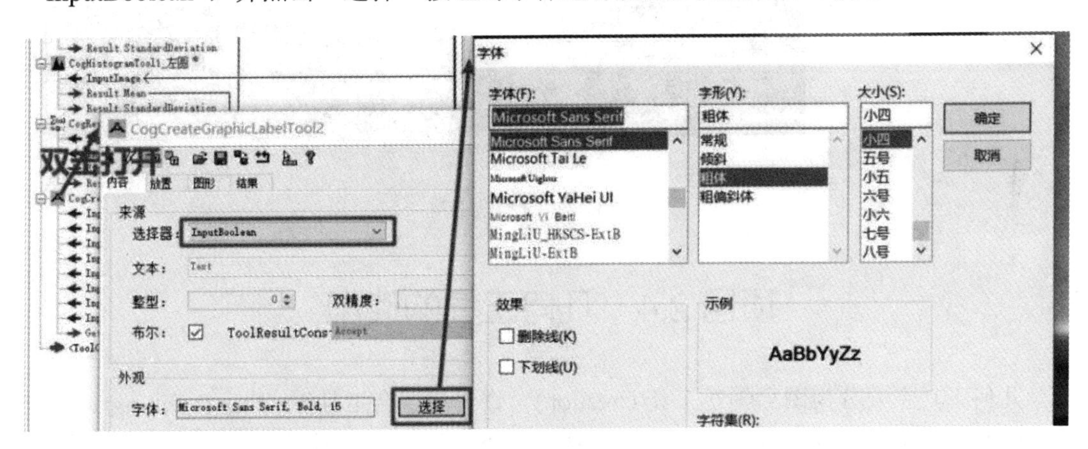

图 2.3.40　CogCreateGraphicLabelTool1 参数设置

(15) 点击“放置”选项卡，在其中对文字的位置进行设置，将“所选空间名称”选为“@\Fixture”，如图 2.3.41 所示。

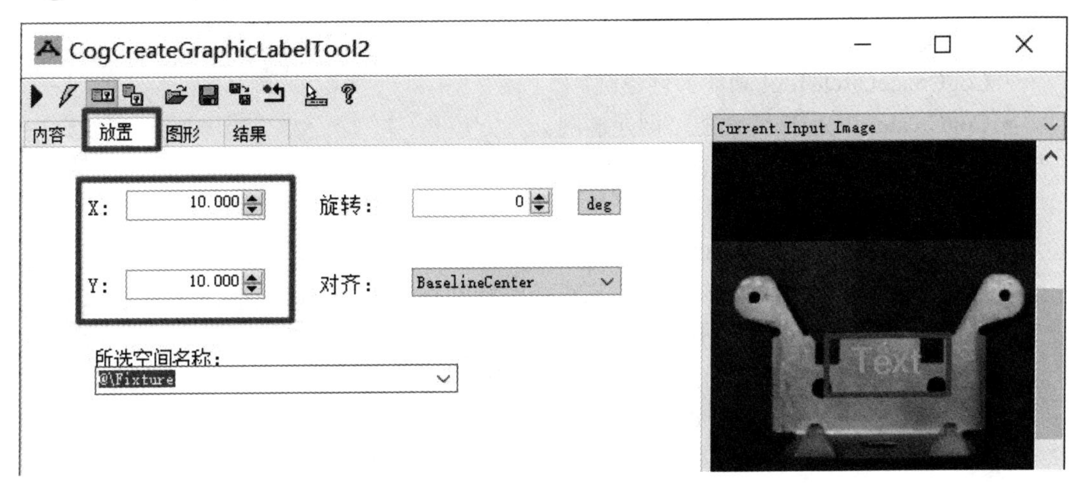

图 2.3.41　设置结果显示文字的位置

(16) 点击单次运行按钮显示最终结果，如图 2.3.42 所示。批量测试，确认每张图像都得到正确的检测结果。

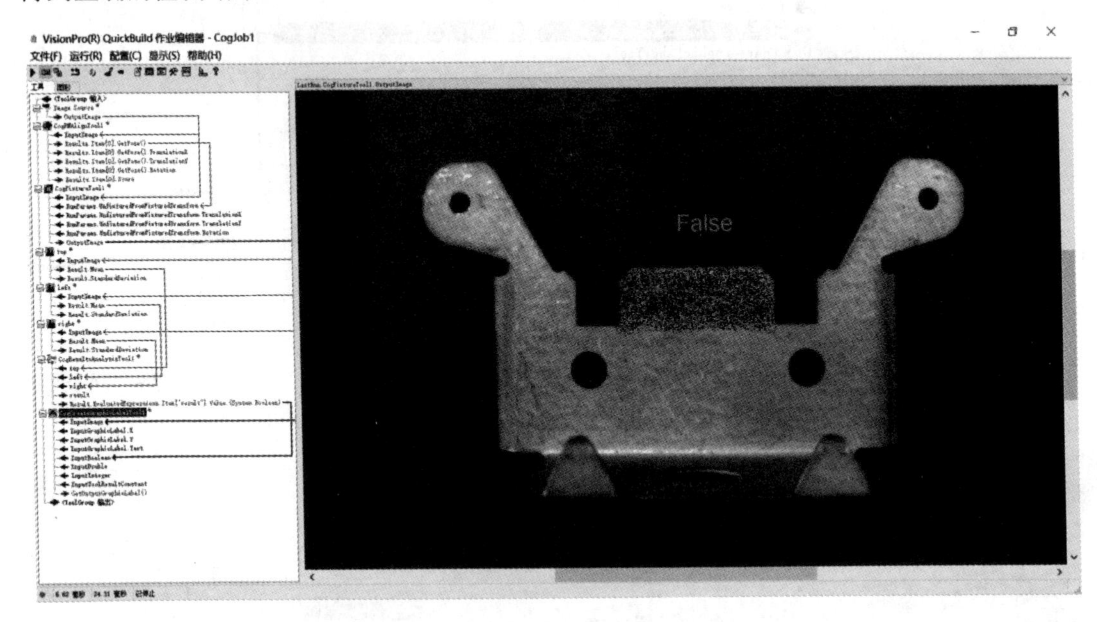

图 2.3.42　检测结果

项目 2.4　几何工具的使用

几何工具主要分为图形创建工具(Creation)、查找和拟合工具(Finding & Fitting)、相交工具(Intersection)和测量工具(Measurement)4 种，下面先逐一介绍这 4 种工具的基本用法，然后介绍一个几何工具的综合应用案例。

任务 1　图形创建工具的使用方法

图形创建工具名称及功能如下所示：

- CogCreateCircleTool 功能：创建圆。
- CogCreateEllipseTool 功能：创建椭圆。
- CogCreateLineBisectPointsTool 功能：创建两点的平分线。
- CogCreateLineParallelTool 功能：在某一点创建某条直线的平行线。
- CogCreateLinePerpendicularTool 功能：在某一点创建某条直线的垂线。
- CogCreateLineTool 功能：根据指定点和角度创建一条直线。
- CogCreateSegmentTool 功能：创建线段。
- CogCreateSegmentAvgSegsTool 功能：创建两条线段的平均线。

(1) CogCreateCircleTool(创建圆工具)界面如图 2.4.1 所示，在此界面输入圆心坐标和半径，运行该工具可创建出一个圆，圆心坐标和半径也可以在工具列表中从其他终端输入。

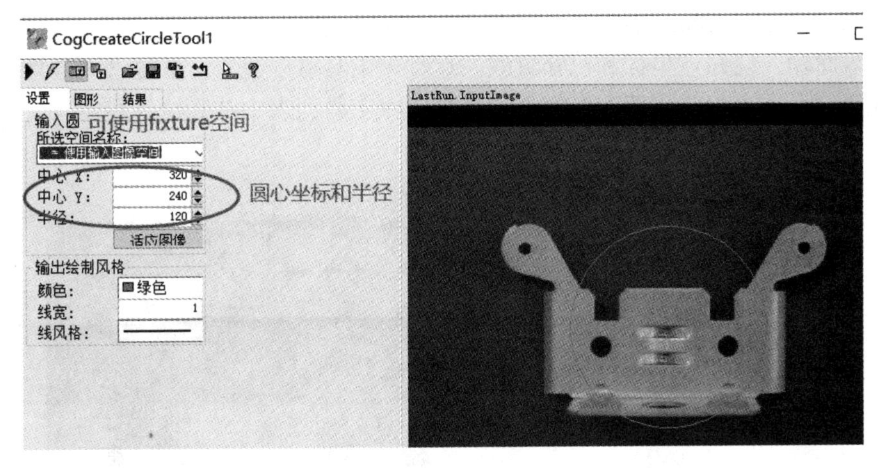

图 2.4.1 CogCreateCircleTool(创建圆工具)界面

(2) CogCreateEllipseTool(创建椭圆工具)界面如图 2.4.2 所示，在此界面输入椭圆圆心坐标、X 与 Y 半径和旋转度数，运行该工具可创建出一个椭圆，椭圆圆心坐标、半径，旋转参数也可以在工具列表中从其他终端输入。

图 2.4.2 CogCreateEllipseTool(创建椭圆工具)界面

(3) CogCreateLineBisectPointsTool(创建两点的平分线工具)界面如图 2.4.3 所示，在此界面输入起点坐标和终点坐标，运行该工具可创建一条两点之间的平分线，起点坐标、终点坐标也可以在工具列表中从其他终端输入。

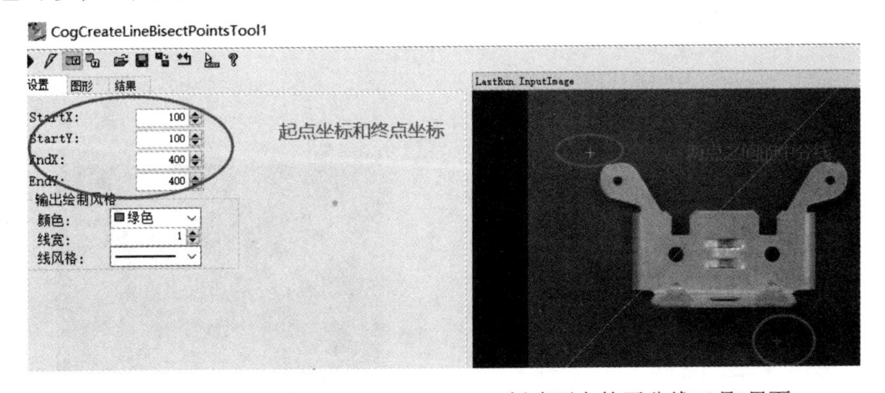

图 2.4.3 CogCreateLineBisectPointsTool(创建两点的平分线工具)界面

(4) CogCreateLineParallelTool(在某一点创建某条直线的平行线工具)界面如图 2.4.4 所示，在此界面输入已知点坐标和已知直线，运行该工具可创建出一条过已知点且平行于已知直线的平行线，已知点坐标和已知直线也可以在工具列表中从其他终端输入。

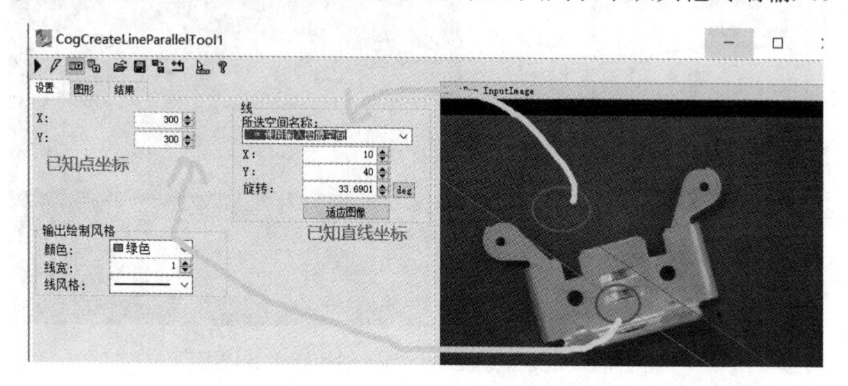

图 2.4.4　CogCreateLineParallelTool(在某一点创建某条直线的平行线工具)界面

(5) CogCreateLinePerpendicularTool(在某一点创建某条直线的垂线工具)界面如图 2.4.5 所示，在此界面输入已知点坐标和已知直线，运行该工具可创建出一条过已知点且垂直于已知直线的垂线，已知点坐标和已知直线也可以在工具列表中从其他终端输入。

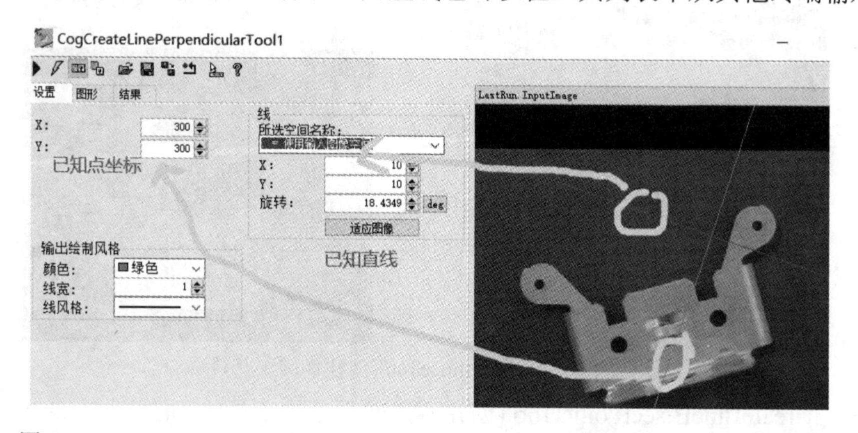

图 2.4.5　CogCreateLinePerpendicularTool(在某一点创建某条直线的垂线工具)界面

(6) CogCreateLineTool(创建直线工具)界面如图 2.4.6 所示，在此界面输入指定点和角度，运行该工具可创建出一条直线，已知点坐标和已知角度也可以在工具列表中从其他终端输入。

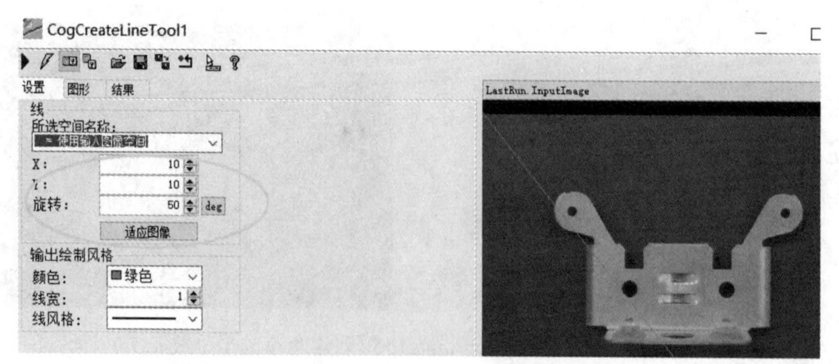

图 2.4.6　CogCreateLineTool(创建直线工具)界面

(7) CogCreateSegmentTool(创建线段工具)界面如图 2.4.7(a)、2.4.7(b)所示，创建线段有两种模式可以选择，一种方法是输入起点和终点坐标创建线段，另一种方法是输入起点坐标、线段长度和线段角度创建线段。

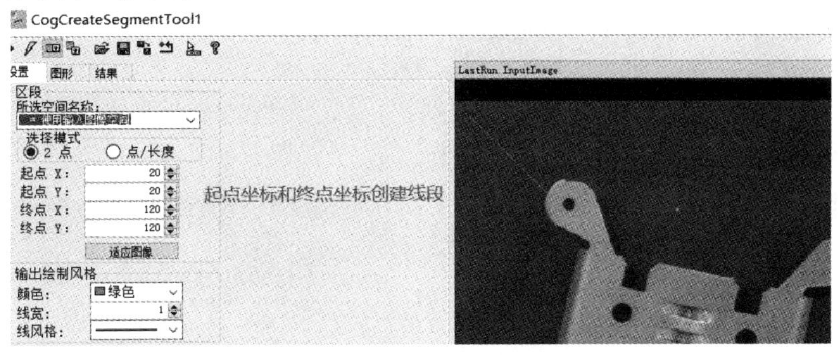

(a)　输入起点和终点坐标创建线段工具界面

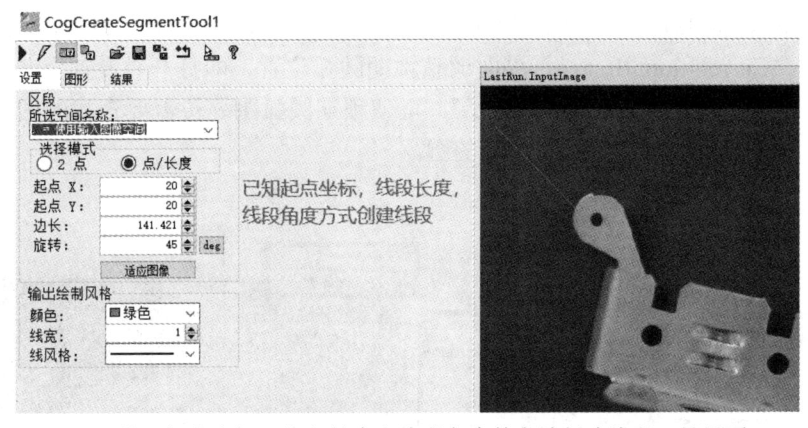

(b)　输入起点坐标，线段长度和线段角度的方法创建线段工具界面

图 2.4.7　CogCreateSegmentTool(创建线段工具)界面

(8) CogCreateSegmentAvgSegsTool(创建两条线段的平分线段工具)界面如图 2.4.8 所示，在此界面输入两条线段数据，运行该工具可创建出这两条线段的平分线段，已知线段也可以在工具列表中从其他终端输入。

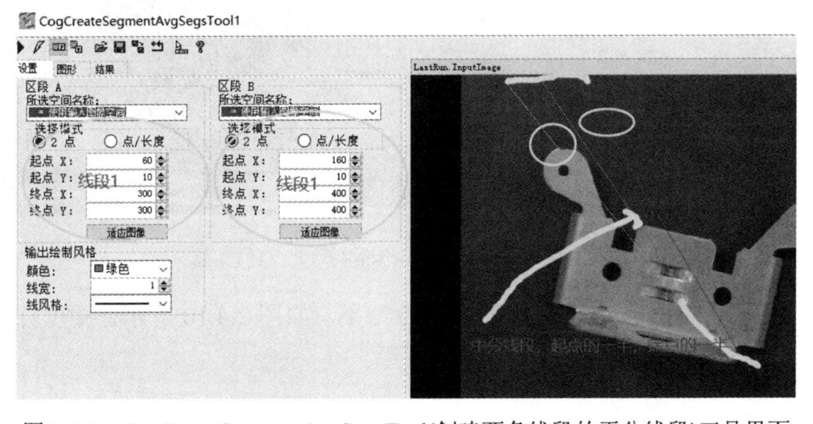

图 2.4.8　CogCreateSegmentAvgSegsTool(创建两条线段的平分线段)工具界面

任务 2　查找和拟合工具的使用方法

查找和拟合工具(Finding & Fitting)名称及功能如下：

- CogFindCircleTool 功能：找圆工具。
- CogFindCornerTool 功能：找角工具。
- CogFindEllipseTool 功能：找椭圆工具。
- CogFindLineTool 功能：找线工具。
- CogFitCircleTool 功能：拟合圆。
- CogFitEllipseTool 功能：拟合椭圆。
- CogFitLineTool 功能：拟合直线。
- CogMultiLineFinderTool 功能：多线查找。

(1) CogFindCircleTool(找圆工具)界面如图 2.4.9 所示(图中编号为操作步骤顺序，下同)，首先在“Current.InputImage”界面调整预期圆弧位置，即打开“设置”选项卡，设置“卡尺数量”“搜索长度”和“投影长度”，可使预期圆弧刚好覆盖要查找的圆的位置，然后运行该工具即可找到此预期圆弧区域的圆。

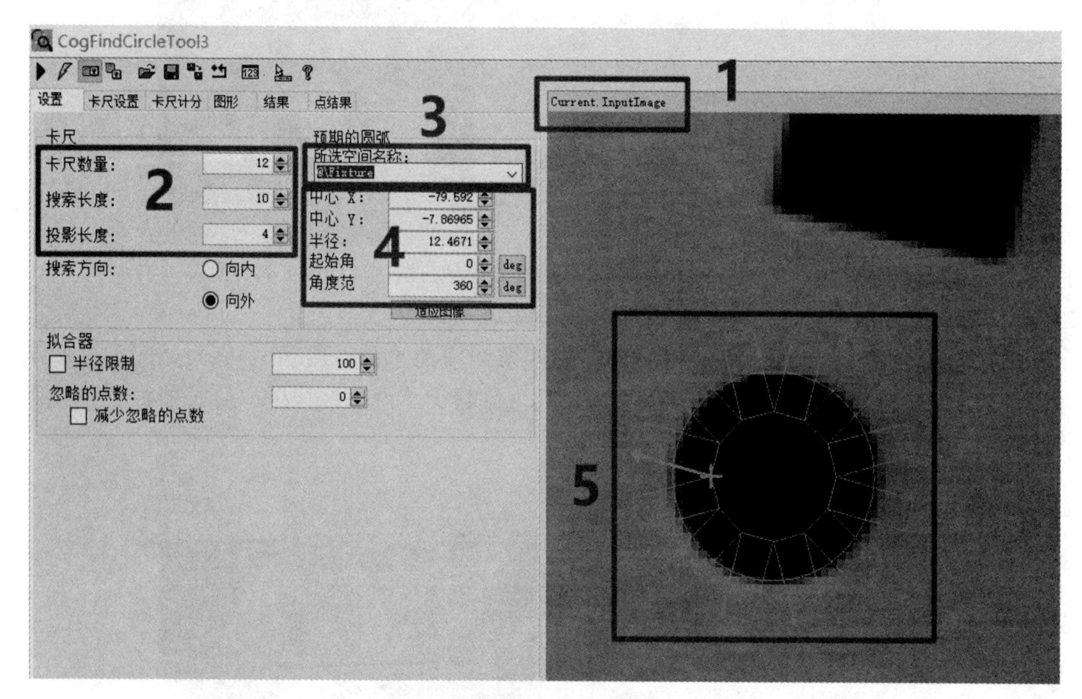

图 2.4.9　CogFindCircleTool(找圆工具)界面

在“LastRun.InputImage”界面可查看运行结果，如图 2.4.10 所示，并可打开结果选项卡查看终端输出。

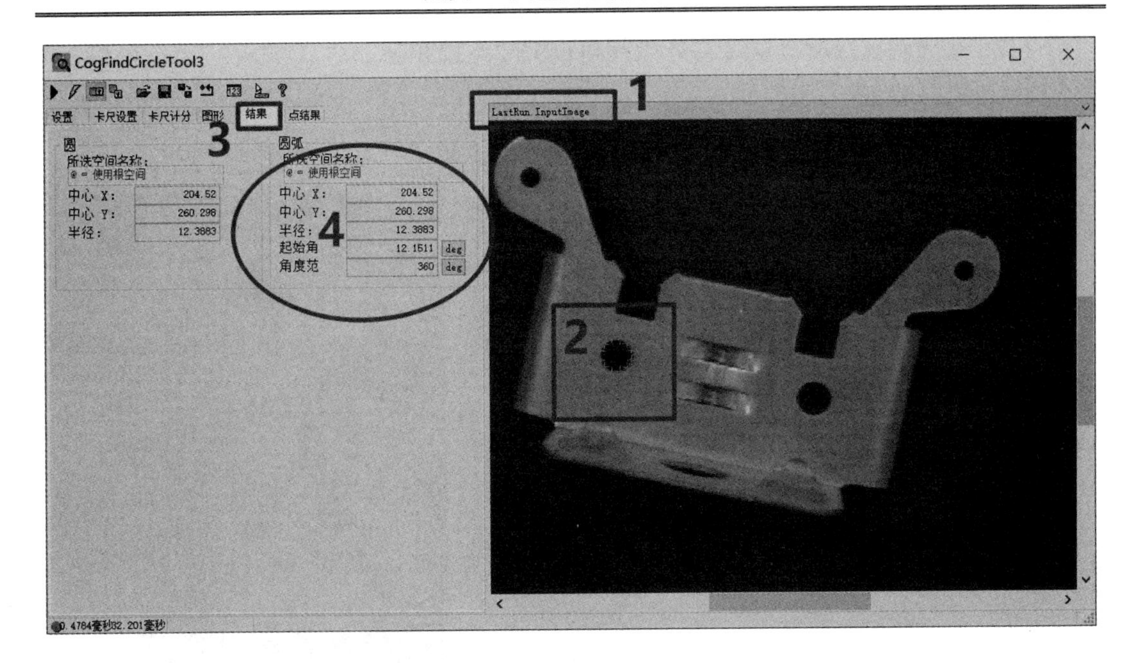

图 2.4.10　CogFindCircleTool(找圆工具)界面运行结果

(2) CogFindCornerTool(找角工具)界面如图 2.4.11 所示，首先在“Current.InputImage”图形界面调整卡尺位置使其刚好能覆盖在预期的线段上，然后运行该工具即可找到预期线段上的角。

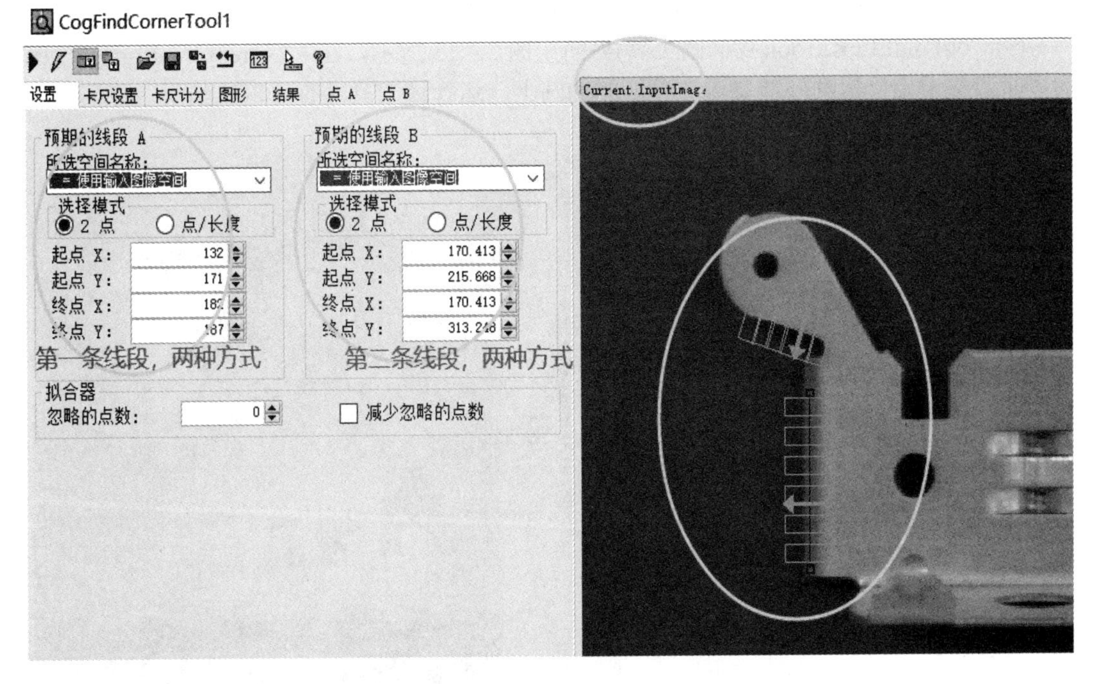

图 2.4.11　CogFindCornerTool(找角工具)界面

查找结果为两线段所在直线的交点(拐角)如图 2.4.12 所示。

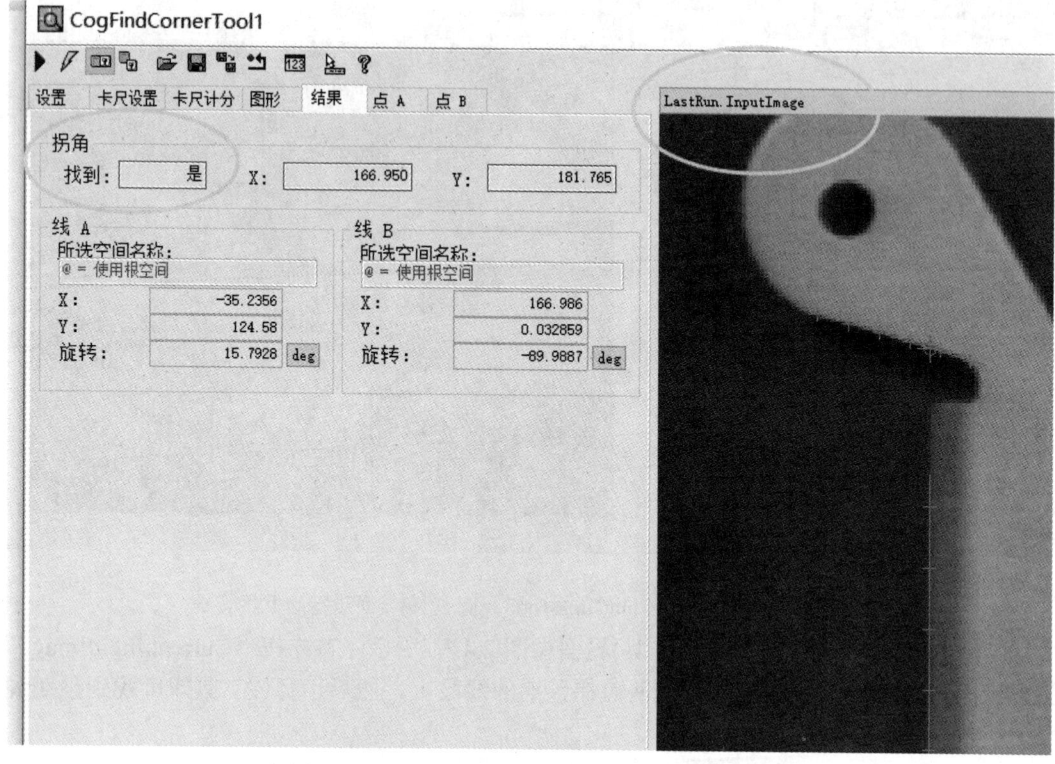

如图 2.4.12　CogFindCornerTool(找角工具)运行结果

(3) CogFindEllipseTool(找椭圆工具)界面如图 2.4.13 所示，在“Current.InputImage”图形界面调整卡尺位置刚好能覆盖在预期的椭圆上，运行该工具并查看输出结果。

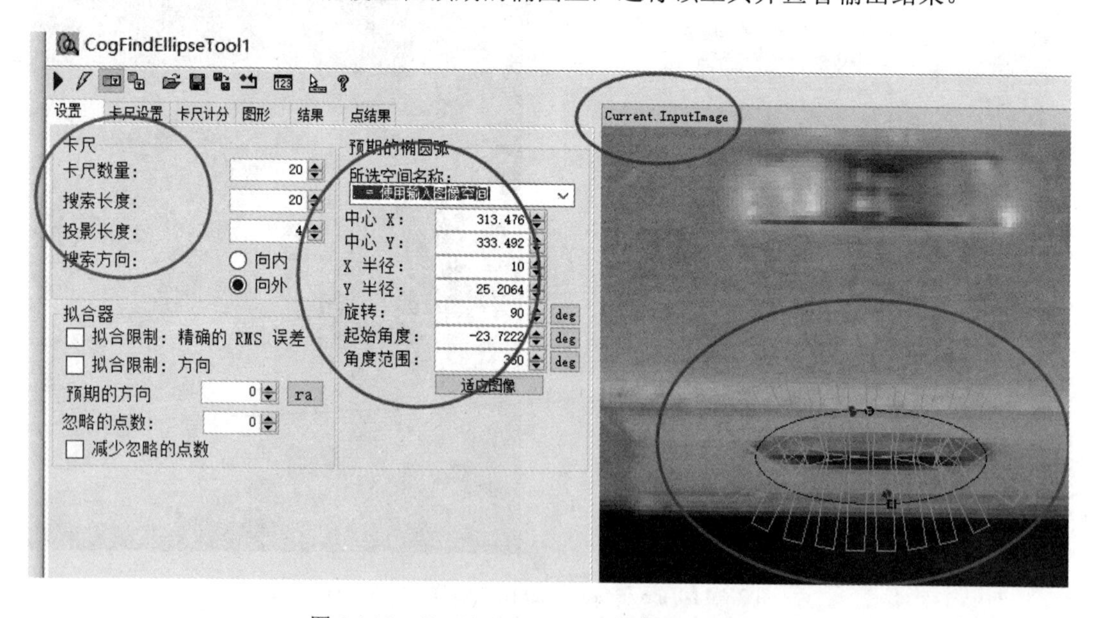

图 2.4.13　CogFindEllipseTool(找椭圆工具)界面

(4) CogFindLineTool(找线工具)界面如图 2.4.14 所示，在 Current.InputImage 图形界面调整卡尺位置刚好能覆盖在预期的直线上，运行该工具并查看输出结果。

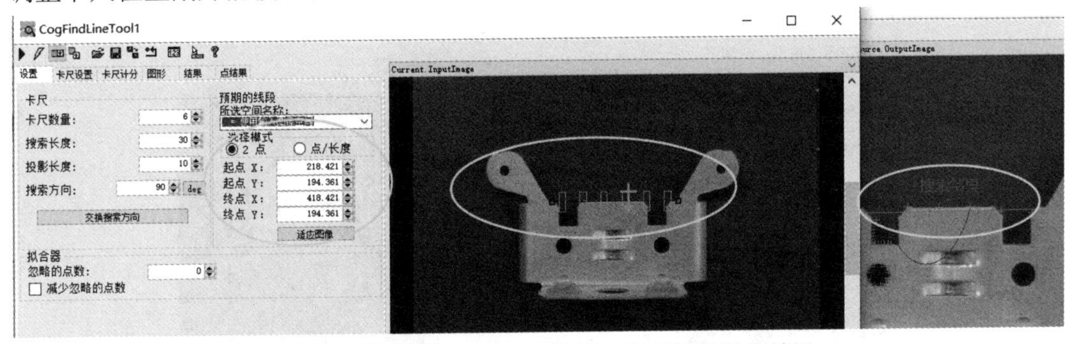

图 2.4.14　CogFindLineTool(找线工具)界面及输出结果

(5) CogFitCircleTool(拟合圆工具)界面如图 2.4.15 所示。首先在“设置”选项卡中输入 3 个及以上点。

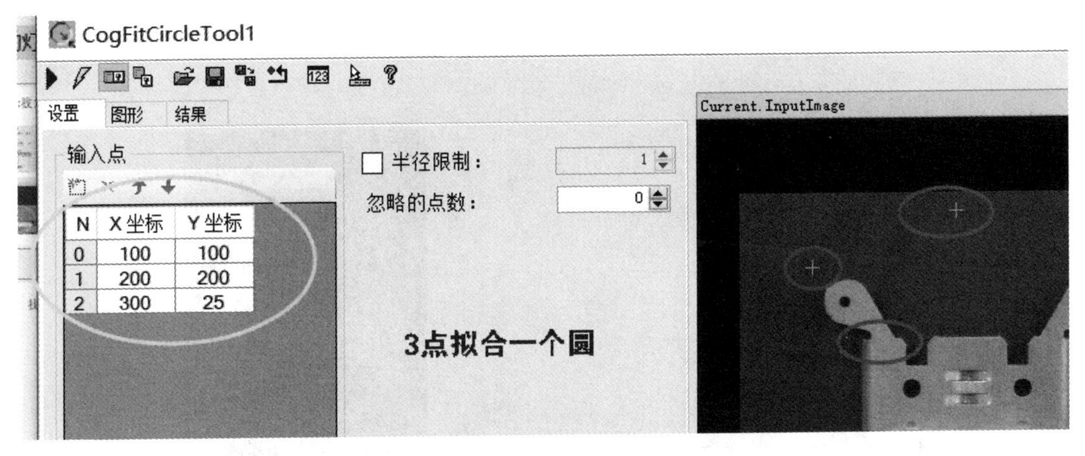

图 2.4.15　CogFitCircleTool(拟合圆工具)界面

然后运行该工具拟合一个圆，拟合结果如图 2.4.16 所示，3 个点坐标也可以在工具列表中由终端输入。

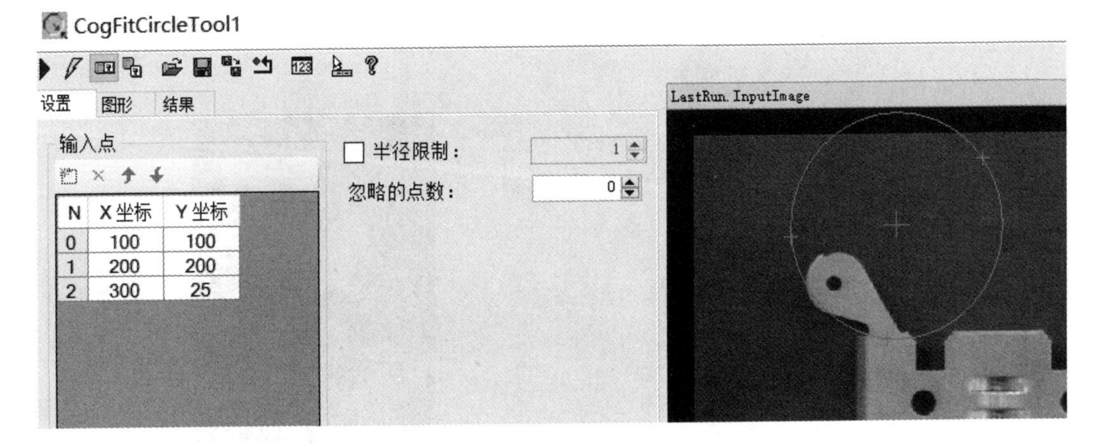

图 2.4.16　CogFitCircleTool(拟合圆工具)拟合结果

(6) CogFitEllipseTool(拟合椭圆工具)界面如图 2.4.17 所示，在“设置”选项卡中输入 5 个及以上点，运行该工具拟合一个椭圆。

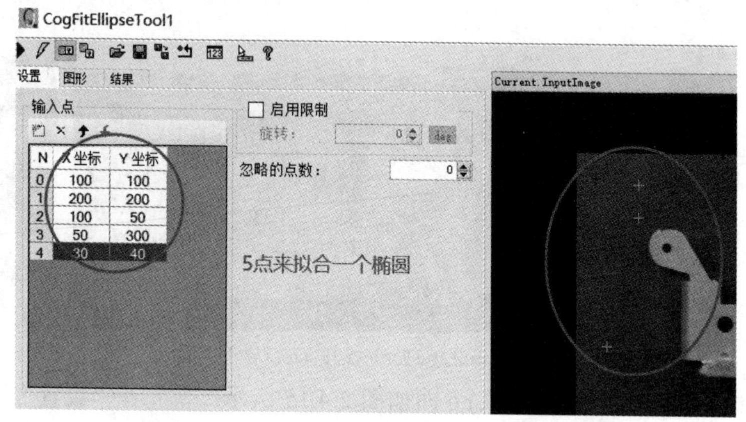

图 2.4.17　CogFitEllipseTool(拟合椭圆工具)界面

拟合结果如图 2.4.18 所示。

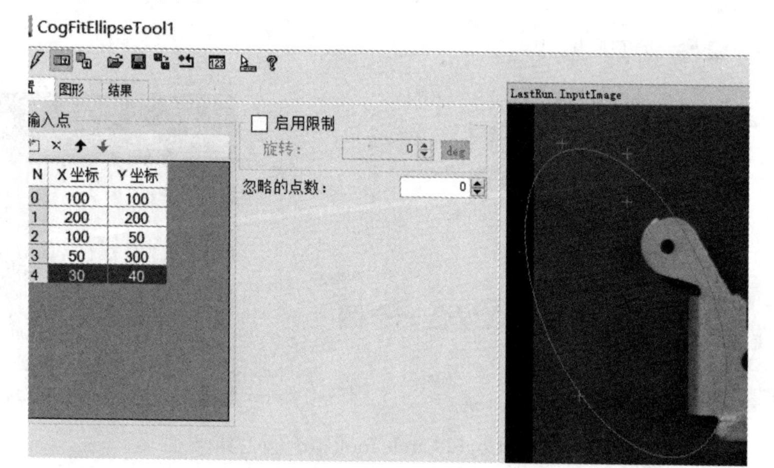

图 2.4.18　CogFitEllipseTool(拟合椭圆工具)拟合结果

(7) CogFitLineTool(拟合直线工具)界面如图 2.4.19 所示，该工具可以输入两个以上的点来拟合一条直线。

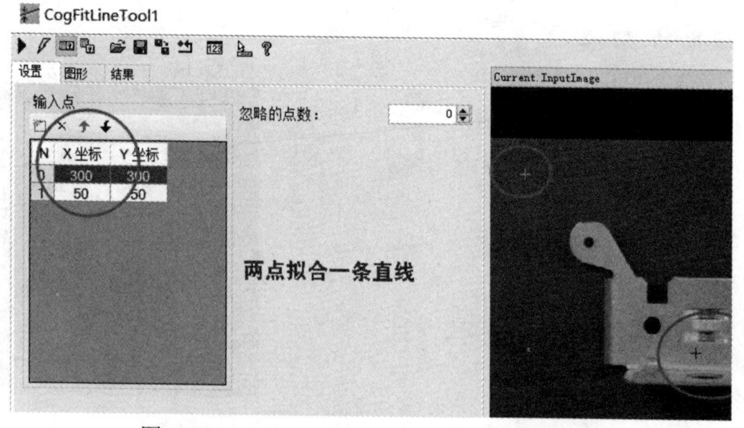

图 2.4.19　CogFitLineTool(拟合直线工具)界面

两点拟合一条直线结果如图 2.4.20 所示。

图 2.4.20　CogFitLineTool(拟合直线工具)两点拟合一条直线结果

(8) CogMultiLineFinderTool(多线查找工具)界面如图 2.4.21 所示，该工具可以按照给定的条件参数不同查找出不同的线条结果。

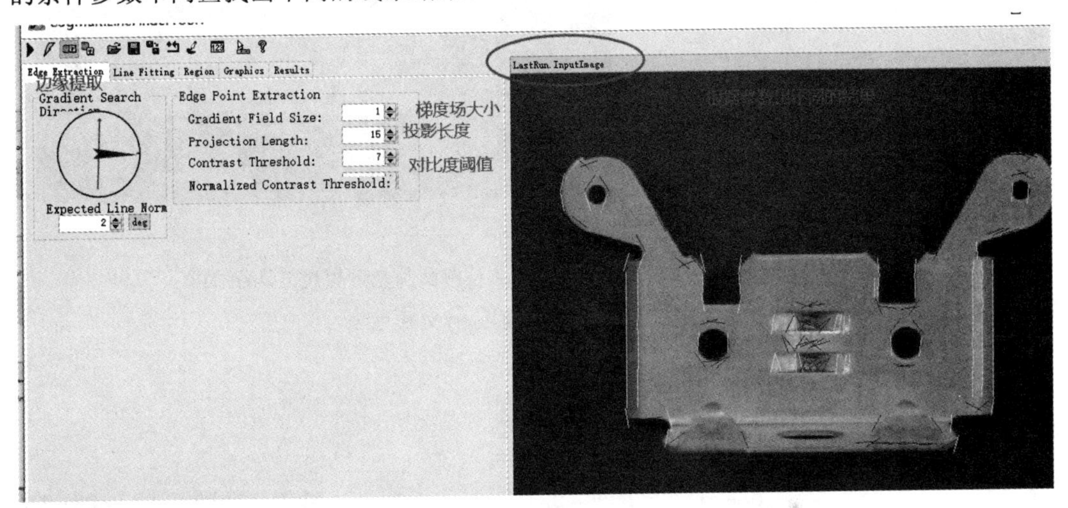

图 2.4.21　CogMultiLineFinderTool(多线查找工具)界面

任务 3　相交工具的使用方法

相交 (Intersection) 工具主要用于检测图像上两个几何体是否相交，若相交则输出交点坐标。主要工具名称及功能如下：

- CogIntersectCircleCircleTool 功能：检测两圆是否相交。
- CogIntersectLineCircleTool 功能：检测直线与圆是否相交。
- CogIntersectLineEllipseTool 功能：检测直线与椭圆是否相交。
- CogIntersectLineLineTool 功能：检测直线与直线是否相交。
- CogIntersectSegmentCircleTool 功能：检测线段与圆是否相交。
- CogIntersectSegmentEllipseTool 功能：检测线段与椭圆是否相交。
- CogIntersectSegmentLineTool 功能：检测线段与直线是否相交。
- CogIntersectSegmentSegmentTool 功能：检测线段与线段是否相交。

(1) CogIntersectCircleCircleTool(检测两圆是否相交工具)界面如图 2.4.22 所示，两个圆

可以在“设置”选项卡中通过设置得到，也可以在工具列表中由终端输入，图像空间可以选择使用自定义图像空间。

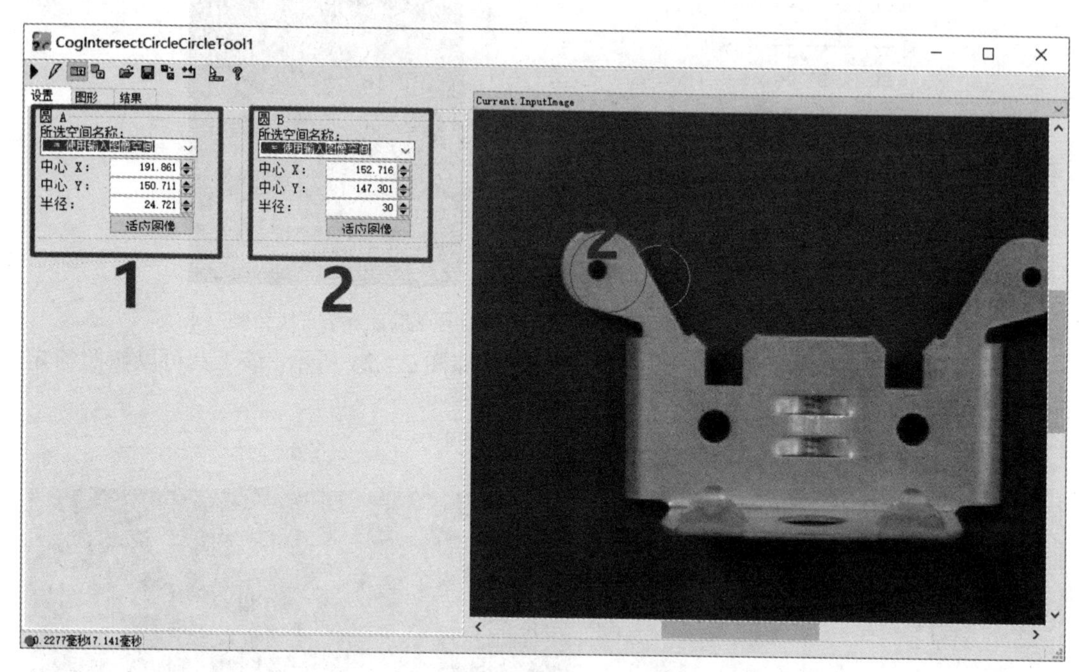

图 2.4.22　CogIntersectCircleCircleTool(检测两圆是否相交工具)界面

输出结果如图 2.4.23 所示，若两圆相交则会输出交点坐标。

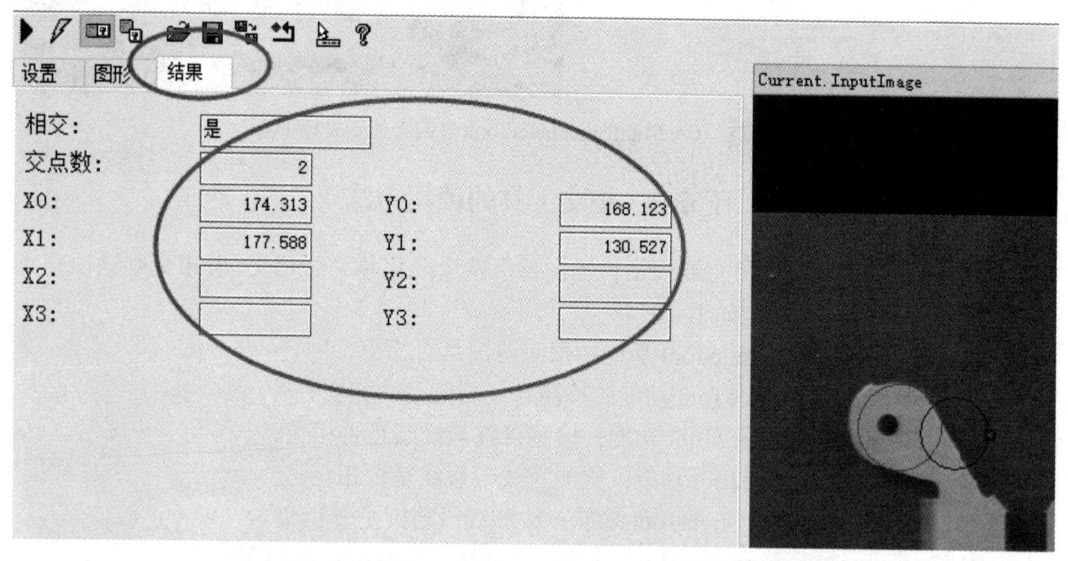

图 2.4.23　CogIntersectCircleCircleTool(检测两圆是否相交工具)输出结果

(2) CogIntersectLineCircleTool(检测直线与圆是否相交工具)界面如图 2.4.24 所示，直线和圆可以在“设置”选项卡中通过设置得到，也可以在工具列表中由终端输入，图像空间可以选择使用自定义图像空间。

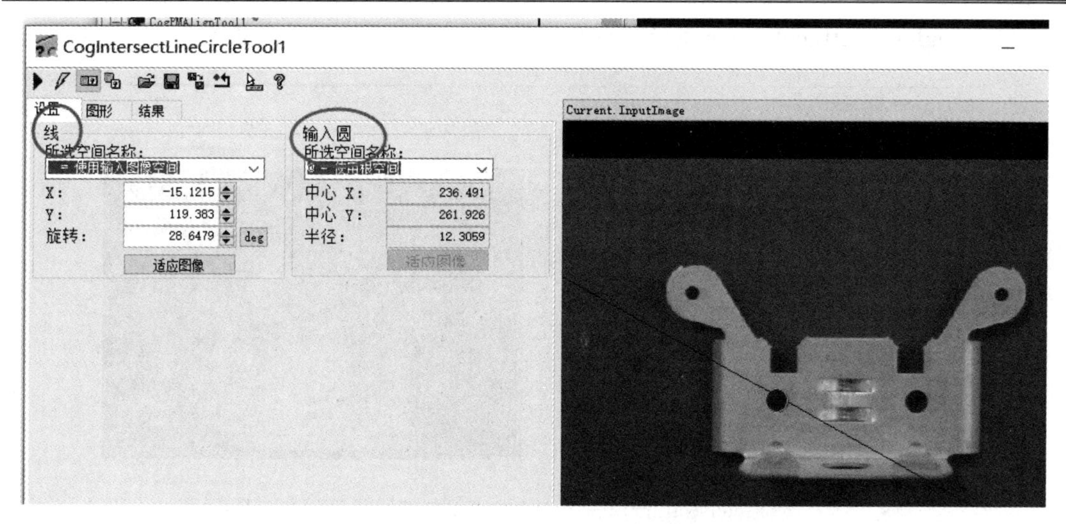

图 2.4.24　CogIntersectLineCircleTool(检测直线与圆是否相交工具)界面

输出结果如图 2.4.25 所示，若直线和圆相交则会输出交点坐标。

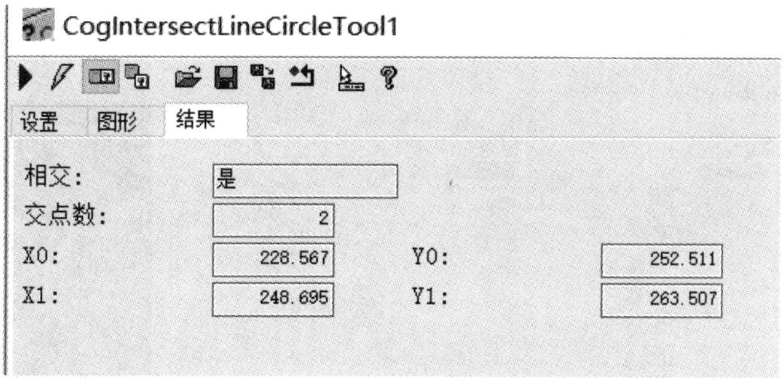

CogIntersectLineCircleTool1

设置　图形　结果

相交: 是

交点数: 2

X0: 228.567　Y0: 252.511

X1: 248.695　Y1: 263.507

图 2.4.25　CogIntersectLineCircleTool(检测直线与圆是否相交工具)输出结果

下面几个工具的使用方法基本一样，因此只介绍工具的界面。

(3) CogIntersectLineEllipseTool(检测直线与椭圆是否相交工具)界面如图 2.4.26 所示。

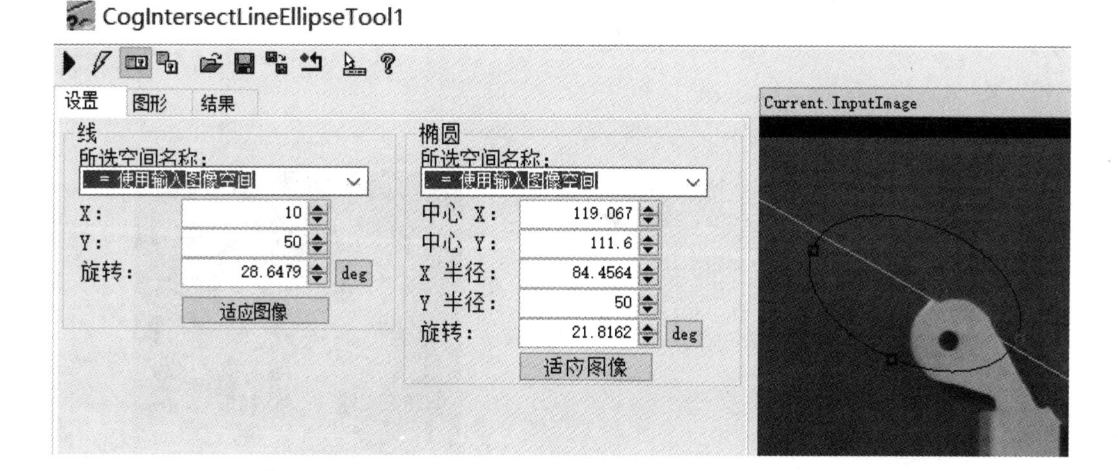

图 2.4.26　CogIntersectLineEllipseTool(检测直线与椭圆是否相交工具)界面

(4) CogIntersectLineLineTool(检测直线与直线是否相交工具)界面如图 2.4.27 所示。

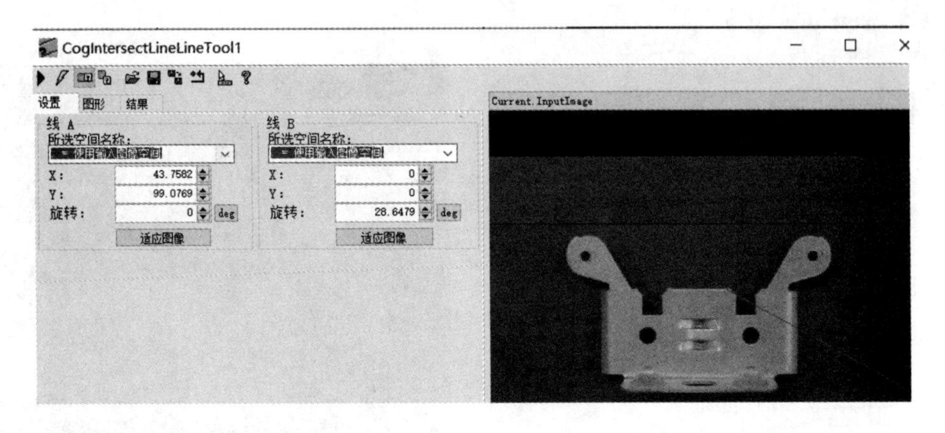

图 2.4.27　CogIntersectLineLineTool(检测直线与直线是否相交工具)界面

(5) CogIntersectSegmentCircleTool(检测线段与圆是否相交工具)界面如图 2.4.28 所示。

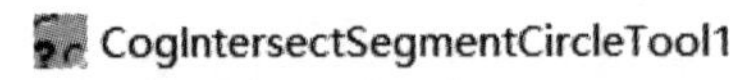

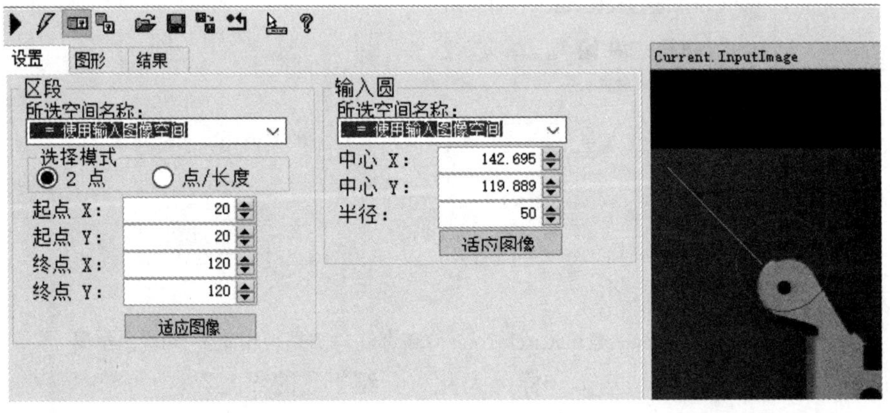

图 2.4.28　CogIntersectSegmentCircleTool(检测线段与圆是否相交工具)界面

(6) CogIntersectSegmentEllipseTool(检测线段与椭圆是否相交工具)界面如图 2.4.29 所示。

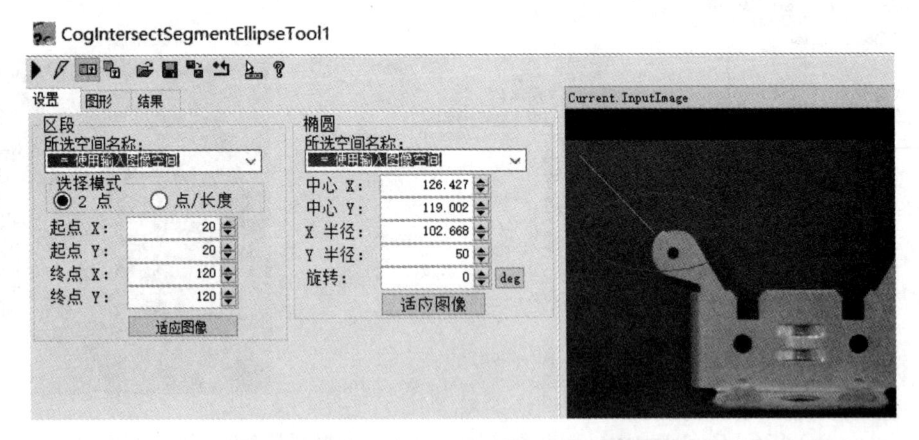

图 2.4.29　CogIntersectSegmentEllipseTool(检测线段与椭圆是否相交工具)界面

(7) CogIntersectSegmentLineTool(检测线段与直线是否相交工具)界面如图 2.4.30 所示。

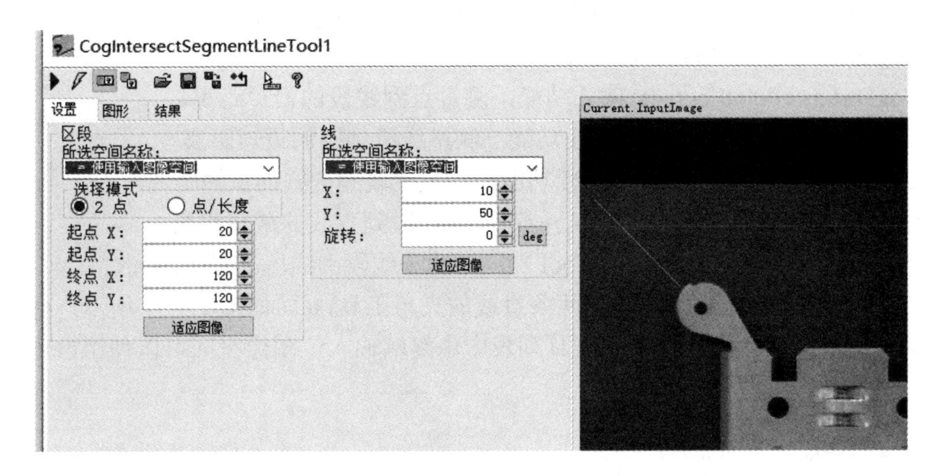

图 2.4.30　CogIntersectSegmentLineTool(检测线段与直线是否相交工具)界面

(8) CogIntersectSegmentSegmentTool(检测线段与线段是否相交工具)界面如图 2.4.31 所示。

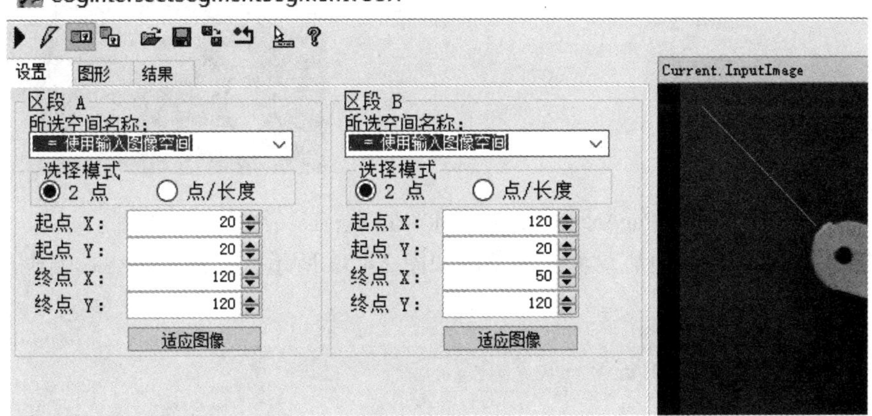

图 2.4.31　CogIntersectSegmentSegmentTool(检测线段与线段是否相交工具)界面

任务 4　测量工具的使用方法

测量(Measurement)工具主要用来测量图像上两个几何对象的角度或者距离，测得的值可以由标签工具输出在“结果”选项卡界面上。它包括的工具名称及功能如下：

- CogAngleLineLineTool 功能：测量两条直线的夹角。
- CogAnglePointPointTool 功能：测量由两点组成的线段与图像坐标系 X 轴的夹角。
- CogDistanceCircleCircleTool 功能：测量两圆的最短距离。
- CogDistanceLineCircleTool 功能：测量直线到圆的最短距离。
- CogDistanceLineEllipseTool 功能：测量直线到椭圆的最短距离。
- CogDistancePointCircleTool 功能：测量点到圆的最短距离。

- CogDistancePointEllipseTool 功能：测量点到椭圆的最短距离。
- CogDistancePointLineTool 功能：测量点到直线的最短距离。
- CogDistancePointPointTool 功能：测量点到点的最短距离。
- CogDistancePointSegmentTool 功能：测量点到线段的最短距离。
- CogDistanceSegmentCircleTool 功能：测量线段到圆的最短距离。
- CogDistanceSegmentEllipseTool 功能：测量线段到椭圆的最短距离。
- CogDistanceSegmentLineTool 功能：测量线段到直线的最短距离。
- CogDistanceSegmentSegmentTool 功能：测量线段到线段的最短距离。

(1) CogAngleLineLineTool(测量两条直线的夹角工具)界面如图 2.4.32 所示，两条直线可以在此界面直接输入，也可以在工具列表中由终端输入，图像空间可以使用自定义的图像空间。

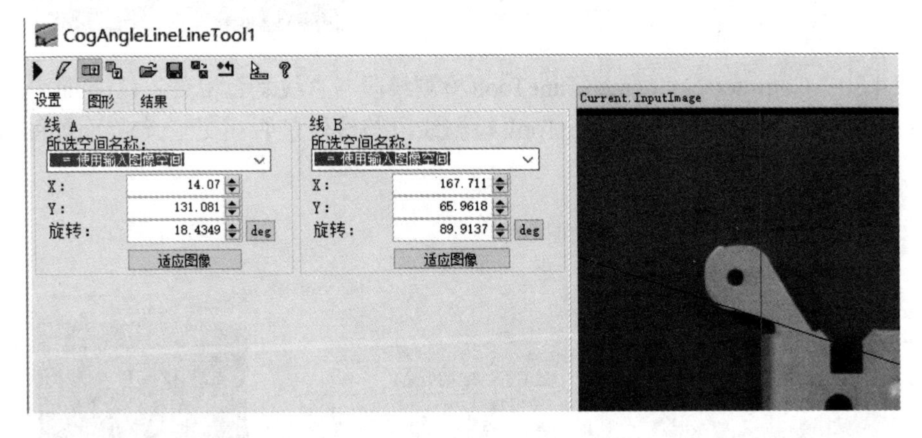

图 2.4.32　CogAngleLineLineTool(测量两条直线的夹角工具)界面

在“结果”选项卡界面显示测得的角度如图 2.4.33 所示，并由输出终端输出。

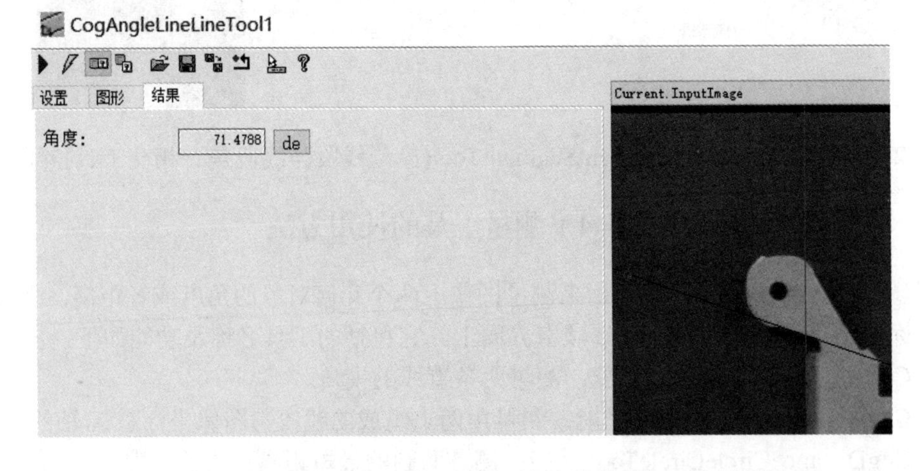

图 2.4.33　CogAngleLineLineTool(测量两条直线的夹角工具)结果显示

(2) CogAnglePointPointTool(测量由两点组成的线段的角度工具)界面如图 2.4.34 所示，两点可以在此界面直接输入，也可以在工具列表中由终端输入，图像空间可以使用自定义的图像空间，输出结果是两点连成的线段和图像坐标系水平方向夹角的度数。

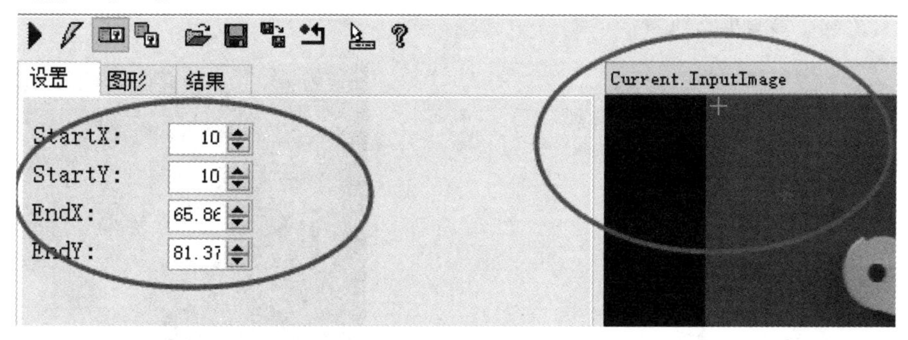

图 2.4.34　CogAnglePointPointTool(测量由两点组成的线段的角度工具)界面

在“结果”选项卡界面显示测得的角度如图 2.4.35 所示，并由输出终端输出。

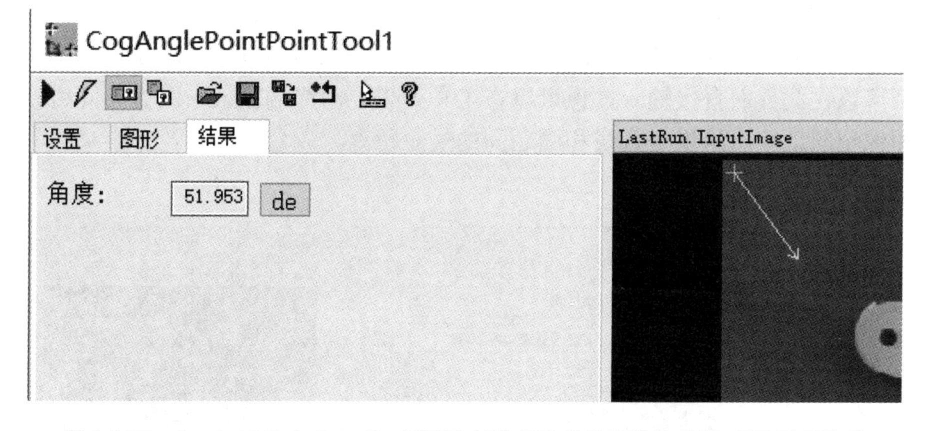

图 2.4.35　CogAnglePointPointTool(测量由两点组成的线段的角度工具)显示结果

(3) CogDistanceCircleCircleTool(测量两圆的最短距离工具)界面如图 2.4.36 所示，两圆可以在此界面直接输入，也可以在工具列表中由终端输入，图像空间可以使用自定义的图像空间，输出结果是两圆之间的最短距离。

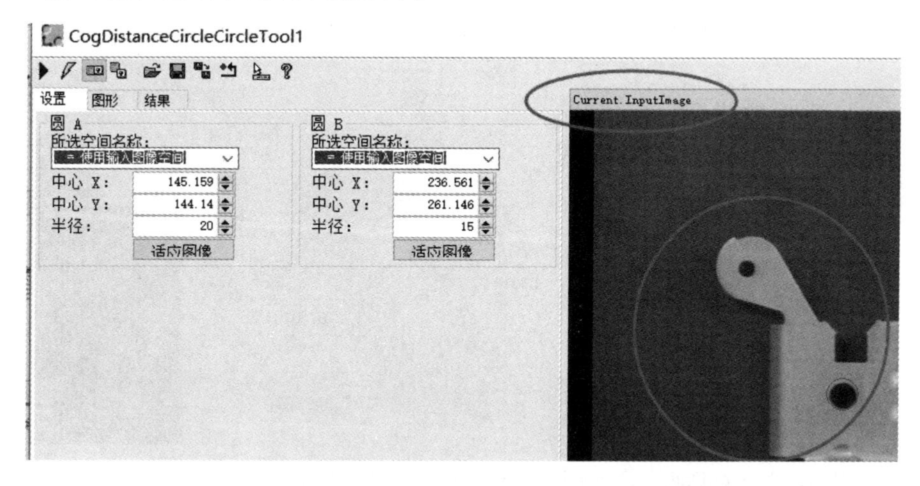

图 2.4.36　CogDistanceCircleCircleTool(测量两圆的最短距离工具)界面

在“结果”选项卡界面显示测得的距离如图 2.4.37 所示，并由输出终端输出。

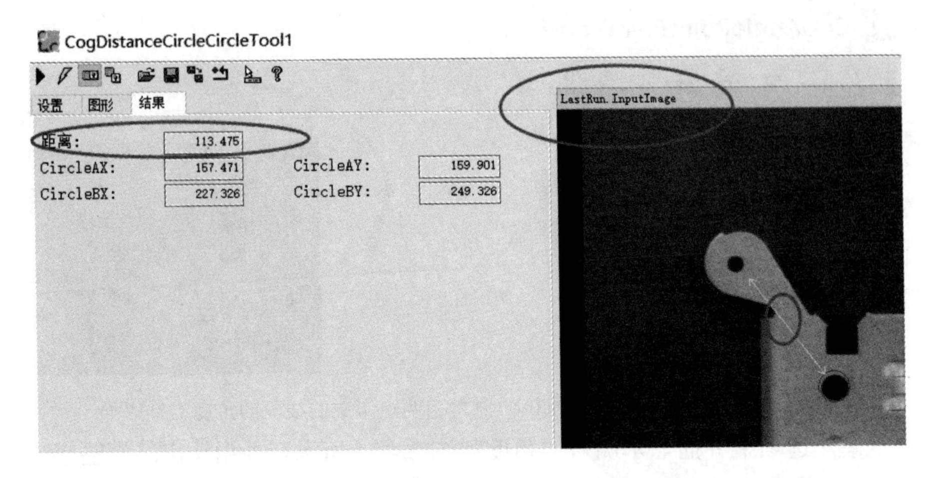

图 2.4.37　CogDistanceCircleCircleTool(测量两圆的最短距离工具)结果显示

(4) CogDistanceLineCircleTool(测量直线到圆的最短距离工具)界面如图 2.4.38 所示，直线和圆可以在此界面直接输入，也可以在工具列表中由终端输入，图像空间可以使用自定义的图像空间，输出结果是直线和圆之间的最短距离。

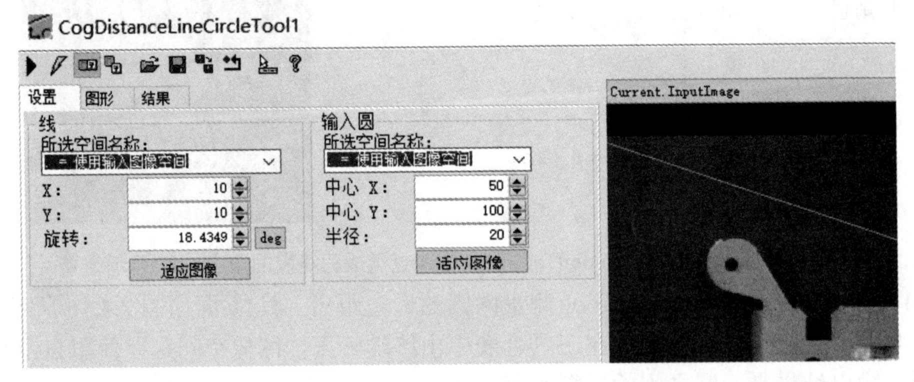

图 2.4.38　CogDistanceLineCircleTool(测量直线到圆的最短距离工具)界面

在“结果”选项卡界面显示测得的距离如图 2.4.39 所示，并由输出终端输出。

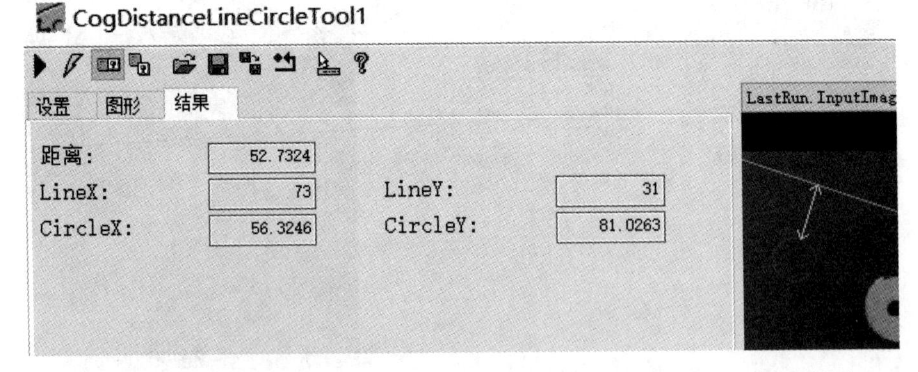

图 2.4.39　CogDistanceLineCircleTool(测量直线到圆的最短距离工具)结果显示

(5) CogDistanceLineEllipseTool(测量直线到椭圆的最短距离工具)界面如图 2.4.40 所示，直线和椭圆可以在此界面直接输入，也可以在工具列表中由终端输入，图像空间可以使用自定义的图像空间，输出结果是直线和椭圆之间的最短距离。

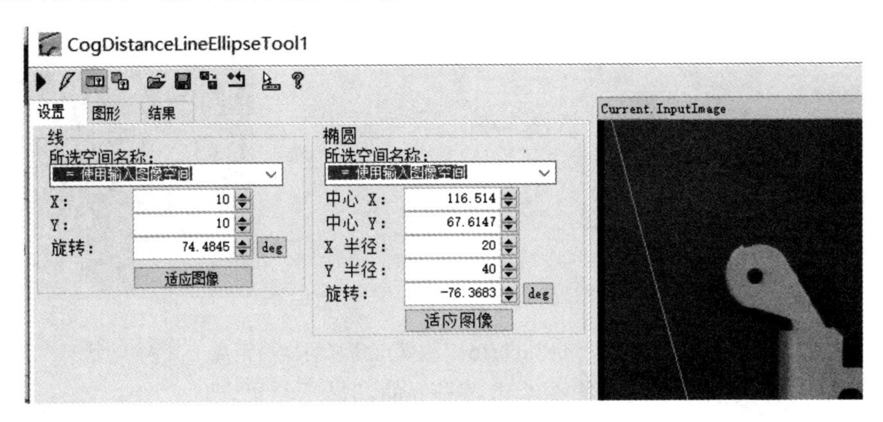

图 2.4.40　CogDistanceLineEllipseTool(测量直线到椭圆的最短距离工具)界面

在“结果”选项卡界面显示测得的距离如图 2.4.41 所示，并由输出终端输出。

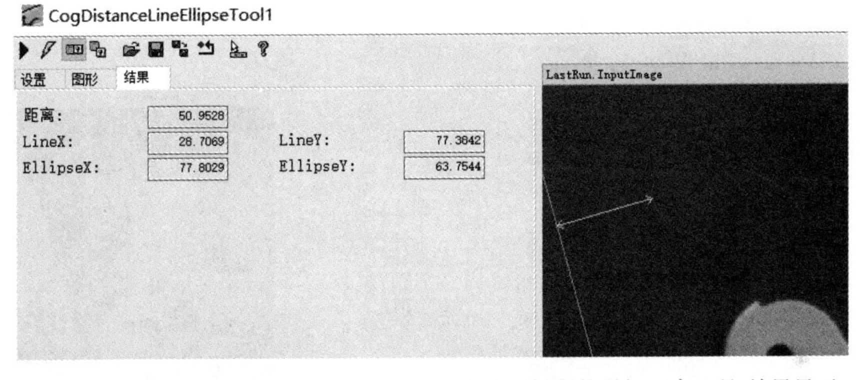

图 2.4.41　CogDistanceLineEllipseTool(测量直线到椭圆的最短距离工具)结果显示

(6) CogDistancePointCircleTool(测量点到圆的最短距离工具)界面如图 2.4.42 所示，点和圆可以在此界面直接输入，也可以在工具列表中由终端输入，图像空间可以使用自定义的图像空间，输出结果是点和圆之间的最短距离。

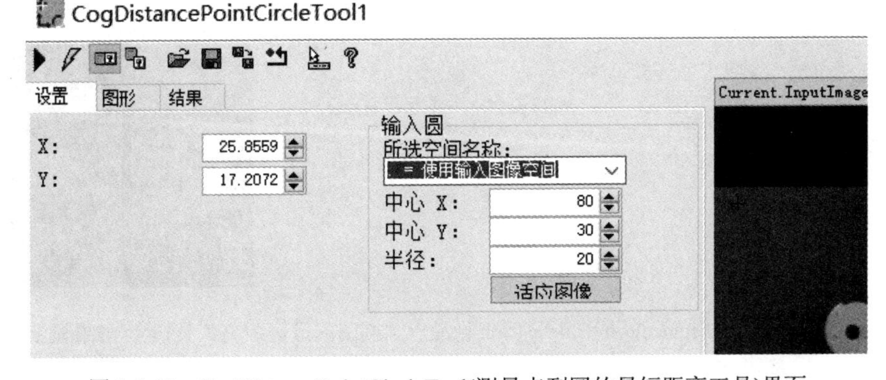

图 2.4.42　CogDistancePointCircleTool(测量点到圆的最短距离工具)界面

在“结果”选项卡界面显示测得的距离如图 2.4.43 所示，并由输出终端输出。

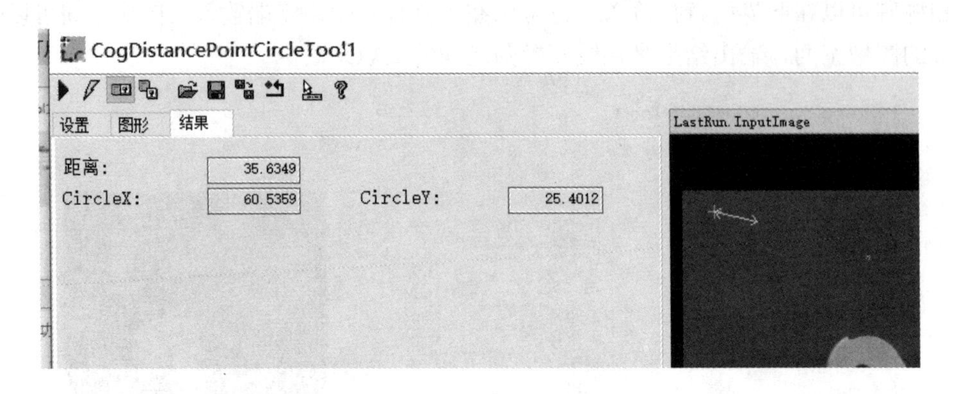

图 2.4.43　CogDistancePointCircleTool(测量点到圆的最短距离工具)结果显示

以下工具内容类似，下面只简要给出工具界面和显示结果。

(7) CogDistancePointEllipseTool(测量点到椭圆的最短距离工具)界面和运行结果显示分别如图 2.4.44 和图 2.4.45 所示。

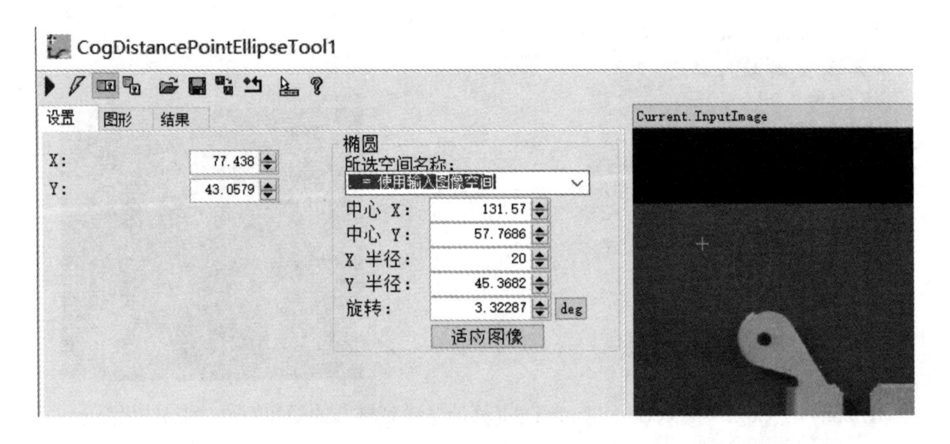

图 2.4.44　CogDistancePointEllipseTool(测量点到椭圆的最短距离工具)界面

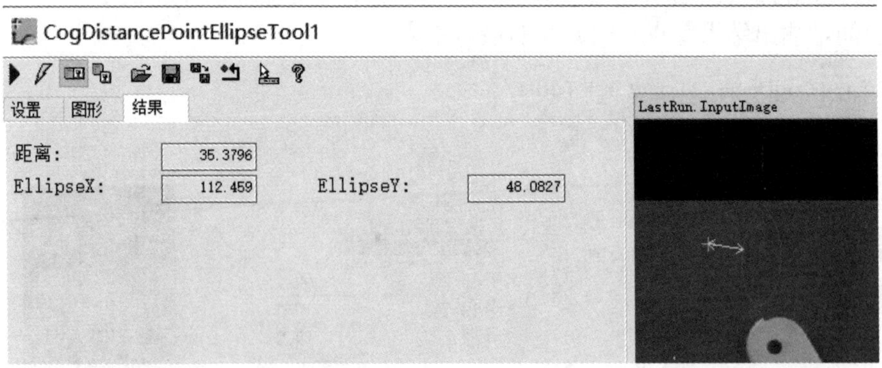

图 2.4.45　CogDistancePointEllipseTool(测量点到椭圆的最短距离工具)运行结果显示

(8) CogDistancePointLineTool(测量点到直线的最短距离工具)界面和运行结果显示分别如图 2.4.46 和图 2.4.47 所示。

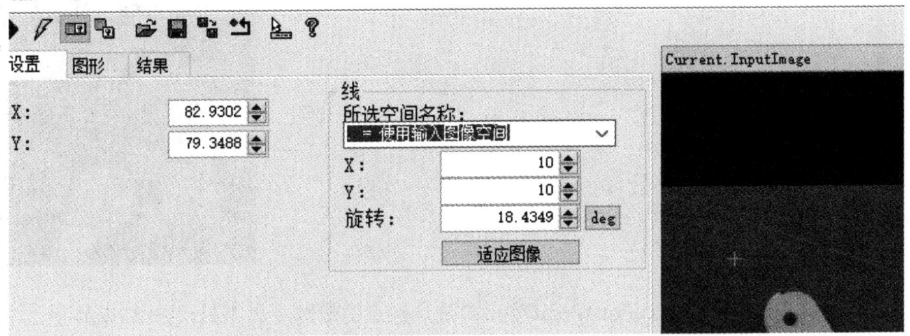

图 2.4.46　CogDistancePointLineTool(测量点到直线的最短距离工具)界面

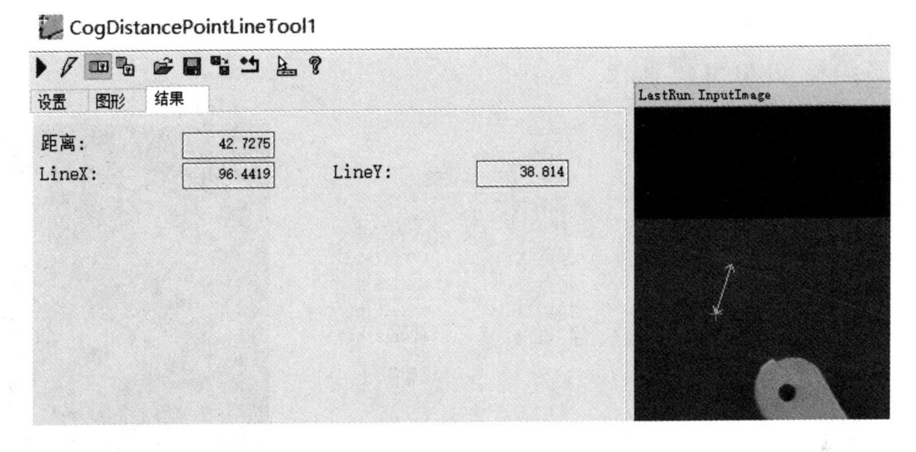

图 2.4.47　CogDistancePointLineTool(测量点到直线的最短距离工具)运行结果显示

(9) CogDistancePointPointTool(测量点到点的最短距离工具)界面和运行结果显示分别如图 2.4.48 和图 2.4.49 所示。

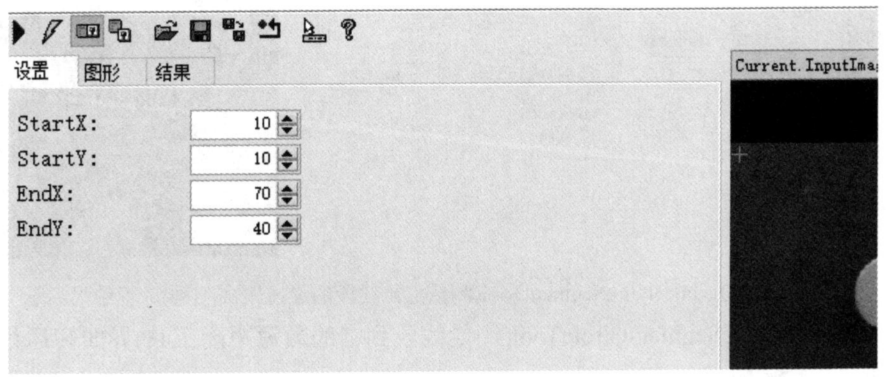

图 2.4.48　CogDistancePointPointTool(测量点到点的最短距离工具)界面

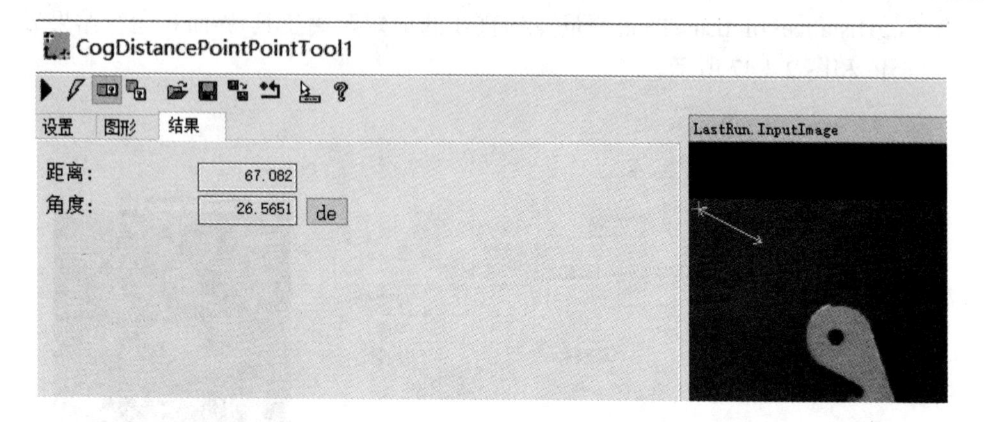

图 2.4.49　CogDistancePointPointTool(测量点到点的最短距离工具)运行结果显示

(10) CogDistancePointSegmentTool(测量点到线段的最短距离工具)界面和运行结果显示分别如图 2.4.50 和图 2.4.51 所示。

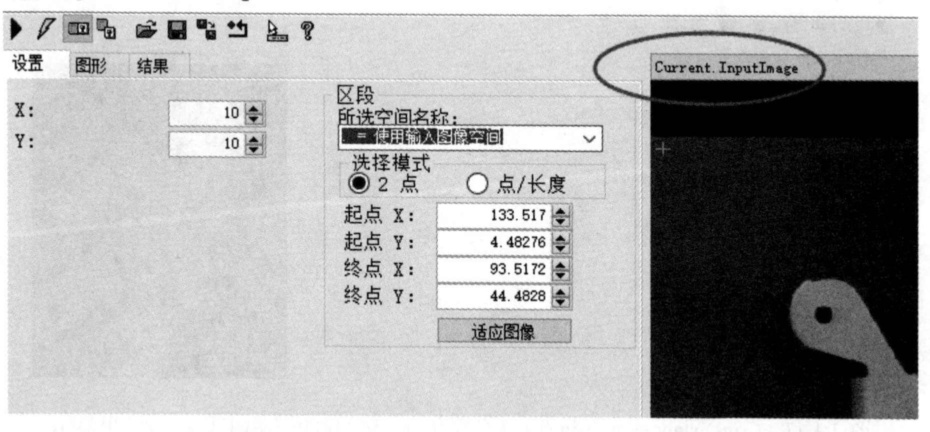

图 2.4.50　CogDistancePointSegmentTool(测量点到线段的最短距离工具)界面

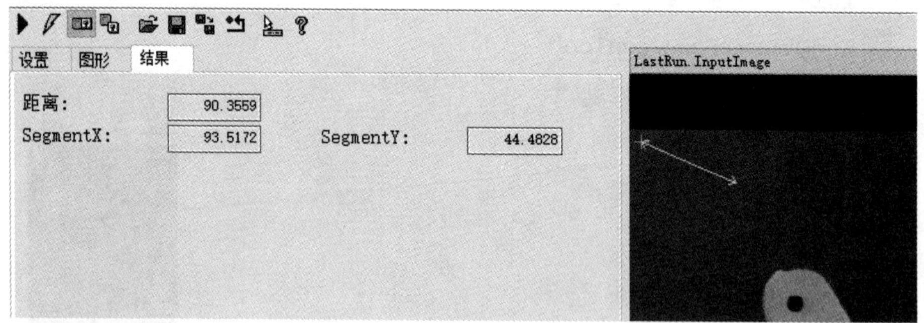

图 2.4.51 CogDistancePointSegmentTool(测量点到线段的最短距离工具)运行结果显示

(11) CogDistanceSegmentCircleTool(测量线段到圆的最短距离工具)界面和运行结果显示分别如图 2.4.52 和图 2.4.53 所示。

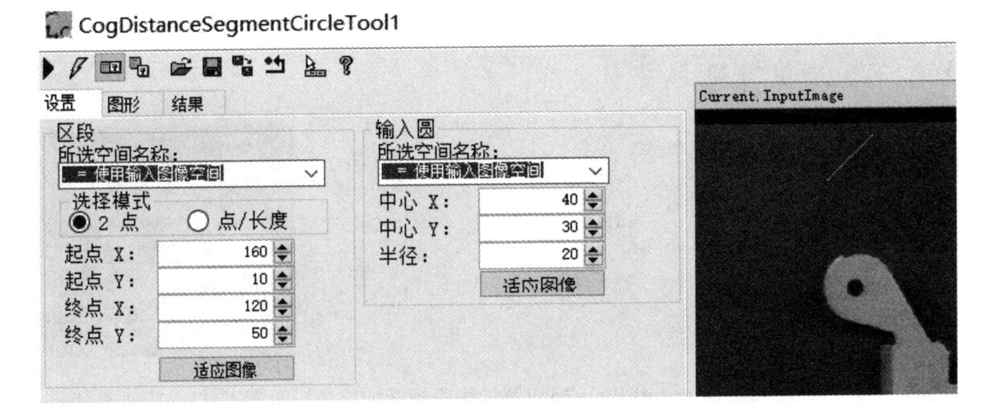

图 2.4.52　CogDistanceSegmentCircleTool(测量线段到圆的最短距离工具)界面

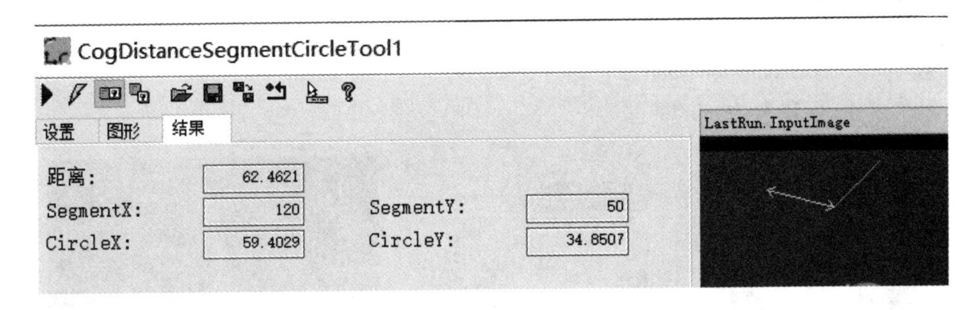

图 2.4.53　8CogDistanceSegmentCircleTool(测量线段到圆的最短距离工具)运行结果显示

(12) CogDistanceSegmentEllipseTool(测量线段到椭圆的最短距离工具)界面和运行结果显示分别如图 2.4.54 和图 2.4.55 所示。

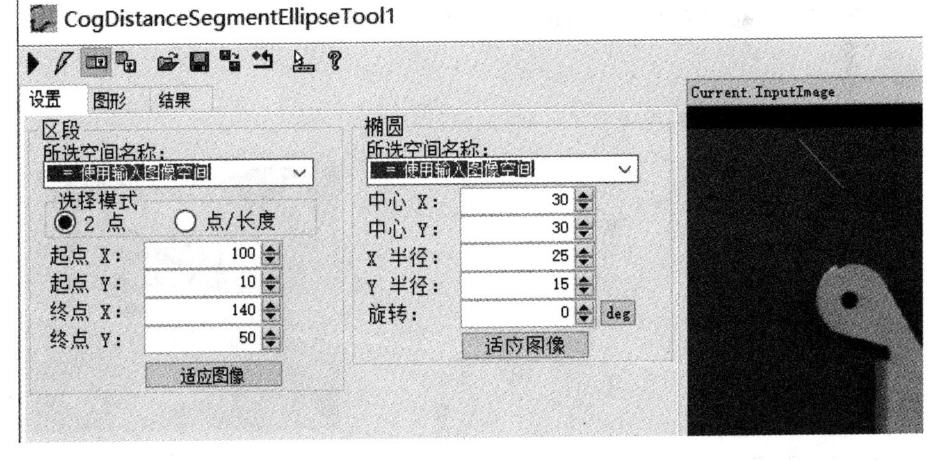

图 2.4.54　CogDistanceSegmentEllipseTool(测量线段到椭圆的最短距离工具)界面

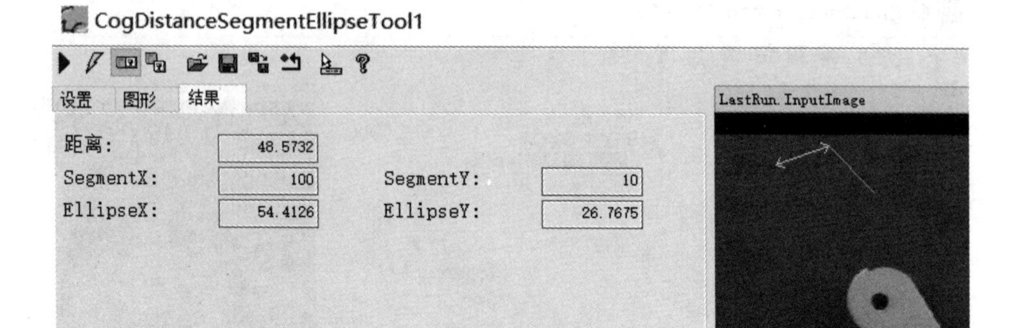

图 2.4.55　CogDistanceSegmentEllipseTool(测量线段到椭圆的最短距离工具)运行结果显示

(13) CogDistanceSegmentLineTool(测量线段到直线的最短距离工具)界面和运行结果显示分别如图 2.4.56 和图 2.4.57 所示。

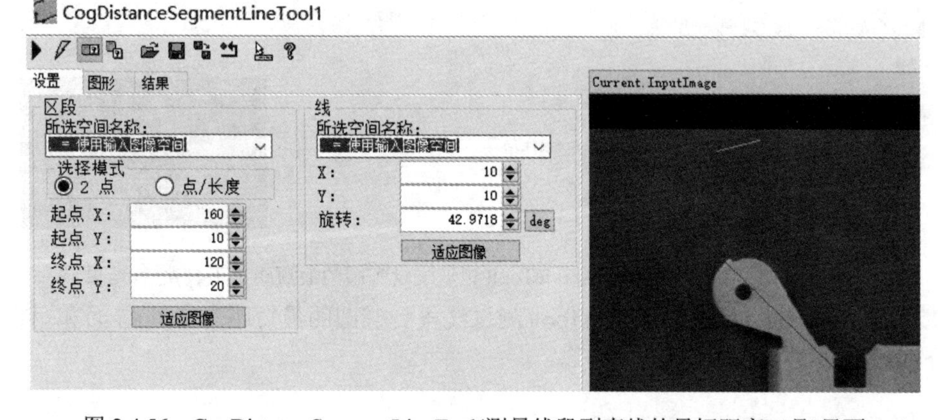

图 2.4.56　CogDistanceSegmentLineTool(测量线段到直线的最短距离工具)界面

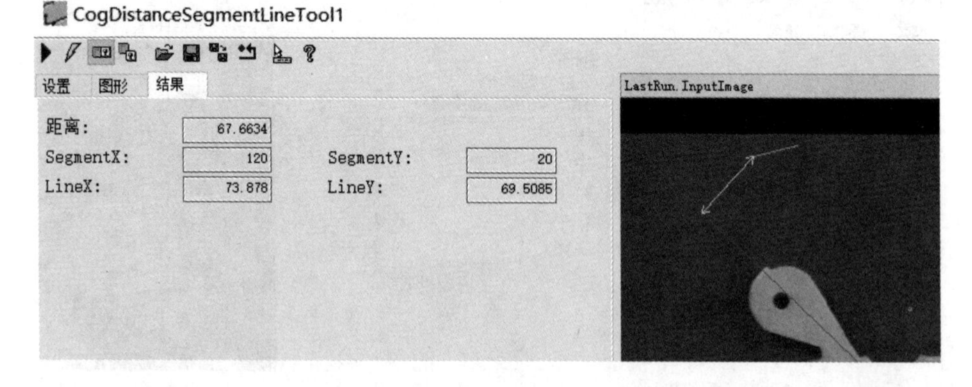

图 2.4.57　CogDistanceSegmentLineTool(测量线段到直线的最短距离工具)运行结果显示

(14) CogDistanceSegmentSegmentTool(测量线段到线段的最短距离工具)界面和运行结果显示分别如图 2.4.58 和图 2.4.59 所示。

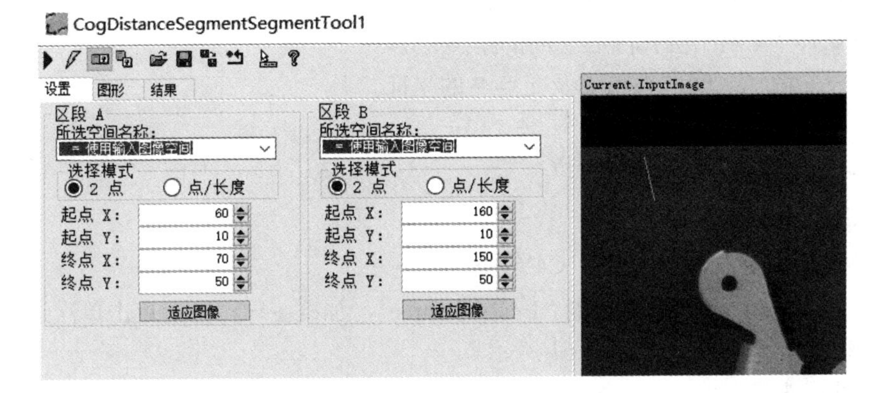

图 2.4.58　CogDistanceSegmentSegmentTool(测量线段到线段的最短距离工具)界面

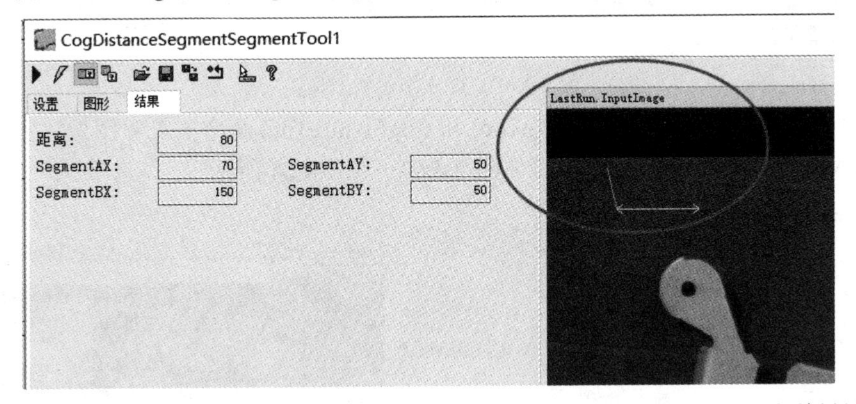

图 2.4.59　CogDistanceSegmentSegmentTool(测量线段到线段的最短距离工具)运行结果显示

任务 5　几何工具综合应用案例：工件尺寸测量

1. 任务要求

图像源为 VisionPro 软件安装路径下的示例图像文件，即“C:\Program Files\Cognex\VisionPro\Images\ bracket_std.idb”中的图像。按图 2.4.60 所示的要求测量尺寸，具体要求如下：

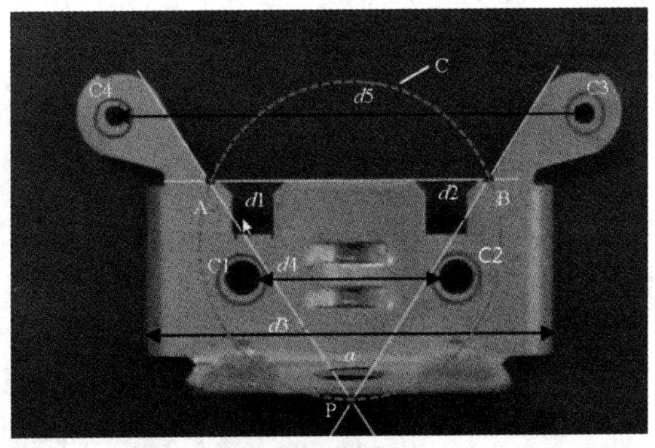

图 2.4.60　几何工具综合应用案例的任务参数

(1) 求 4 个圆孔 C1、C2、C3、C4 的半径，即 $r1$、$r2$、$r3$、$r4$。

(2) 求两个凹槽的宽度和工件的整体宽度 $d1$、$d2$、$d3$。

(3) 求 C1、C2 两个圆孔之间的距离 $d4$。

(4) 求 C3、C4 两个圆孔圆心之间的距离 $d5$。

(5) 求左右两耳之间的夹角 α 及交点 P 的坐标。

(6) 求 A、B 两点的距离 D。

(7) 求 A、B、P 三点的拟合圆 C。

2. 实施步骤

1) 求 4 个圆孔 C1、C2、C3、C4 的半径

(1) 打开 VisionPro 软件，双击“Image Source”，加载图像，然后点击单次运行按钮使要显示的图像成功加载，如图 2.4.61 所示。

图 2.4.61　打开作业和工具箱

(2) 找到工具箱选择 CogPMAlignTool 和 CogFixtureTool 两个工具对图像进行定位和固定。CogPMAlignTool1 详细操作步骤如图 2.4.62～图 2.4.64 所示。

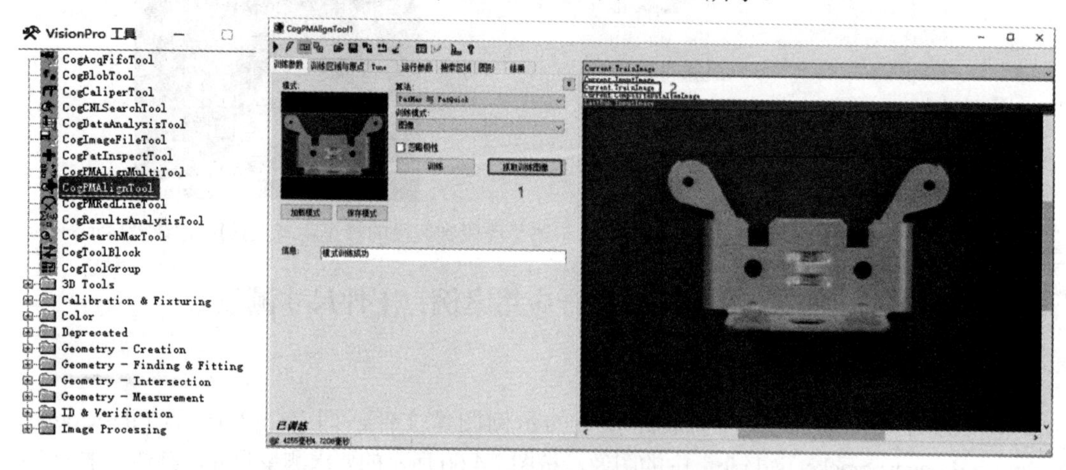

图 2.4.62　CogPMAlignTool1 的添加与训练图像的设置

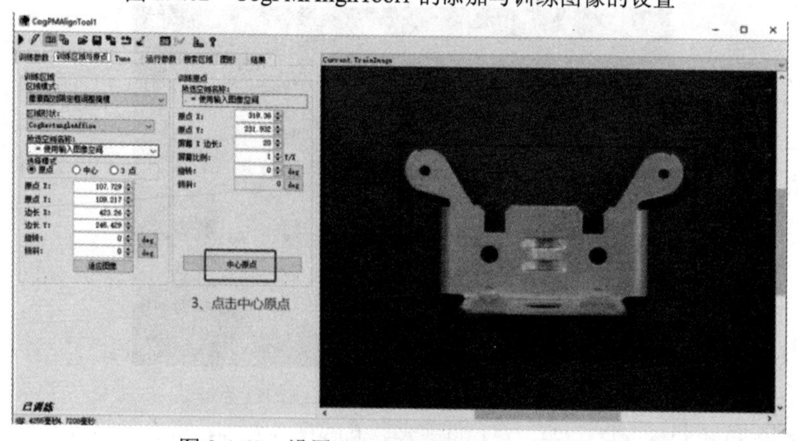

图 2.4.63　设置 CogPMAlignTool1 中心原点

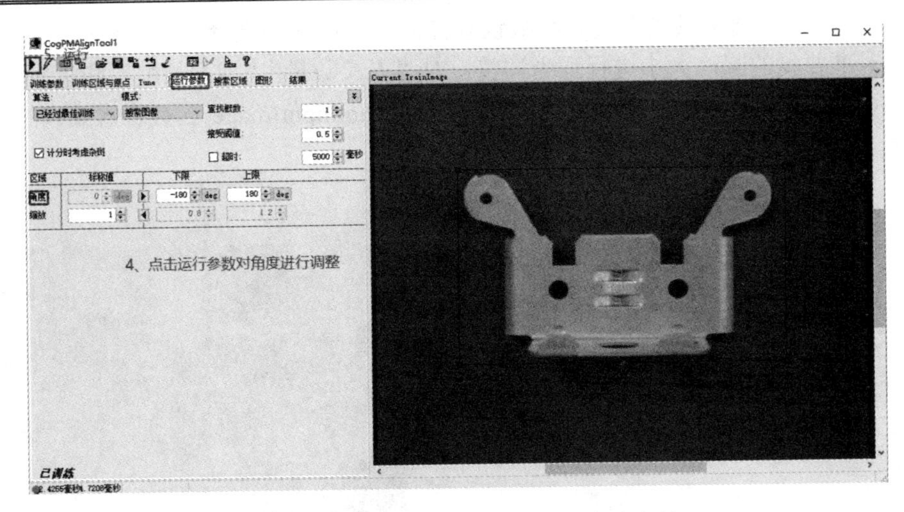

图 2.4.64　设置 CogPMAlignTool1 角度参数

CogFixtureTool1 操作步骤为：首先在工具箱中添加 CogFixtureTool1，然后双击进入设置界面进行相关参数设置，最后点击单次运行按钮，如图 2.4.65 所示。

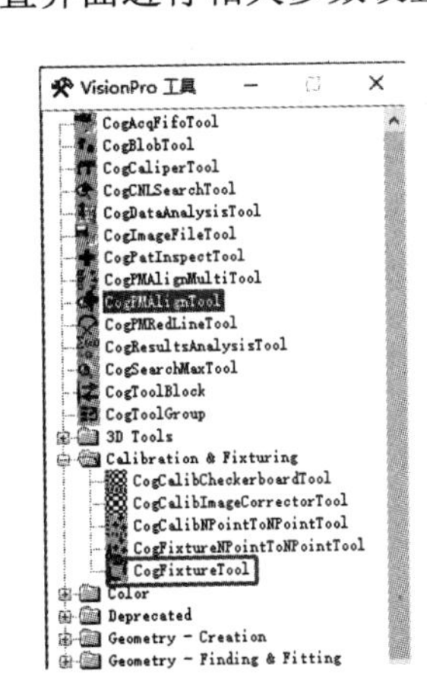

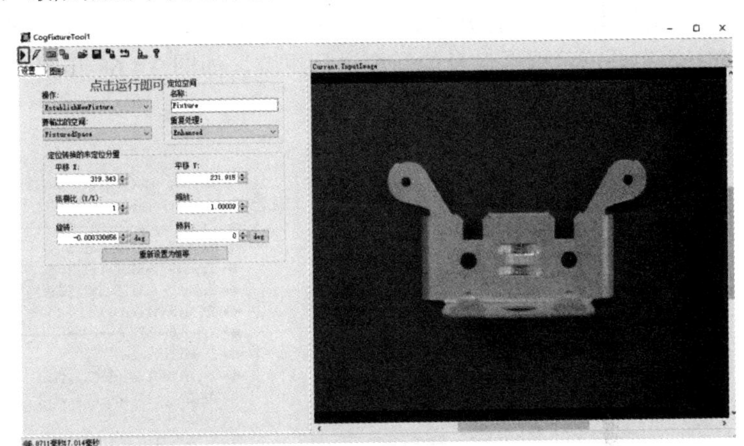

图 2.4.65　CogFixtureTool1 相关参数设置

使用 CogFixtureTool1 前应将工具的数据链接连接好，如图 2.4.66 所示。

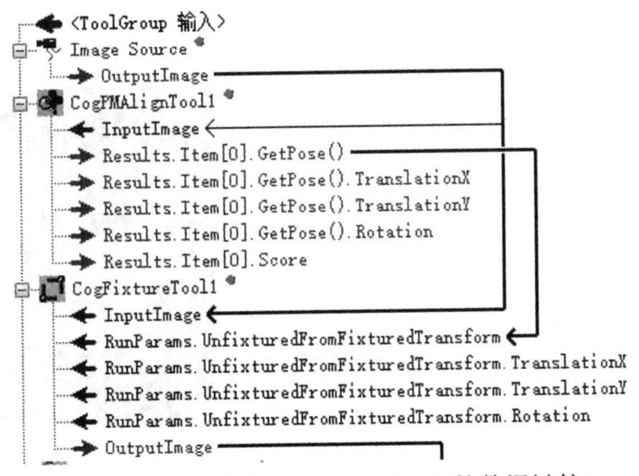

图 2.4.66　连接 CogFixtureTool1 的数据链接

(3) 首先双击找圆工具进入工具参数设置界面，图像空间选择“@/Fixture”空间，将找圆工具对准要找的圆，大小进行适当调整，对“卡尺数量”“搜索长度”和“投影长度”进行适当更改，最后点击单次运行按钮，并用 LastRun.InputImage 工具查看找到的圆的状态，如图 2.4.67 所示。同理找其余 3 个圆。

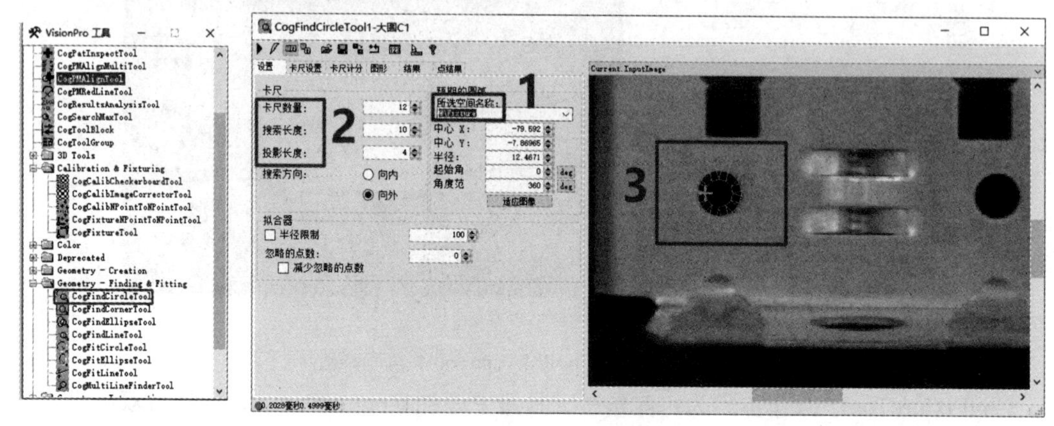

图 2.4.67　找圆工具参数设置

(4) 文字的显示。打开工具箱，添加 label 工具，并进行数据链接连接的设置，显示文字的字体和颜色可根据自身的需要进行更改，如图 2.4.68 和图 2.4.69 所示。

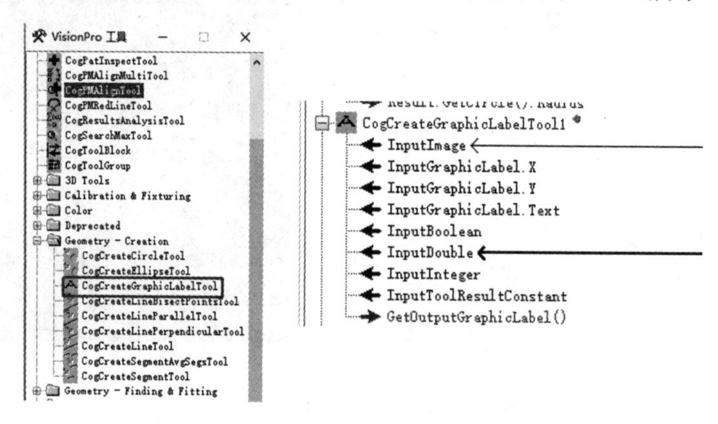

图 2.4.68　label 工具添加与数据链接连接设置

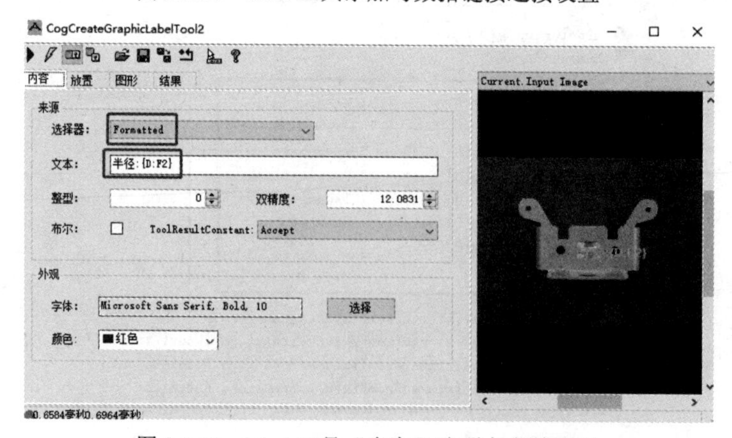

图 2.4.69　label 工具“内容”选项卡参数设置

2) 求两个凹槽的宽度和工件的整体宽度 d_1、d_2、d_3

首先选取卡尺工具 CogCaliperTool，并双击进入卡尺工具参数设置界面，然后框选好所需测量的工件边缘，调整好边缘对和极性，根据宽度大小输入合适的边缘对宽度，最后点击单次运行按钮查看输出结果，如图 2.4.70 所示。

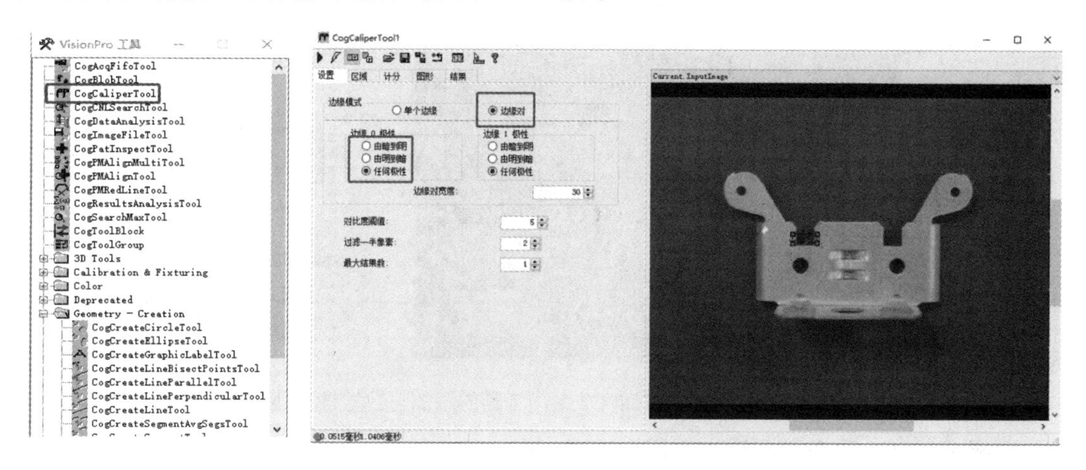

图 2.4.70　CogCaliperTool 参数设置和输出结果

其他类似测量工具的添加与数据链接连接设置和输出结果如图 2.4.71 所示，文字的显示步骤与上述文字显示步骤相同。

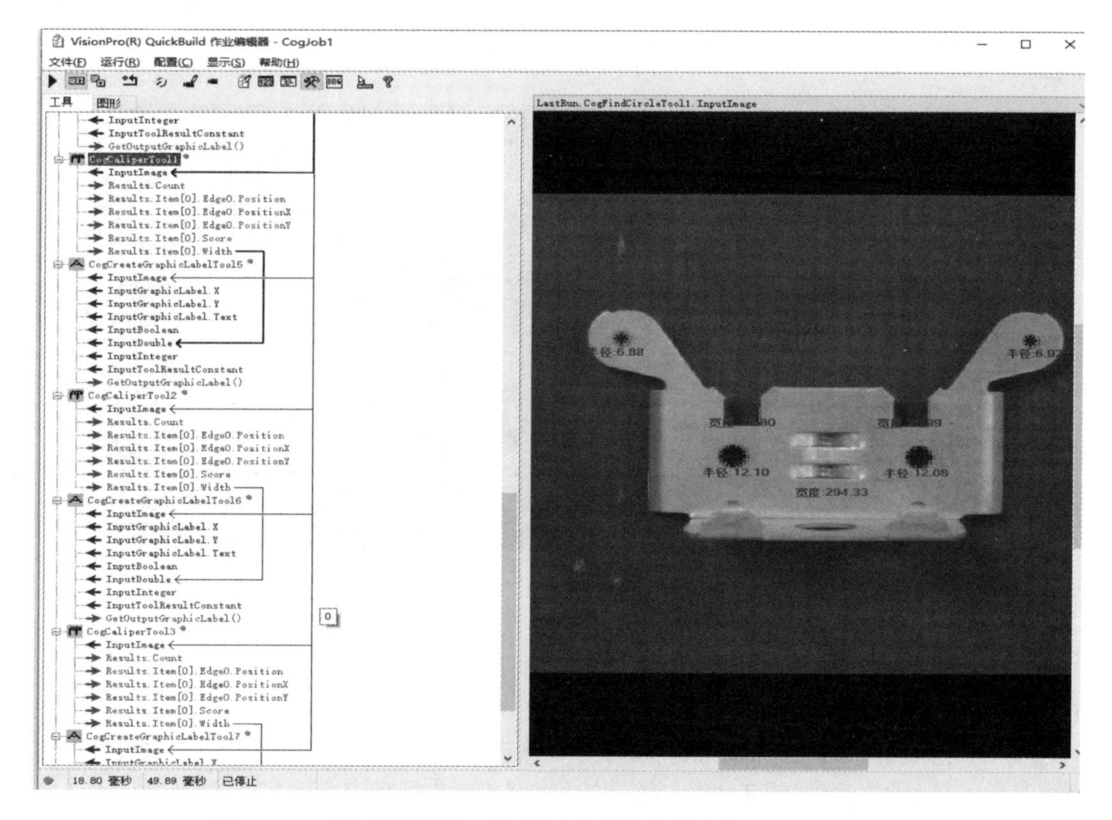

图 2.4.71　其他类似测量工具的添加与数据链接连接设置和输出结果

3) 求 C1、C2 两个圆孔之间的距离 $d4$

求 C1、C2 两个圆孔之间的距离 $d4$ 需要使用工具 CogDistanceCircleCircleTool。点击工具箱添加此工具，并把之前找到的圆 C1、C2 输送给此工具的输入，此工具的 Distance 输出终端即为所求的距离 $d4$，如图 2.4.72 所示。

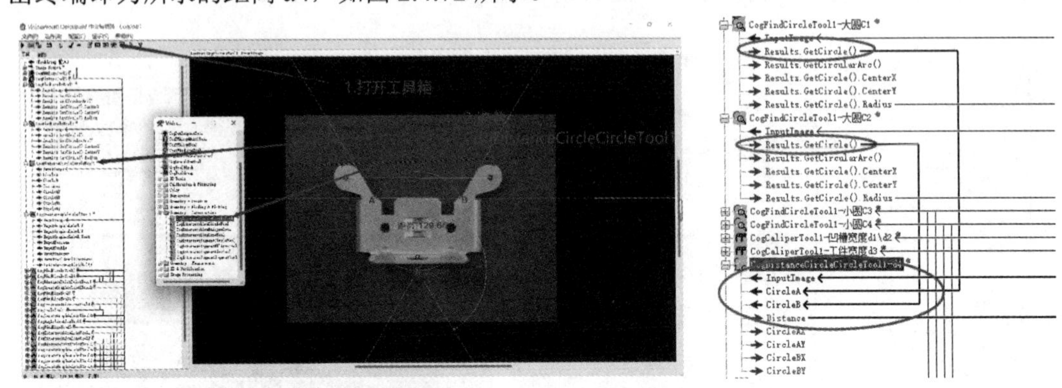

图 2.4.72　测量圆 C1 和 C2 距离工具的添加与数据链接连接

4) 求 C3、C4 两个圆孔圆心之间的距离 $d5$

求 C3、C4 两个圆孔圆心之间的距离 $d5$ 需要用到 CogDistancePointPointTool 工具。添加此工具后，首先把之前找到的 C3 和 C4 两个圆孔圆心坐标用鼠标左键拖曳给此工具的 StartX、StartY、EndX、EndY，此工具的 Distance 输出终端即为所求的距离 $d5$。然后把 CogDistancePointPointTool1 中的输出结果送入 CogCreateGraphicLabel 中显示，如图 2.4.73 所示。

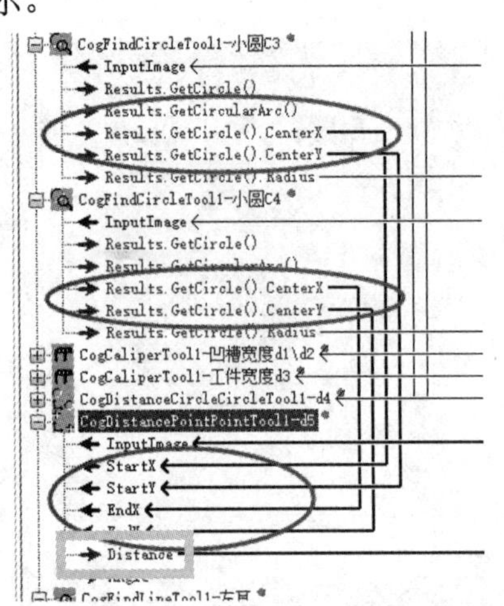

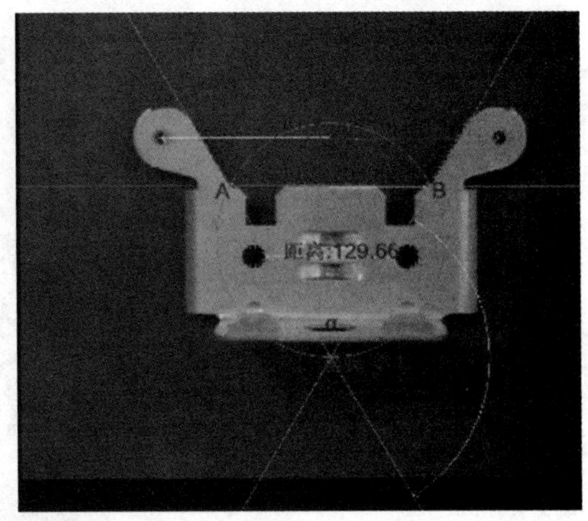

图 2.4.73　求圆 C3 和 C4 圆心距离工具的数据链接连接与输出结果

5) 求工件左右两耳之间的夹角 α 及交点 P 的坐标

需要先使用 CogFindLineTool1 工具找出左右两耳所在的直线，然后使用检查直线相交工具 CogIntersectLineLineTool 得到两条直线的交点 P 和这两条线的夹角 α。

(1) 首先添加两个 CogFindLineTool 工具，然后把卡尺贴合工件边缘，并在“设置”选项中设置卡尺参数、所选空间名称，最后在“卡尺设置”选项卡中选择“单个边缘”“任何极性”选项，并适当调整对比度阈值，如图 2.4.74 所示。

(2) 添加检查相交工具 CogIntersectLineLineTool 工具，并把上面两条直线的输出结果通过拖曳给此工具，运行后，给此工具输出终端 Angle 即为所求夹角 α，X、Y 即为所求的交点 P 的坐标。

(3) 输出终端 Angle 值为弧度，可通过结果分析工具使其乘以 57.3 变为角度输出。

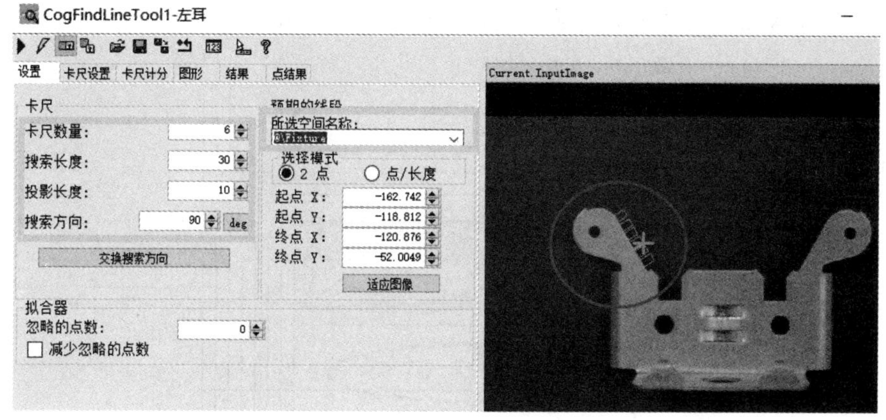

(a)　左耳拟合直线

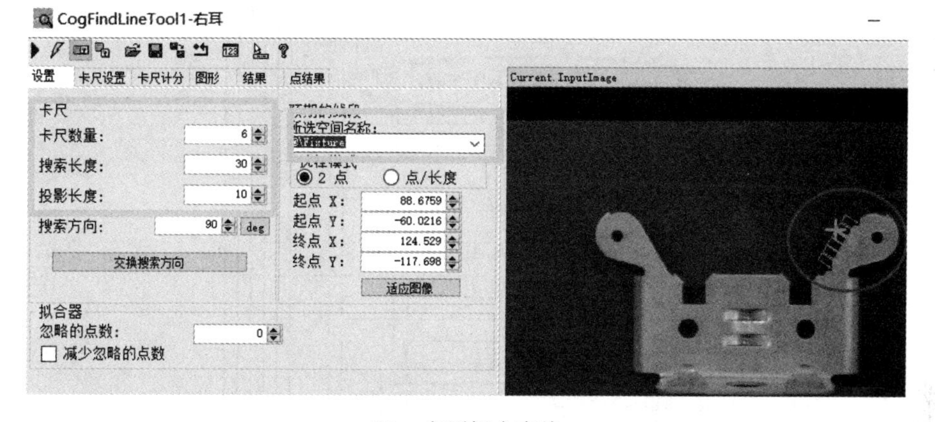

(b)　右耳拟合直线

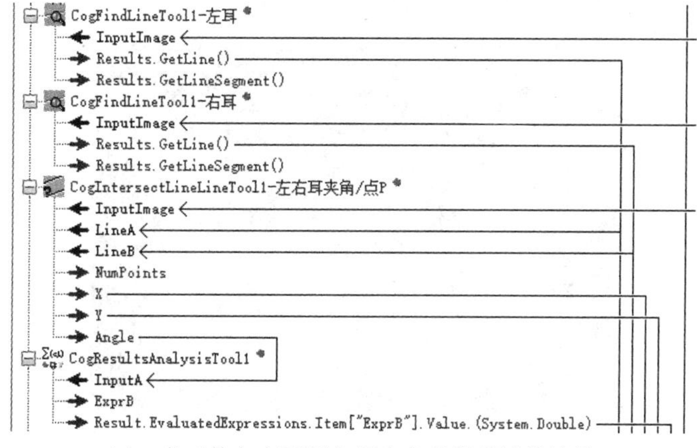

(c)　求工件左右两耳之间夹角的数据链接连接

图 2.4.74　CogIntersectLineLineTool1 参数设置

6) 求 A、B 两点的距离 D

求 A、B 两点的距离 D，首先要使用 CogFindLineTool 工具查找到工件上的平行线，然后使用 CogIntersectLineLineTool 工具分别得到平行线和左右两耳所在直线的交点 A、B，最后使用 CogDistancePointPointTool 工具得到 A、B 两点的距离 D。求 A、B 两点的距离 D 的工具及数据连接和输出结果分别如图 2.4.75 和 2.4.76 所示。

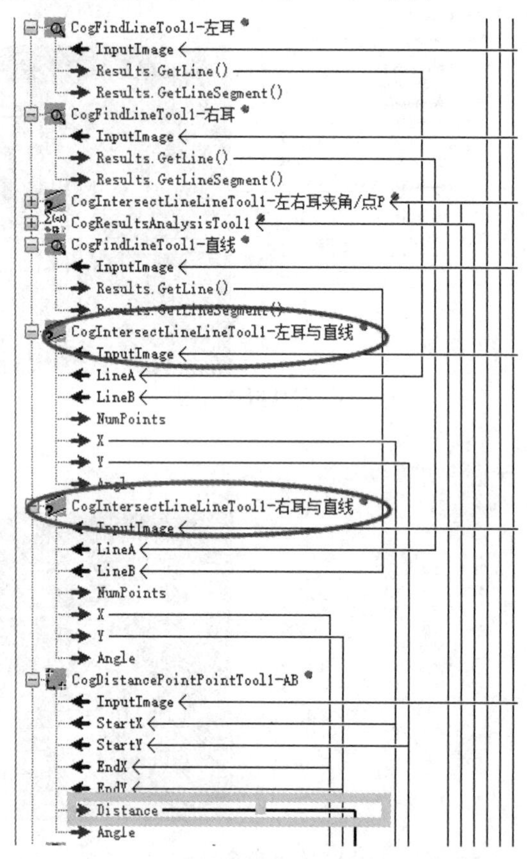

图 2.4.75　求 A、B 两点的距离 D 的工具及连接数据链接

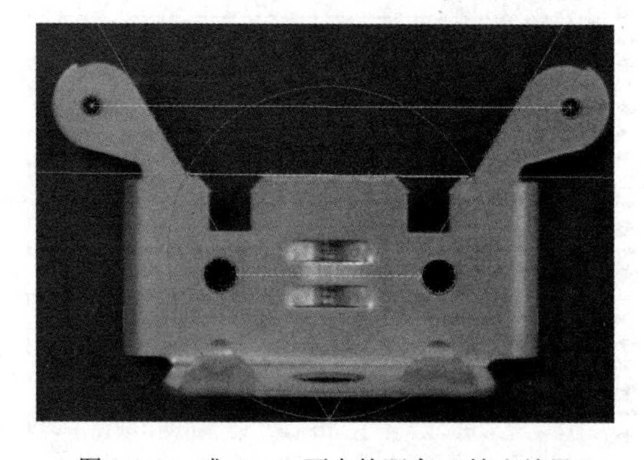

图 2.4.76　求 A、B 两点的距离 D 输出结果

7) 求 A、B、P 三点的拟合圆 C

求 A、B、P 三点的拟合圆 C 需要用到拟合工具 CogFitCircleTool。首先添加拟合工具 CogFitCircleTool 并打开工具参数设置界面，把前面已经查找到的 A、B、P 三点坐标输送给 CogFitCircleTool 的输入终端，运行此工具即可得到 A、B、P 三点的拟合圆 C。求 A、B、P 三点的拟合圆 C 的工具的数据连接如图 2.4.77 所示。

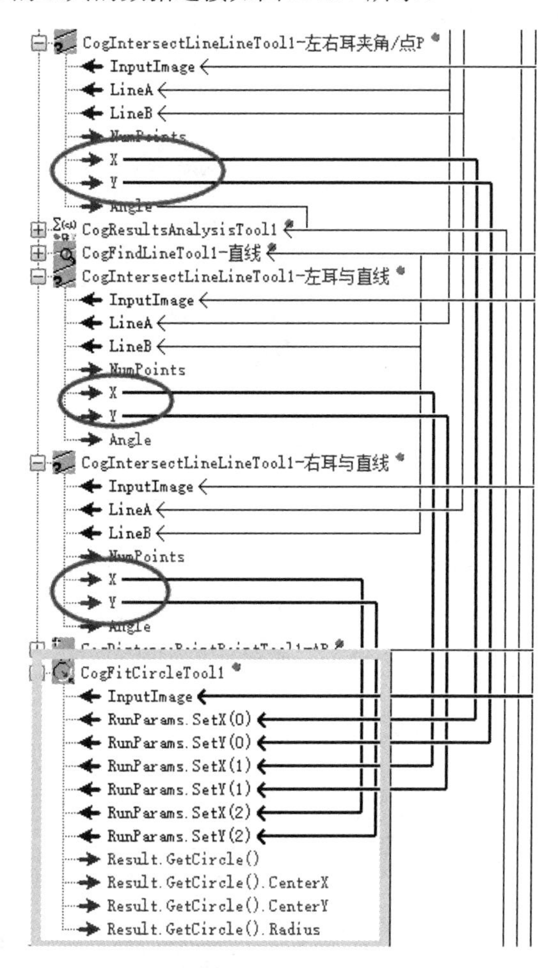

图 2.4.77　求 A、B、P 三点的拟合圆 C 的工具的连接数据链接

批量测试，确认每张图像都得到正确的测量结果。

项目 2.5　Blob 工具的使用

任务 1　Blob 工具的基本使用方法

1. Blob 工具的概念

Blob 工具主要用于查找和分析图像中的各种形状，并根据用户设定好的灰阶范围对图像进行分割，然后根据连通关系对目标进行查找和分析。

2. Blob 工具的基本使用方法

(1) 打开 VisionPro 软件后打开作业编辑器，并点击初始化图像源按钮和工具箱添加图像与工具，如图 2.5.1 所示。图像源为 VisionPro 软件安装路径下的示例图像文件，即“C:\Program Files\Cognex\VisionPro\Images\ blobs.bmp”。

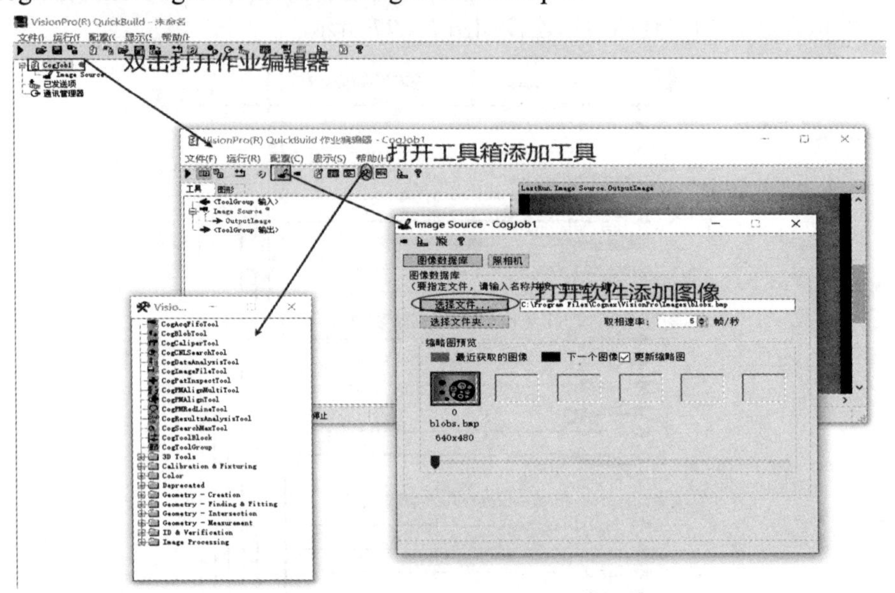

图 2.5.1　在作业编辑器界面添加图像与工具

(2) 添加 Blob 工具，如图 2.5.2 所示，并根据需要修改 CogBlobTool 工具的名称(鼠标右键点击并在弹出菜单中选择“重新命名”命令)。

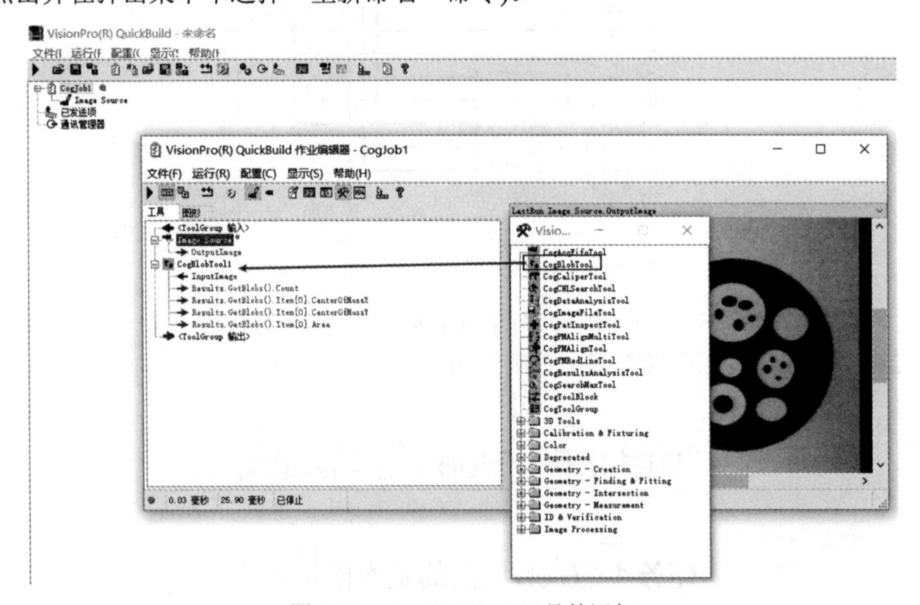

图 2.5.2　CogBlobTool 工具的添加

(3) 连接数据链接，实现数据的传输(点击鼠标右键在弹出的菜单中选择“链接自”命令，选择对应链接终端连接图像源输出数据)；也可点击“OutputImage”选项并按住鼠标左键不放，将其拖曳至对应的数据链接终端上，如图 2.5.3 所示。

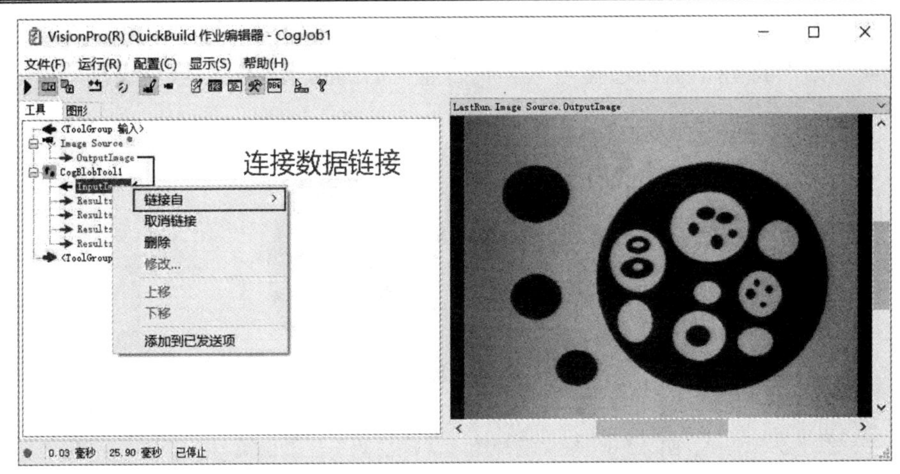

图 2.5.3　连接 CogBlobTool1 的数据链接

(4) 首先双击“CogBlobTool1”，打开其参数设置界面，然后点击单次运行按钮，即可得到 CogBlobTool1 分析运行的结果图像，最后查看运行结果，操作方法如图 2.5.4 所示。

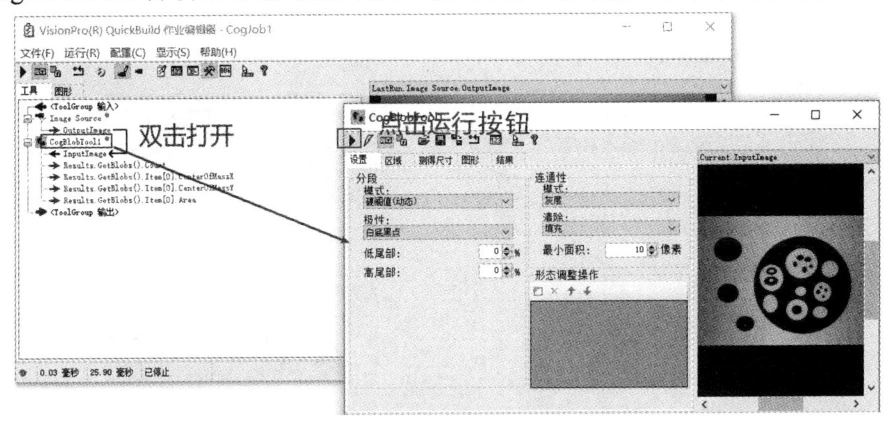

图 2.5.4　CogBlobTool1 的初步运行

(5) 比较运行前和运行后的图像。选择“LastRun.BlobImage”可查看运行后的图像，图 2.5.5 所示为运行前后的图像比较。由图可见，CogBlobTool1 对图像进行了阈值分割操作，相近亮度值的像素被转换为同一颜色。

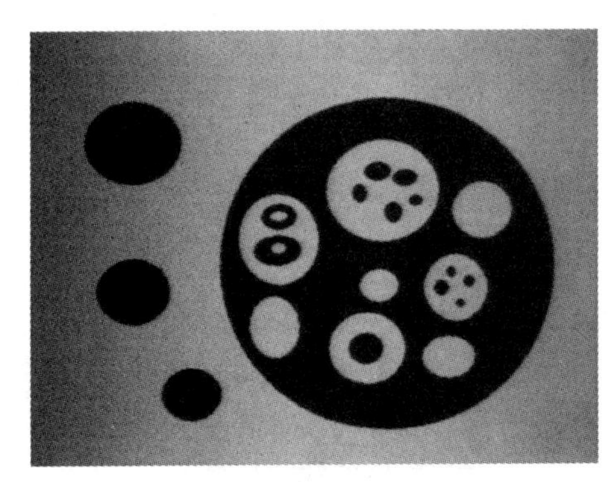

(a) 运行前

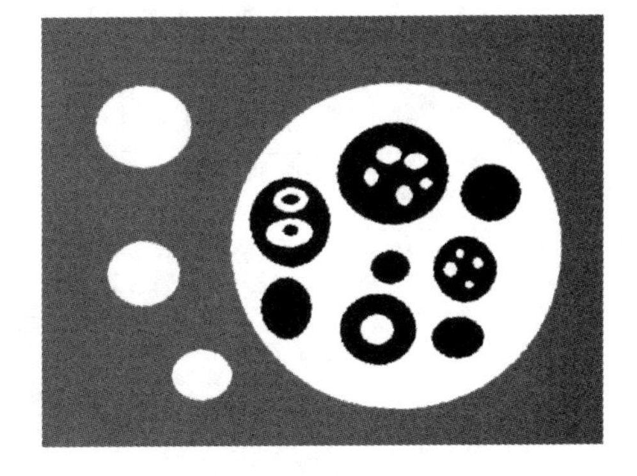

(b) 运行后

图 2.5.5　CogBlobTool1 运行前后图像比较

(6) 极性分为黑底白点和白底黑点，两种结果的图像是相反的，可根据图像目标和背景的明暗特点进行选择，极性选择为“黑底白点”后的结果如图 2.5.6 所示。

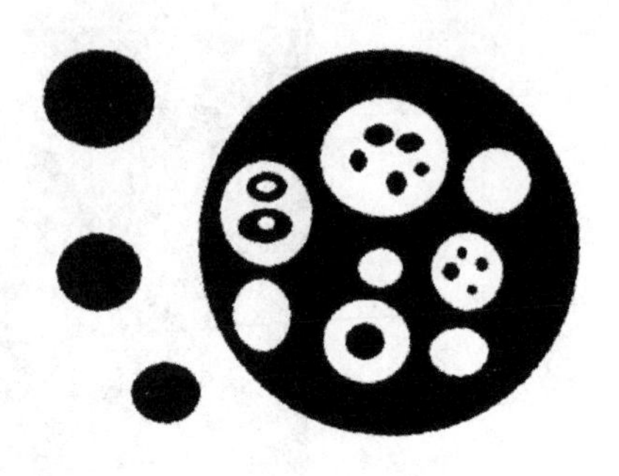

图 2.5.6　极性选择为“黑底白点”后的结果

(7) CogBlobTool 运行结果根据选择的极性来显示孔和斑点(Blob)。例如：若极性选择黑底白点，那么黑色的是孔，白色的是斑点。图 2.5.7 所示为 CogBlobTool 运行结果数据及图像显示。

CogBlobTool1

设置　区域　测得尺寸　图形　结果

32 结果　　☐ 显示未过滤斑点

N	ID	面积	CenterMassX	CenterMassY	Connectivit
0	30	70020	411.215	260.576	1: 斑点
1	15	9479	397.096	177.172	0: 孔
2	24	7739	115.349	123.406	1: 斑点
3	16	4863	281.541	230.753	0: 孔
4	28	4664	115.704	286.225	1: 斑点
5	21	4239	381.192	348.841	0: 孔
6	18	3519	480.269	283.39	0: 孔
7	14	3224	509.181	198.257	0: 孔
8	29	3055	181.551	398.928	1: 斑点
9	19	3022	276.851	325.317	0: 孔
10	20	2083	471.821	358.529	0: 孔
11	17	1232	394.301	280.493	0: 孔
12	8	1206	279.954	242.077	1: 斑点
13	13	1001	379.302	349.177	1: 斑点

LastRun.BlobImage

1.3323毫秒52.73毫秒

图 2.5.7　CogBlobTool 运行结果数据及图像显示

(8) Blob 工具是根据设置的灰阶范围对图像进行分割的，分割完后再对目标进行分析。默认情况下，分段模式参数一般选择“硬阈值(动态)”，如图 2.5.8 所示。

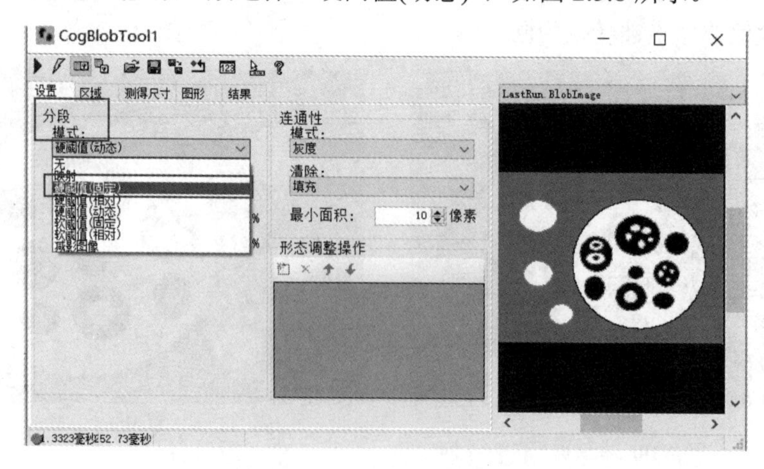

图 2.5.8　分段模式参数的选择

(9)"硬阈值(动态)"适用有双峰值的自动分割，图 2.5.9 所示为典型的双峰值分布图(在工具参数设置界面右上角选择"Current.Histogram"来查看)，图中有两个波峰和一个波谷。

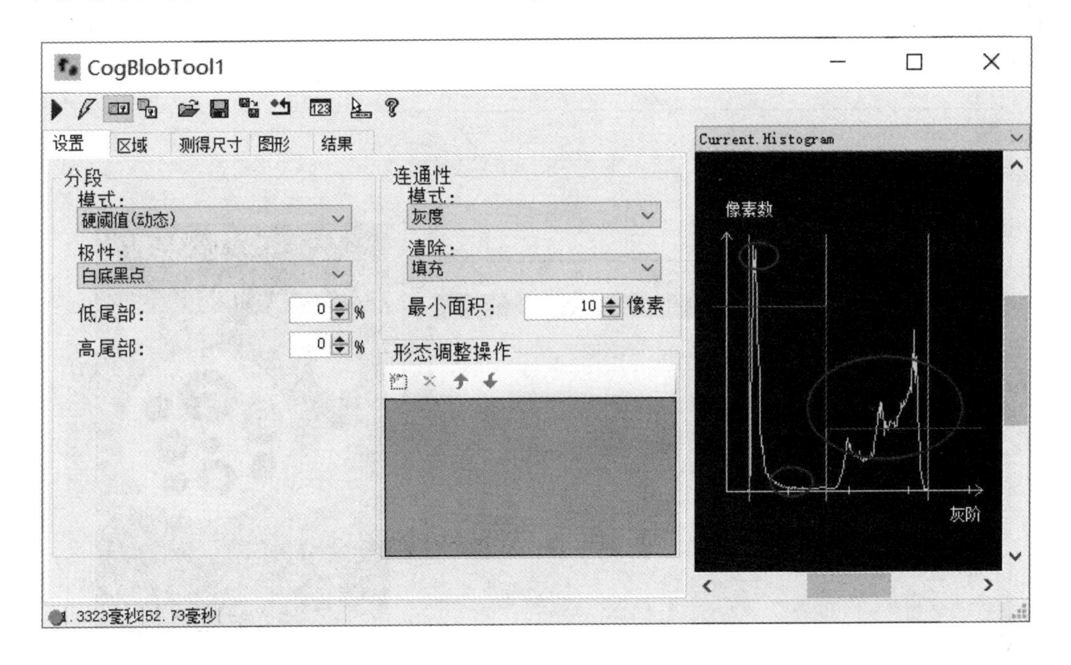

图 2.5.9　典型的双峰值分布图

硬阈值(固定)适用于目标和背景黑白分明的自动分割，以设定的固定阈值来二值化图像。如极性选择为"黑底白点"，采用固定硬阈值 128，则工具以 128 为界限，灰度值大于 128 的像素会映射成白色(255)，灰度值小于 128 的像素会映射成黑色(0)，图 2.5.10 所示为固定硬阈值 128 的分割效果。由图可见，当背景亮度变化范围较大时，该方法效果较差。

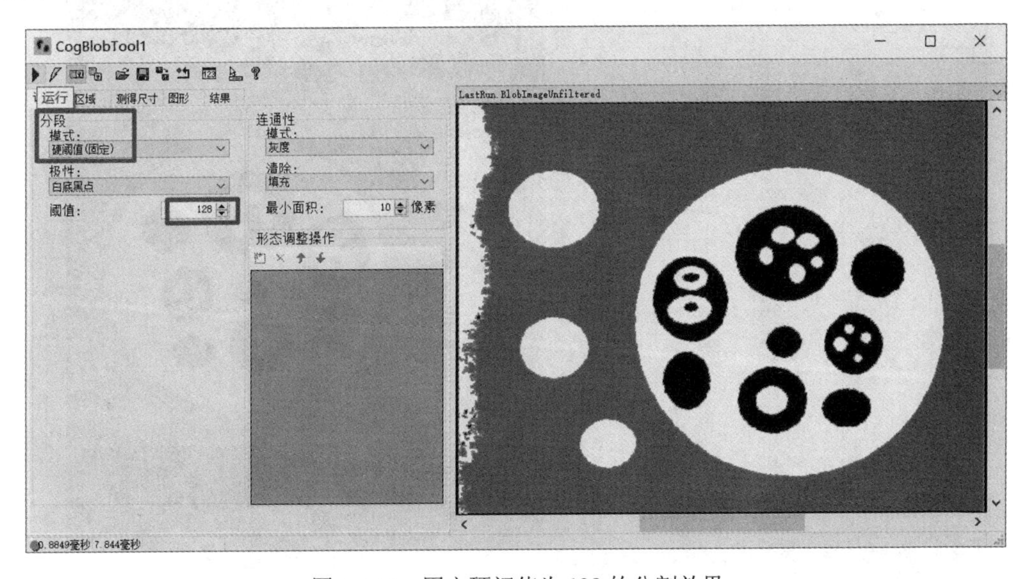

图 2.5.10　固定硬阈值为 128 的分割效果

(10) 分割完成后，Blob 工具会对图像的结果进行分析。分析参数可在“测得尺寸”选项卡里进行设置，由当前的结果可以看到的参数有“面积”“CenterMassX”“CenterMassY”“ConnectivityLabel”，可以根据结果数据来对“测得尺寸”选项卡的“属性”参数设置合适的阈值，如图 2.5.11 所示。

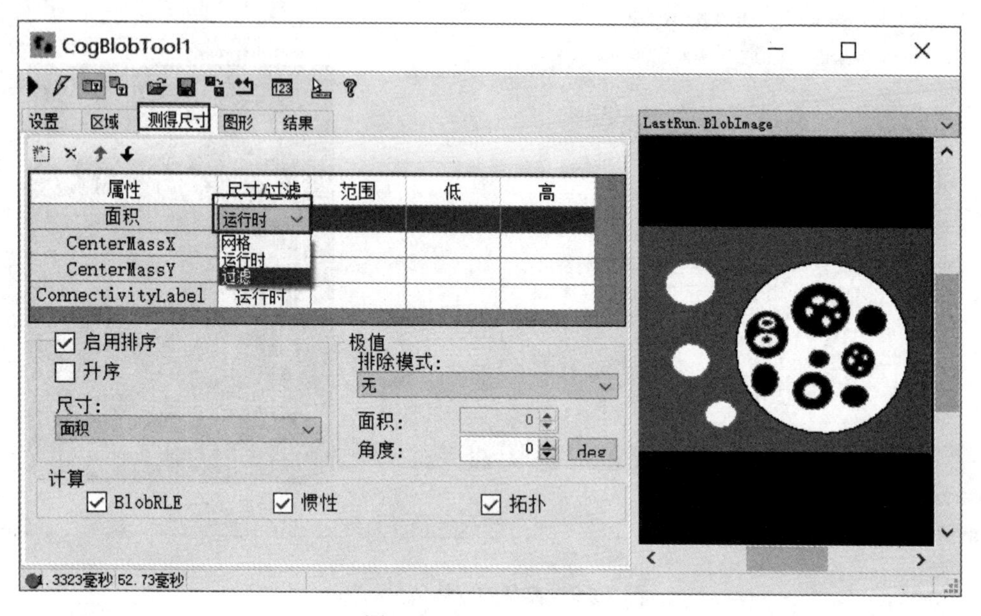

图 2.5.11　分析参数设置

(11) 点击“结果”选项卡显示结果，会出现多种不一样的斑点和孔，如图 2.5.12 所示。

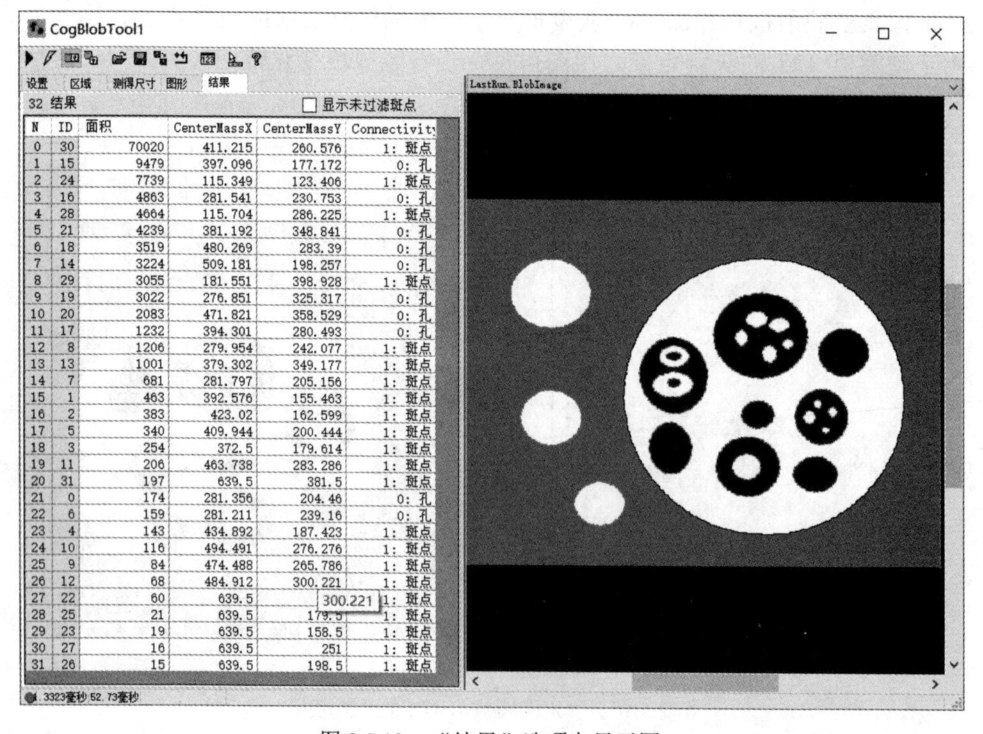

图 2.5.12　“结果”选项卡显示图

(12) 提取面积 1000～5000 像素的目标结果。在“属性”参数的“面积”里选择“过滤”，“范围”选择“包含”，然后设置取值范围为 1000～5000，图 2.5.13 所示为过滤指定面积后的结果。

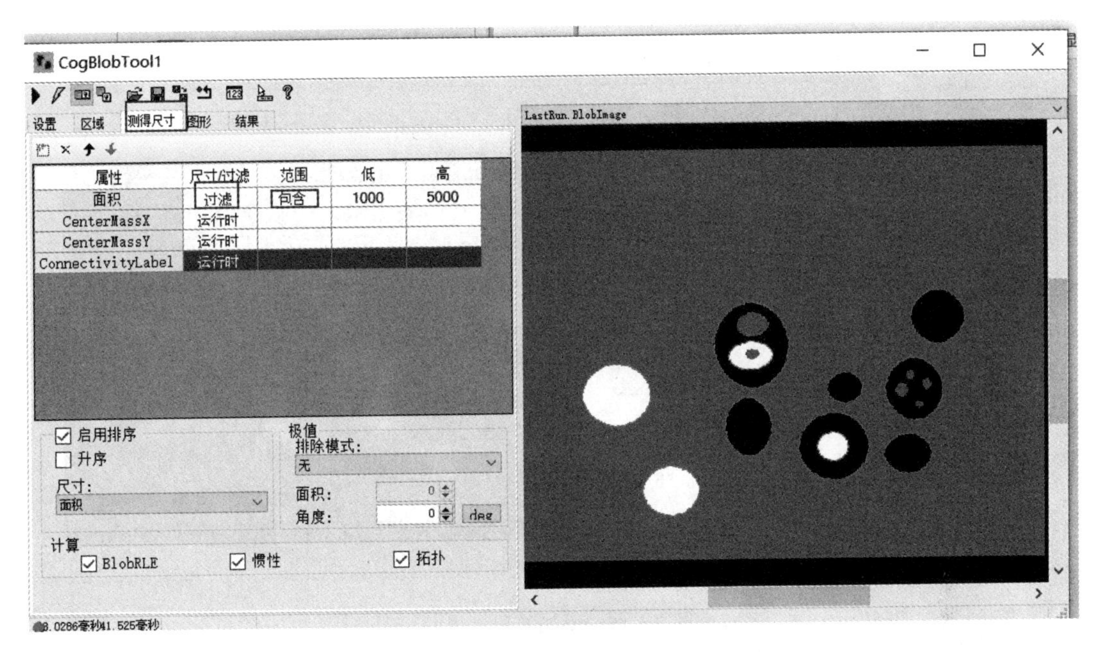

图 2.5.13　过滤指定面积后的结果

(13) 如果只需要白色的斑点，可在 ConnectivityLabel 的参数设置界面中设置“过滤”参数，图 2.5.14 所示为过滤后仅保留白色斑点的结果。

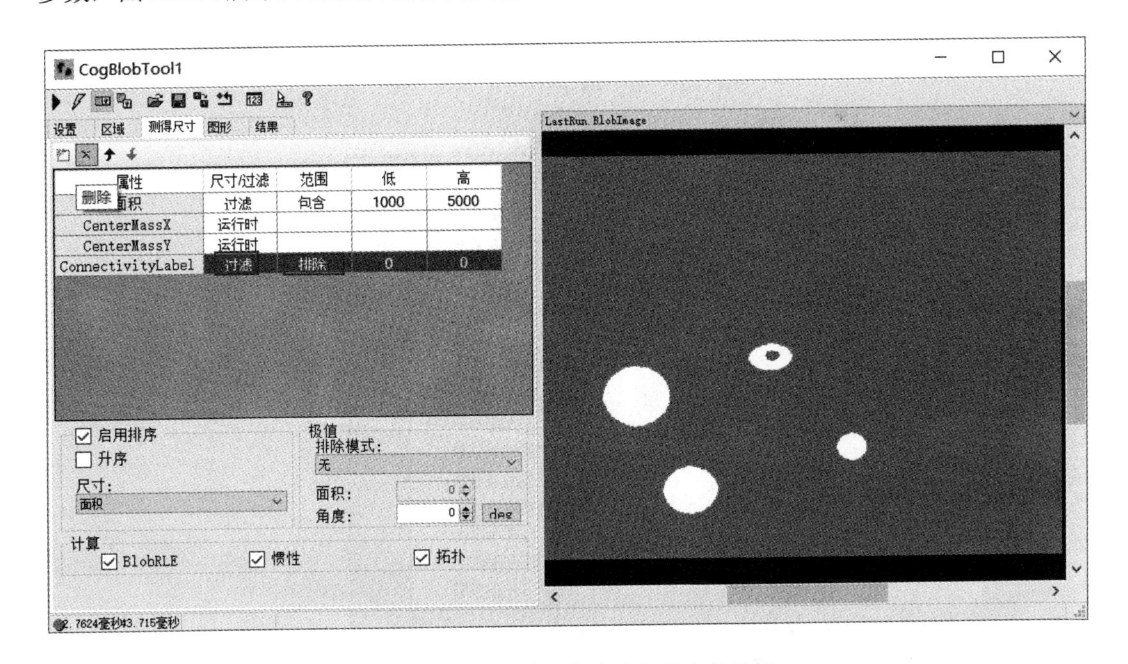

图 2.5.14　过滤后仅保留白色斑点的结果

(14) “测得尺寸”选项卡的属性默认显示有“面积”“CenterMassX”“CenterMassY”“ConnectivityLabel”，也可以通过新增的方式，添加其他属性，图 2.5.15 所示为添加新属性操作方法。

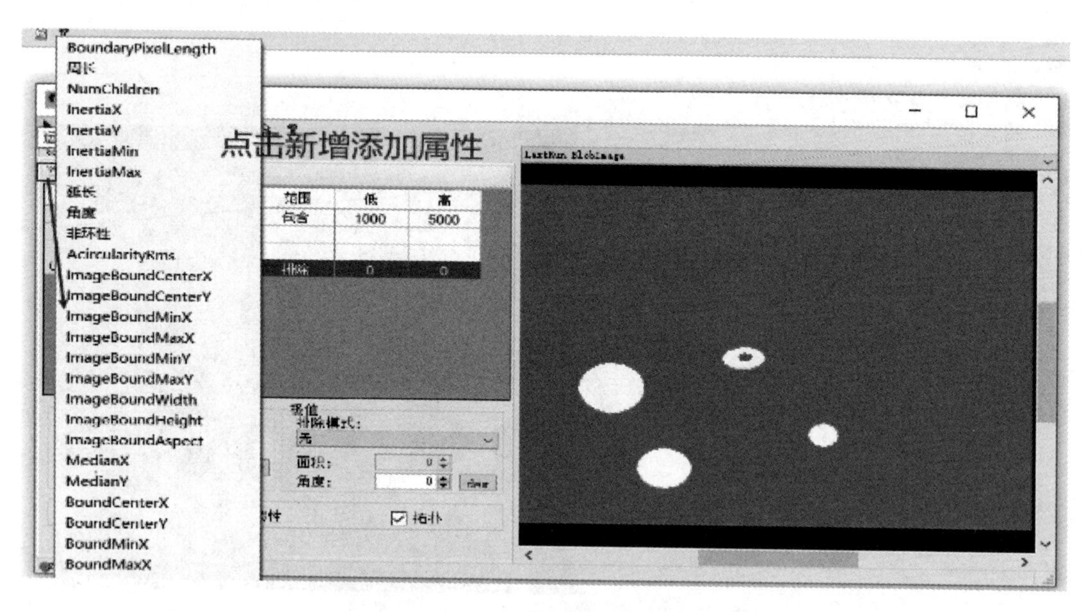

图 2.5.15　添加新属性界面

另外，还可以对二值化的结果进行孔洞填充和添加各类形态学处理等操作，如图 2.5.16 所示。如果“连通性”选项里的“清除”属性选择“填充”，则可以将小于“最小面积”的孔全部填充。

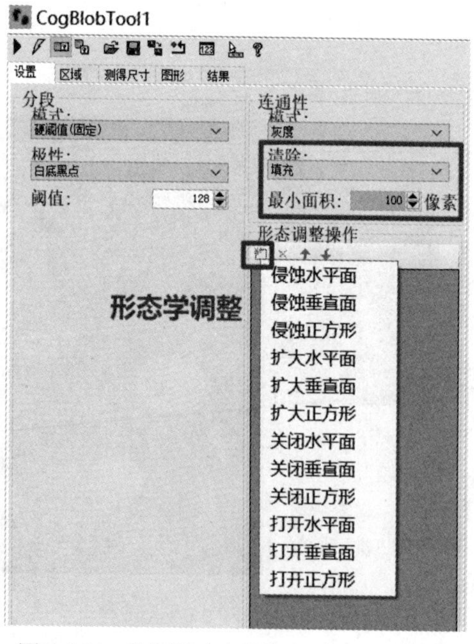

图 2.5.16　孔洞填充与添加形态学处理操作

任务 2　应用案例：零件孔位数的统计

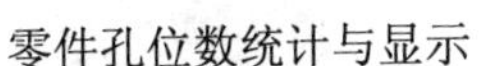
零件孔位数统计与显示

零件孔位数统计与显示(使用脚本实现结果处理)

1. 任务要求

对图像中零件的孔位数进行计数并将结果显示在结果显示区域上，图 2.5.17 所示为零件孔位数检测结果示例。

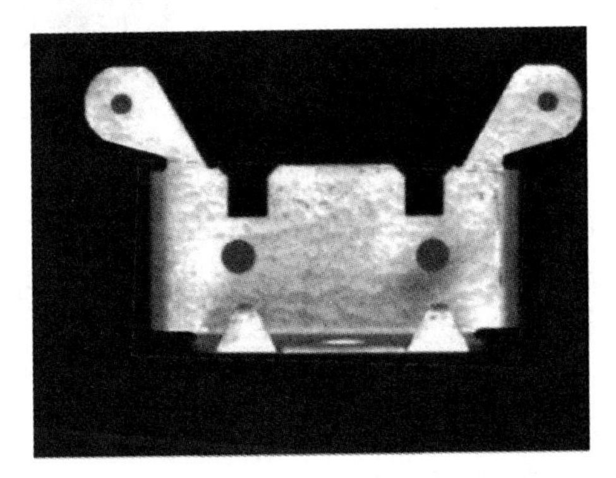

图 2.5.17　零件孔位数检测结果

2. 实施步骤

(1) 打开 VisionPro 软件后打开作业编辑器，点击初始化图像来源按钮添加本项目素材图像，并打开工具箱添加工具，如图 2.5.18 所示。

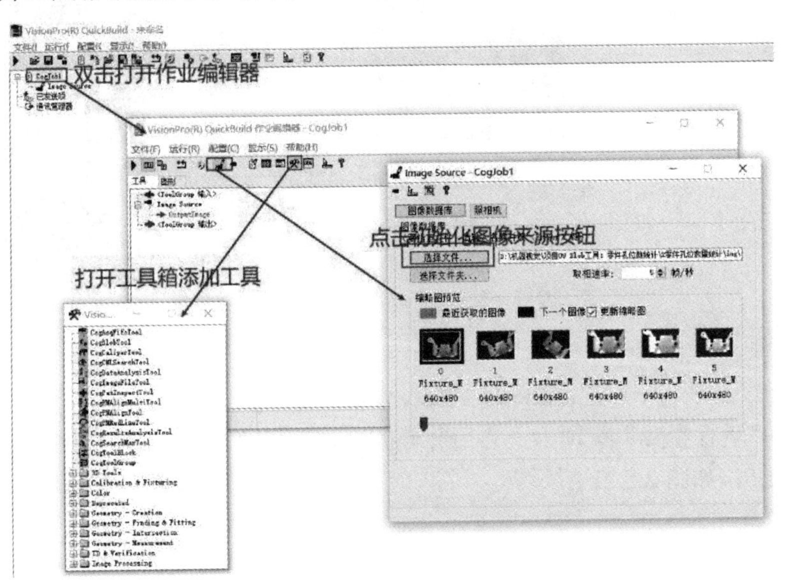

图 2.5.18　在作业编辑器界面添加图像与工具

(2) 添加 CogPMAlignTool 工具，手动将原图“OutputImage”拖至 CogPMAlignTool1 的“InputImage”中，如图 2.5.19 所示。

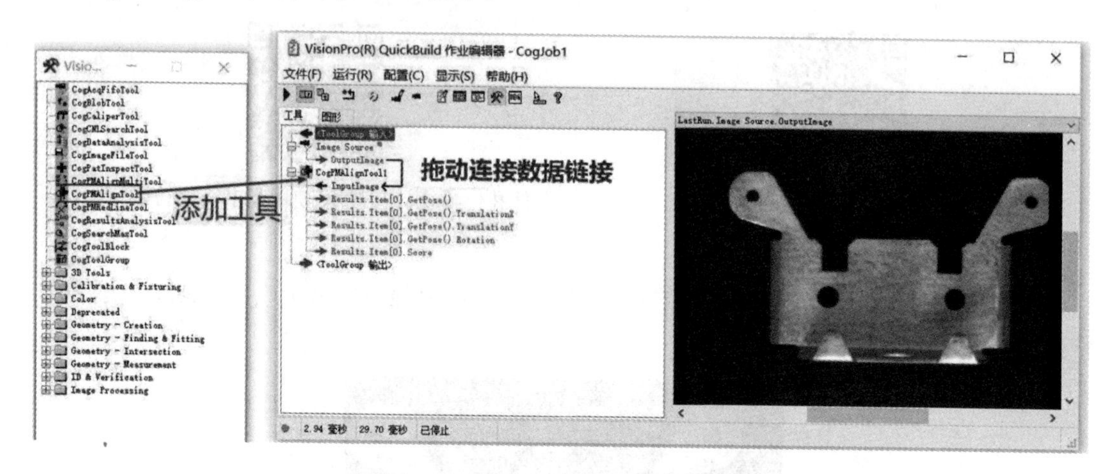

图 2.5.19　工具的添加和拖动连接数据链接

(3) 首先双击“CogPMAlignTool1”进入参数编辑界面，在工具界面右上角选择训练图像 Current.TrainImage，然后点击“抓取训练图像”按钮，在出现的图像中选择如图 2.5.20 所示的工件部分(虚线矩形框)，最后点击“训练区域与原点”选项卡中的“中心原点”按钮，如图 2.5.20 所示。

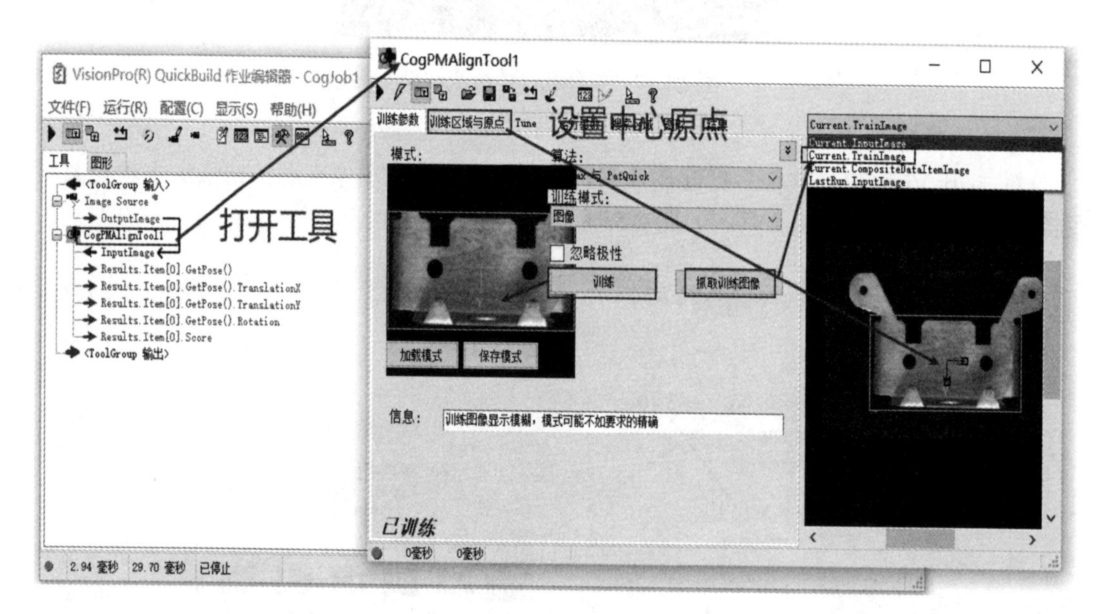

图 2.5.20　模板对象的抓取和训练

(4) 点击“运行参数”选项卡，启用并修改区域选定“角度”为−180°～180°，“缩放”修改为 0.8～1.5，如图 2.5.21 所示。

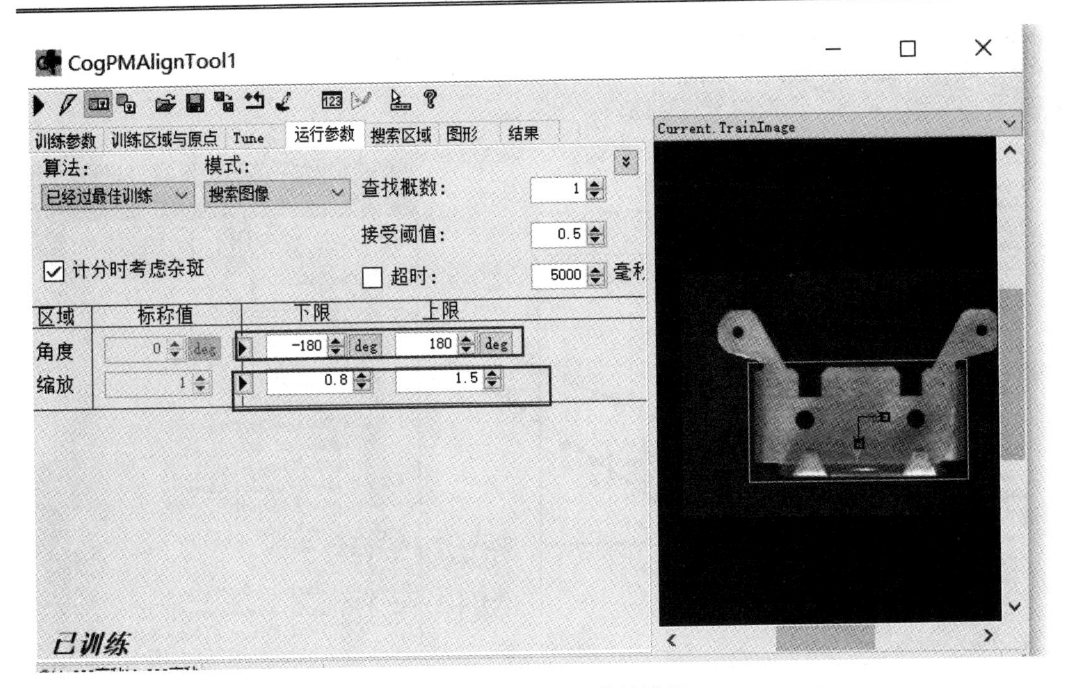

图 2.5.21　运行参数的设置

(5) 添加工具 CogFixtureTool1，手动拖动原图“OutputImage”到 CogFixtureTool1 的“InputImage”中，如图 2.5.22 所示。

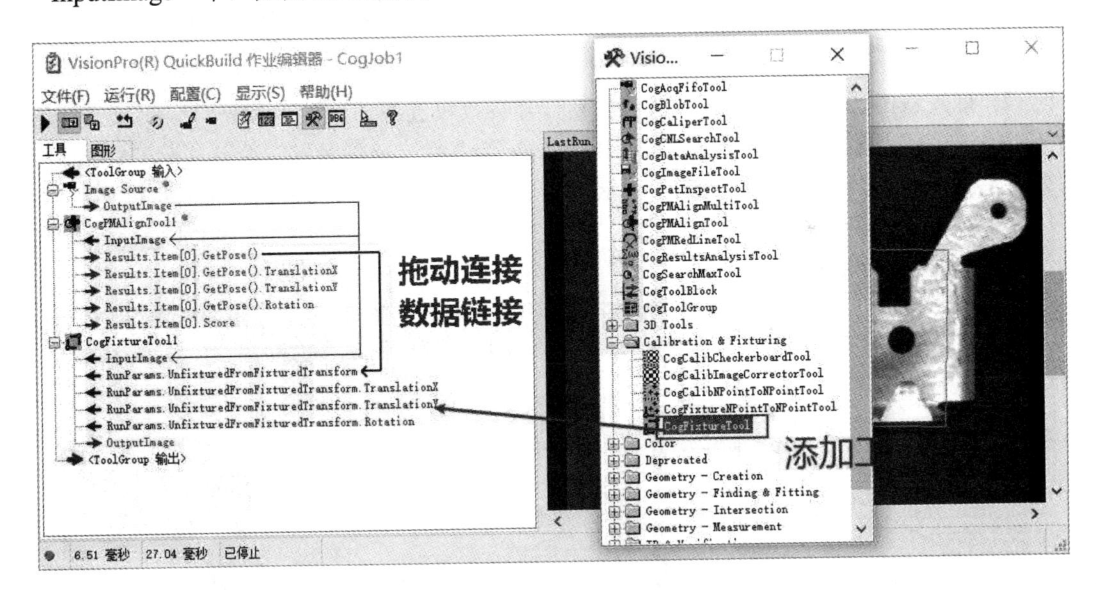

图 2.5.22　添加工具和拖动连接数据链接操作示意图

(6) 添加两个 CogBlobTool 工具并分别重命名为“CogBlobTool 小圆”“CogBlobTool 大圆”，手动拖动原图“OutputImage”到以上新增工具的“InputImage”中，如图 2.5.23 所示。

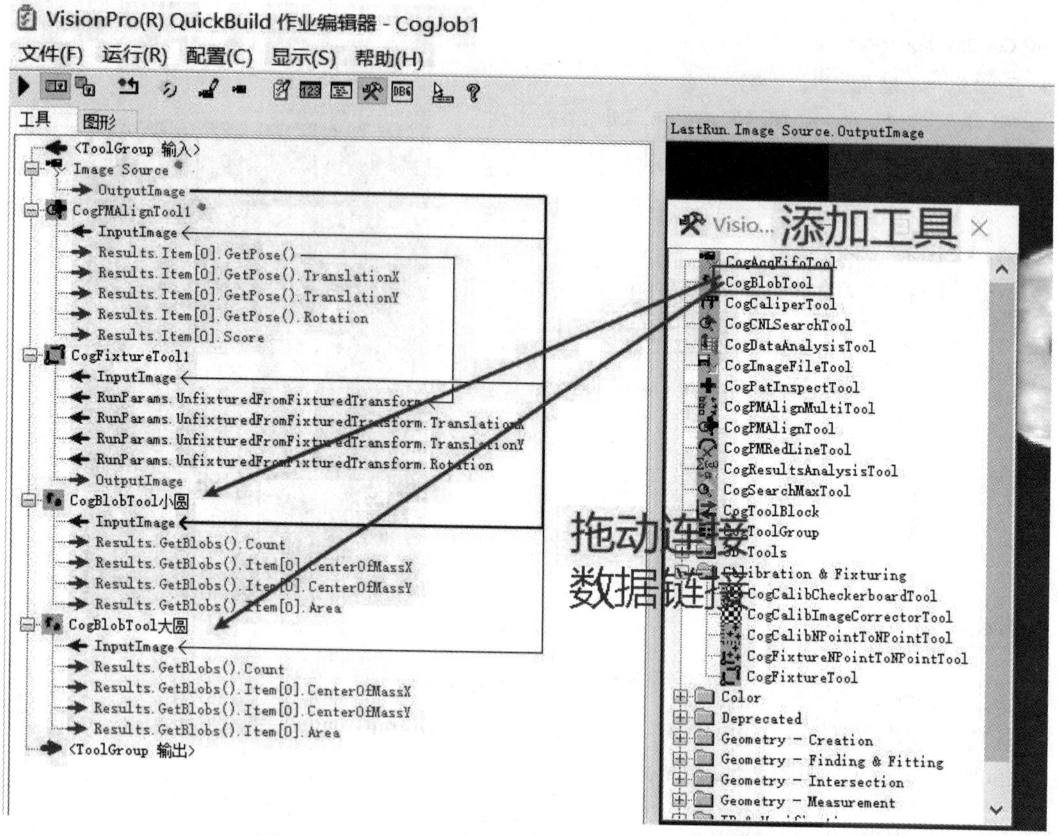

图 2.5.23　CogBlobTool 工具的重命名和连接数据链接

(7) 首先双击“CogBlobTool 小圆”工具打开参数设置界面，然后点击“区域”选项卡，在此选项卡中，“区域形状”选择“CogRectangle”，“所选空间名称”选择“@/Fixture”，并在图像上框选两个小圆，图 2.5.24 所示为框选小圆的区域。

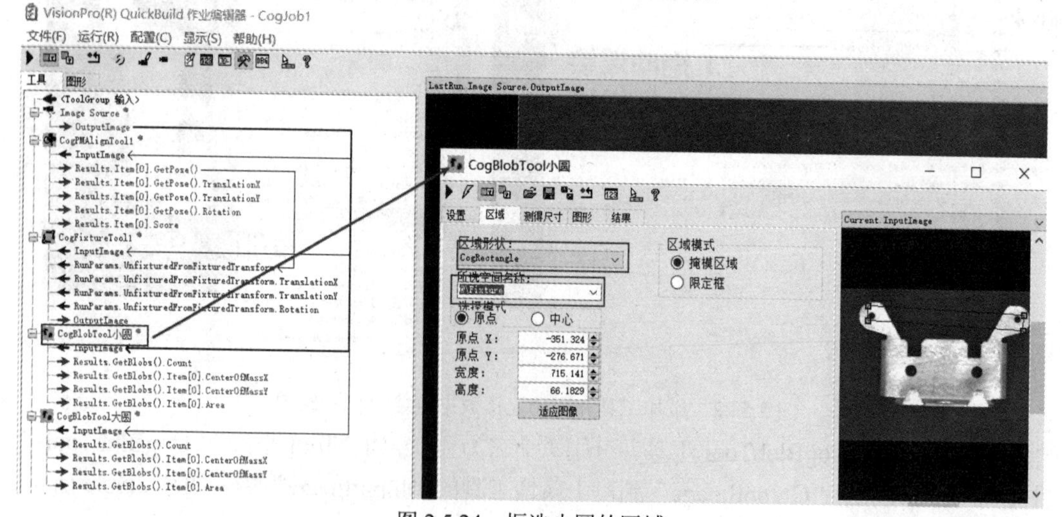

图 2.5.24　框选小圆的区域

(8) 点击单次运行按钮查看结果，如图 2.5.25 所示。由结果可以看到小圆的面积在 100～1000 之间(388 左右)。

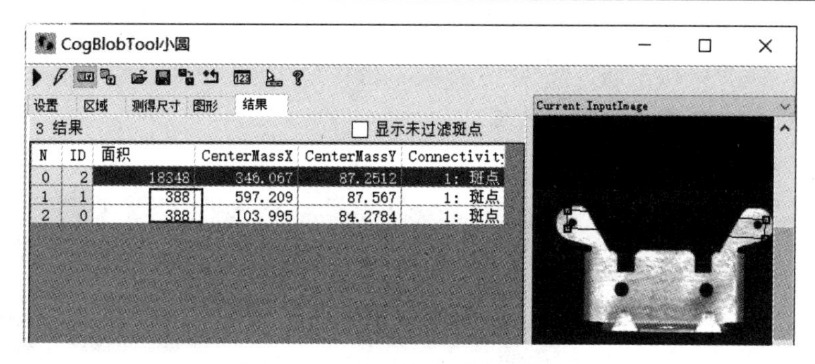

图 2.5.25　检测小圆的运行结果

(9) 点击“测得尺寸”选项卡，在此选项卡中，“属性”选择“面积”，“尺寸/过滤”选择“过滤”，“范围”选择“包含”，如图 2.5.26 所示。由结果图可知，“范围”取值为 100～1000。

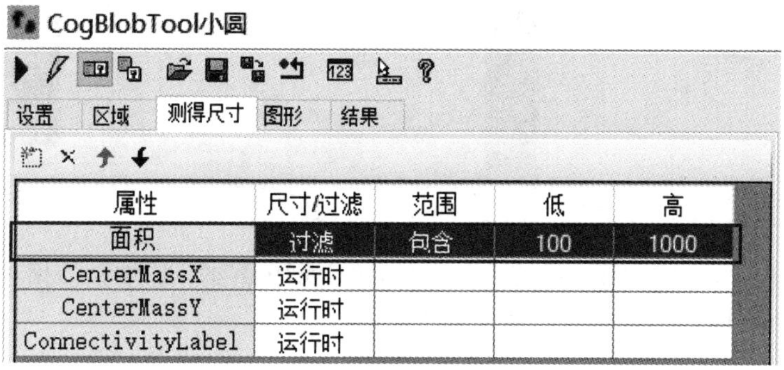

CogBlobTool小圆

设置　区域　测得尺寸　图形　结果

属性	尺寸/过滤	范围	低	高
面积	过滤	包含	100	1000
CenterMassX	运行时			
CenterMassY	运行时			
ConnectivityLabel	运行时			

图 2.5.26　“测得尺寸”选项卡参数设置

(10) 筛选完成之后，点击“图形”选项卡，根据任务的要求，勾选“显示斑点覆盖面”和“显示质心”选项，图 2.5.27 所示为提取小圆的最终结果。

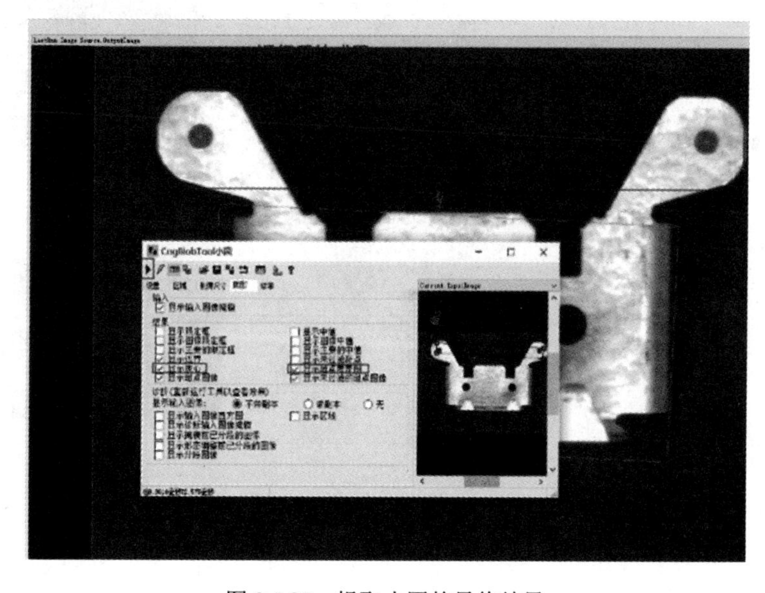

图 2.5.27　提取小圆的最终结果

(11) 首先双击“CogBlobTool 大圆”工具打开参数设置界面，然后点击“区域”选项卡，在此选项卡中，“区域形状”选择“CogRectangle”，“所选空间名称”选择“@/Fixture”，随后框选图 2.5.28 的右侧图像中的大圆。

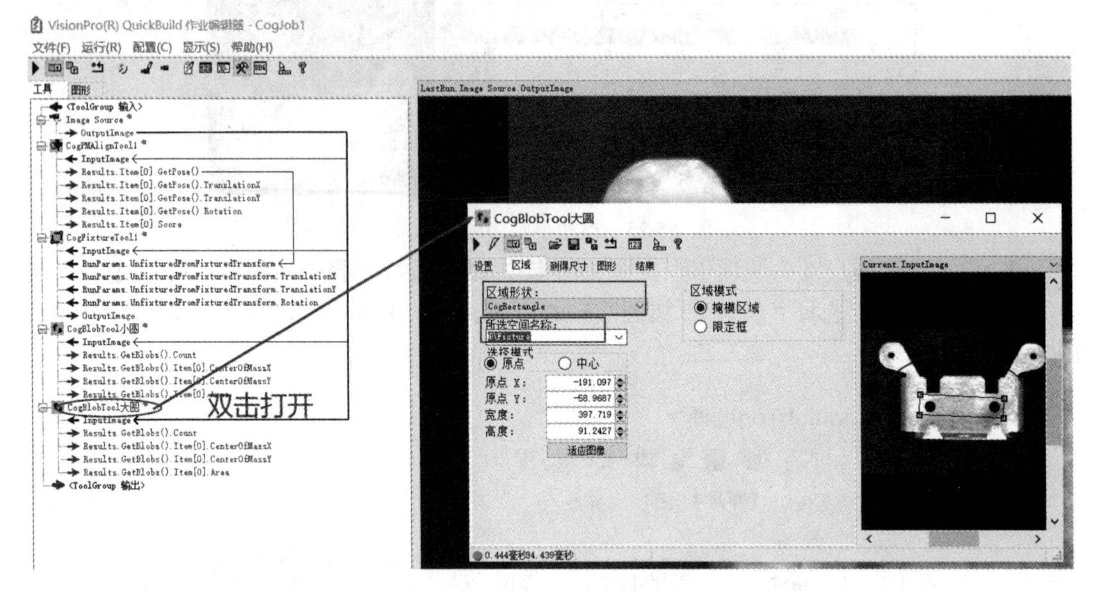

图 2.5.28　大圆的区域选择

(12) 点击单次运行按钮查看运行结果，如图 2.5.29 所示。由运行结果可以看到，只有两个大圆面积，所以不用选择“过滤”选项。

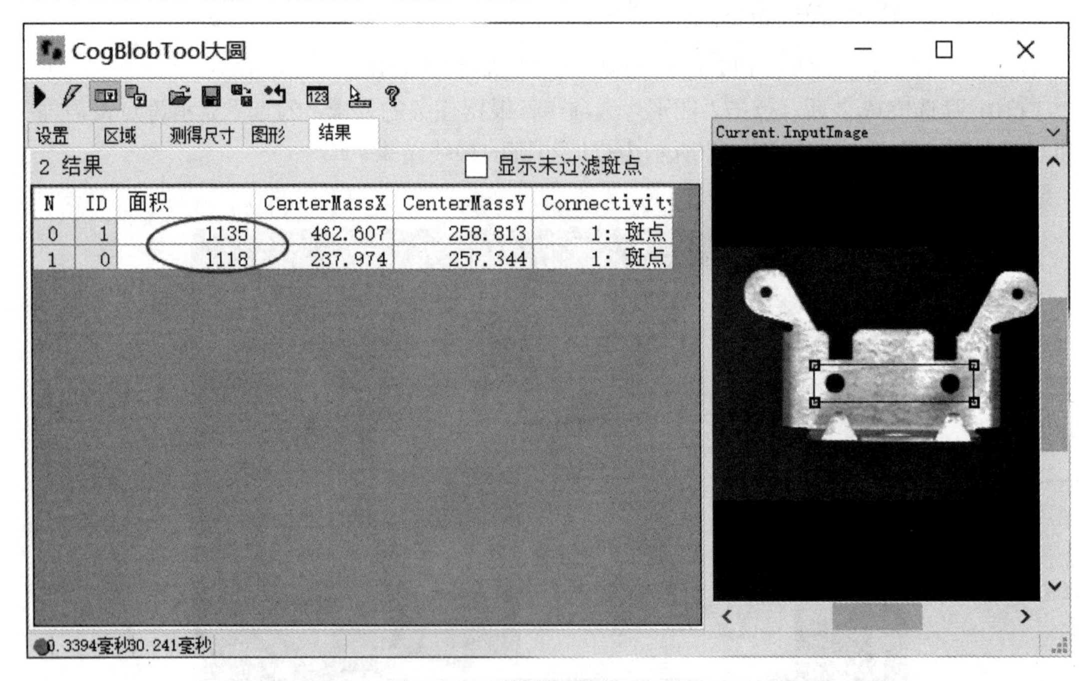

N	ID	面积	CenterMassX	CenterMassY	Connectivity
0	1	1135	462.607	258.813	1: 斑点
1	0	1118	237.974	257.344	1: 斑点

图 2.5.29　检测大圆的运行结果

(13) 筛选完成之后，点击“图形”选项卡，根据任务的要求，勾选“显示斑点覆盖面”和“显示质心”，然后点击单次运行按钮，如图 2.5.30 所示。

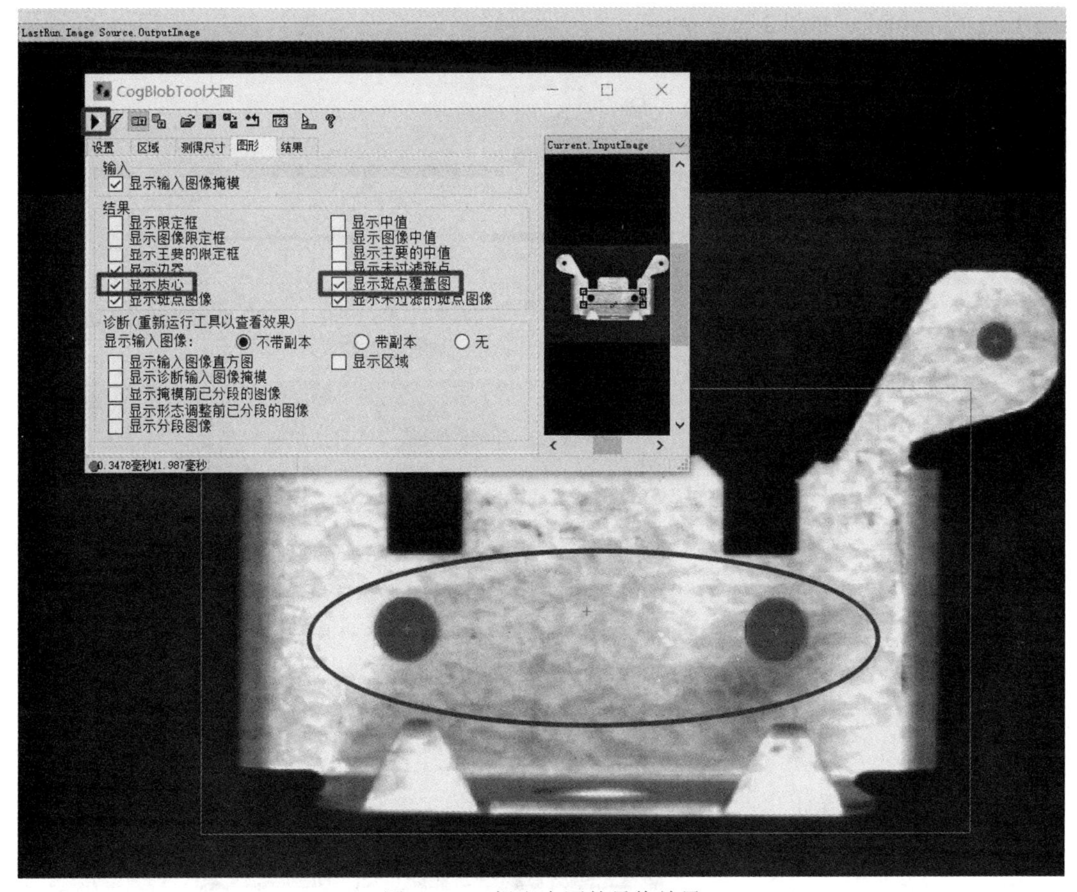

图 2.5.30　提取大圆的最终结果

(14) 添加工具 CogResultsAnalysisTool1。首先双击“CogResultsAnalysisTool1”打开参数设置界面，并点击显示名称按钮，然后点击“添加输入”按钮添加两个输入 InputA、InputB，最后点击“添加表达式”按钮添加表达式“ExprC”，如图 2.5.31 所示。

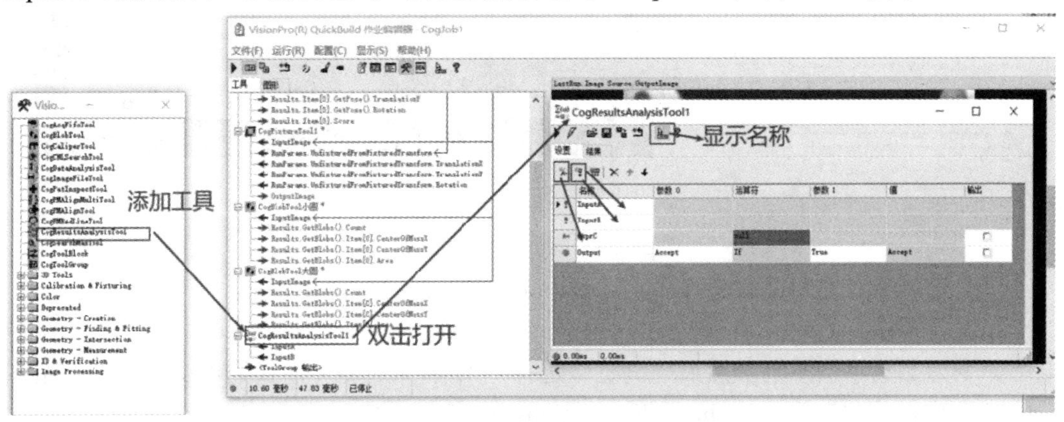

图 2.5.31　添加工具 CogResultsAnalysisTool1 及参数设置示意图

(15) 拖动“CogBlobTool 小圆”的“Results.GetBlobs().Count”到 CogResultsAnalysisTool1 的“InputA”，拖动“CogBlobTool 大圆”的“Results.GetBlobs().Count”到 CogResultsAnalysis Tool1 的“InputB”，如图 2.5.32 所示。

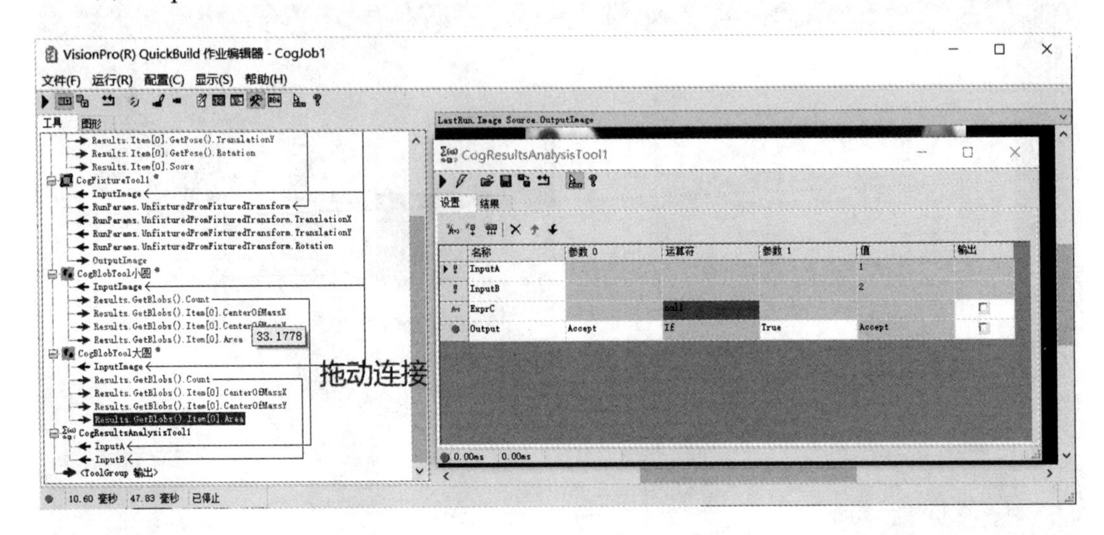

图 2.5.32　CogResultsAnalysisTool1 的数据连接

(16) 首先点击单次运行按钮，然后在“运算符”中选择“加”，参数选择为“InputA”“InputB”，再勾选“输出”选项，最后点击单次运行按钮，得到输出 ExprC，如图 2.5.33 所示。

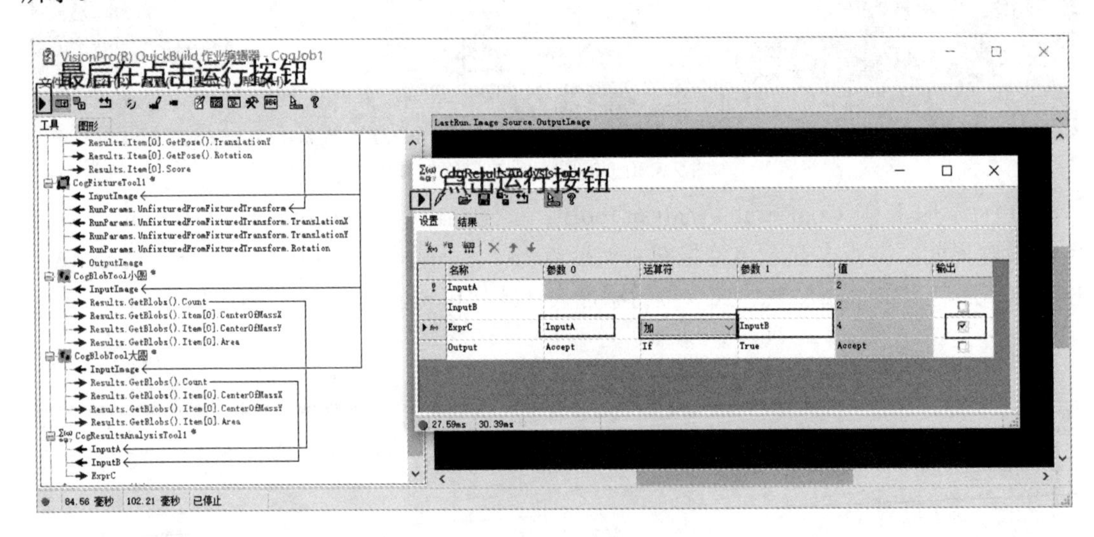

图 2.5.33　ExprC 输出的添加

(17) 添加工具 CogCreateGraphicLabelTool，如图 2.5.34 所示。

(18) 首先鼠标右键点击“CogResultsAnalysisTool1”，在弹出的菜单中选择“添加终端”命令为工具添加终端，然后“浏览”选择“所有(未过滤)”，找到“Double”添加终端输出，路径为“Result.EvaluatedExpressions.Item["ExprC"].Value.(System.Double)”，如图 2.5.35 所示。

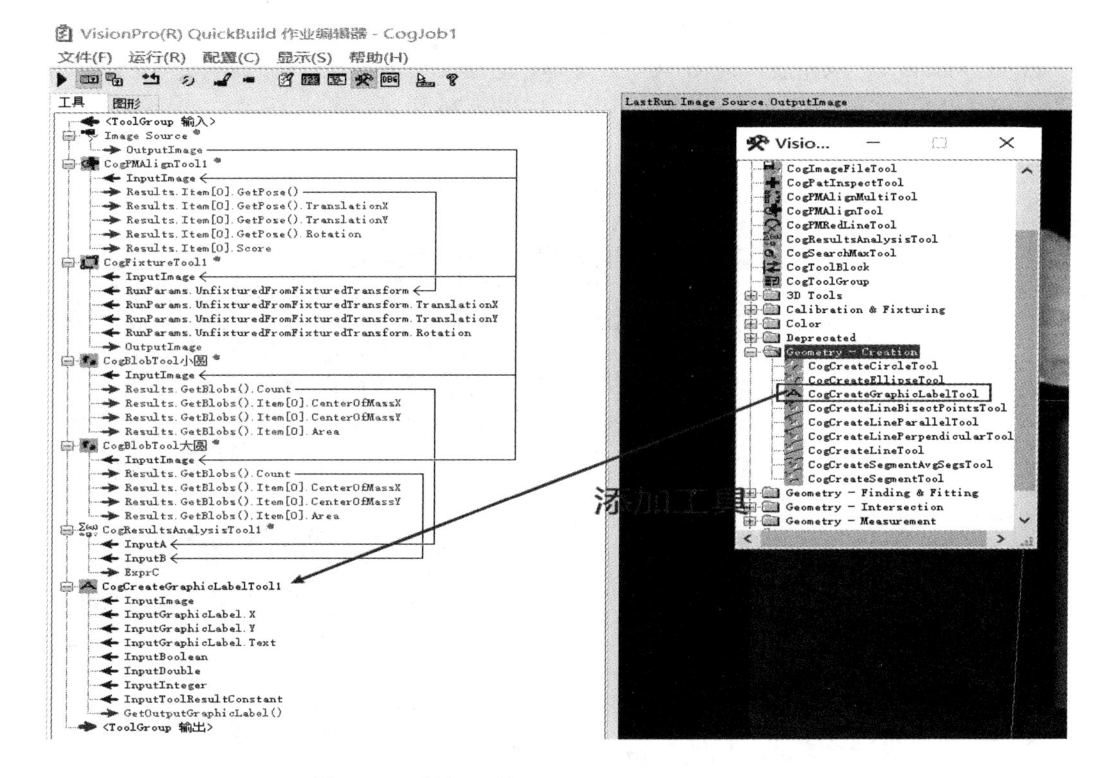

图 2.5.34 添加工具 CogCreateGraphicLabelTool1

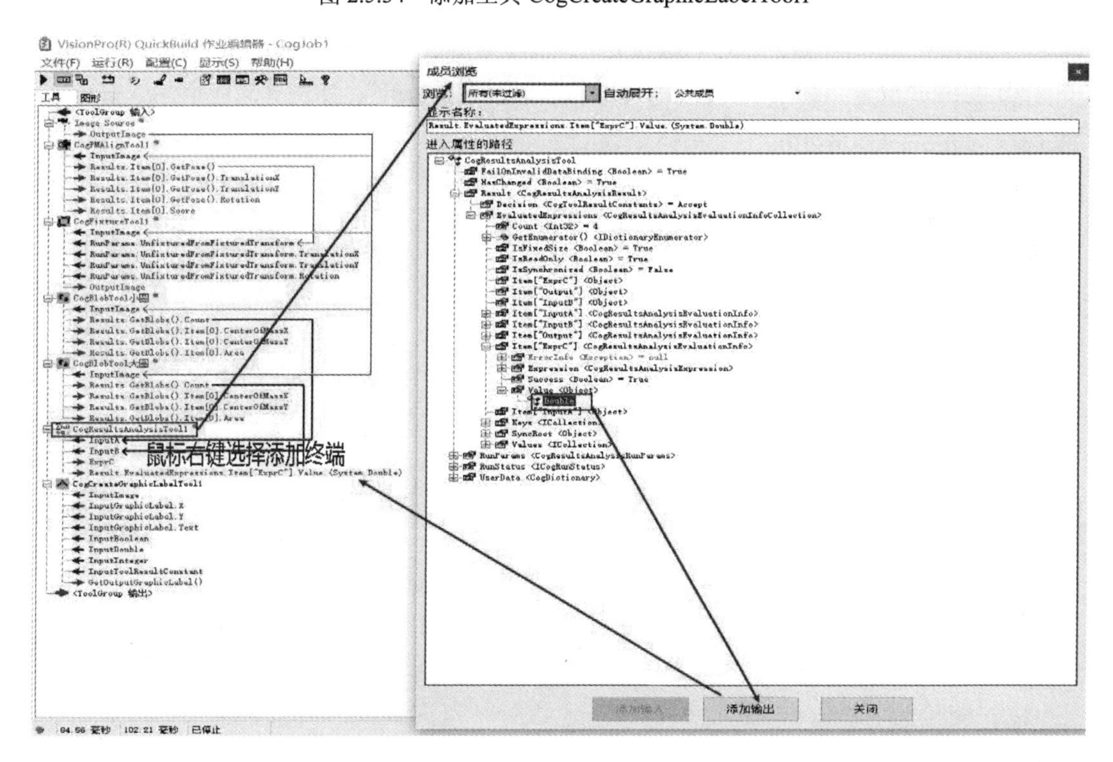

图 2.5.35 添加“ExprC”表达式的终端输出

(19) 首先双击“CogCreateGraphicLabelTool1”打开参数设置界面，然后“选择器”选择“Input Double”，“双精度”选择“0”，“字体”选择“粗体”，“字号”选择“小初”，“颜色”选择“红色”，最后点击单次运行按钮，如图 2.5.36 所示。

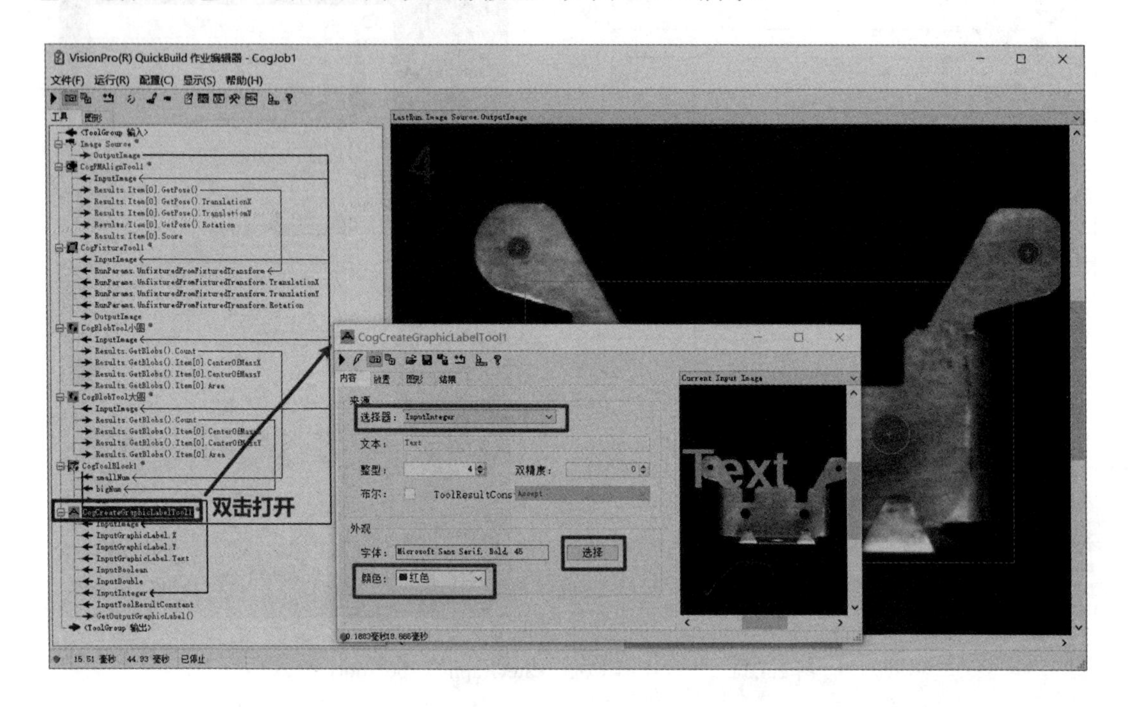

图 2.5.36　CogCreateGraphicLabelTool1 参数设置

(20) 打开“放置”选项卡，字体对齐方式选择“TopLeft”，如图 2.5.37 所示。

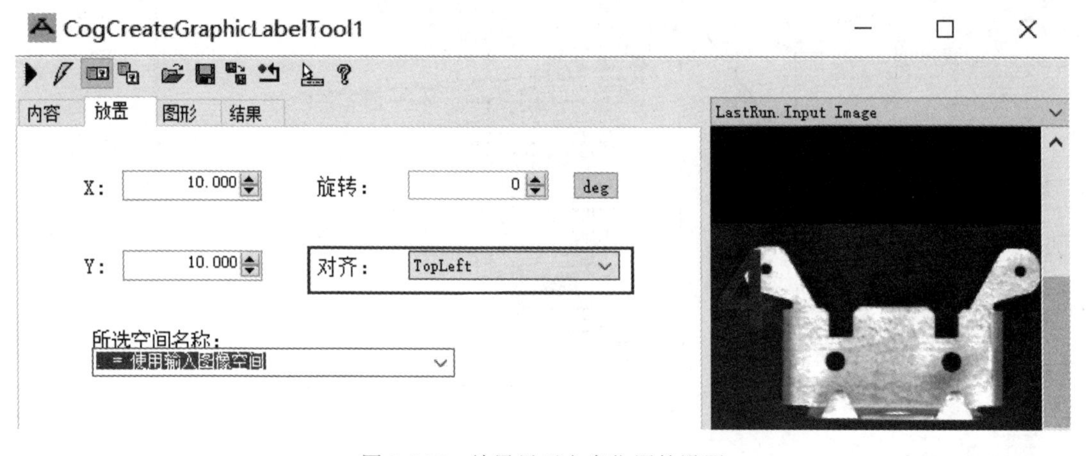

图 2.5.37　结果显示文字位置的设置

(21)点击连续运行按钮运行作业，发现运行速度太快不利于观测结果，需先打开初始化来源图像，将“取相速率”设置为“1 帧/秒”，再点击连续运行按钮，如图 2.5.38 所示。

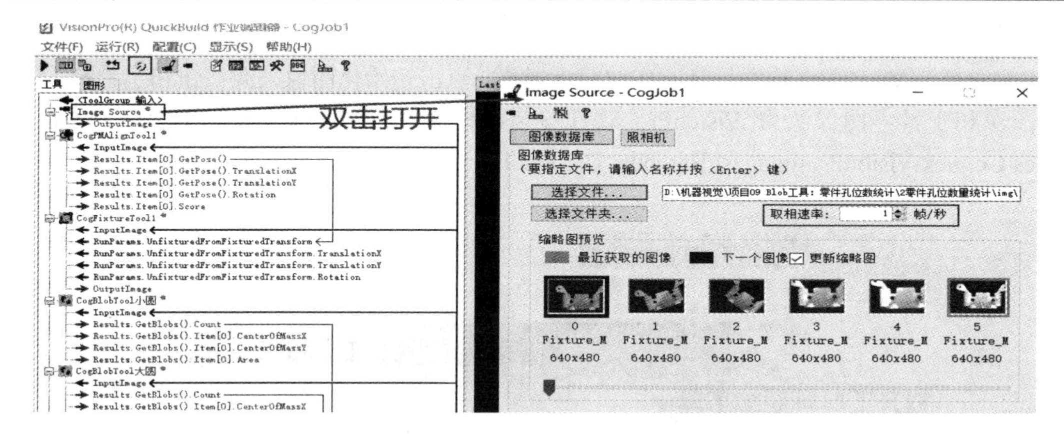

图 2.5.38　“取相速率”的设置

(22)点击单次运行按钮显示最终对象的运行结果，如图 2.5.39 所示。然后进行批量测试，确认每张图像都得到正确的孔数统计结果。

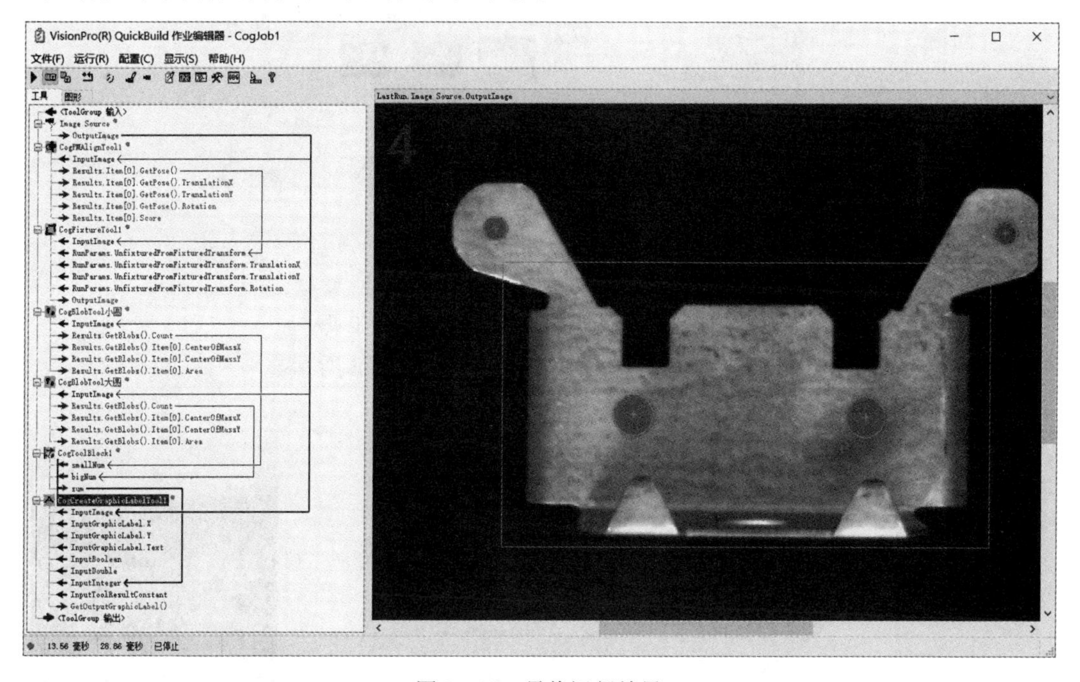

图 2.5.39　最终运行结果

项目 2.6　ID 工具的使用

任务 1　ID 工具的基本使用方法

1. ID 工具的概念

ID 工具主要用于识别一维条形码、二维码，从中得到所编码的字符、数字、符号等信息。

2. ID 工具的功能解析

(1) 打开 VisionPro 软件后打开作业编辑器，并点击初始化图像来源按钮和工具箱，添加图像和工具，图像源为 VisionPro 软件安装路径下的示例图像文件，即“C:\Program Files\Cognex\VisionPro\Images\ Barcode_Demo.idb”中的图像，如图 2.6.1 所示。

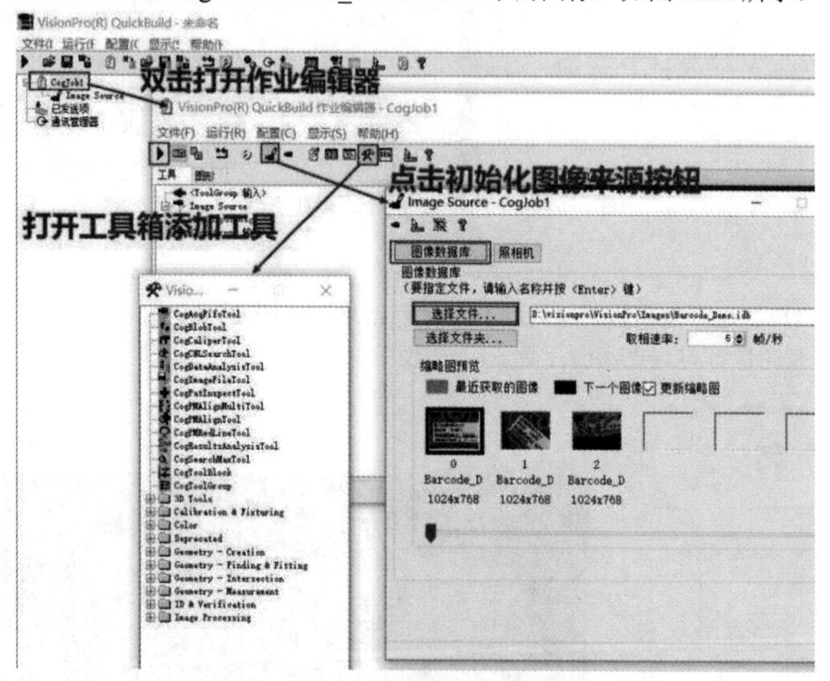

图 2.6.1　在作业编辑器界面添加图像和工具

(2) 双击“CogIDTool”添加工具 CogIDTool1，如图 2.6.2 所示。

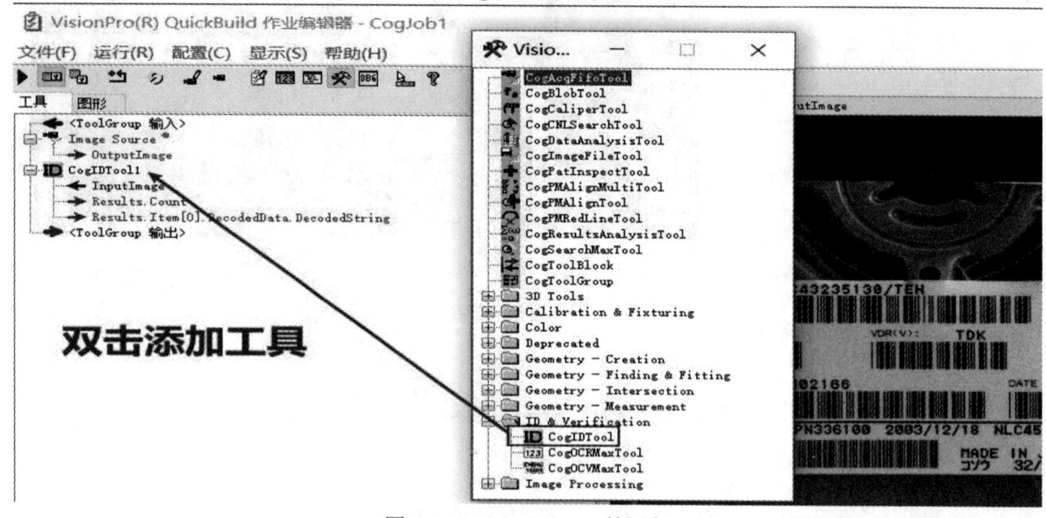

图 2.6.2　CogIDTool1 的添加

(3) 鼠标右键点击“CogIDTool1”，在弹出菜单中选择“链接到”，选择对应链接终端连接上，实现数据传输，如图 2.6.3 所示。

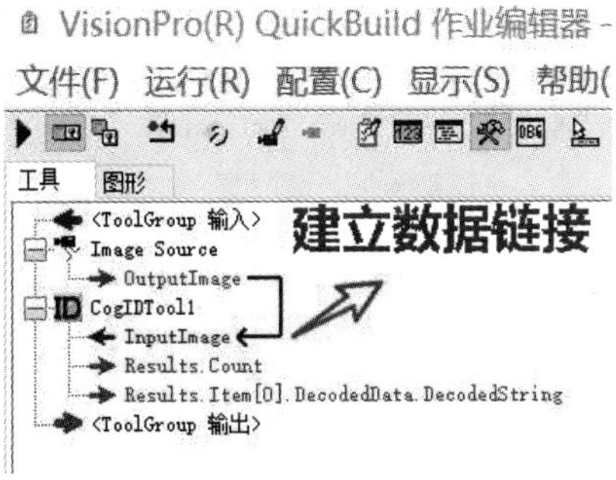

图 2.6.3　CogIDTool1 的数据链接

(4) 首先双击“CogIDTool1”打开工具参数设置界面，然后选择所需要的代码类型，并根据解码需求填写数量，最后点击单次运行按钮，如图 2.6.4 所示。

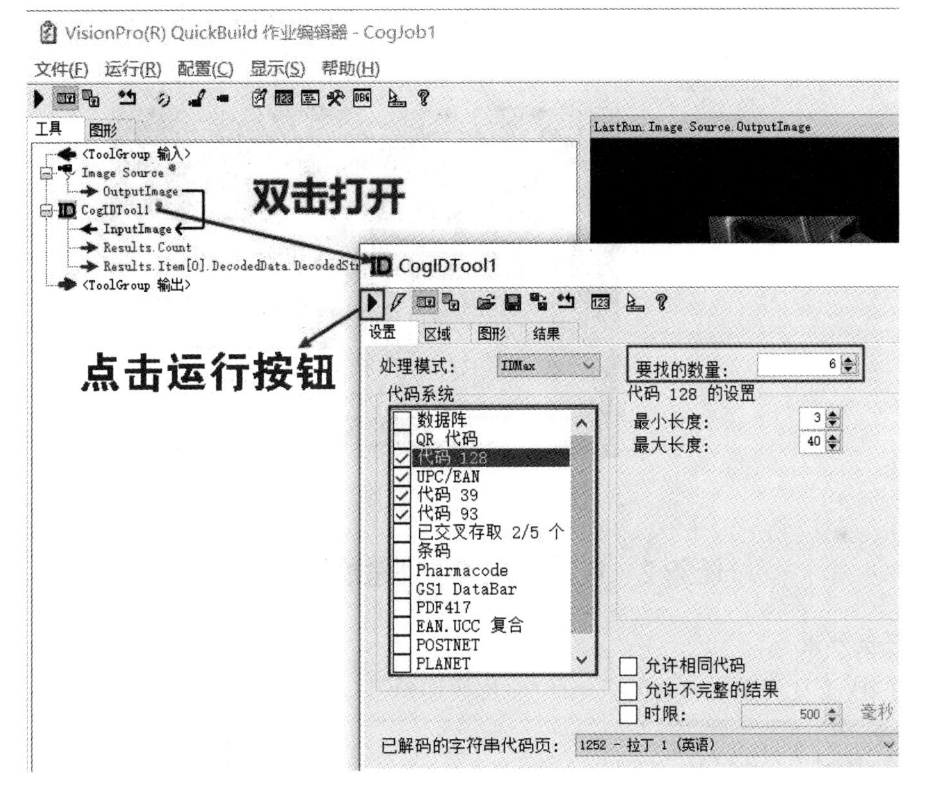

图 2.6.4　单次运行作业操作

条码类型主要分为一维条形码和二维码两种。一维条形码包括 Code128、Code39、UPC、EAN 码、Codabar、交叉 25 码；二维码包括有小型堆叠条形码(PDF417、Code49)、矩阵式二维码(DataMatix、QRCode)、邮政码(POSTNET)。

(5) 选择需要解码的区域。区域形状有 8 种功能可选择，即 CogCircle(圆形)、Cog Ellipse(椭圆形)、CogPolygon(多边形)、CogRectangle(矩形)等，如图 2.6.5 所示。

(6) 点击“结果”选项卡，可以看到“解码的字符串”一栏显示为图像一维码的读取结果，“PPM”值越大解码越容易。图 2.6.6 所示为一维码的识别结果。

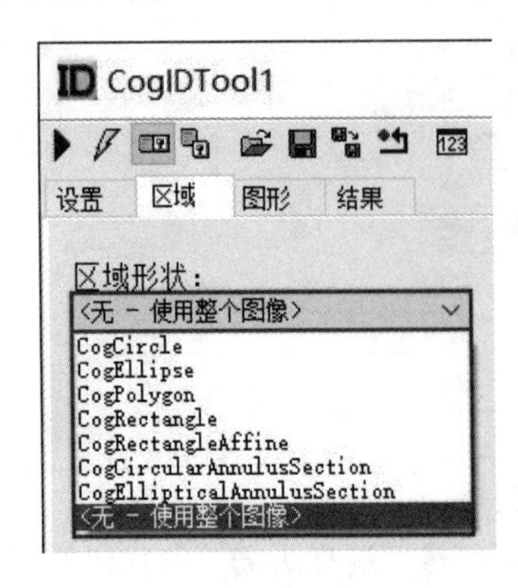

图 2.6.5　区域形状选择

CogIDTool1

设置　区域　图形　结果

6 结果　状态：良好

ID	马的字符串	中心 X	中心 Y	角度	PPM
0	Q500	195.9	343	0	2.28
1	T0351	760.2	437.8	-0.01	2.3
2	1TYB03M02166	342	438.7	0	2.3
3	VTDK	521.9	342.1	0	2.3
4	PC43235130/TEH	377.3	252.8	0	2.28
5	:43235130JPN336100	305.1	537	0	1.5

图 2.6.6　一维条形码识别结果

(7) 点击单次运行按钮，在图 2.6.7 中显示有框的部分为识别到的一维条码。

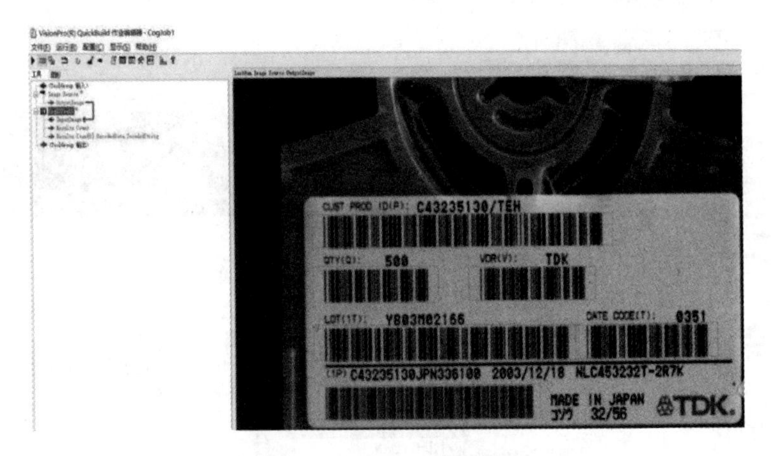

图 2.6.7　识别到的一维条形码

任务 2　应用案例 1：快递单号的识别

1. 任务要求

通过 ID 工具识别快递单的条形码(简称快递单号)，字体颜色为红色，如图 2.6.8 所示。

快递单号识别

图 2.6.8　快递单号识别结果

2. 实施步骤

(1) 打开 VisionPro 软件后打开作业编辑器，并点击初始化图像来源按钮，添加本项目素材图像，如图 2.6.9 所示。

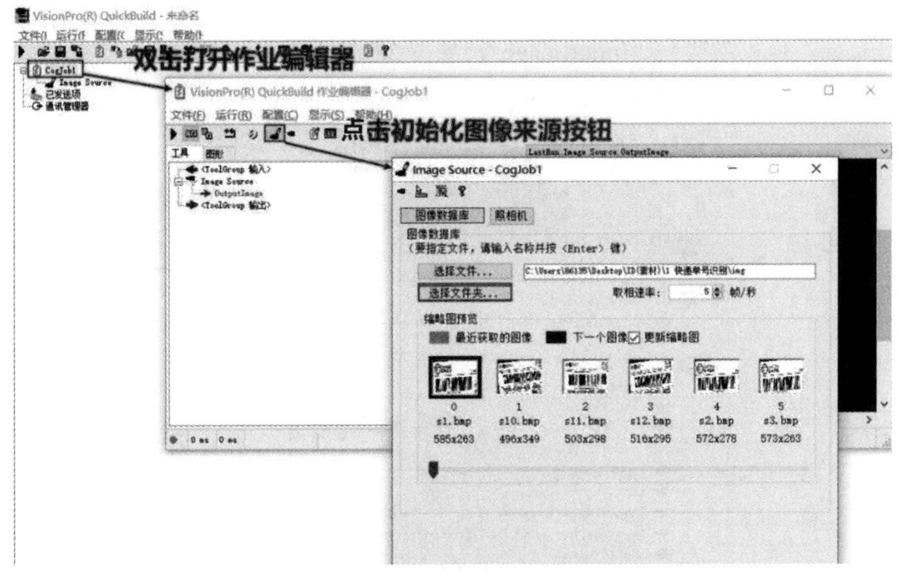

图 2.6.9　在作业编辑器界面添加图像

(2) 添加所需工具。首先点击工具箱打开 VisionPro 工具界面，然后找到"ImageProcessing"文件夹中的"CogImageConvertTool"并双击添加工具，再找到"ID&Verification"文件夹中的"CogIDTool"并双击添加工具，最后找到"Geometry-Creation"文件夹中的"CogCreateGraphicLabelTool"并双击添加工具，如图 2.6.10 所示。由于原图为彩色格式的图像，因此需要使用 CogImageConvertTool 将其转换为灰度图，以便于后面工具的使用。

图 2.6.10　添加所需工具

(3) 将原图的“OutputImage”拖曳连接到“CogImageConvertTool1”的“InputImage”，“CogImageConvertTool1”的“OutputImage”拖曳连接到“CogIDTool”和“CogCreateGraphicLabelTool1”的“InputImage”，“CogIDTool1”的“Results.Item[0].DecodedData.DecodedString”拖曳连接至“CogCreateGraphicLabelTool1”的“InputGraphicLabel.Text”，“OutputImage”拖曳连接到“InputImage”，如图 2.6.11 所示。

图 2.6.11　拖曳连接数据链接

(4) 点击单次运行按钮运行作业，运行结果显示在图像的左上角，如图 2.6.12 所示。

图 2.6.12　作业运行结果

(5) 首先打开 CogCreateGraphicLabelTool1 的参数设置界面，并点击“选择”按钮，根据需求选择字体、字形和大小，字体颜色选择红色。然后点击单次运行按钮运行作业。字体属性的设置如图 2.6.13 所示。

(6) 切换到“放置”选项卡界面，在“对齐”一栏选择“TopLeft”。图 2.6.14 所示为设置识别结果放置区域。

图 2.6.13　字体属性的设置

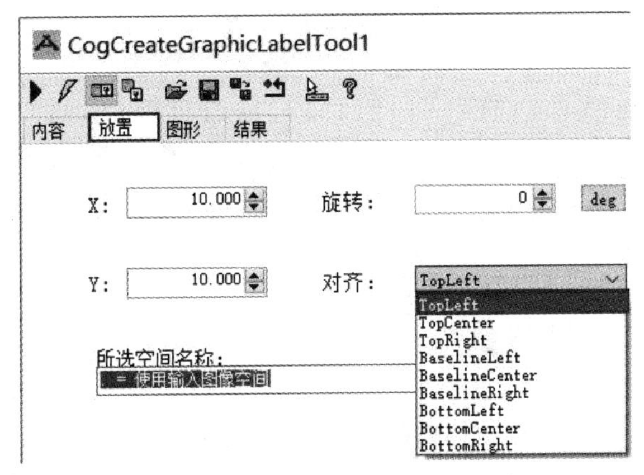

图 2.6.14　设置识别结果放置区域

(7) 点击单次运行按钮显示最终运行结果，如图 2.6.15 所示。然后进行批量测试，确认每张图像都能得到正确的识别结果。

图 2.6.15　最终的运行结果

任务 3　应用案例 2：标签二维码的读取

1. 任务要求

通过 ID 工具识别二维码，并将结果信息显示在二维码上方，字体为红色。图 2.6.16 所示为二维码识别结果的示例。

图 2.6.16　二维码标签读取结果示例

2. 实施步骤

(1) 首先打开 VisionPro 软件，再打开作业编辑器，并点击初始化图像来源按钮，添加本项目素材图像，然后点击单次运行按钮运行作业，如图 2.6.17 所示。

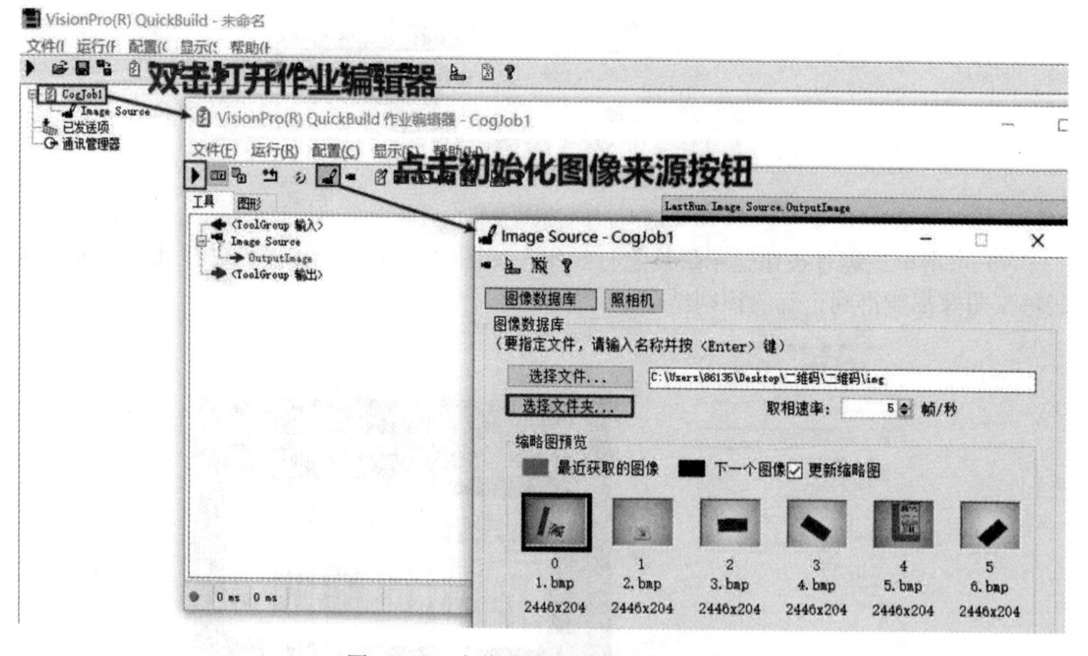

图 2.6.17　在作业编辑器界面添加图像

(2) 首先点击工具箱打开 VisionPro 工具界面，然后找到“ImageProcessing”文件夹中的“CogImageConvertTool”并双击添加工具，再找到“ID&Verification”文件夹中的“CogIDTool”并双击添加工具，最后找到“Geometry-Creation”文件夹中的“CogCreateGraphicLabelTool”并双击添加工具，如图 2.6.18 所示。

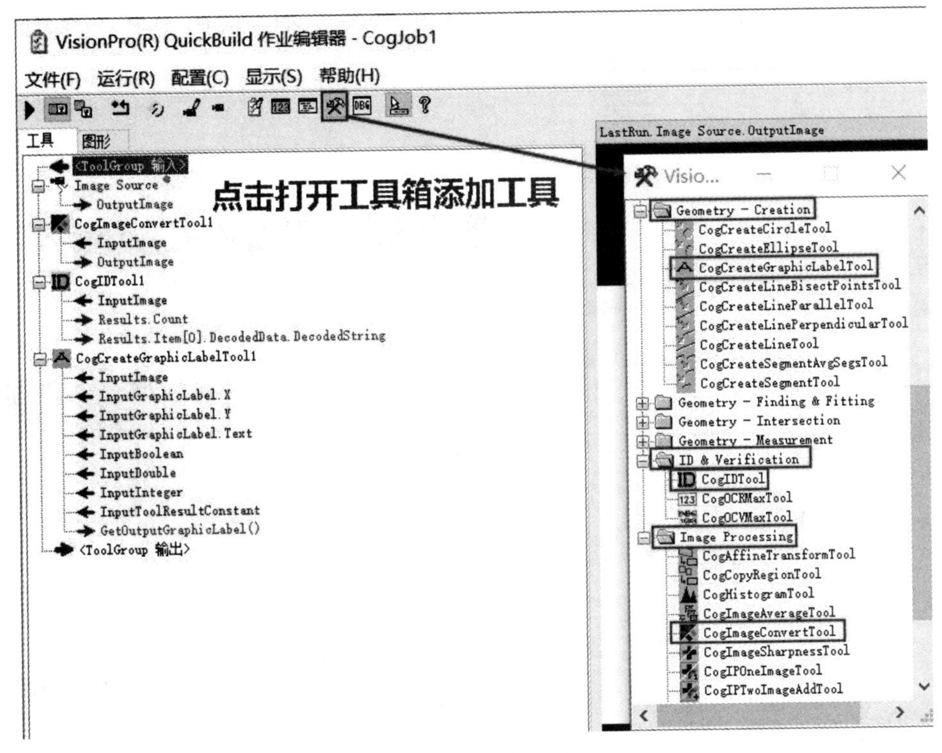

图 2.6.18　添加工具

(3) 将原图“OutputImage”拖曳连接到“CogImageConvertTool1”的“InputImage”，“CogImageConvertTool1”的“OutputImage”拖曳连接到“CogIDTool1”和“CogCreateGraphicLabelTool1”的“InputImage”，“CogIDTool1”的“Results.Item[0].DecodedData.DecodedString”拖曳连接至“CogCreateGraphicLabelTool1”的“InputGraphicLabel.Text”，如图 2.6.19 所示。

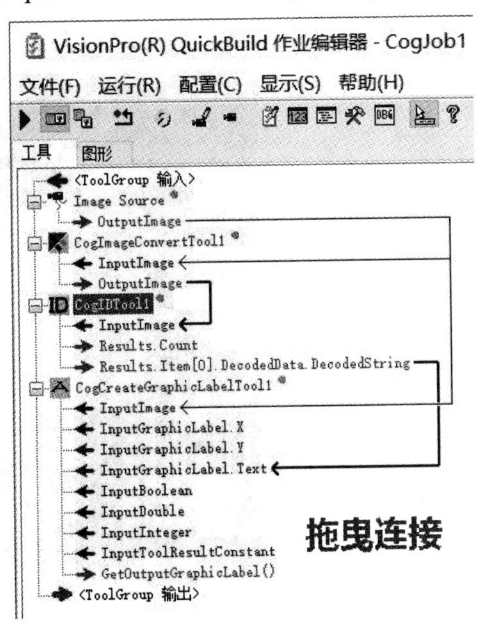

图 2.6.19　拖曳连接数据链接

(4) 首先打开 CogIDTool1 参数设置界面，勾选“QR 代码”选择识别代码系统，如图 2.6.20 所示，然后点击单次运行按钮运行作业。

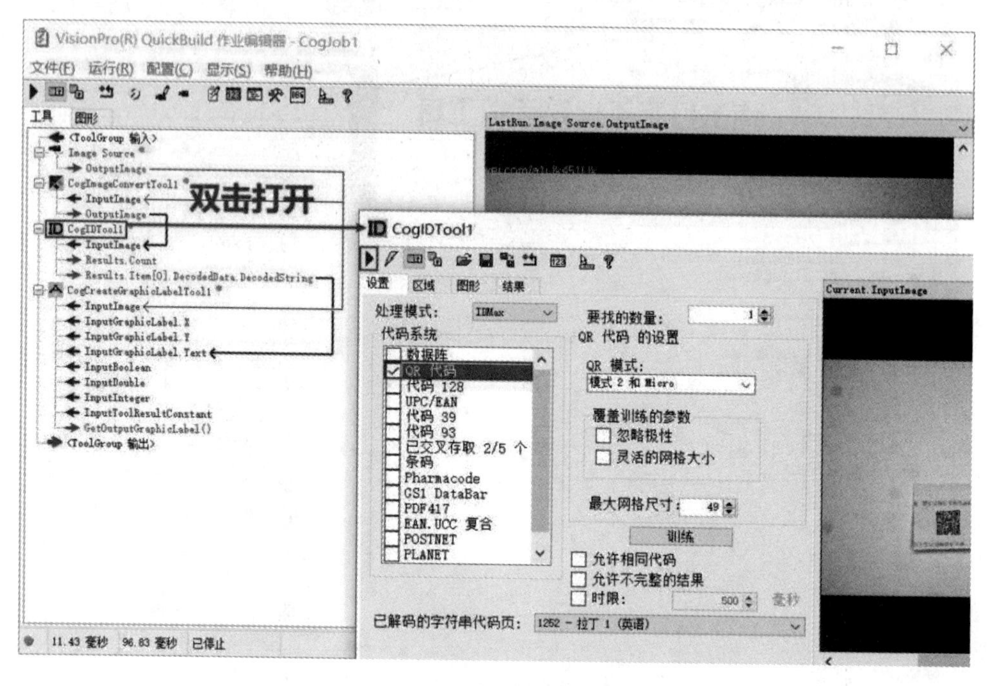

图 2.6.20　选择 QR 代码系统

(5) 点击单次运行按钮运行作业后，二维码识别结果显示在图片左上角，如图 2.6.21 所示。

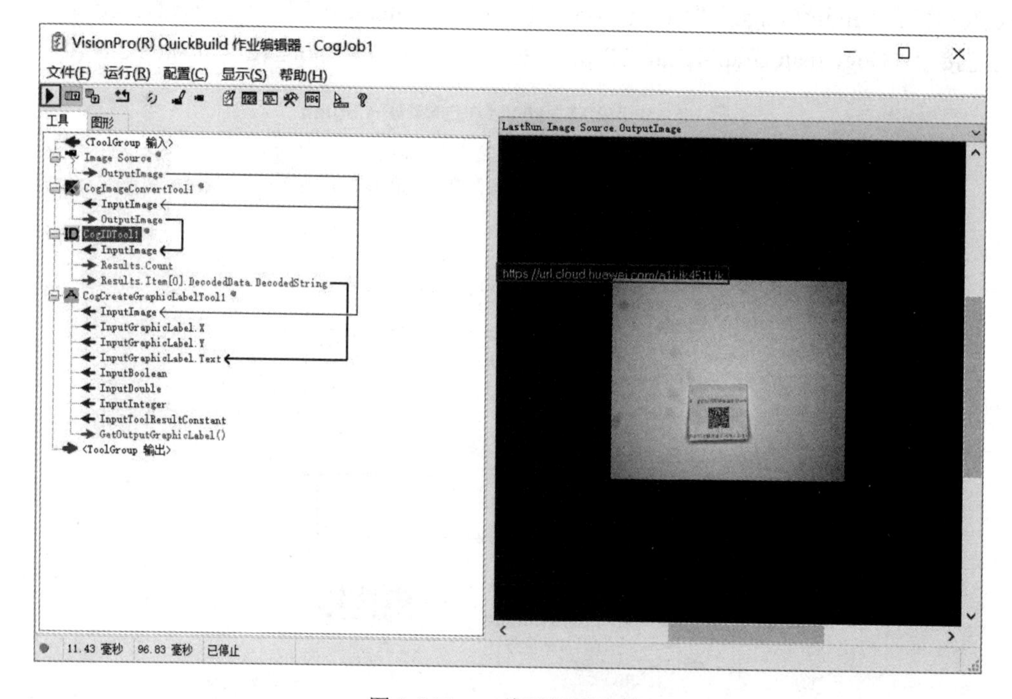

图 2.6.21　二维码识别结果

(6) 为 CogIDTool1 添加终端，图 2.6.22 所示为 CogIDTool1 终端的添加入口。

(7) 在“成员浏览”界面的“浏览”选项框中选择“所有(未过滤)”，找到 Results<CogIDResults>中的 Item[0]<CogIDResults>，选择“CenterX<Double>=1117.83177198401”和“CenterY <Double>=139 8.97982269686”并添加输出终端，如图 2.6.23 所示。

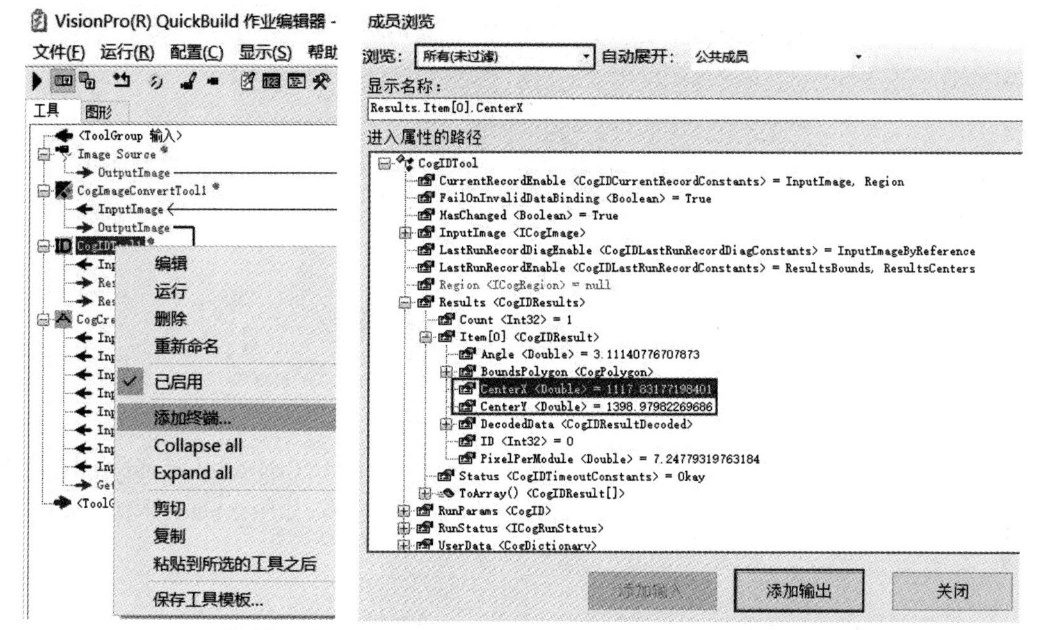

图 2.6.22　CogIDTool1 终端的添加入口　　　图 2.6.23　为二维码的 X 和 Y 坐标添加输出终端

(8) 分别将 Results.Item[0]. CenterX 和 Results.Item[0]. CenterY 拖曳连接到“CogCreate GraphicLabelTool1”的“InputGraphicLabel.X”和“InputGraphicLabel.Y”，如图 2.6.24 所示。

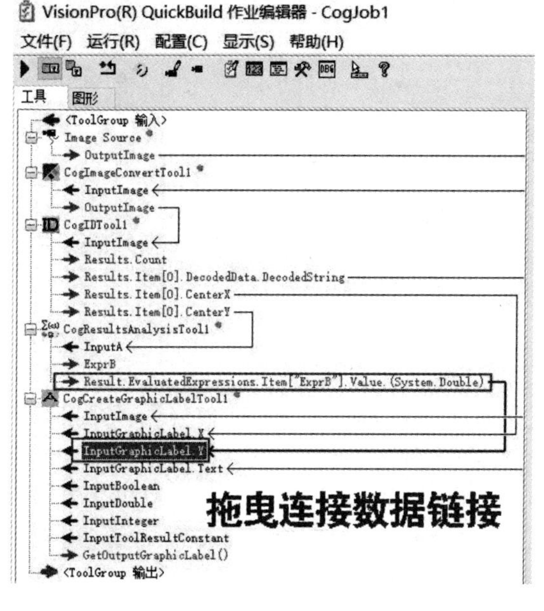

图 2.6.24　CenterX 和 CenterY 连接数据链接

(9) 点击单次运行按钮运行作业，识别结果显示在二维码图像的中间，如图 2.6.25 所示。

图 2.6.25　二维码识别结果位置

(10) 打开工具箱，双击“CogResultsAnalysisTool”添加工具“CogResultsAnalysisTool1”，取消 CogCreateGraphicLabelTool1 的 CenterY 的数据链接连接，如图 2.6.26 所示。

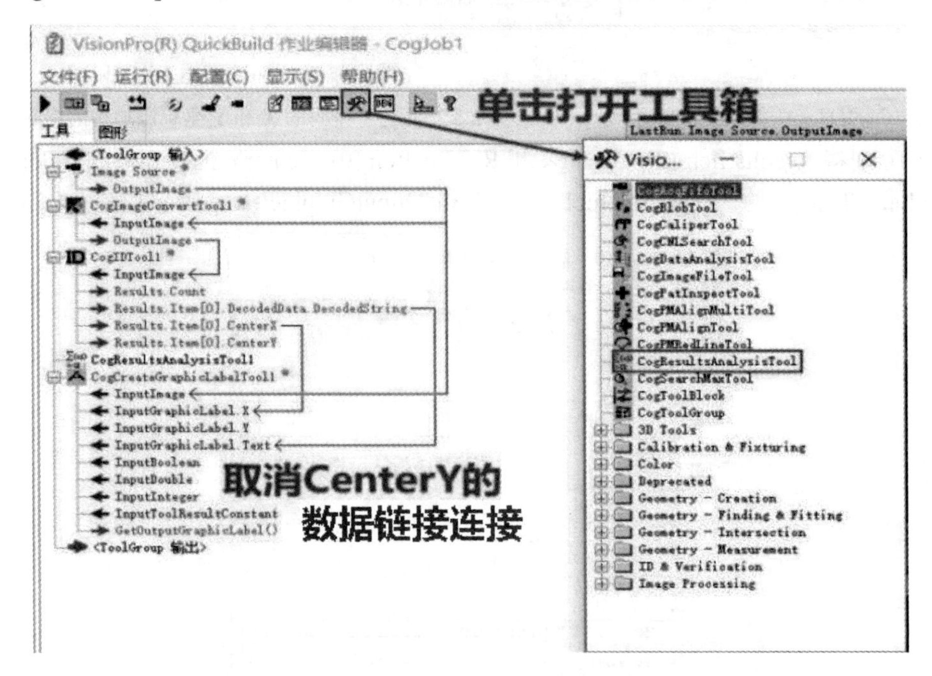

图 2.6.26　添加 CogResultsAnalysisTool1 和取消 Center Y 的数据链接连接

(11) 首先双击“CogResultsAnalysisTool1”打开参数设置界面，然后点击“添加输入”和“添加表达式”按钮，拖曳连接 CenterY 到 InputA。因原点在图像的左上角，往右为 X 正轴，往下为 Y 正轴，所以将“ExprB”的“参数 0”一栏选择“InputA”，并与“参数 1(200)”进行相减，勾选“输出”选项。最后点击单次运行按钮运行作业，如图 2.6.27 所示。

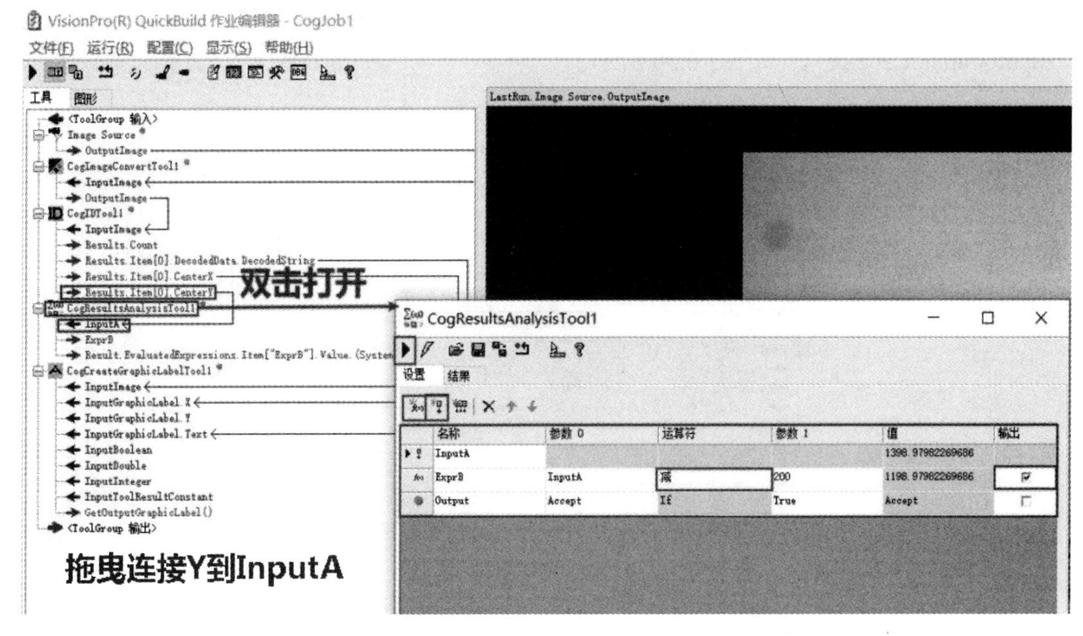

图 2.6.27　CogResultsAnalysisTool1 的运用

(12) 先点击单次运行按钮，然后鼠标右键点击“CogResultsAnalysisTool1”，在弹出菜单中选择“添加终端”命令添加终端入口，如图 2.6.28 所示。

(13) 在“成员浏览”界面中“浏览”选择“所有(未过滤)”，在“进入属性的路径”中依次点击“Result<Cog ResultsAnalysisResult>”→“Item[“ExprB”]<CogResultsAnalysisEvaluationInfo>”→“Value< object>”选择“Double”添加输出，如图 2.6.29 所示。

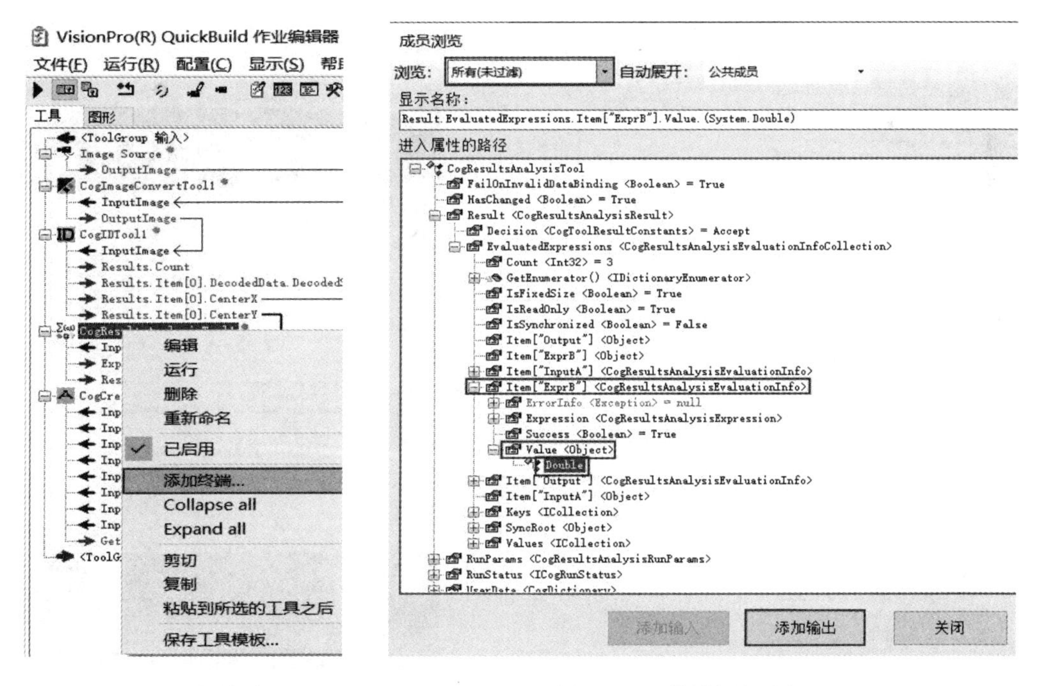

图 2.6.28　添加终端入口　　　　图 2.6.29　终端添加过程

(14) 将上述终端添加的“Double”数据拖曳连接到“CogCreateGraphicLabelTool1”的“InputGraphicLabel.Y”，如图 2.6.30 所示。

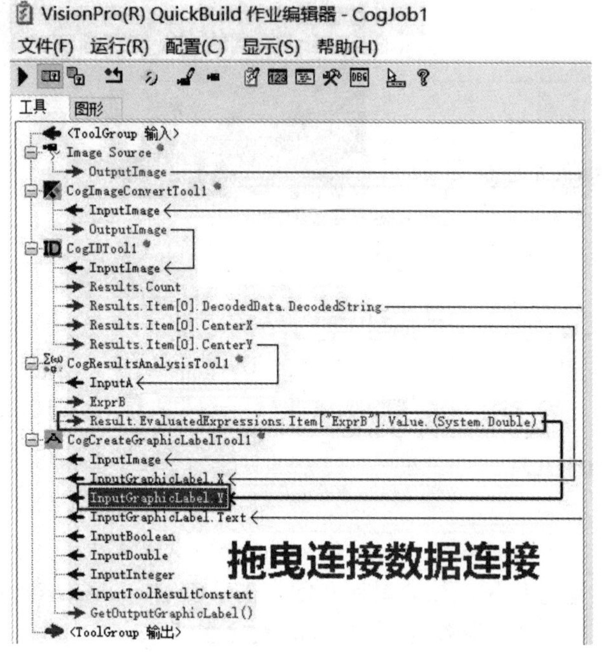

图 2.6.30　拖曳连接数据链接过程

(15) 点击单次运行按钮运行作业，二维码识别结果显示在二维码上方，如图 2.6.31 所示。

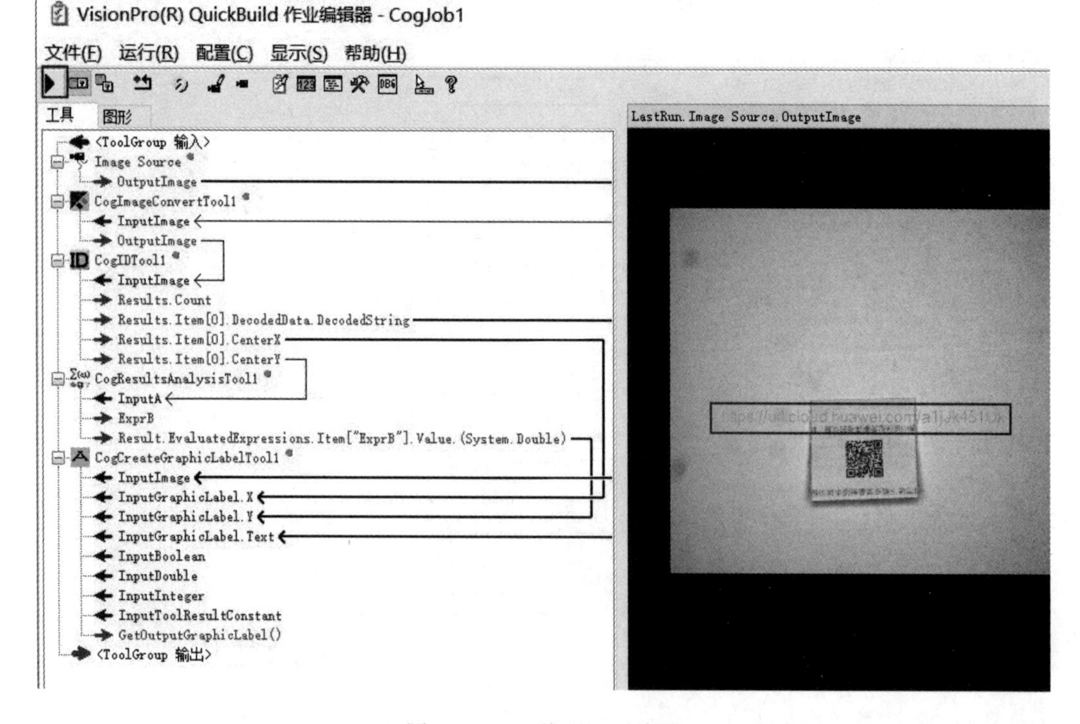

图 2.6.31　二维码识别结果

(16) 根据任务要求更改显示字体的大小及颜色，如图 2.6.32 所示。

图 2.6.32　设置显示字体的大小和颜色

(17) 点击单次运行按钮显示最终结果，如图 2.6.33 所示。然后进行批量测试，确认每张图像都能得到正确的识别结果。

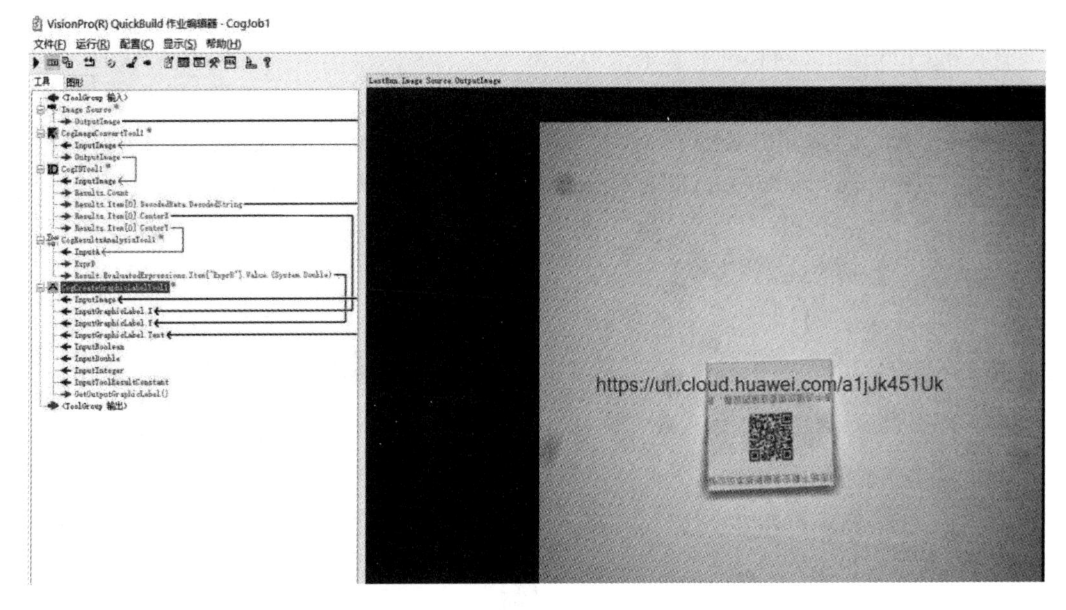

图 2.6.33　二维码识别最终显示结果

项目 2.7　颜色工具的使用

任务 1　颜色工具的基本使用方法

1. 颜色工具的分类

颜色工具分为以下 4 个工具：

(1) CogColorExtractorTool：颜色提取工具，用于从彩色图像中提取像素。

(2) CogColorMatchTool：颜色匹配工具，用于将运行时图像 ROI 中的平均颜色与指定为参数的一种或多种颜色进行比较。

(3) CogColorSegmenterTool：颜色分段工具，用于分析彩色输入图像并生成灰度输出图像，其中具有所需颜色范围的部分变为亮像素，而超出所需颜色范围的那些部分变为暗像素。该工具生成的输出图像由非零灰度像素集合组成，可以通过 Blob 工具轻松地对其进行分析。说明："Segment"一词在康耐视中文版软件中被翻译为"分段"，但在机器视觉和图像处理领域中，"Segment"一般被翻译为"分割"。为了保持与软件显示界面一致，本项目中统一采用"分段"来代替"分割"。

(4) CogCompositeColorMatchTool：用于检查图像中某个区域的颜色内容，并在检查区域和参考条目表之间生成一组匹配分数，其中每个条目均包含颜色组合与视觉应用程序可能遇到的每个可能图像的样本组合。

2. 颜色工具的功能解析

1) CogColorExtractorTool 的基本使用方法

(1) 首先打开 VisionPro 后再打开作业编辑器，并点击初始化图像来源按钮和工具箱，添加所需图像和工具 CogColorExtractorTool1，如图 2.7.1 所示。图像源为 VisionPro 软件安装路径下的示例图像文件，即"D:\Program Files\Cognex\VisionPro\Images\ color_flowers. bmp"。

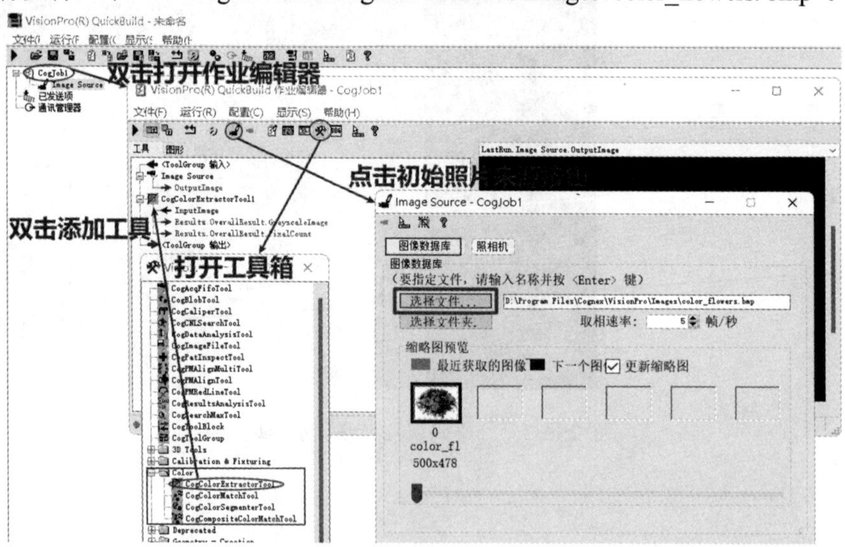

图 2.7.1　在作业编辑器界面添加图像和工具 CogColorExtractorTool1

(2) 先连接数据链接，实现图像数据的传输(选中“InputImage”，点击鼠标右键，在弹出菜单中选择“链接自”命令，选择对应链接 1 连接上)，再根据需要修改工具名称(选中“CogColorExtractorTool1”，单击鼠标右键，在弹出菜单中选择“重新命名”命令)，如图 2.7.2 所示。

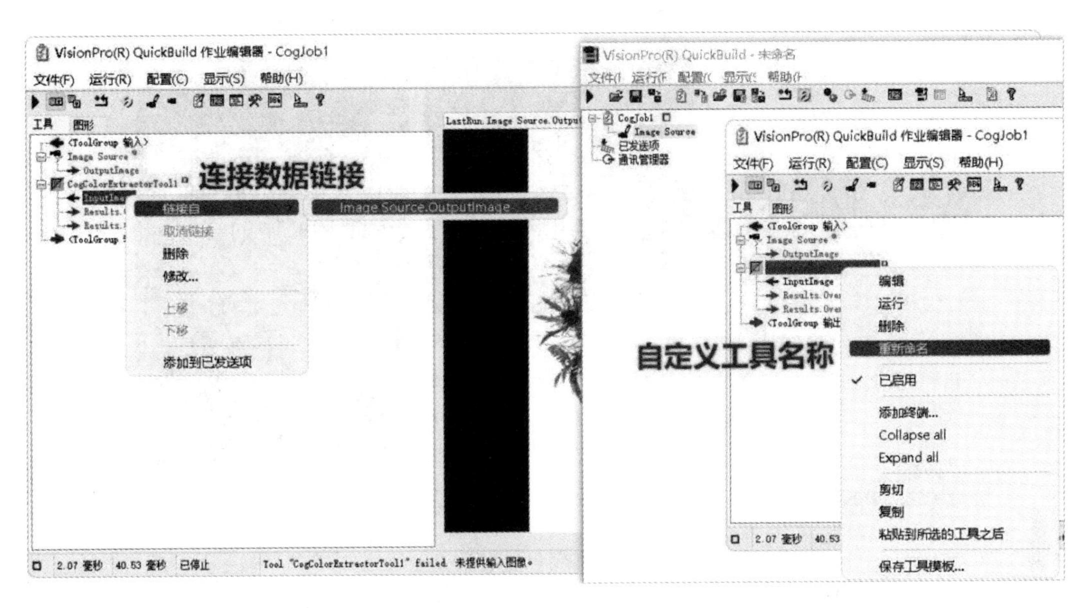

图 2.7.2　连接 CogColorExtractorTool1 数据链接和修改工具名称

(3) 首先双击“CogColorExtractorTool1”打开参数设置界面并点击“新增”按钮，然后修改区域的形状、位置、大小以及颜色名称，最后点击“接受”按钮获取区域中的颜色，如图 2.7.3 所示。

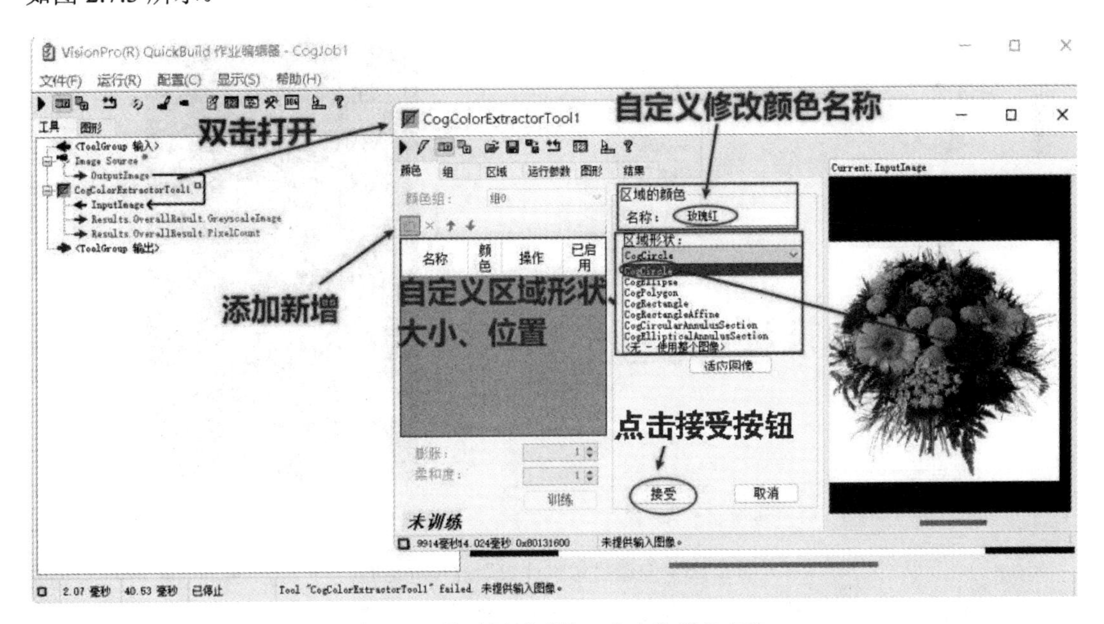

图 2.7.3　修改区域形状、大小和颜色名称

(4) 点击单次运行按钮，查看提取结果，如图 2.7.4 所示。

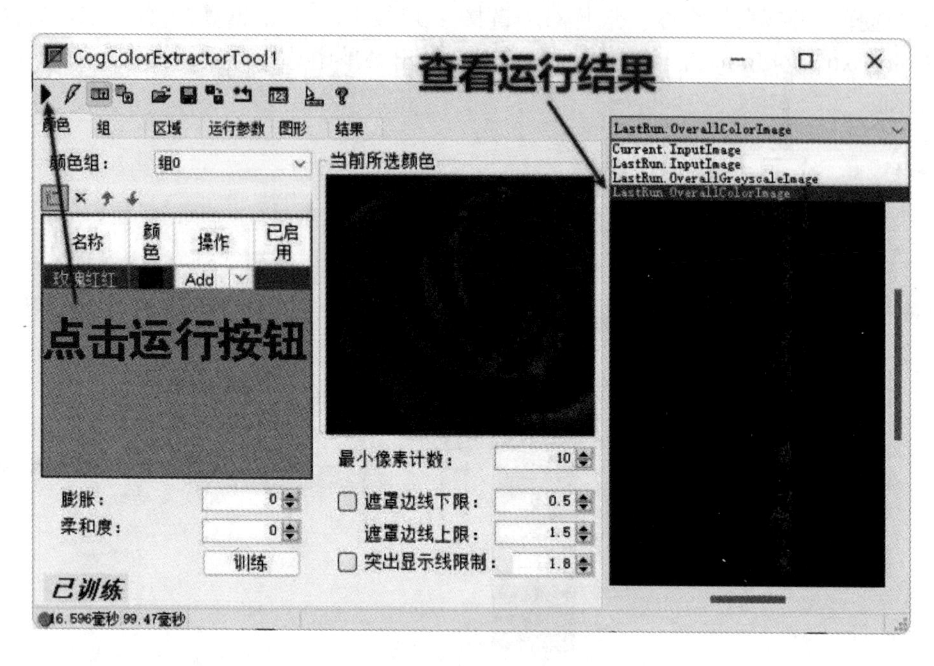

图 2.7.4　颜色提取结果

(5) 点击“运行参数”选项卡，在此选项卡的“组结果”选项中勾选“像素计数”选项，然后点击单次运行按钮，如图 2.7.5 所示。

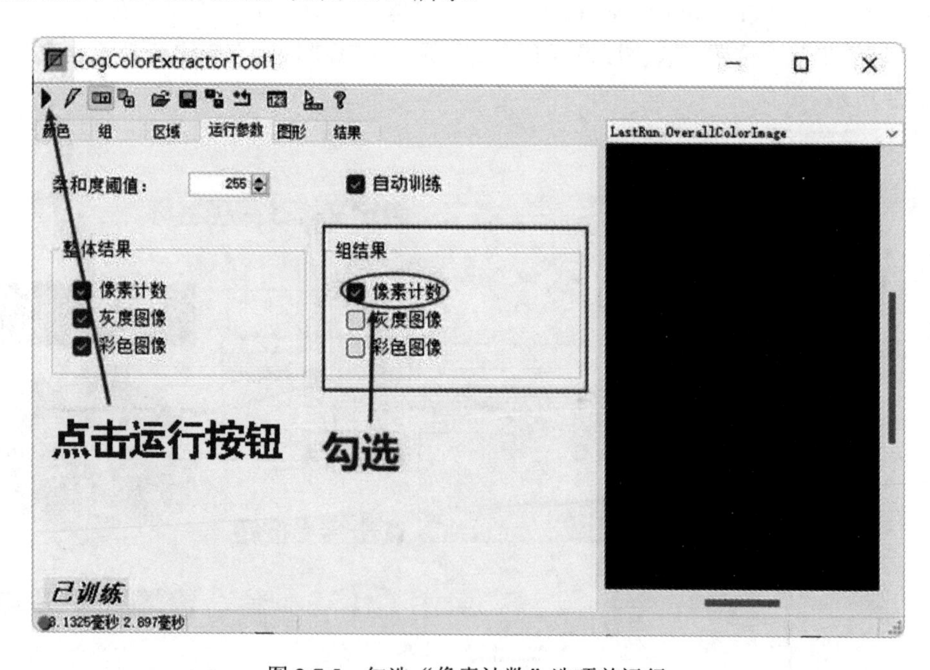

图 2.7.5　勾选“像素计数”选项并运行

(6) 点击“结果”选项卡，查看提取到的全部像素的总数以及每一组像素的个数，如图 2.7.6 所示。

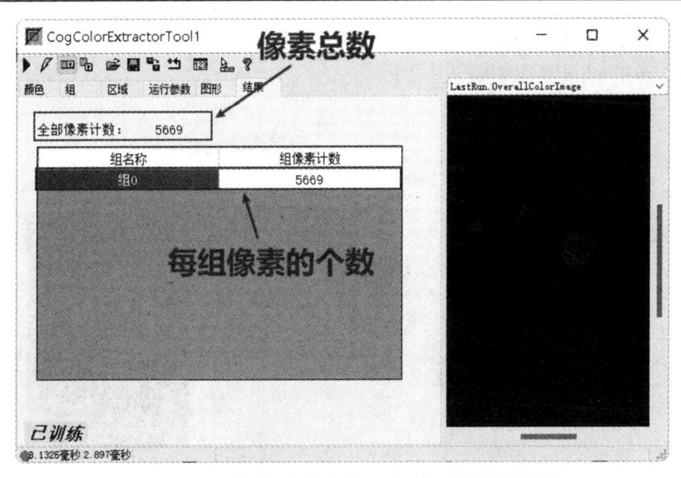

图 2.7.6　像素总数和每一组像素计数结果

(7) 根据需要可以在“组”选项卡中点击“新增”按钮获得一个新的颜色组，如图 2.7.7 所示。

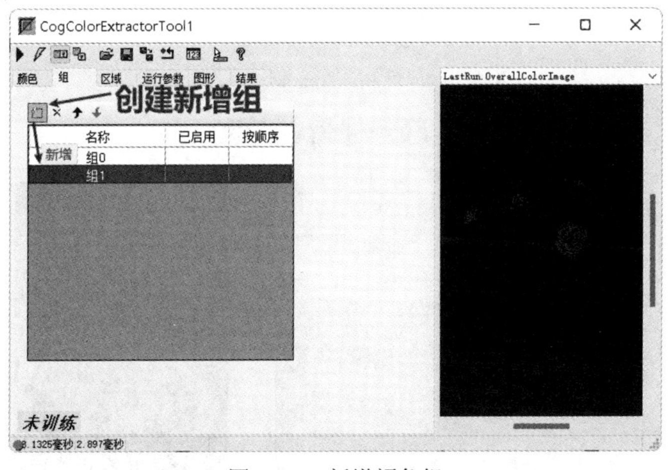

图 2.7.7　新增颜色组

(8) 回到“颜色”选项卡，按照图 2.7.3 所示的操作方法再次设置需获取其他种类的颜色，如图 2.7.8 所示。

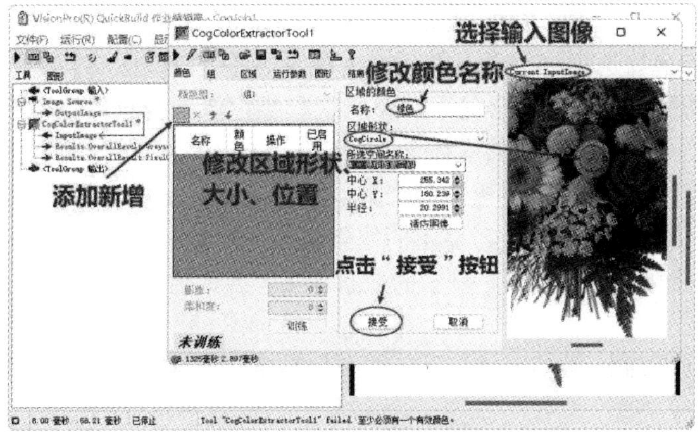

图 2.7.8　提取绿色颜色操作

(9) 再次点击单次运行按钮并点击整体彩色图像(LastRun.OverallColorImage)，查看提取的绿色和红色像素的结果，如图 2.7.9 所示。

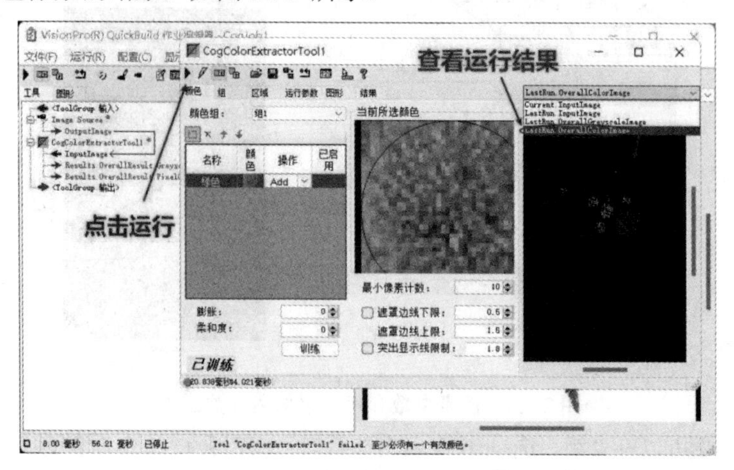

图 2.7.9　红、绿两种颜色的像素提取结果

(10) 点击“结果”选项卡，查看红、绿两组颜色总像素数以及新建组的像素个数，如图 2.7.10 所示。

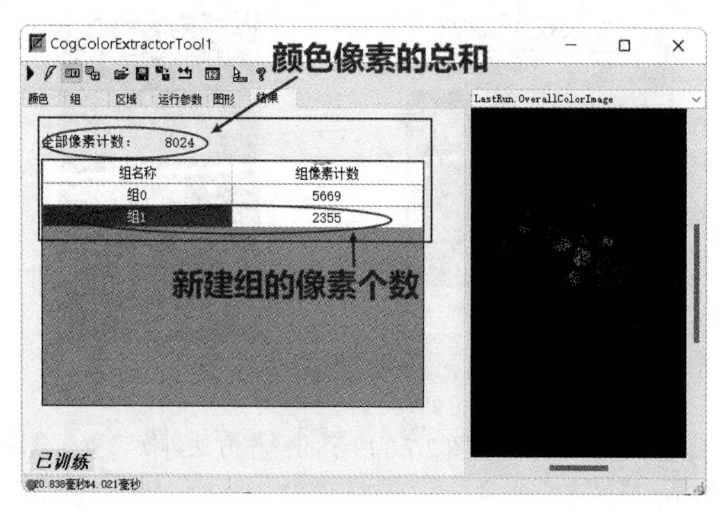

图 2.7.10　查看总像素数和新建组像素个数

(11) 回到“颜色”选项卡，点击电动模式按钮，通过修改图 2.7.11 所示的参数来对提取结果图像进行膨胀、过滤运算等处理，使所获取颜色像素的数量等属性发生改变。

“颜色”选项卡中各项参数的具体含义如下：

① 最小像素计数：接受颜色模型的个数，数值越小，显示的颜色像素个数越多。

② 遮罩边线下限：数值越大，显示的像素越多，增加的杂色越多。

③ 遮罩边线上限：数值越大，显示的像素越多，当数值过大时，会导致背景由黑色变成白色。

④ 突出显示线限制：数值越大，显示的杂色越多，当数值过大时，会导致背景由黑色变成白色。

⑤ 膨胀：数值越多，杂色越多，像素的饱满效果越明显。

⑥ 柔和度：和膨胀的效果类似，数值越大显示杂色越多。

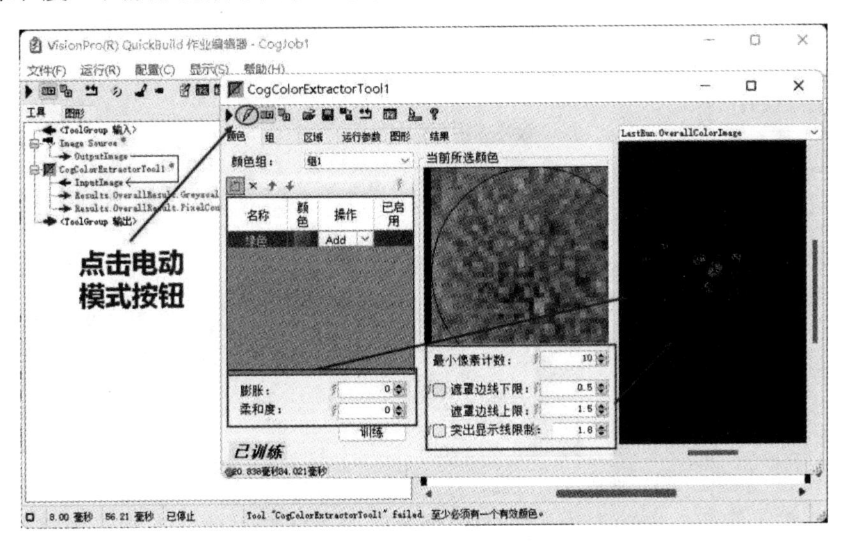

图 2.7.11　提取颜色像素的结果图像

2) CogColorMatchTool 的基本使用方法

(1) 在作业编辑器界面打开工具箱并添加工具 CogColorMatchTool1，再根据需要修改 CogColorMatchTool1 的名称，如图 2.7.12 所示。

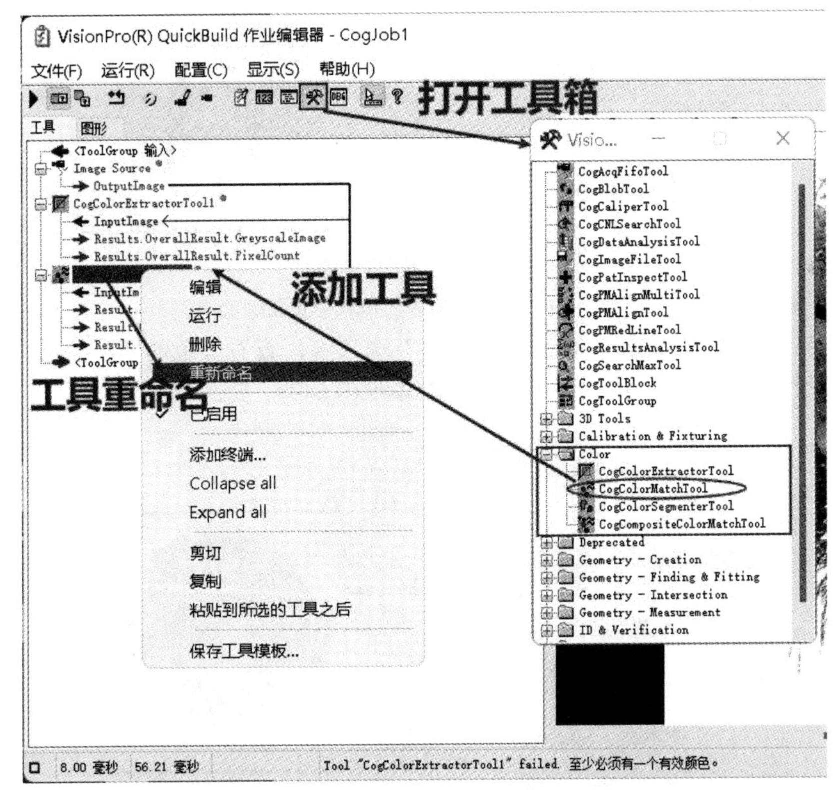

图 2.7.12　添加工具 CogColorMatchTool1 和修改名称

(2) 首先选中原图“InputImage”，点击鼠标右键，在弹出菜单中选择“链接自”命令连接数据链接，然后双击“CogColorMatchTool1”打开参数设置界面，再点击新增按钮创建区域，最后点击“选择区域”，如图 2.7.13 所示。

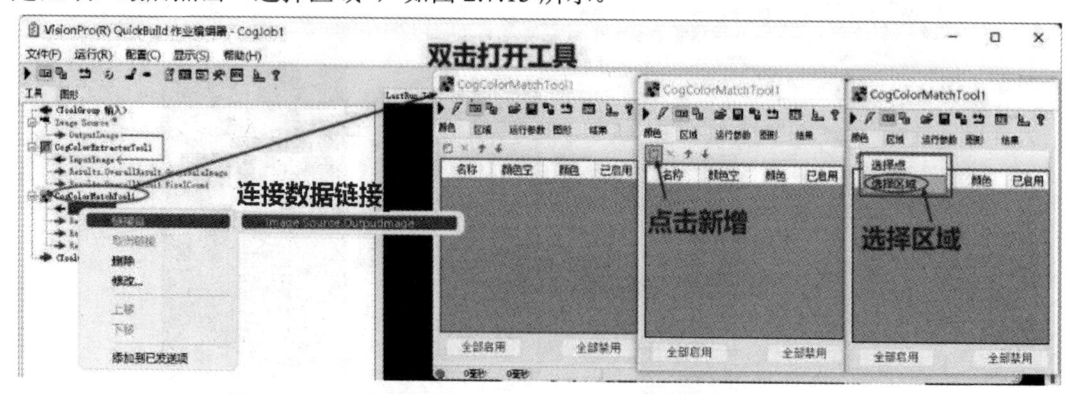

图 2.7.13　连接数据链接、打开工具参数设置界面、创建区域

(3) 首先在“颜色”选项卡中根据需要修改区域形状和名称，并把区域形状拖动并调整到适合的位置和大小，然后点击“接受”按钮获取颜色，如图 2.7.14 所示。

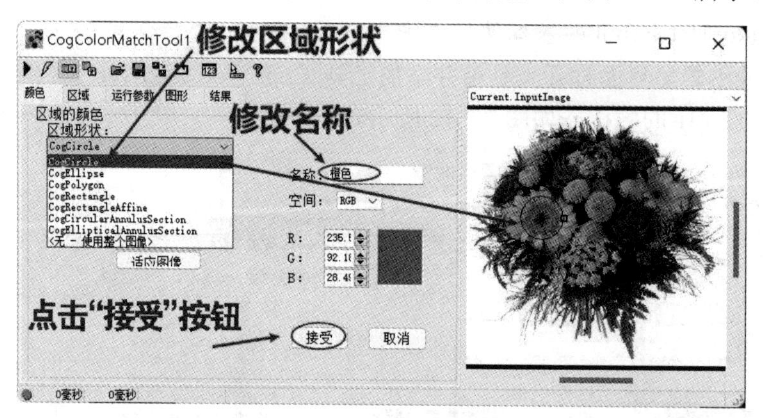

图 2.7.14　设置区域形状和名称获取颜色

(4) 先点击单次运行按钮，再点击“结果”选项卡，查看颜色的匹配分数，因为该颜色是和整张图像进行对比匹配的，所以分数会偏低(0.647)，如图 2.7.15 所示。

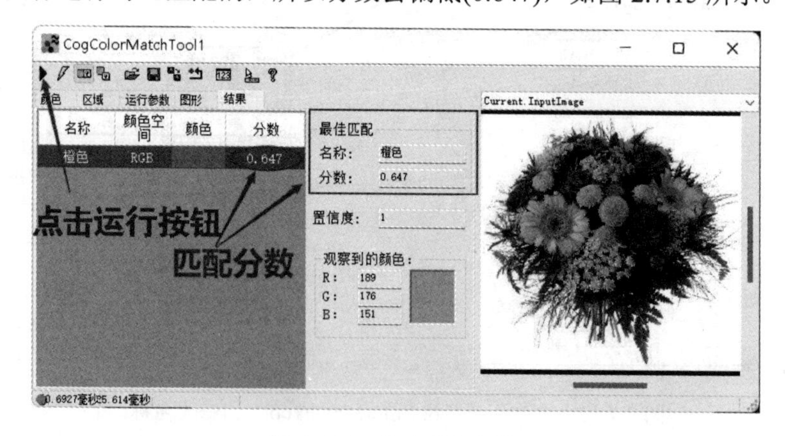

图 2.7.15　查看匹配分数

(5) 测试某一个位置是否与颜色模型相一致。要提高匹配分数，首先需要点击“区域”选项卡，并根据需要修改区域形状、大小和位置，调整到与图 2.7.14 所示的区域相似的位置，然后点击单次运行按钮，如图 2.7.16 所示。

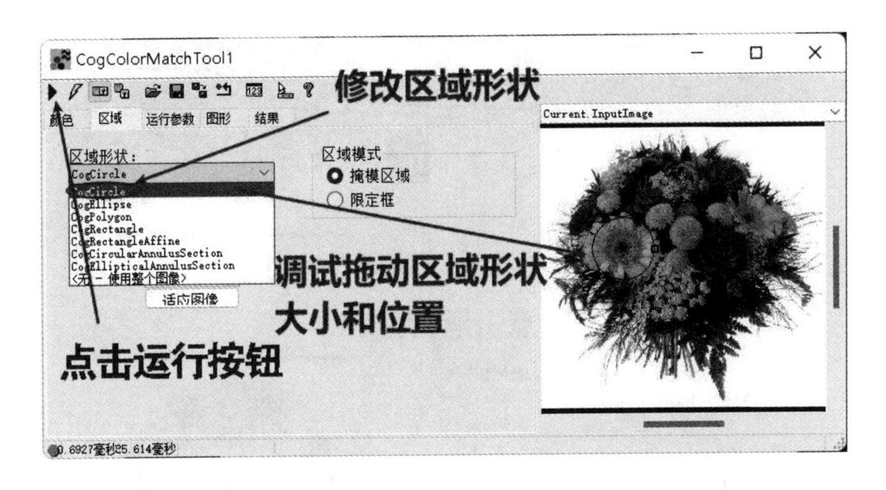

图 2.7.16　修改区域范围

(6) 点击“结果”选项卡，这时可以看到，相比于图 2.7.15，修改区域范围后得到的匹配分数有了显著提高(0.958)，如图 2.7.17 所示。

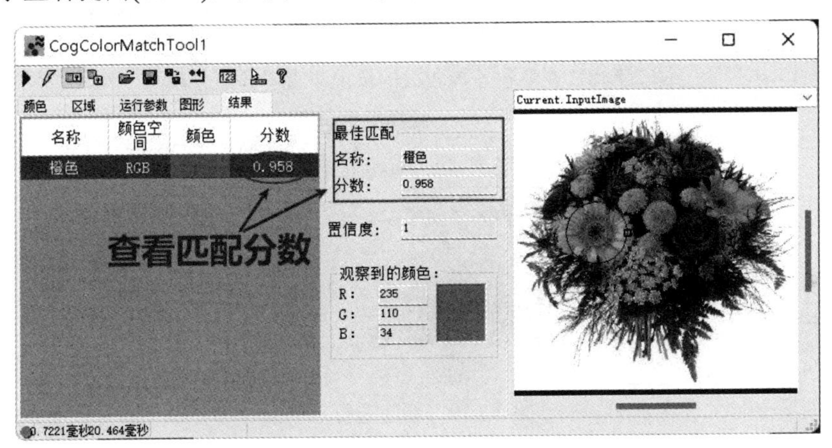

图 2.7.17　修改区域范围后查看匹配分数

(7) 通过拖动变换区域形状的位置并点击单次运行按钮，可以看到在差异色越大的情况下匹配到的分数就越小，如图 2.7.18 所示。

(8) 在“颜色”选项卡中可以创建多种颜色，当新建一个选择点的时候就会显示出一个点。操作方法为：首先根据需要把选择点和区域形状拖动到合适的位置，再修改颜色名称，最后再点击“接受”按钮，如图 2.7.19 所示。

(9) 先点击单次运行按钮，再点击“结果”选项卡，查看两种颜色的匹配分数，CogColorMatchTool1 自动输出最佳匹配分数并排列到第一位，如图 2.7.20 所示。

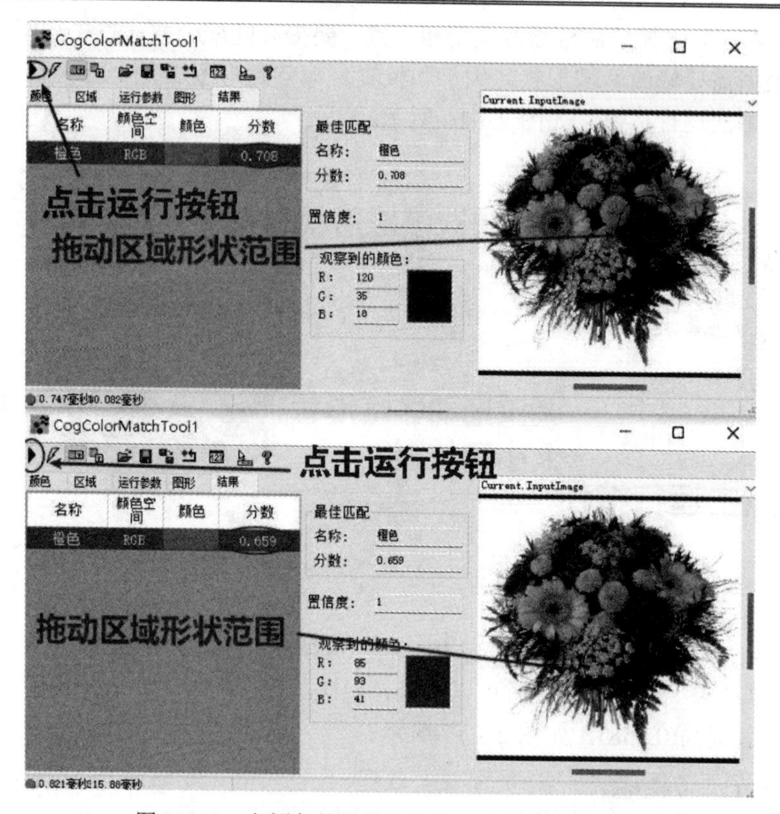

图 2.7.18　在颜色差异较大的情况下查看匹配分数

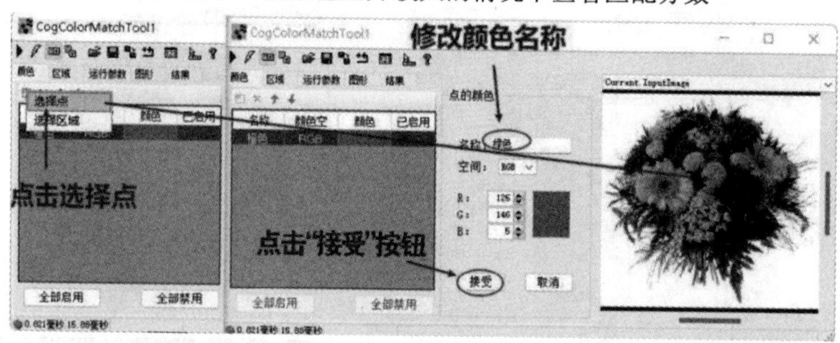

图 2.7.19　新建选择点

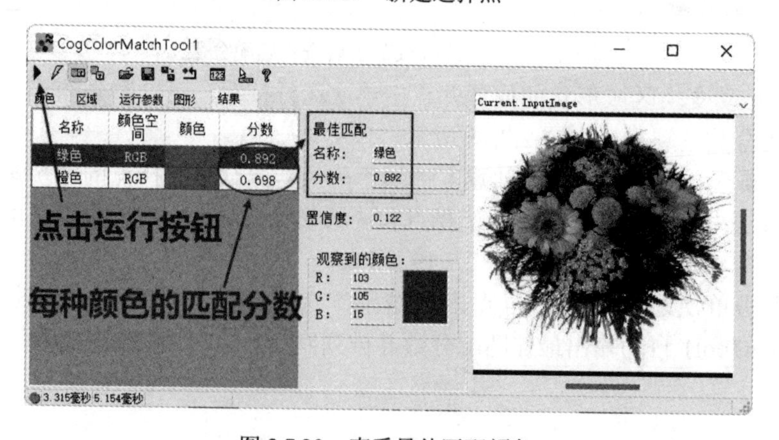

图 2.7.20　查看最佳匹配颜色

3) CogColorSegmenterTool 的基本使用方法

(1) 在作业编辑器界面，打开工具箱并添加工具 CogColorSegmenterTool1，再根据需要修改工具名称，如图 2.7.21 所示。

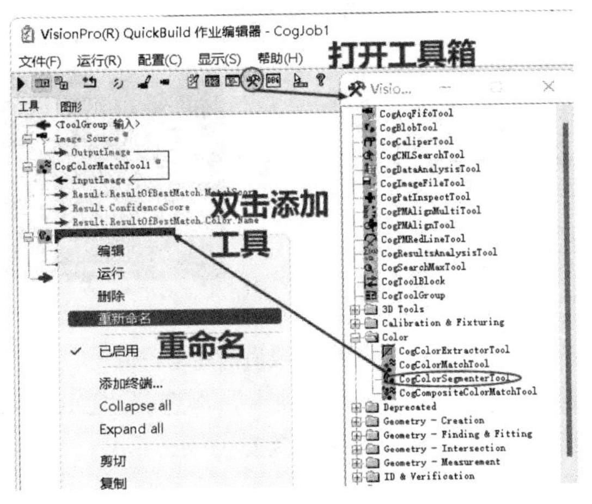

图 2.7.21　添加工具 ColorSegmenterTool1 和修改工具名称

(2) 选中“InputImage”再点击鼠标右键，在弹出菜单中选择“链接自”命令连接数据链接，如图 2.7.22 所示。

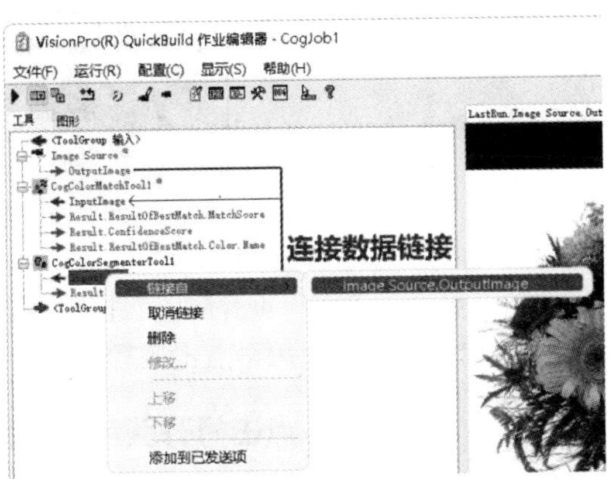

图 2.7.22　连接数据链接

(3) 首先在作业编辑器选中并双击工具“CogColorSegmenterTool1”打开参数设置界面，然后根据需要创建选择区域或选择点，修改区域的形状、位置和大小，再根据需要修改名称，最后点击“接受”按钮，如图 2.7.23 所示。

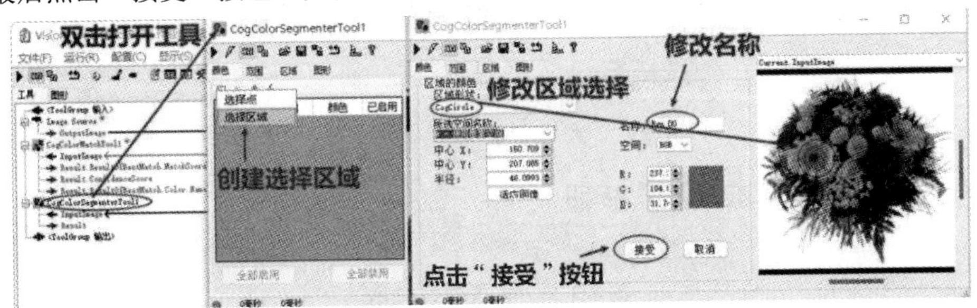

图 2.7.23　修改区域形状、位置、大小和修改名称

(4) 点击单次运行按钮并选择“LastRun 分段图像”选项，查看分段后的图像，如图 2.7.24 所示。

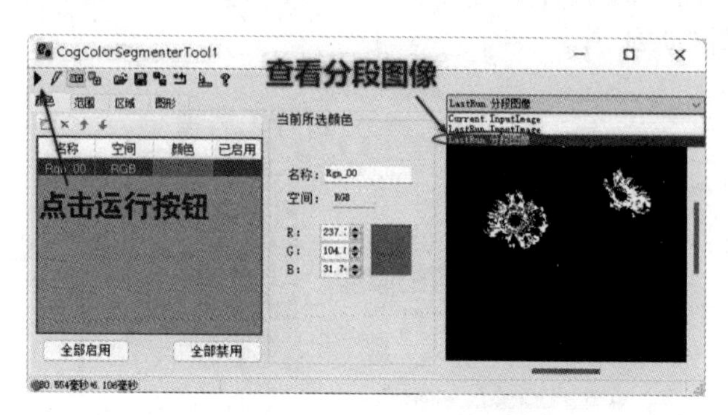

图 2.7.24　查看分段后的结果图像

(5) 点击单次运行按钮并点击“图形”选项卡，再选择“LastRun.InputImage”，可以看到选择区域内的颜色和其他颜色重叠，如图 2.7.25 所示。

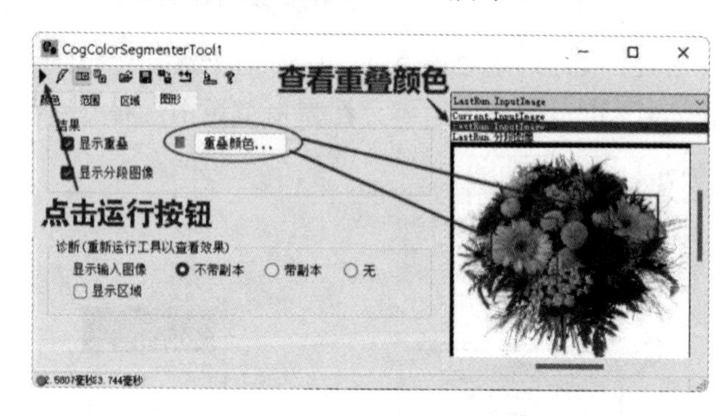

图 2.7.25　查看重叠颜色

(6) 首先打开“颜色”选项卡界面，点击“重叠颜色”按钮，根据需要修改重叠颜色，然后选择好颜色以后再点击“确定”按钮，最后再点击运行按钮，如图 2.7.26 所示。

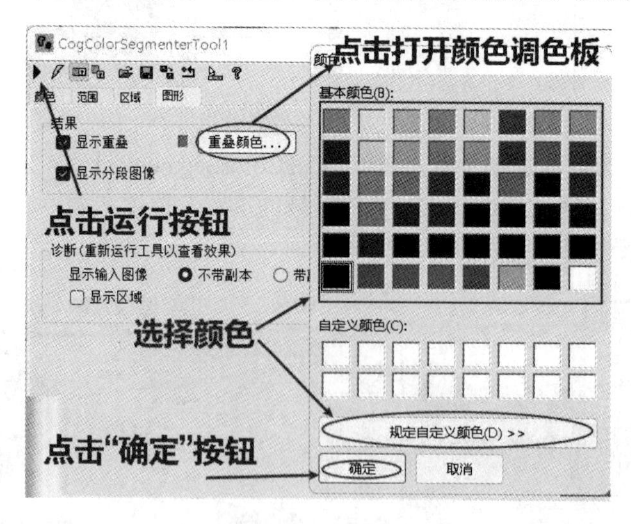

图 2.7.26　修改重叠颜色

(7) 根据需要选择重叠颜色，点击“确定”按钮查看效果，如图 2.7.27 所示。

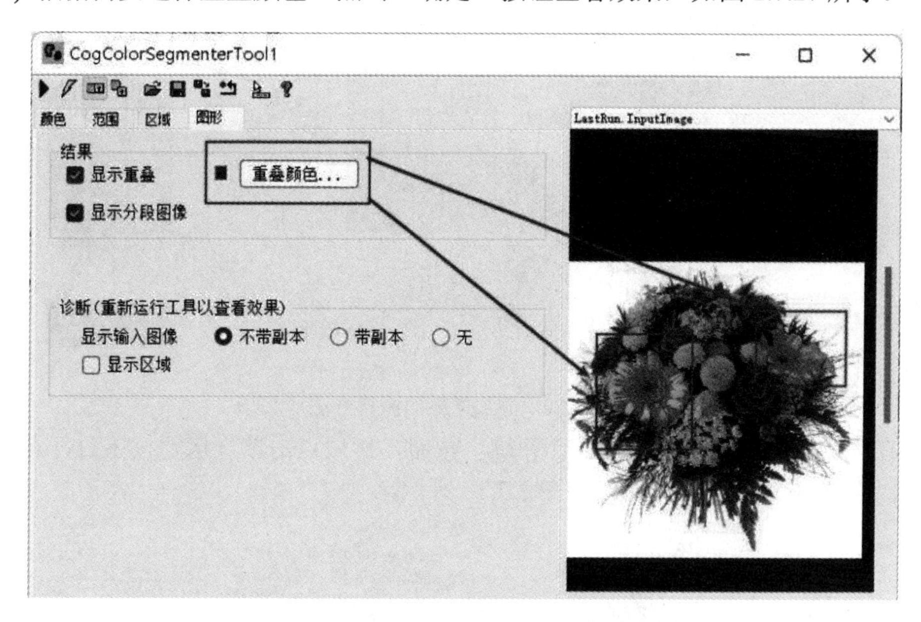

图 2.7.27　查看修改重叠颜色后的效果

4) CogCompositeColorMatchTool 的基本使用方法

(1) 在作业编辑器界面中，打开工具箱并添加工具 CogCompositeColorMatchTool1，再根据需要修改工具名称，如图 2.7.28 所示。

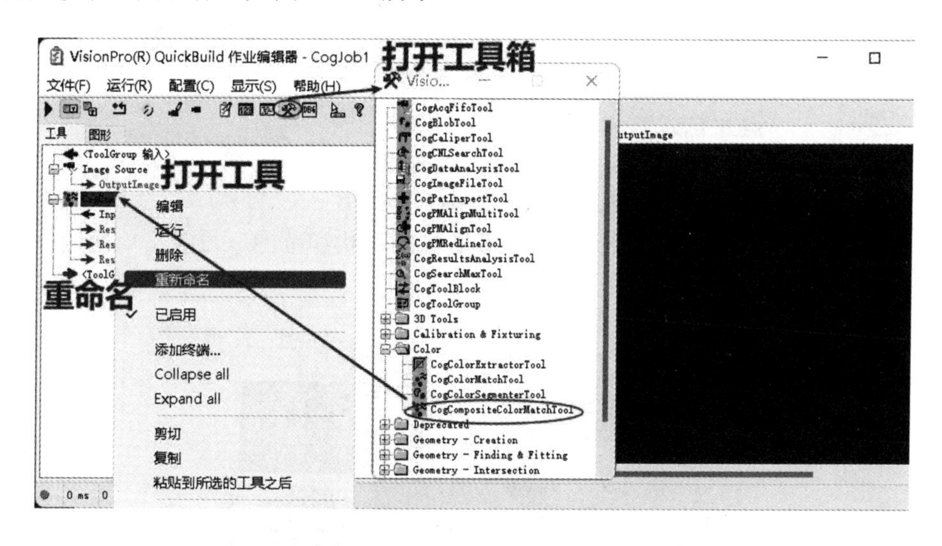

图 2.7.28　添加工具 CompositeColorMatchTool1 和修改工具名称

(2) 首先在作业编辑界面中鼠标右键单击“CogCompositeColorMatchTool1”的“Input Image”，在弹出菜单中选择“链接自”命令连接数据链接，然后双击该工具打开工具参数设置界面，添加新增区域，再根据需要修改区域颜色的名称及区域的形状、大小和位置，最后再点击“接受”按钮，如图 2.7.29 所示。

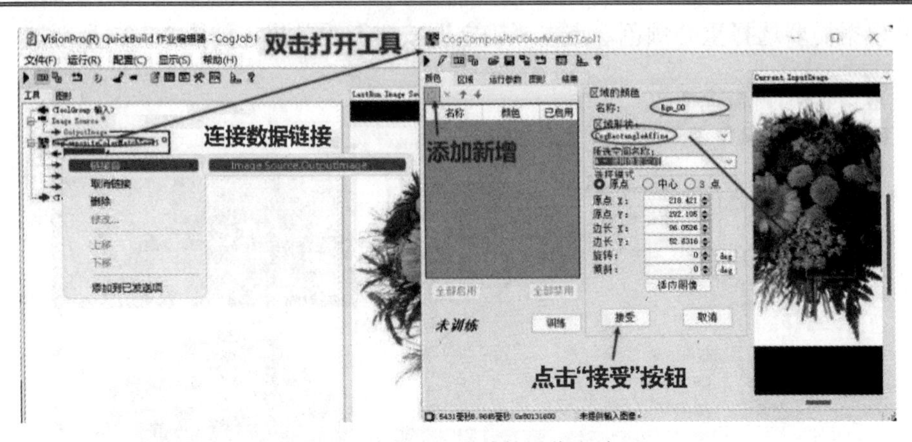

图 2.7.29　添加区域的操作方法

(3) 在“颜色”选项卡中先点击“训练”按钮，然后点击单次运行按钮后再点击“结果”选项卡，查看最佳匹配分数，如图 2.7.30 所示。

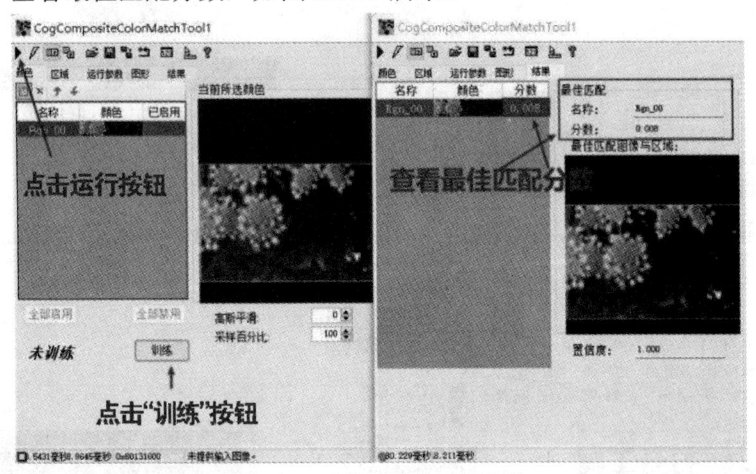

图 2.7.30　查看最佳匹配分数

(4) 点击“区域”选项卡，根据需要修改区域的形状和范围，再点击单次运行按钮，如图 2.7.31 所示。

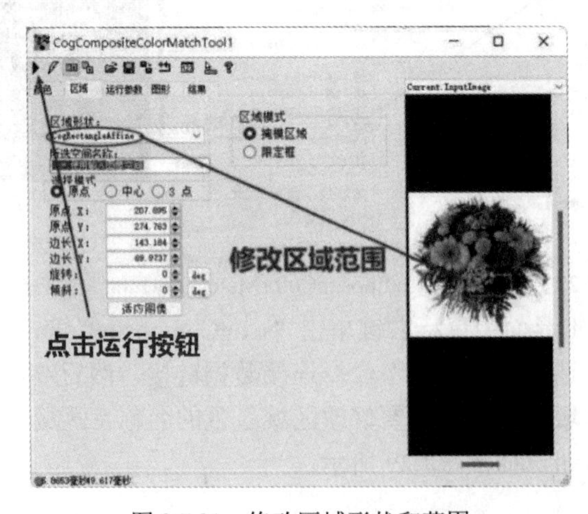

图 2.7.31　修改区域形状和范围

(5) 修改区域形状、范围，可显著提高匹配分数，如图 2.7.32 所示。

图 2.7.32　修改区域后的匹配分数

任务 2　应用案例 1：饼干口味颜色识别

1. 任务要求

对不同口味的饼干盒图像进行识别，以识别饼干类型并将结果输出在图像左上角，图 2.7.33 所示为运行结果示例。

图 2.7.33　饼干口味识别示例

饼干口味颜色识别

2. 实施步骤

(1) 打开 VisionPro 软件后打开作业编辑器，并点击初始化图像来源按钮和工具箱，添加本项目所需素材图像和工具，如图 2.7.34 所示。

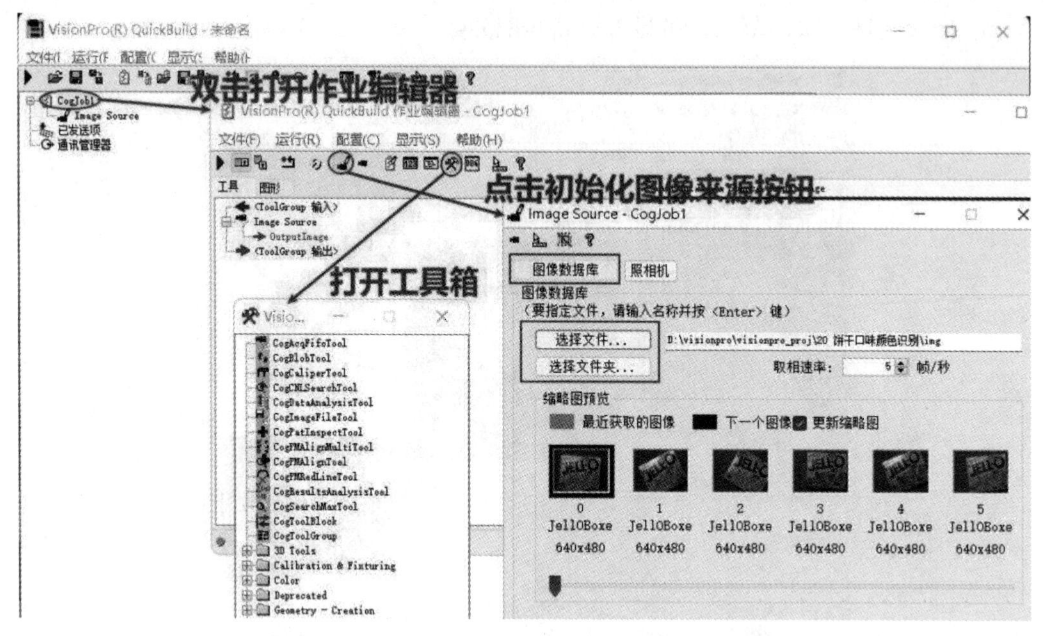

图 2.7.34　在作业编辑器界面添加素材图像和工具

(2) 在工具箱中找到并添加 CogImageConvertTool 和 CogPMAlignTool 的工具，再通过拖曳的方式连接数据链接，可根据需要修改工具名称，如图 2.7.35 所示。

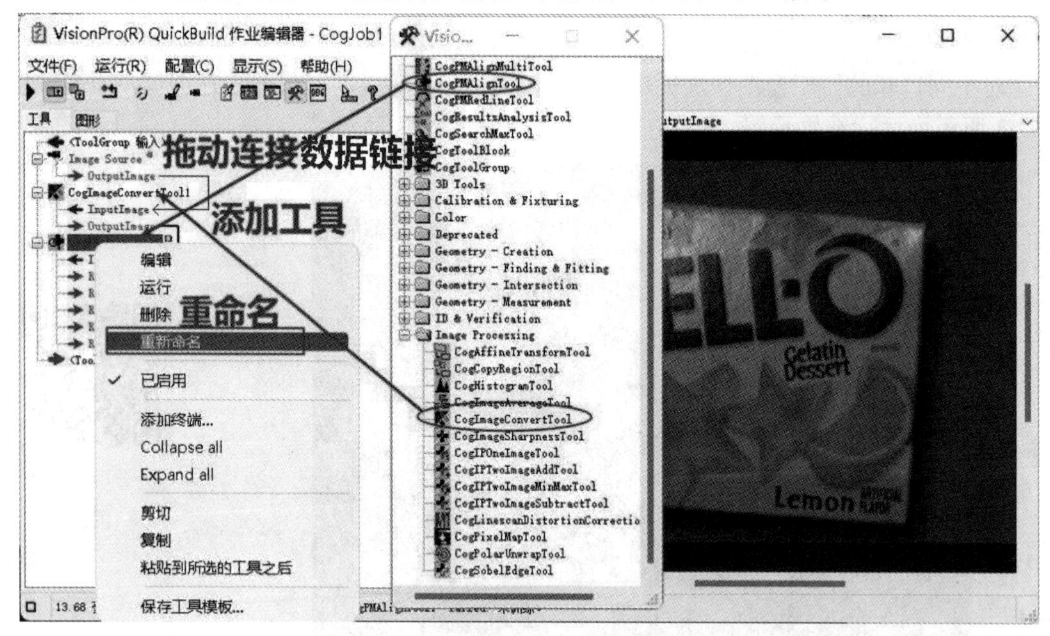

图 2.7.35　添加工具和重命名操作

(3) 首先双击“CogPMAlignTool1”打开该工具参数设置界面，然后在“训练参数”选项卡中选择右上角的训练图像(Current.TrainImage)，点击“抓取训练图像”按钮，最后在出现的图像中点击“训练区域与原点”选项卡中的中心原点(根据需要调整到合适的大小和位置)并点击“训练”按钮，如图 2.7.36 所示。

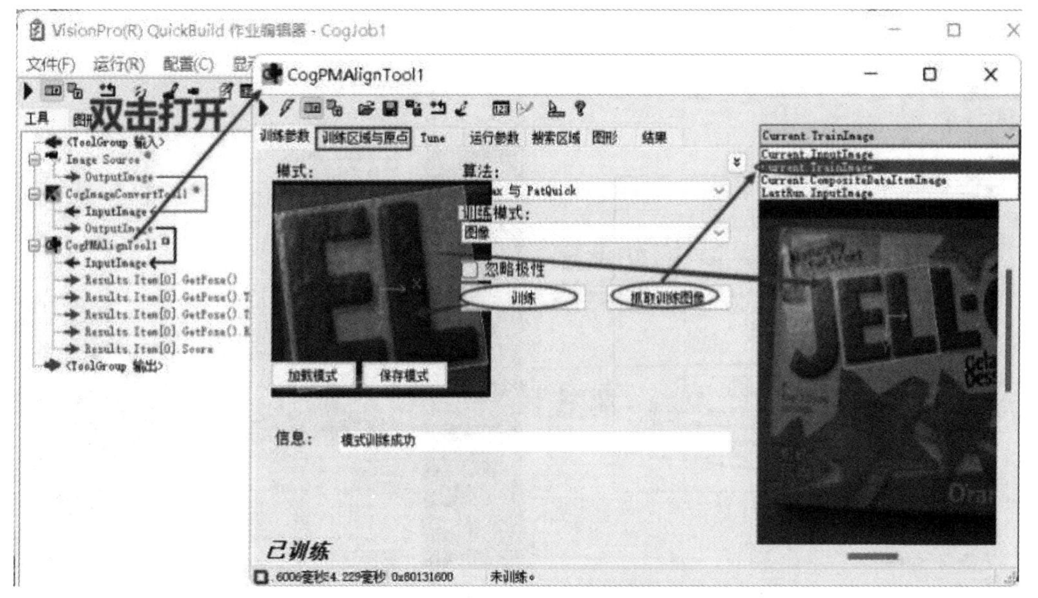

图 2.7.36　抓取和训练目标对象操作

(4) 点击“运行参数”选项卡，启用区域角度参数(范围为−180°～180°)，如图 2.7.37 所示。

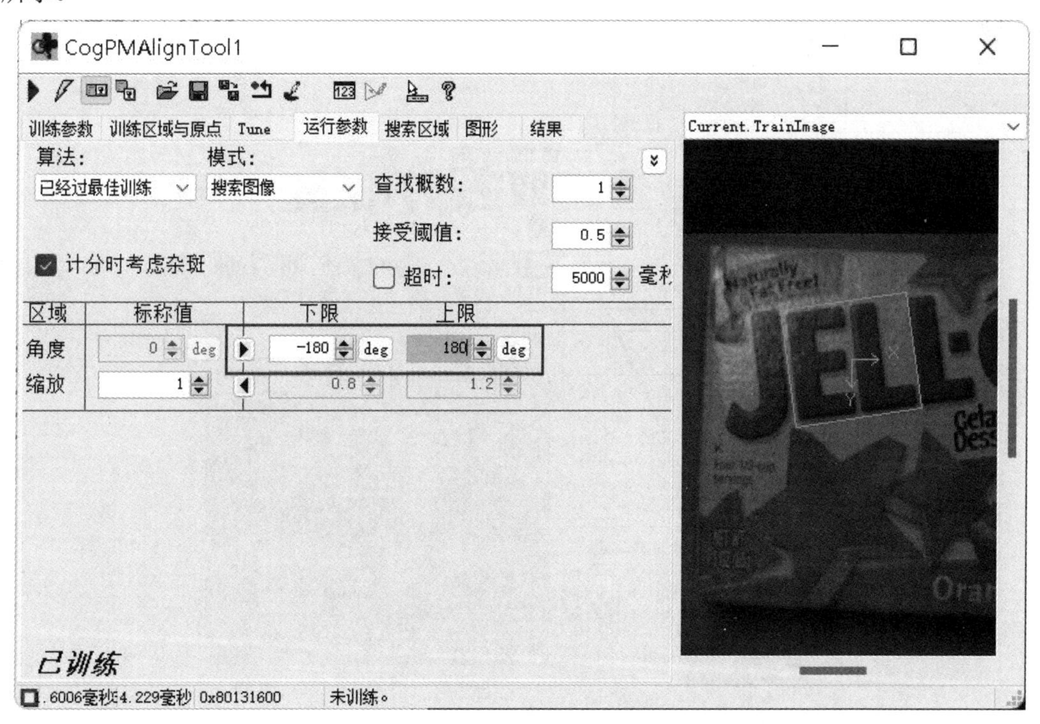

图 2.7.37　启用区域角度参数

(5) 双击“CogFixtureTool”和“CogColorMatchTool”添加工具 CogFixtureTool1 和 CogColorMatchTool1 并拖曳连接对应的数据链接，如图 2.7.38 所示。

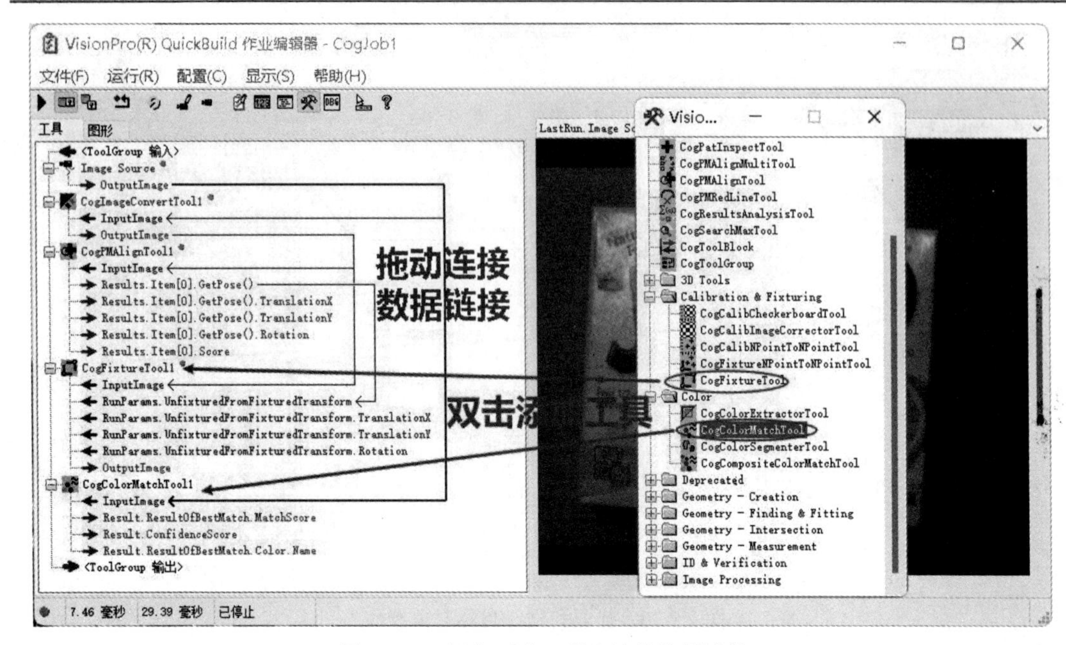

图 2.7.38　添加更多工具和连接数据链接

(6) 双击“CogColorMatchTool1”打开该工具参数设置界面，然后添加新增选择区域以获取训练颜色，如图 2.7.39 所示。

图 2.7.39　打开 CogColorMatchTool1 参数设置界面和新增选择区域

(7) 训练柠檬色。首先将“区域形状”选择为“CogCircle”并调整到合适的大小和位置，然后根据口味修改名称并点击“接受”按钮，如图 2.7.40 所示。

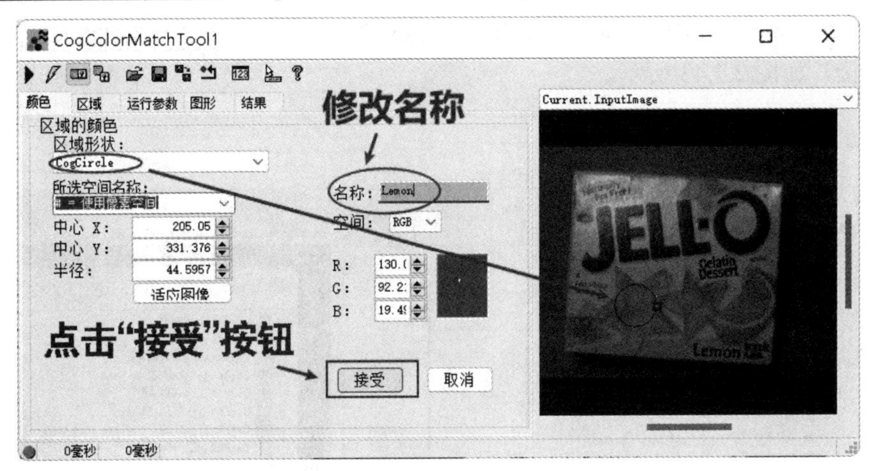

图 2.7.40　通过指定区域获取训练颜色

(8) 训练其他颜色。首先在作业编辑器界面中点击单次运行按钮，切换到另一种口味的图像后，再到工具“颜色”选项卡中新增区域，修改区域形状和根据口味修改名称并点击“接受”按钮，最后使用与上一步骤类似的方法添加其他不同口味饼干的颜色，如图 2.7.41 所示。

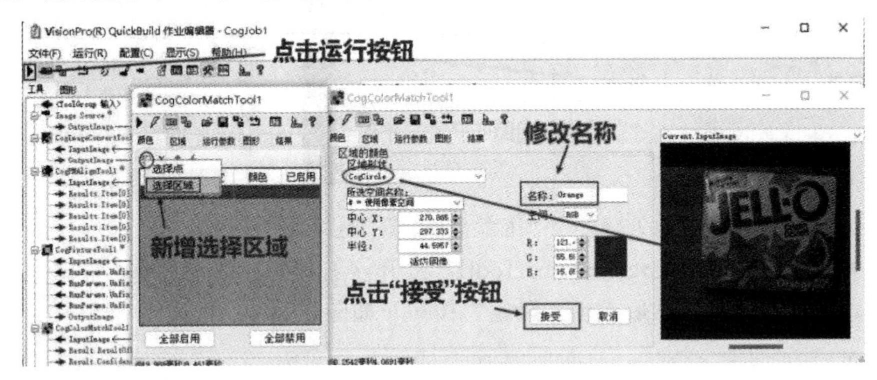

图 2.7.41　获取其他类型颜色

(9) 点击“区域”选项卡并在其中修改区域形状，选择修改“所选空间名称”为“@/Fixture”，使其能根据产品位置的变化而自动调整位置，如图 2.7.42 所示。

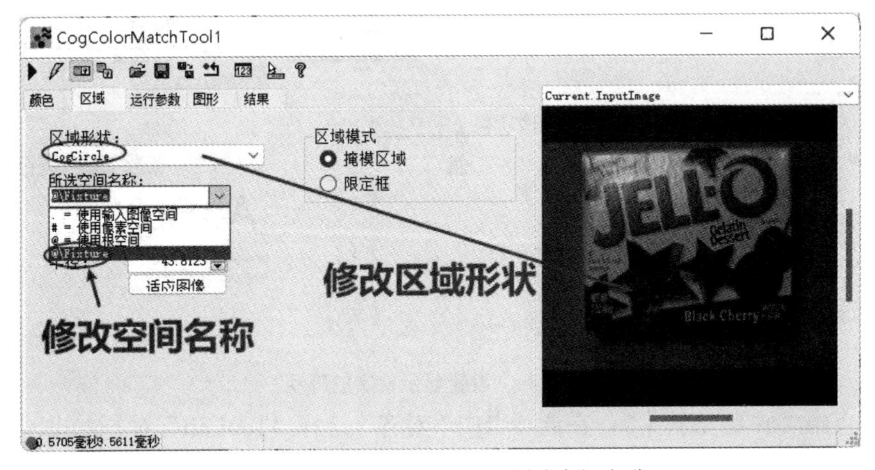

图 2.7.42　修改区域形状和所选空间名称

(10) 在工具箱中双击“CogCreateGraphicLabelTool”添加工具，再通过拖曳的方式连接数据链接，如图 2.7.43 所示。

图 2.7.43　添加标签显示工具并连接数据链接

(11) 双击“CogCreateGraphicLabelTool1”打开该工具参数设置界面，根据需要修改文字的字体、大小和颜色，然后点击“确定”按钮，如图 2.7.44 所示。

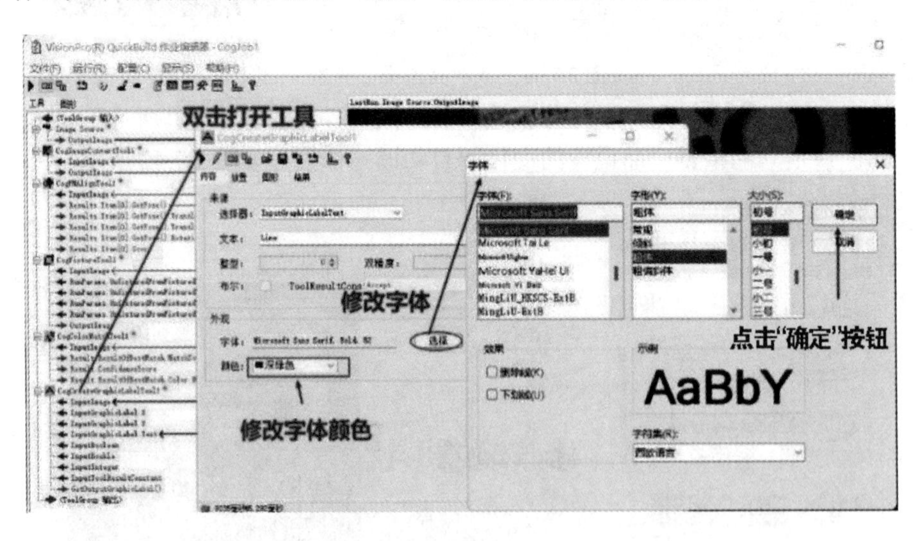

图 2.7.44　设置显示文字的外观

(12) 点击“放置”选项卡，在选项卡中“对齐”选择“TopLeft”对齐方式，对文字的对齐方式进行修改，如图 2.7.45 所示。

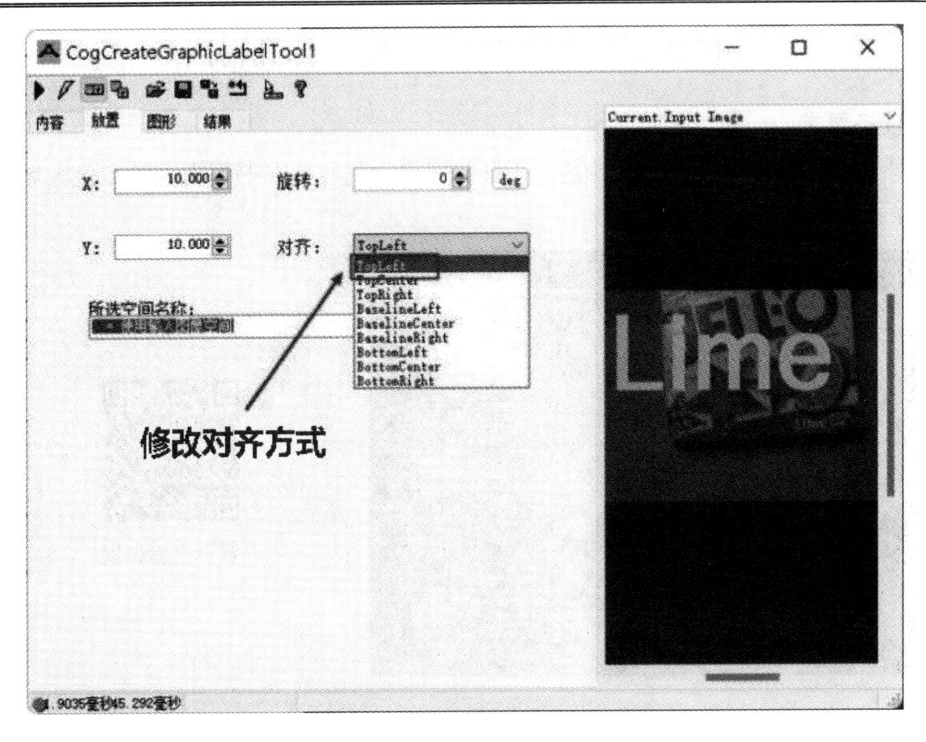

图 2.7.45　修改文字对齐方式

(13) 点击单次运行按钮查看最终运行结果，如图 2.7.46 所示。然后进行批量测试，确认每张图像都能得到正确的识别结果。

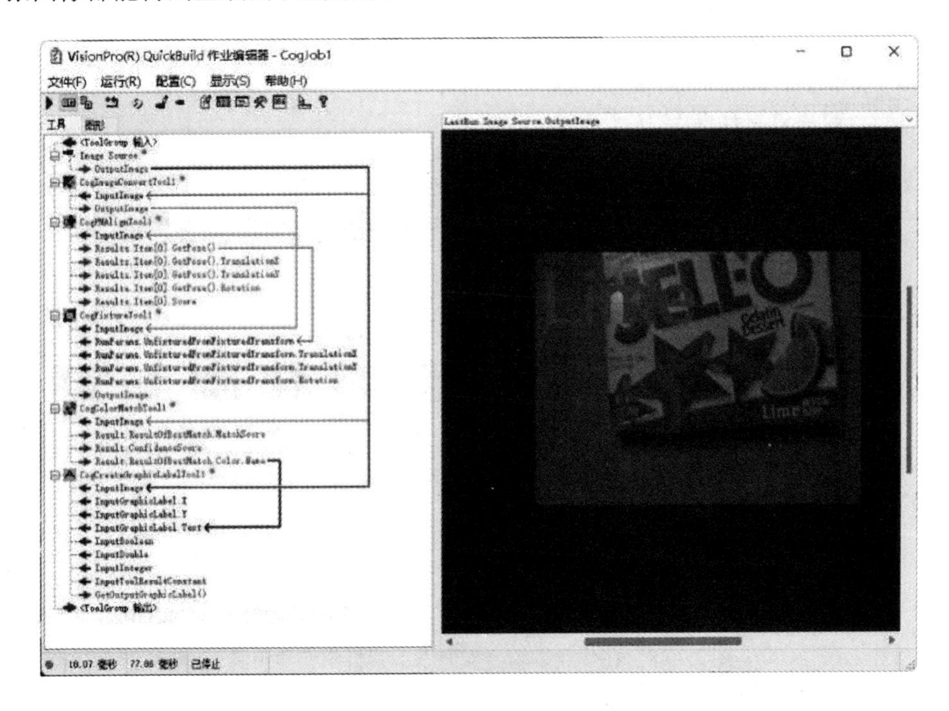

图 2.7.46　最终运行结果

任务 3　应用案例 2：彩色书签的识别

1. 任务要求

识别图像中多种不同颜色的书签，并将书签的颜色显示在书签中间的白色区域，如图 2.7.47 所示。

彩色书签识别

图 2.7.47　彩色书签识别结果

2. 实施步骤

(1) 打开 VisionPro 软件后打开作业编辑器，并点击初始化图像来源按钮和工具箱，添加本项目所需素材图像和工具，如图 2.7.48 所示。

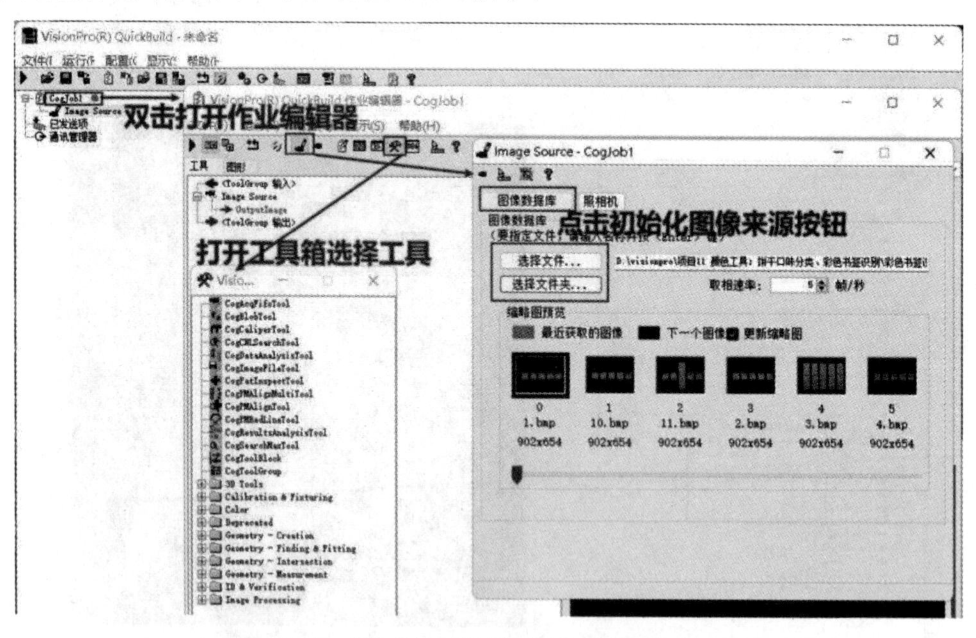

图 2.7.48　在作业编辑器界面添加素材图像和工具

(2) 在工具箱中找到“CogColorMatchTool”双击添加工具，连接数据链接并根据需要修改工具名称为“CogColorMatchTool—第一个书签”，如图 2.7.49 所示。

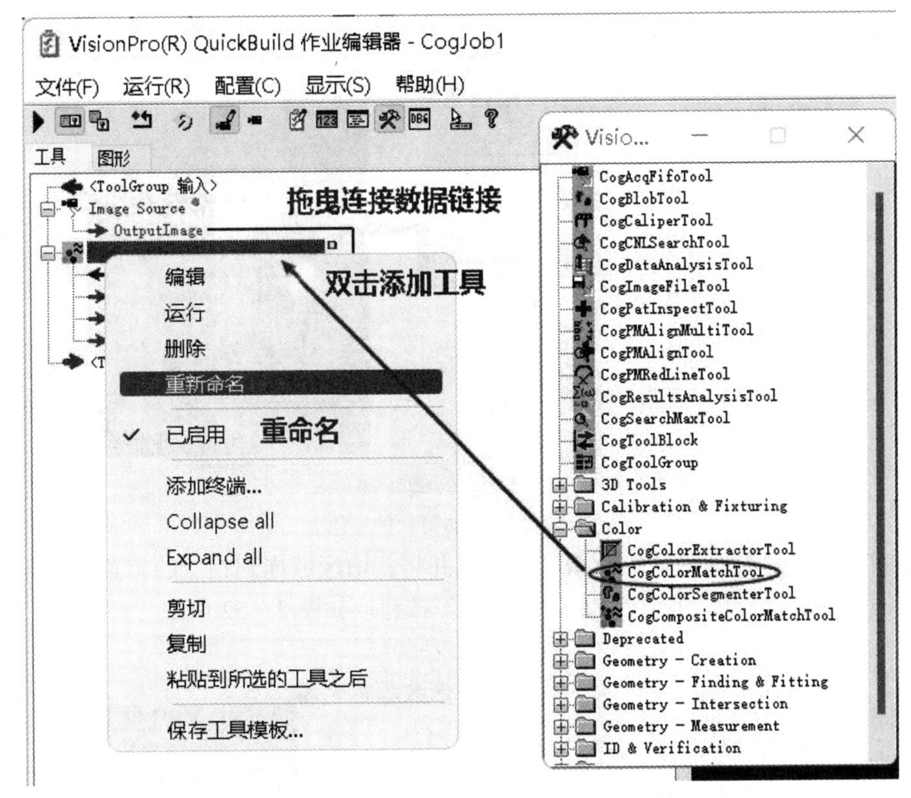

图 2.7.49 添加 CogColorMatchTool 工具

(3) 在作业编辑器界面中双击“CogColorMatchTool—第一个书签”，打开该工具参数设置界面，然后点击“选择区域”新增选择区域，如图 2.7.50 所示。

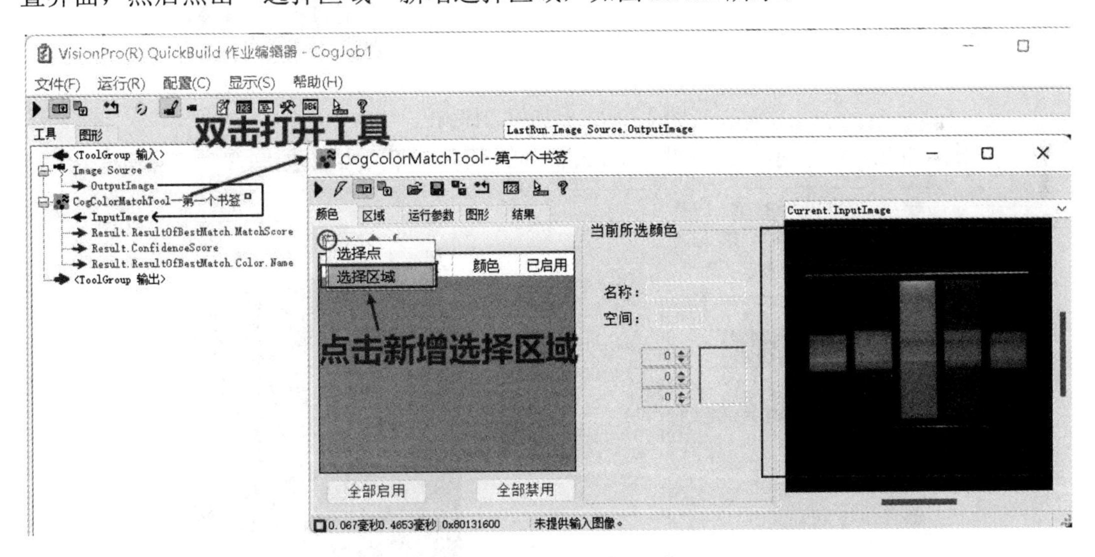

图 2.7.50 新增选择区域

(4) 首先对区域形状进行拖放并调整到合适的位置和大小，然后根据需要修改名称(例如“蓝色”)，最后单击“接受”按钮，图 2.7.51 所示为添加的第一种颜色。

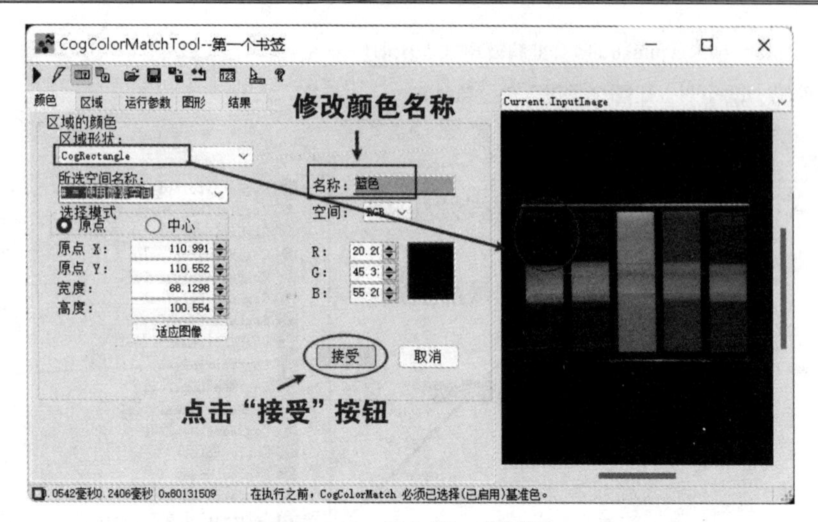

图 2.7.51　添加第一种颜色

(5) 首先点击“选择区域”新增选择区域并将新增区域拖到相应的位置上，再根据需要修改名称(例如“绿色”)，最后点击“接受”按钮，如图 2.7.52 所示。

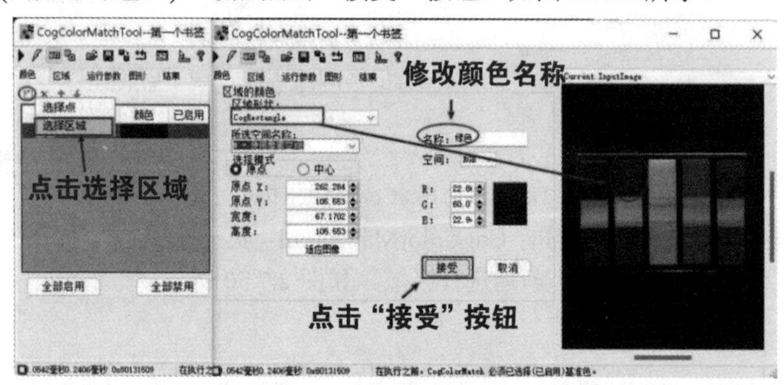

图 2.7.52　添加第二种颜色

(6) 根据图 2.7.52 所示的操作步骤添加剩余的颜色，最后结果如图 2.7.53 所示。

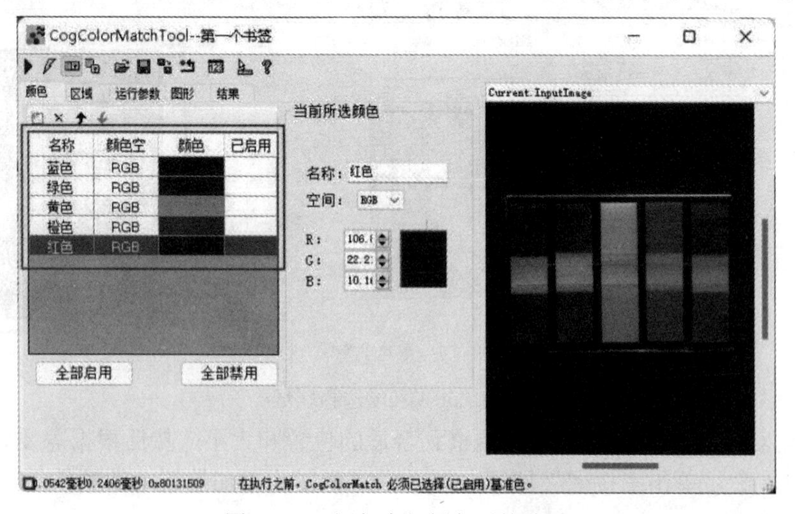

图 2.7.53　添加全部颜色后的结果

(7) 点击“区域”选项卡，修改区域形状，并对区域形状进行拖放并调整到合适的位置和大小，如图 2.7.54 所示。

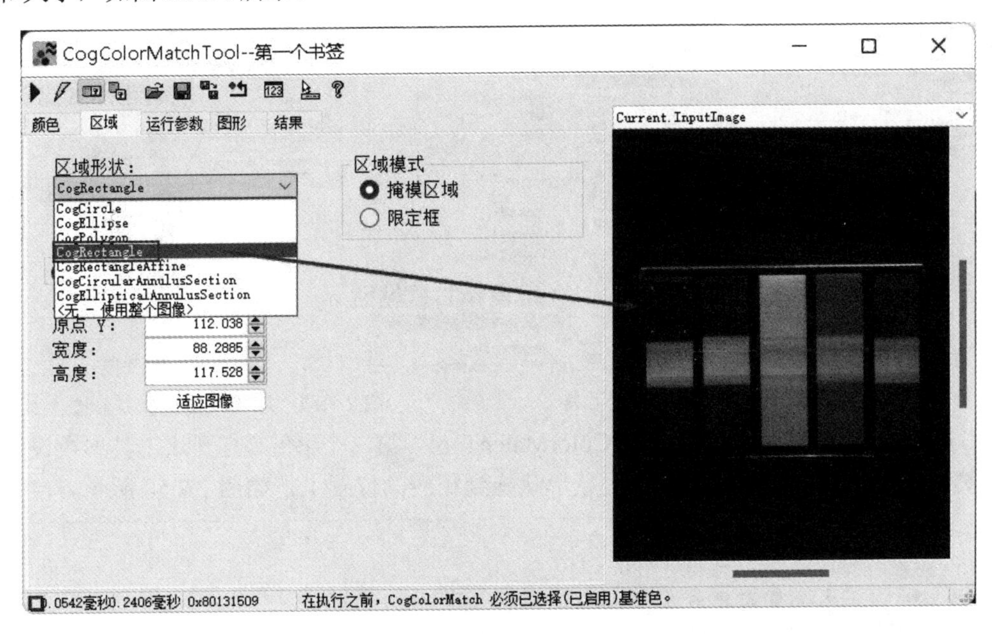

图 2.7.54　修改匹配区域形状和大小

(8) 点击单次运行按钮，然后点击“结果”选项卡查看最佳匹配结果，如图 2.7.55 所示。

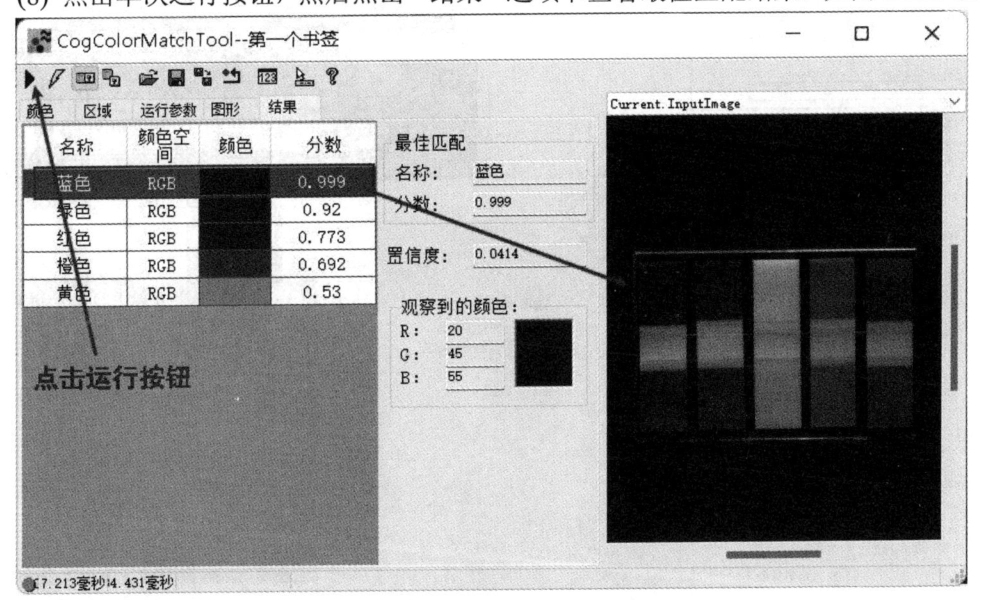

图 2.7.55　查看最佳匹配结果

(9) 回到作业编辑器界面，选中“CogColorMatchTool—第一个书签”工具，点击鼠标右键，在弹出命令菜单中选择“复制”命令，再次鼠标点击右键，在弹出命令菜单中选择“粘贴”命令，将复制的工具粘贴到所选的工具后面，如图 2.7.56 所示。

(10) 在作业编辑器界面中选中 CogColorMatchTool 的第二个工具，并拖动连接数据链接，再根据需要修改工具名称为“CogColorMatchTool—第二个书签”，如图 2.7.57 所示。

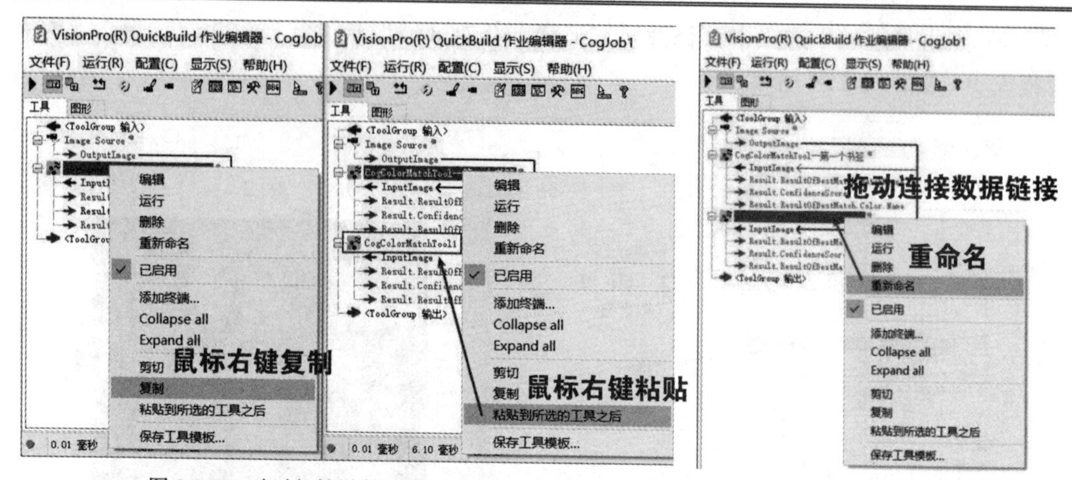

图 2.7.56　复制、粘贴第一个工具　　　图 2.7.57　连接数据链接并修改工具名称

(11) 在作业编辑器中双击“CogColorMatchTool—第二个书签”打开该工具参数设置界面，然后点击“区域”选项卡并把区域形状拖到相应的位置上，如图 2.7.58 所示。

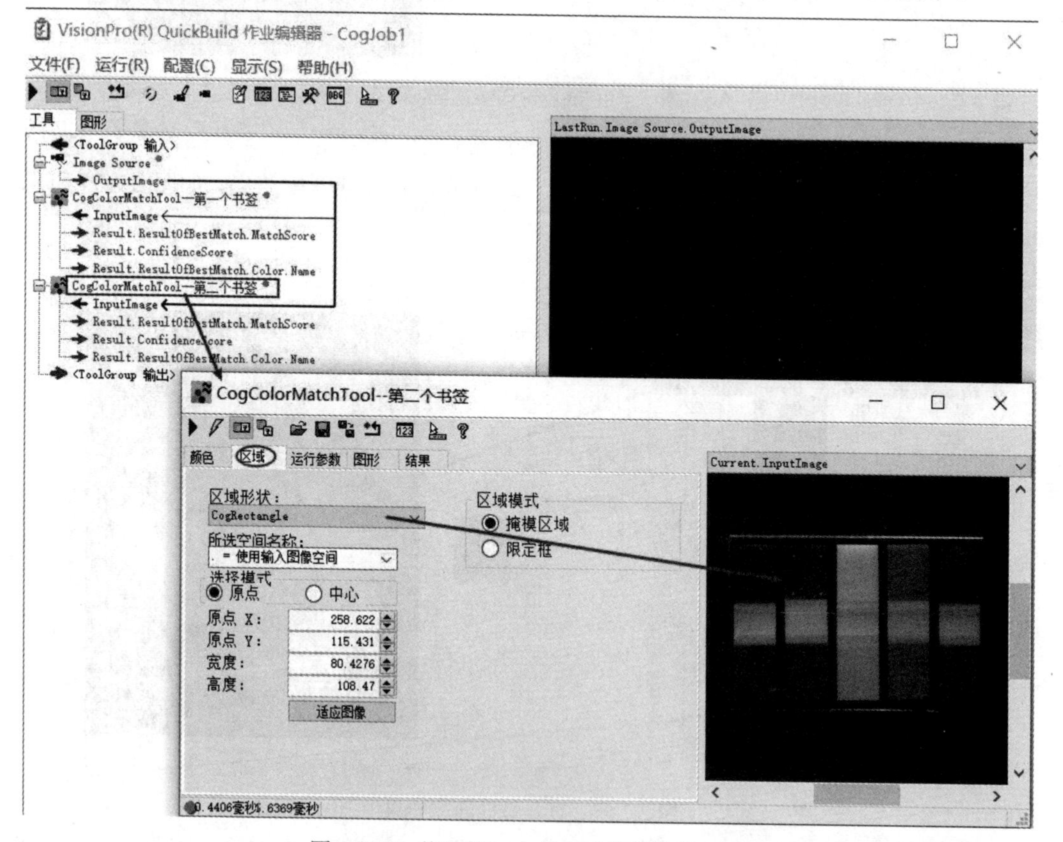

图 2.7.58　修改第二个书签区域形状的位置

(12) 首先根据图 2.7.56 和图 2.7.57 所示的方法再复制、粘贴 3 个 CogColorMatchTool 工具，并连接数据链接，然后根据需要修改工具名称，最后根据图 2.7.58 所示的方法依次修改书签匹配区域形状的位置，如图 2.7.59 所示。

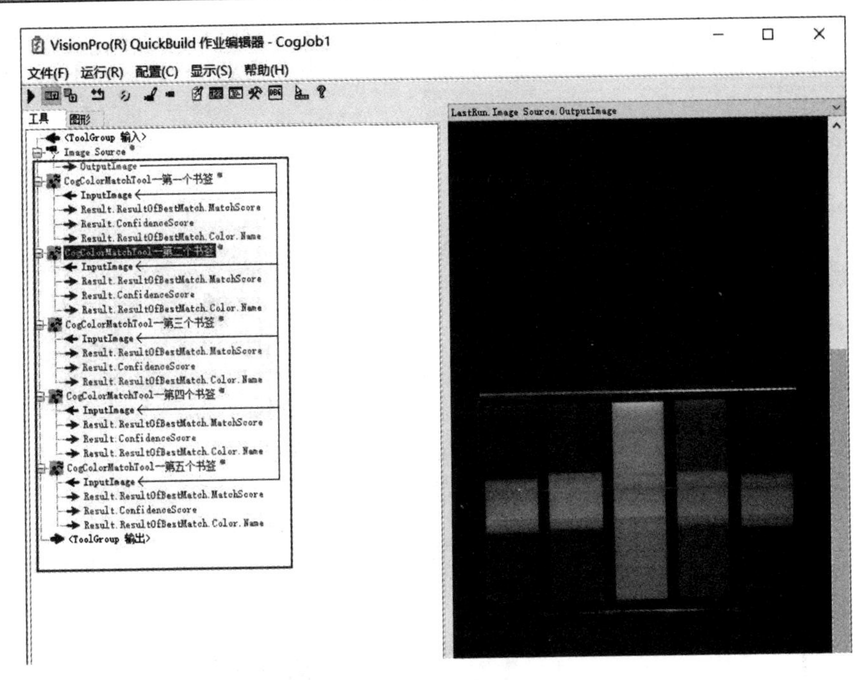

图 2.7.59　复制、粘贴剩余书签并依次修改书签区域的位置

(13) 首先在作业编辑器界面中打开工具箱，找到并双击“CogCreateGraphicLabelTool”添加工具，然后拖曳数据链接连接到对应的位置，最后根据需要修改工具名称为“CogCreate GraphicLabelTool—第一个书签颜色”，如图 2.7.60 所示。

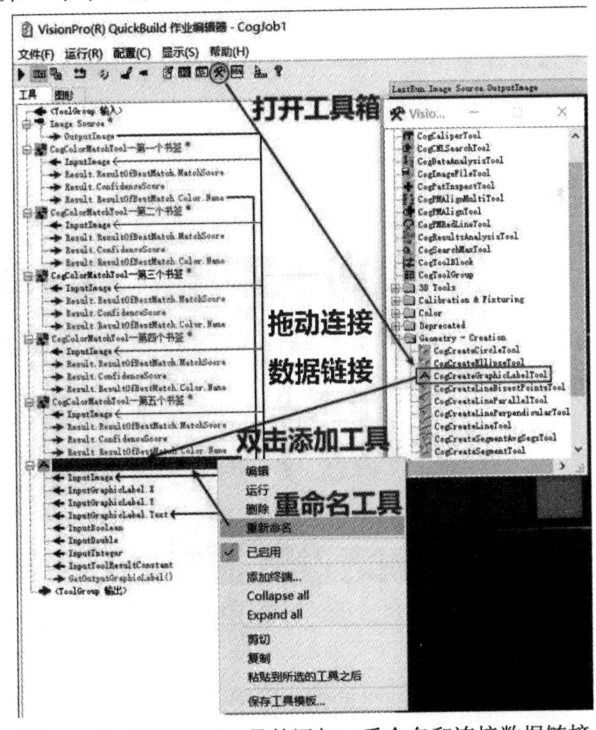

图 2.7.60　标签显示工具的添加、重命名和连接数据链接

(14) 双击打开“CogCreateGraphicLabelTool—第一个书签颜色”工具参数设置界面，并根据需要修改字体、字体颜色、字形和大小，然后单击“确定”按钮，如图 2.7.61 所示。

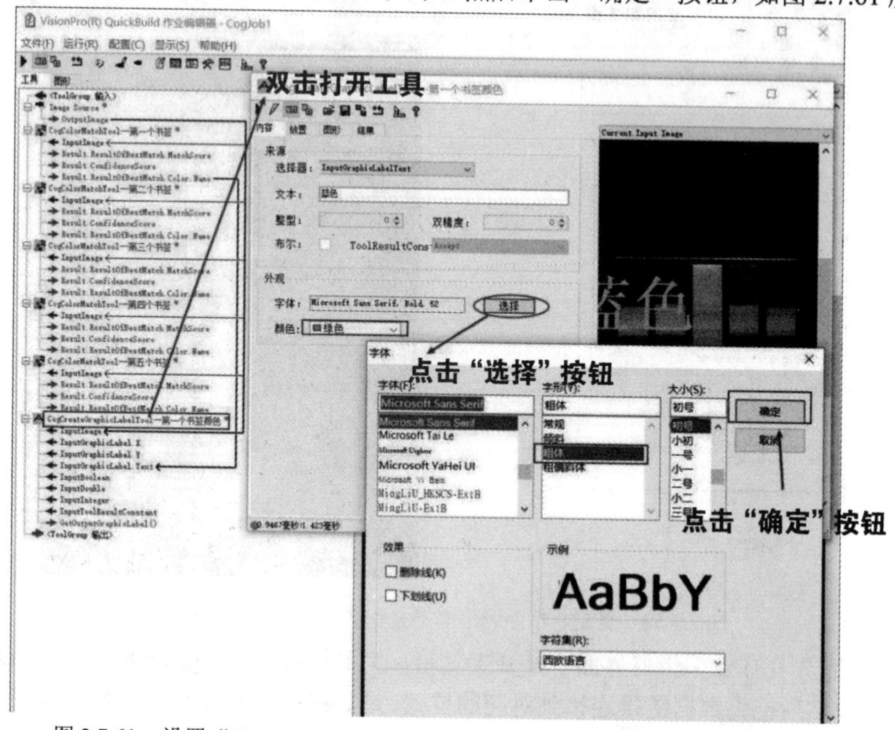

图 2.7.61　设置“CogCreateGraphicLabelTool—第一个书签颜色”工具字体

(15) 首先点击“放置”选项卡，在其中打开“CogCreateGraphicLabelTool—第一个书签颜色显示”界面，把光标放在第一个书签的白色区域内查看界面下方 X 轴和 Y 轴的坐标，然后根据实际情况修改 X、Y 坐标数值来调整字体的位置，如图 2.7.62 所示。

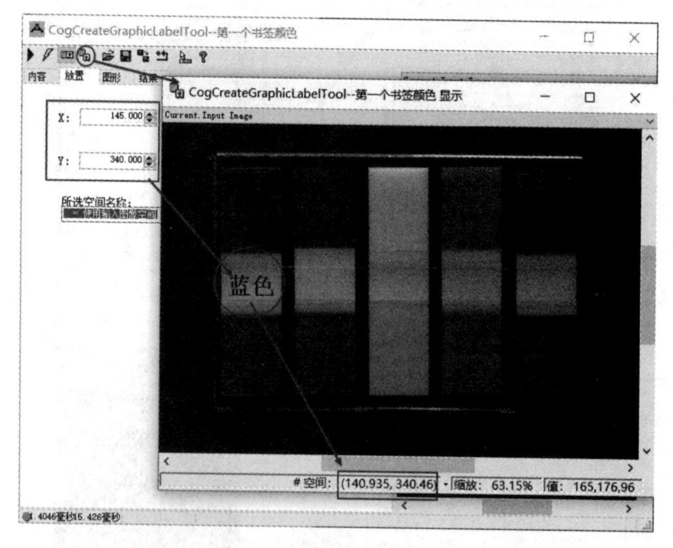

图 2.7.62　调整“CogCreateGraphicLabelTool—第一个书签颜色”工具的显示位置

(16) 选中“CogCreateGraphicLabelTool—第一个书签颜色”工具，点击鼠标右键，在弹出菜单中选择“复制”命令，然后再点击鼠标右键，在弹出菜单中选择“粘贴”命令，将复制的工具粘贴到所选工具之后，如图 2.7.63 所示。

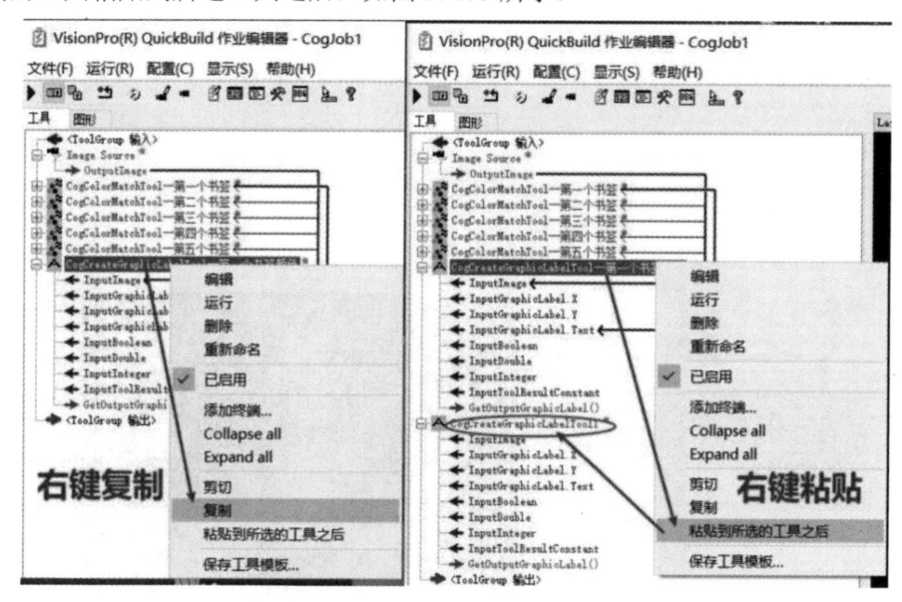

图 2.7.63　复制、粘贴得到 CogCreateGraphicLabelTool 的第二个工具

(17) 首先点击选中刚复制的 CogCreateGraphicLabelTool 工具，点击鼠标右键，在弹出菜单中选择“重命名”命令，然后根据需要修改工具名称为“CogCreateGraphicLabelTool—第二个书签颜色”，最后拖曳数据链接连接到对应的位置，如图 2.7.64 所示。

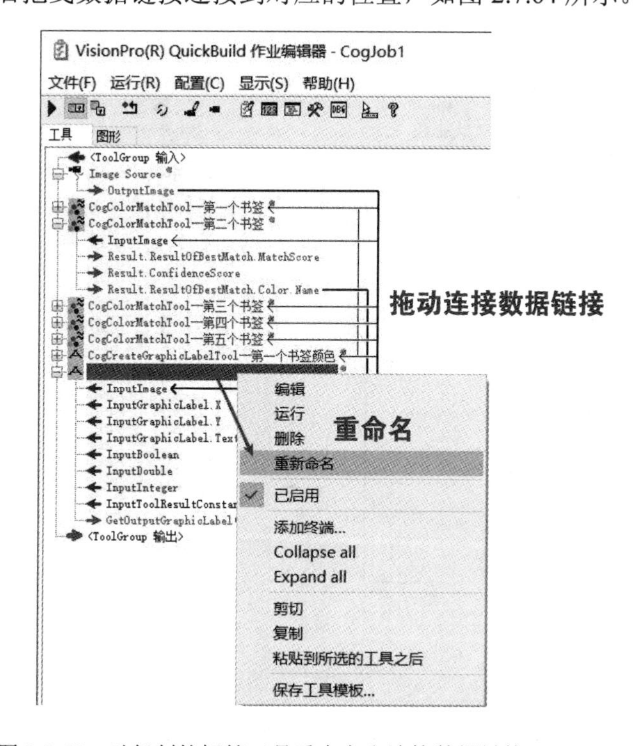

图 2.7.64　对复制的标签工具重命名和连接数据链接

(18) 首先双击“CogCreateGraphicLabelTool—第二个书签颜色”工具参数设置界面，然后点击“放置”选项卡，在其中打开“CogCreateGraphicLabelTool—第二个书签颜色显示”界面，把光标放在第二个书签的白色区域内，查看界面下方 X 轴和 Y 轴的坐标，最后根据实际情况修改 X、Y 坐标值以调整文字的位置，如图 2.7.65 所示。

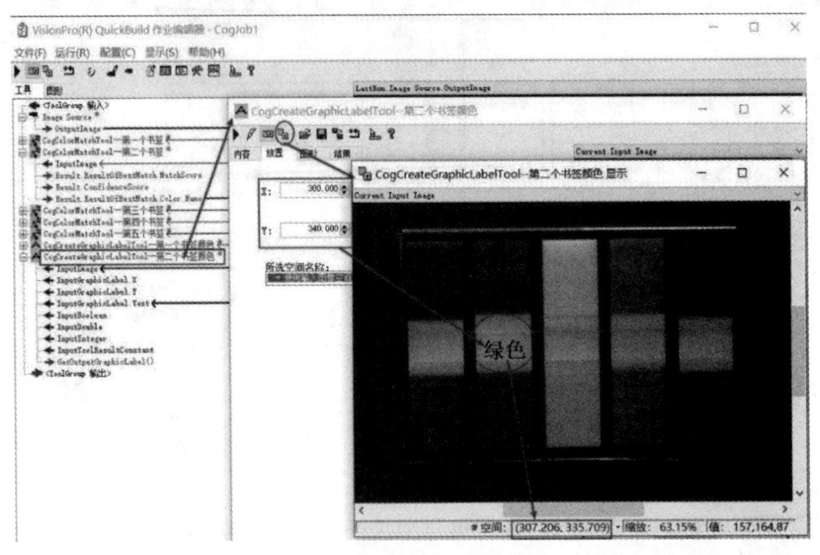

图 2.7.65　调整“CogCreateGraphicLabelTool—第二个书签颜色”工具文字的位置

(19) 首先根据图 2.7.63 和图 2.7.64 的方法依次再复制、粘贴 3 个 CogCreateGraphicLabelTool 的工具并连接数据链接，再根据需要修改工具名称，最后根据图 2.7.65 所示的方法依次调整书签文字的位置，最终结构图如图 2.7.66 所示。

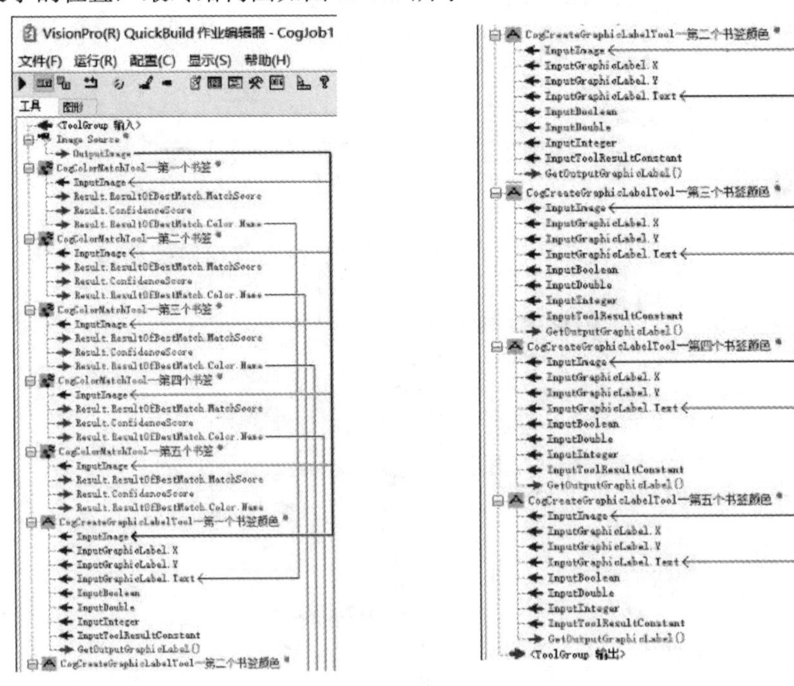

图 2.7.66　最终结构图

(20) 在作业编辑器界面点击单次运行按钮，查看不同颜色书签输出的识别结果是否正确，如图 2.7.67 所示。然后进行批量测试，确认每张图像都能得到正确的识别结果。

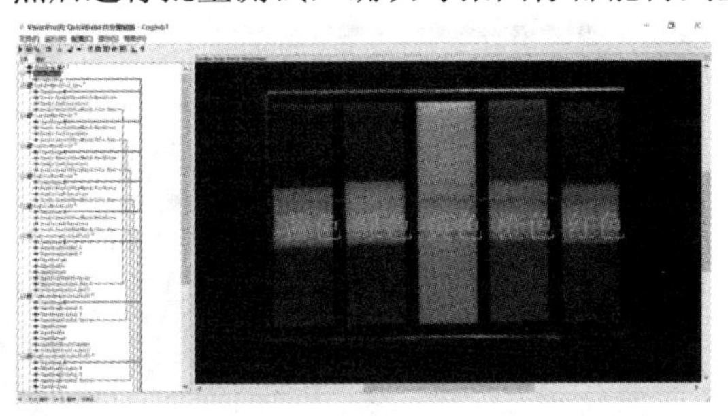

图 2.7.67　最终的运行结果

项目 2.8　OCR 工具的使用

OCR 工具主要是指字符读取工具 CogOCRMaxTool，用于读取字符。CogOCRMaxTool 能够根据已训练的字符样本读取灰度图像中的字符，并返回读取结果。在使用 CogOCRMaxTool 读取字符的时候，需要设置字符区域以及每个字符的最大、最小宽度等参数，另外在字符读取之前需要先进行字符分割和字符训练。

任务 1　字符库的训练

(1) 打开 VisionPro 软件后打开作业编辑器，并点击初始化图像来源按钮和工具箱添加图像和工具，如图 2.8.1 所示。图像源为软件安装路径下的示例图像文件，即“D:\Program Files\Cognex\VisionPro\Images\ VariableWidthChars.idb”中的图像。

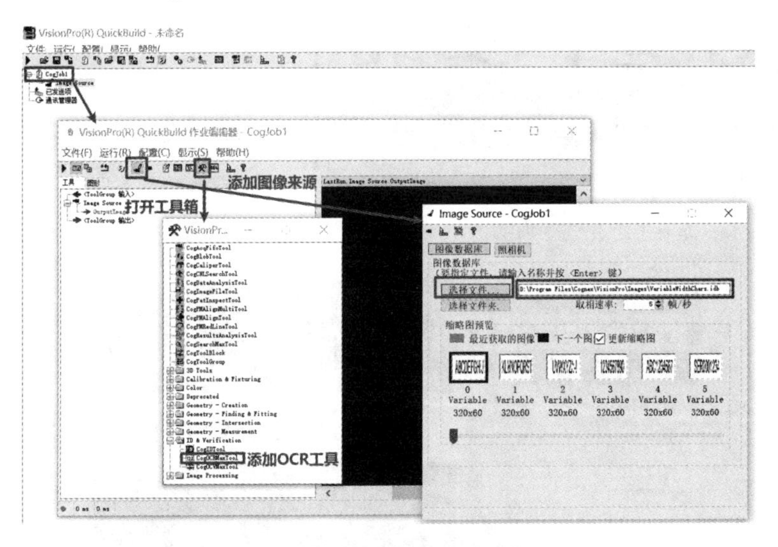

图 2.8.1　在作业编辑器界面添加图像和工具

(2) 手动拖动图像源的“OutputImage”到“CogOCRMaxTool1”的“InputImage”中连接数据链接，并点击单次运行按钮运行作业，然后点击“区域”选项卡，对字符区域进行选择，如图 2.8.2 所示。

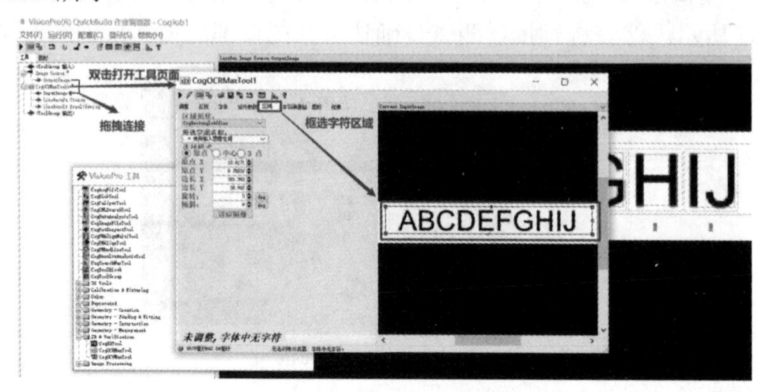

图 2.8.2　连接数据链接与选择字符区域

(3) 首先点击“字体”选项卡，在此选项卡中点击“字符提取”按钮，对选中的字符库进行提取，然后点击每一个已分割的字符，并输入正确的训练字符，最后点击“添加所选”按钮将其加入字符库，如图 2.8.3(a)所示。对 I 和 J 两个字符进行操作时，会出现两个字符被识别为一个字符的问题，原因是默认情况下采用了固定宽度提取字符。为了防止出现这种情况，首先需在“区段”选项卡界面中展开更多参数，并设置“字符片段合并模式”参数，即选择指定间隙模式为“SpecifyGaps”，如图 2.8.3(b)所示；然后再次回到“字体”选项卡界面，点击“字符提取”按钮，发现所有字符已经分开，输入所有正确的训练字符后点击“添加所有”按钮将所有训练字符一次性加入字符库，如图 2.8.3(c)所示。

(a) 提取字符并进行训练

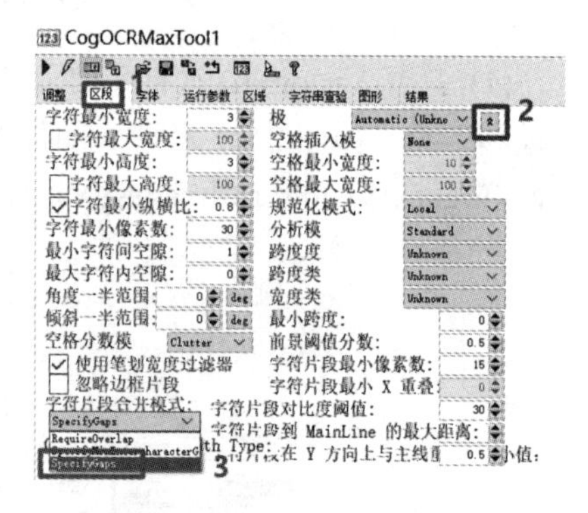

(b) 解决固定字符宽度问题的参数设置

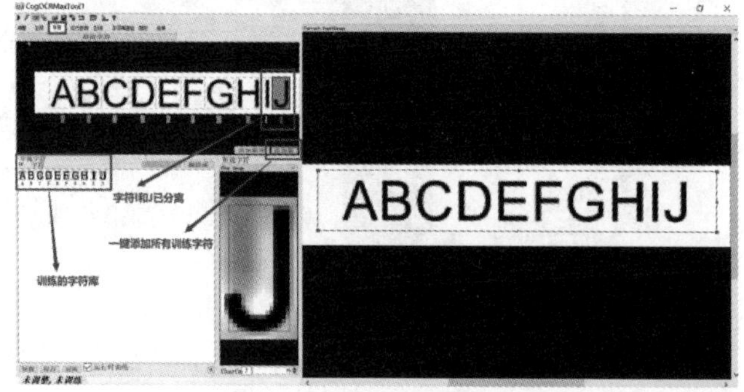

(c) 设置为不固定字符宽度后的效果

图 2.8.3　添加训练字符库

(4) 首先点击单次运行按钮，然后换一张图像，继续添加无法识别的字符，使字符库更加完整，如图 2.8.4 所示，最后对所有需要加载的图像重复本步骤，直到所有字符都加入到字符库中。

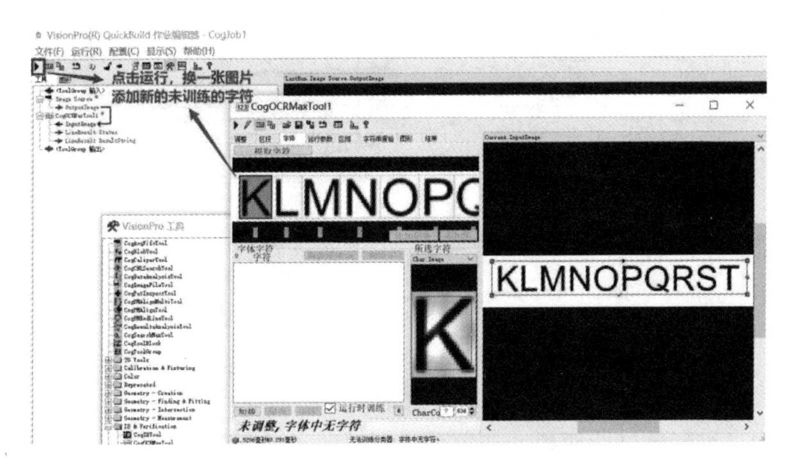

图 2.8.4　添加新的字符到字符库

任务 2　字符的读取

(1) 打开 VisionPro 软件后打开作业编辑器，并点击初始化图像来源按钮和工具箱，添加图像和工具，如图 2.8.5 所示。图像源为软件安装路径下的示例图像文件，即“D:\Program Files\Cognex\VisionPro\Images\ OCRMax_align_multiline.idb”中的图像。

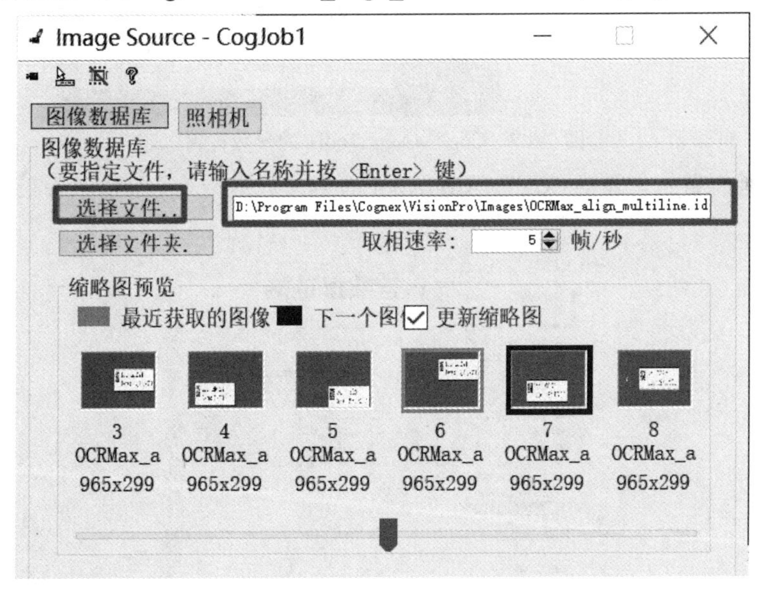

图 2.8.5　在作业编辑器界面添加图像和工具

(2) 分别添加 CogPMAlignTool、CogFixtureTool 和 CogOCRMaxTool 工具，根据需要修改各个工具的名称(点击鼠标右键，在弹出命令菜单中选择“重新命名”命令)，如图 2.8.6 所示。

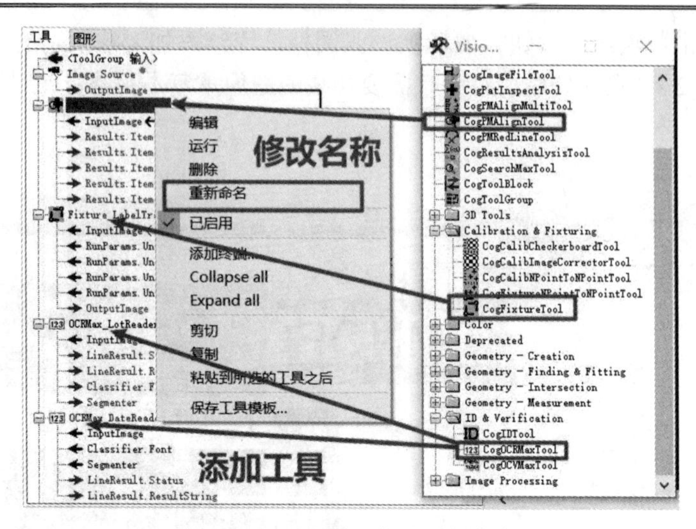

图 2.8.6　工具的添加和重新命名

(3) 以图中二维码区域为模板，按照前文所述的方法设置 CogPMAlignTool1 的参数，如图 2.8.7 所示。

图 2.8.7　CogPMAlignTool1 的参数设置

(4) 连接数据链接，并将 CogPMAlignTool 的定位数据传给 CogFixtureTool，如图 2.8.8 所示。

图 2.8.8　连接数据链接与数据传输

(5) 将 CogFixtureTool 的定位数据传输到 CogOCRMaxTool 上，并双击打开“OCRMax_LotReader”界面，将对象的框选区域空间修改为“@\Fixture”，如图 2.8.9 所示。

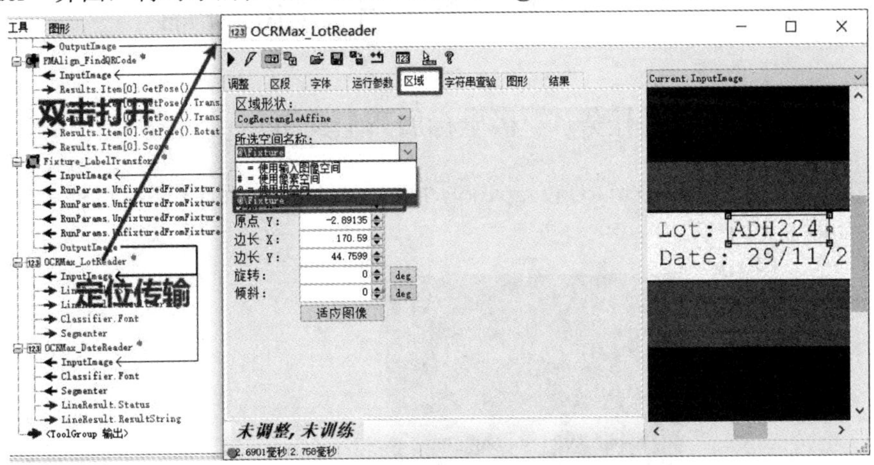

图 2.8.9　传输定位数据和修改区域空间

(6) 按照任务 1 的方法提取字符，并保存到字库，如图 2.8.10 所示。

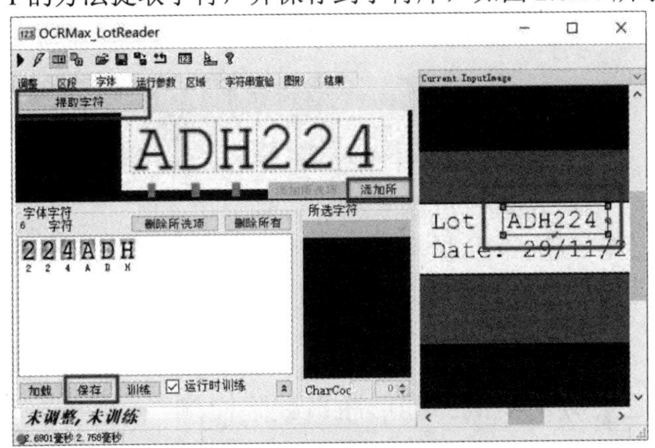

图 2.8.10　提取字符并保存到字符库

(7) 点击单次运行按钮，查看字符读取结果，如图 2.8.11 所示。然后进行批量测试，确认每张图像都能得到正确的识别结果。

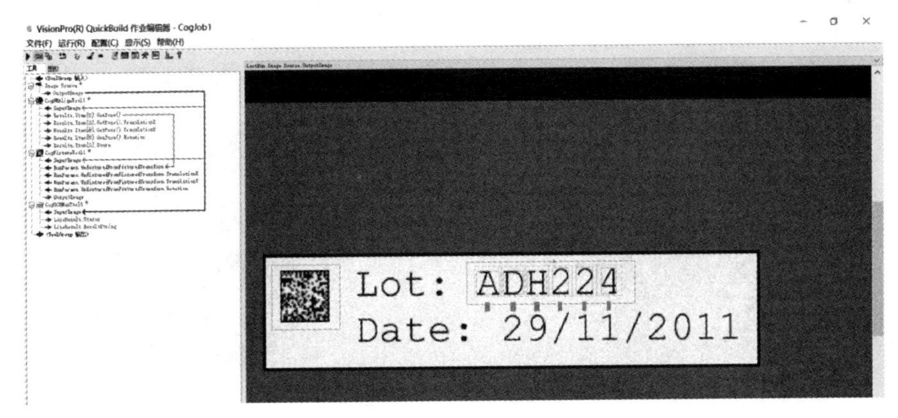

图 2.8.11　字符读取结果

项目 2.9　极坐标展开工具的使用

任务 1　极坐标展开工具简介

极坐标展开工具即 CogPolarUnwrapTool，可将圆形区域展开为矩形，以便于提取数据，应用实例如图 2.9.1 所示。

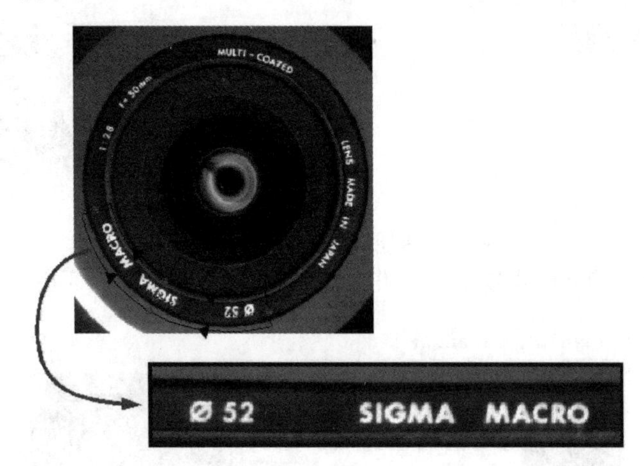

图 2.9.1　极坐标展开工具的应用实例

由于展开时圆环半径越小的区域，原图中的像素点数越少，因此需要通过插值来使图像失真最小化。极坐标展开工具支持最近邻采样和双线性插值。

圆形瓶口缺陷检测

任务 2　应用案例：圆形瓶口缺陷检测

1. 任务要求

对多张图中的圆形瓶口进行缺陷检测，如图 2.9.2 所示。

合格品

图 2.9.2　瓶口检测结果

2. 实施步骤

(1) 打开 VisionPro 软件后打开作业编辑器，并点击初始化图像来源按钮和工具箱，添加本项目所需素材图像和工具，如图 2.9.3 所示。

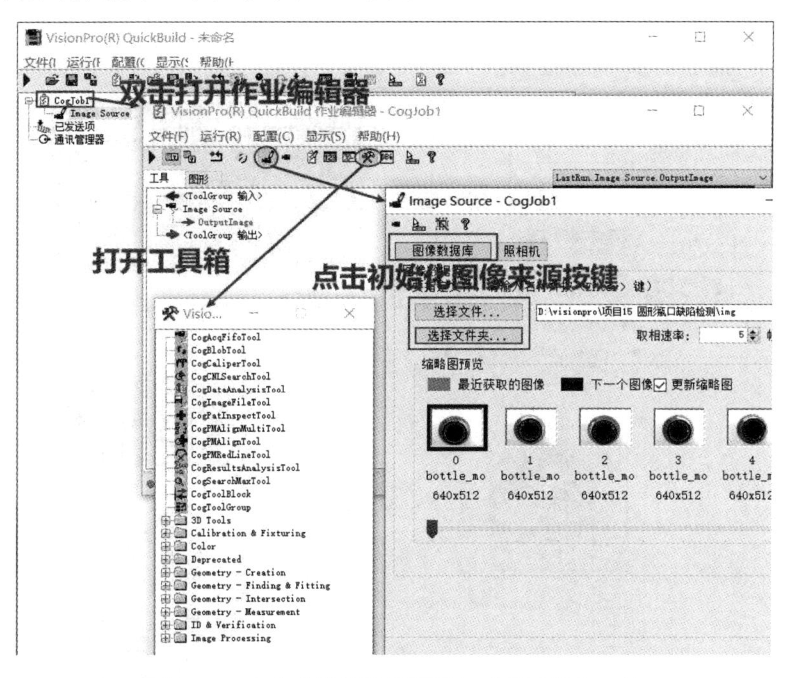

图 2.9.3　在作业编辑器界面添加素材图像和工具

(2) 在工具箱中找到 CogPMAlignTool 和 CogFixtureTool 并添加各自的工具，手动拖曳图像源的“OutputImage”到新增工具的“InputImage”，然后根据需要修改工具名称，如图 2.9.4 所示。

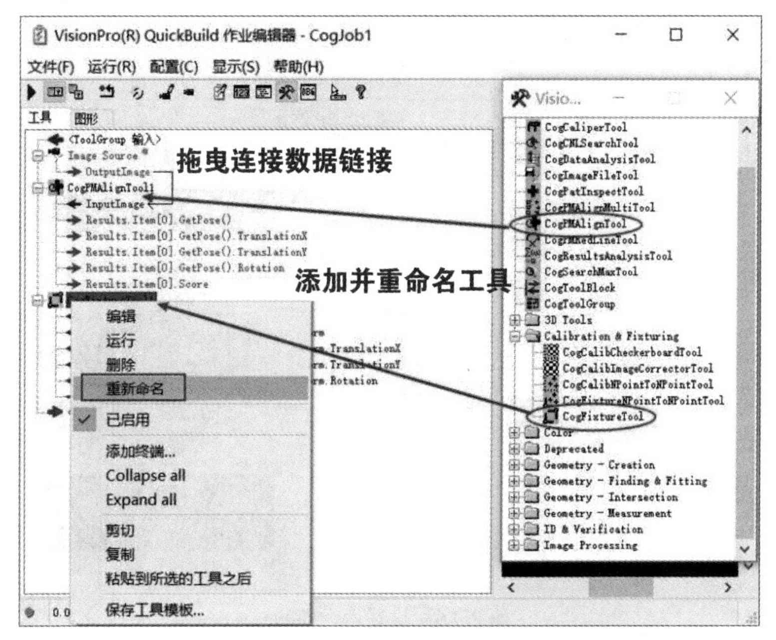

图 2.9.4　添加和重命名工具并连接数据链接

(3) 双击“CogPMAlignTool1”打开该工具参数设置界面，在该界面右上角选择训练图像(Curent.TrainImage)，然后点击“抓取训练图像”按钮，在出现的图像中选择瓶口对象并点击“训练区域与原点”选项卡中的“中心原点”按钮，如图 2.9.5 所示。

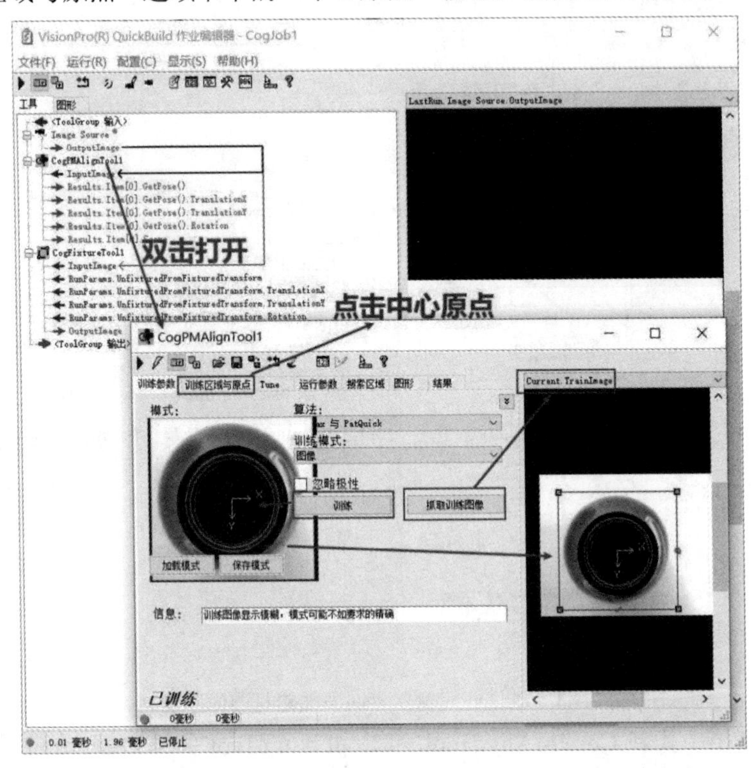

图 2.9.5　模板对象的抓取和训练

(4) 先点击“运行参数”选项卡，“接受阈值”调到 0.4，去掉“计分时考虑杂斑”勾选，并启用区域角度参数(范围为−180°～180°)，再点击“图形”选项卡，在其中选择“显示精细”，如图 2.9.6 所示。

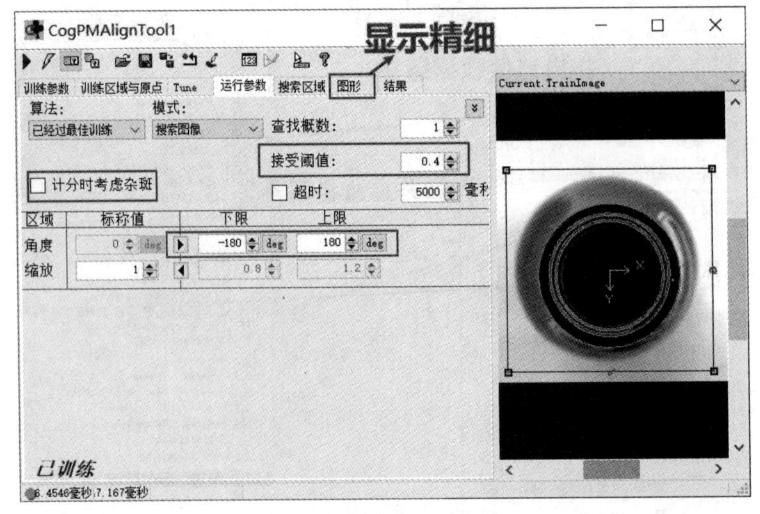

图 2.9.6　设置运行参数

(5) 点击“训练参数”选项卡并点击“训练”按钮，如图 2.9.7 所示。

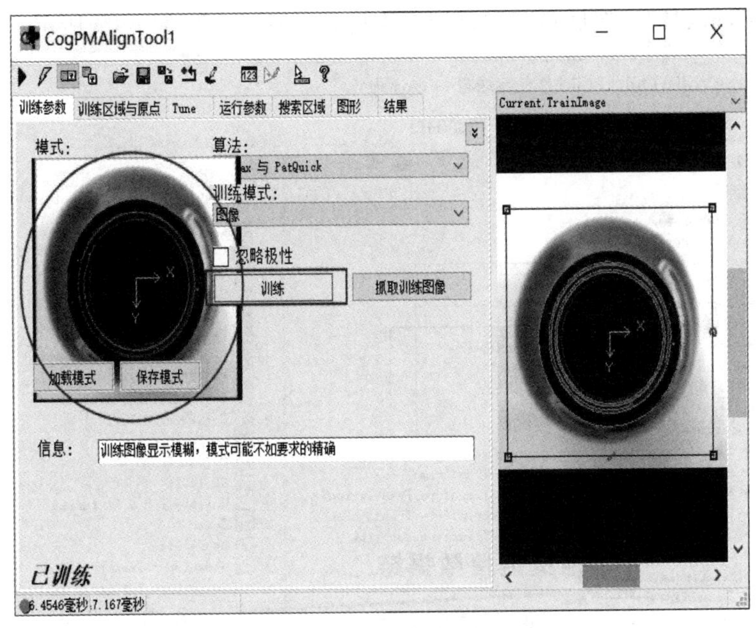

图 2.9.7　模板训练结果

(6) 首先手动拖动连接数据链接，然后在作业编辑器界面右上角选择“LastRun.CogFixtureTool1.OutputInage”查看结果，最后多次运行，查看每一张图像是否都显示找出了中心原点，如图 2.9.8 所示。

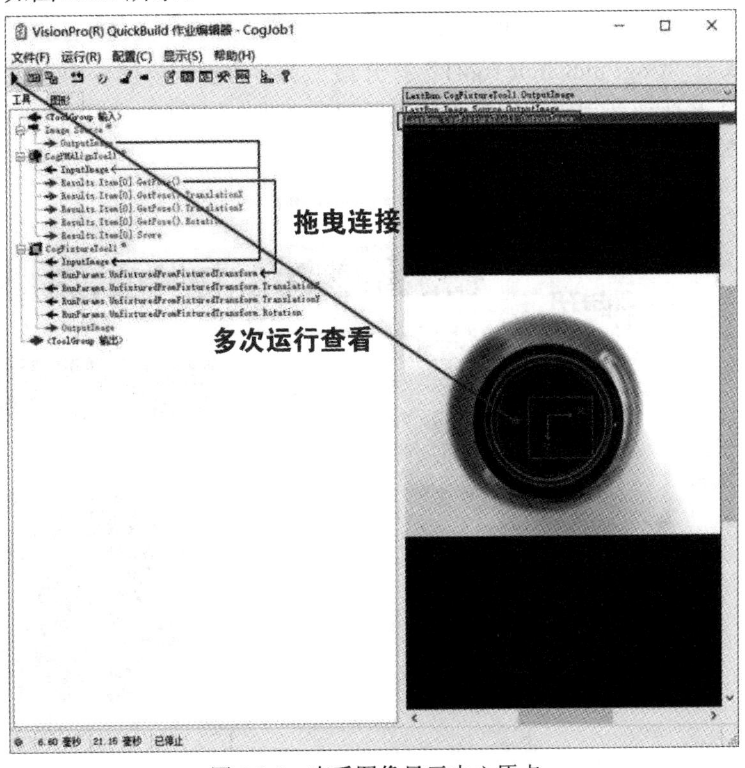

图 2.9.8　查看图像显示中心原点

(7) 在作业编辑器中打开工具箱并双击“CogFindCircleTool”(找圆工具)添加“CogFindCircleTool1”，然后对其进行拖曳连接数据链接，如图 2.9.9 所示。

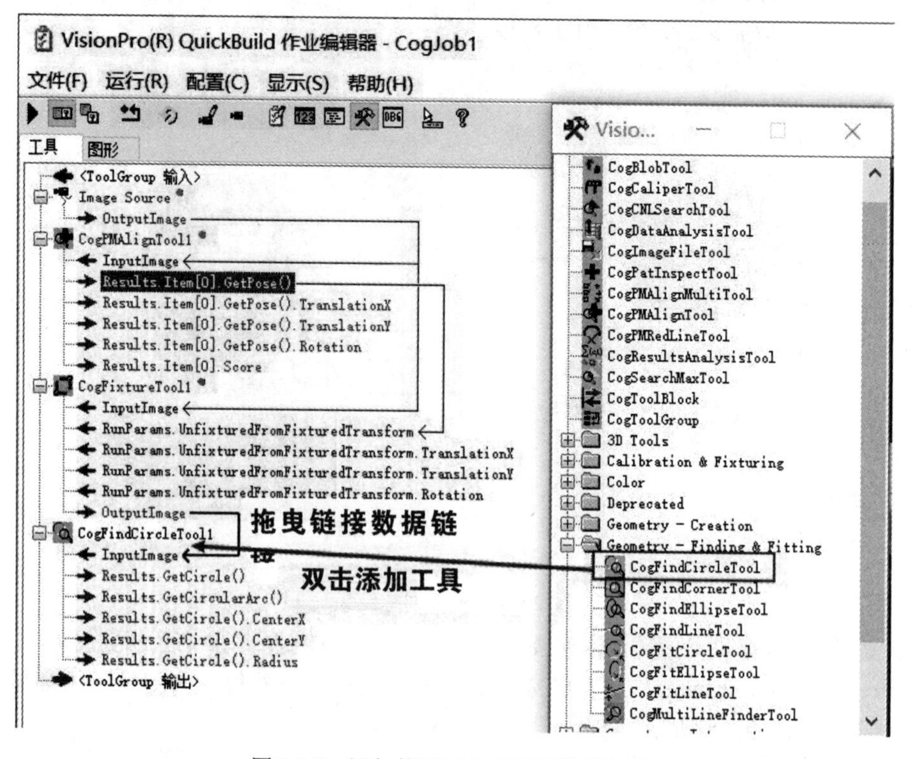

图 2.9.9　添加找圆工具和连接数据链接

(8) 首先双击“CogFindCircleTool1”打开该工具参数设置界面，根据需要修改卡尺参数和预期的圆弧并拖动到相应的位置上，然后勾选“减少忽略的点数”，最后点击“卡尺设置”选项卡并勾选“由暗到明”，如图 2.9.10 所示。

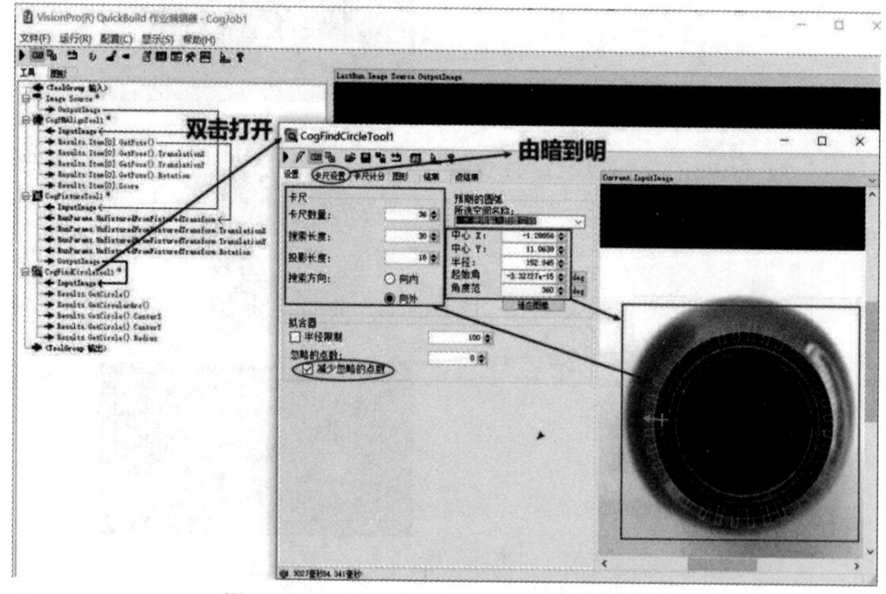

图 2.9.10　CogFindCircleTool11 参数的设置

(9) 先在作业编辑器界面右上角选择"LastRun.CogFixtureTool1.OutputImage"查看结果，再多次运行查看每一张图像是否都显示成功找到了圆，如图 2.9.11 所示。

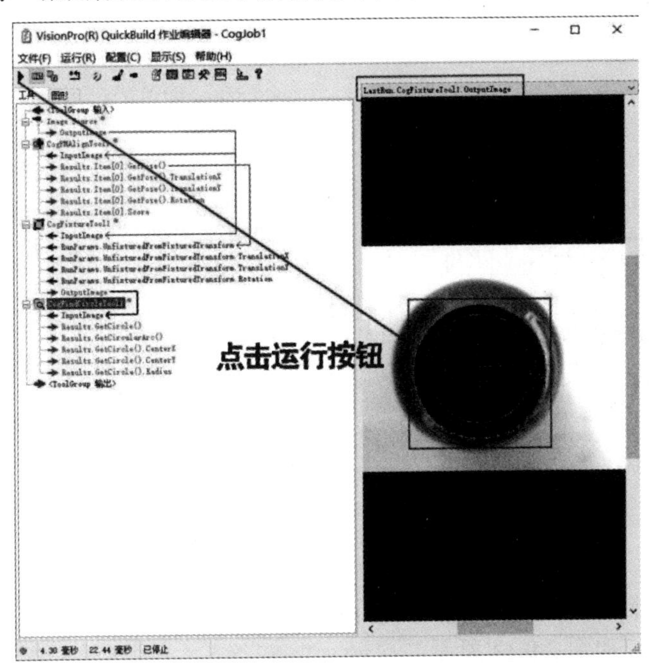

图 2.9.11　CogFindCircleTool1 的运行结果

(10) 先在作业编辑器中打开工具箱并添加工具 CogPolarUnwrapTool1，再对 CogPolarUnwrapTool1 终端添加入口，如图 2.9.12 所示。

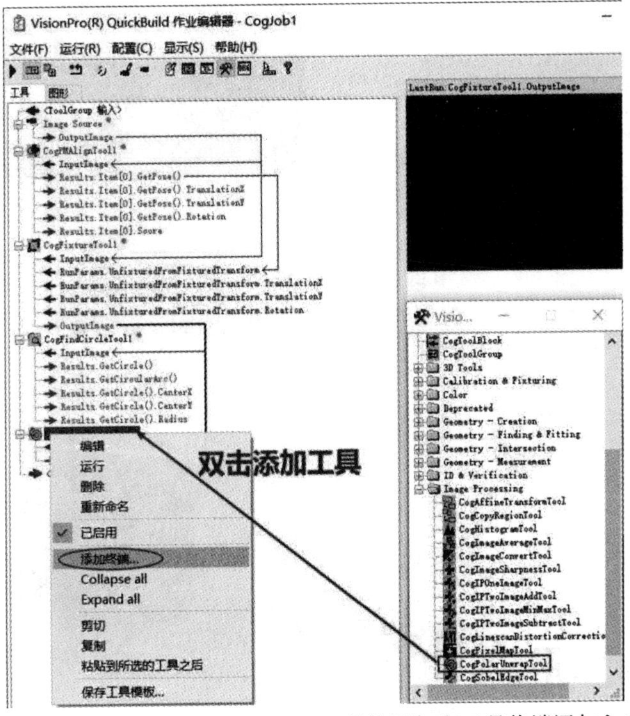

图 2.9.12　CogPolarUnwrapTool1 工具的添加和工具终端添加入口

(11) 首先点击 “Region<ICogRegion>” → “CogCircularAnnulusSection”，添加输入 “CenterX<Double>=0” 和 “CenterY<Double>=-25”，然后点击“添加输入”按钮，如图 2.9.13 所示。

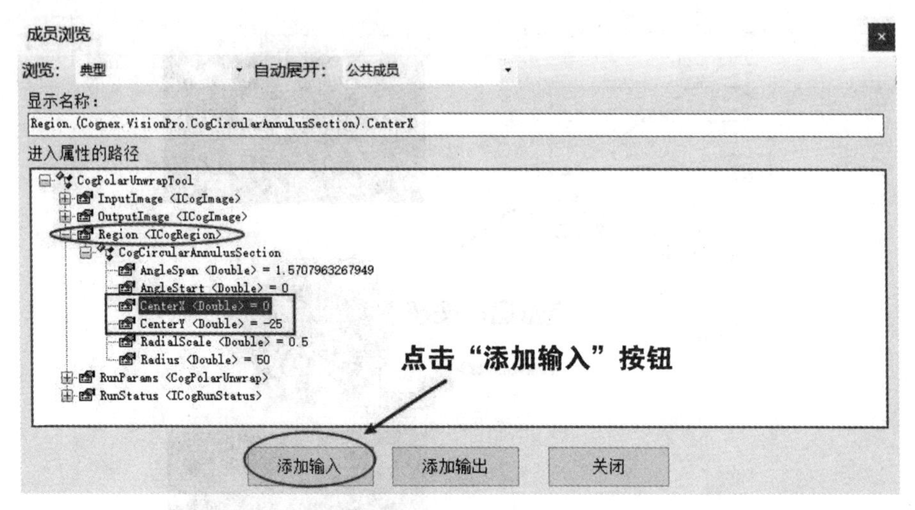

图 2.9.13　添加输入终端

(12) 连接数据链接并双击“CogPolarUnwrapTool1”打开该工具参数设置界面，然后修改“角度范”参数，如图 2.9.14 所示。

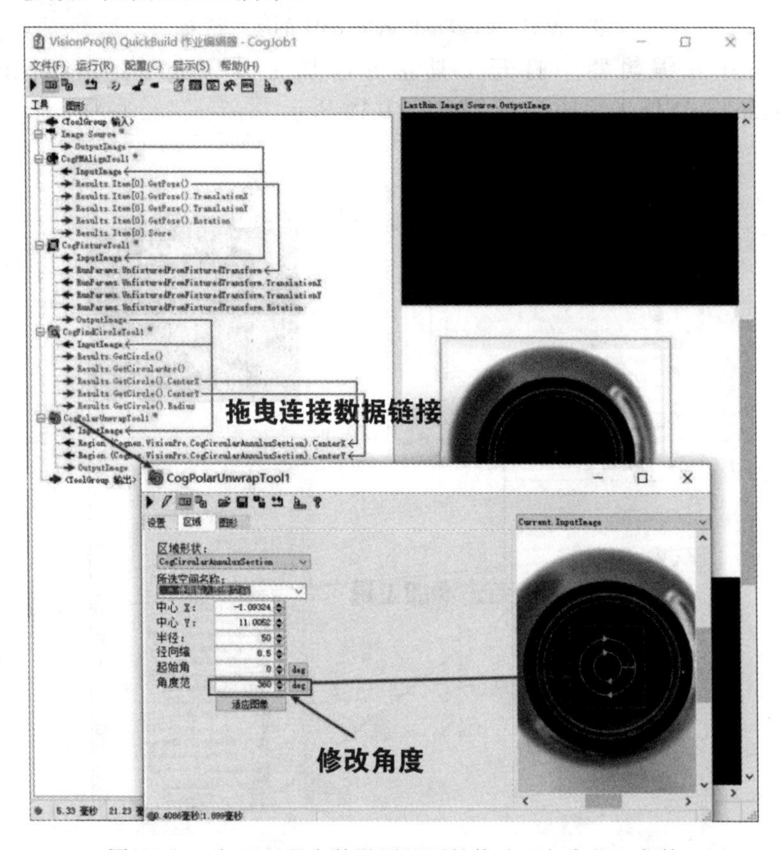

图 2.9.14　打开工具参数设置界面并修改“角度范”参数

(13) 先点击并选中外圆，手动拖动外圆到合适的位置并调整大小，再选中内圆拖动到合适的位置上并调整大小，如图 2.9.15 所示。

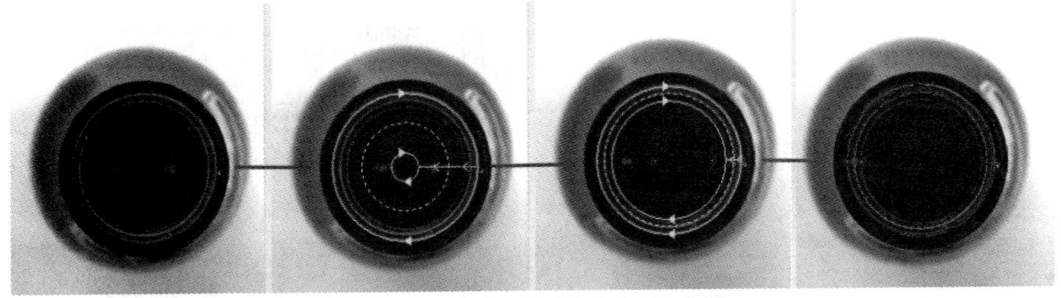

图 2.9.15　调整区域形状的大小和位置

(14) 先在作业编辑器中打开工具箱，双击“CogBlobTool”添加 CogBlobTool1，再连接数据链接，如图 2.9.16 所示。

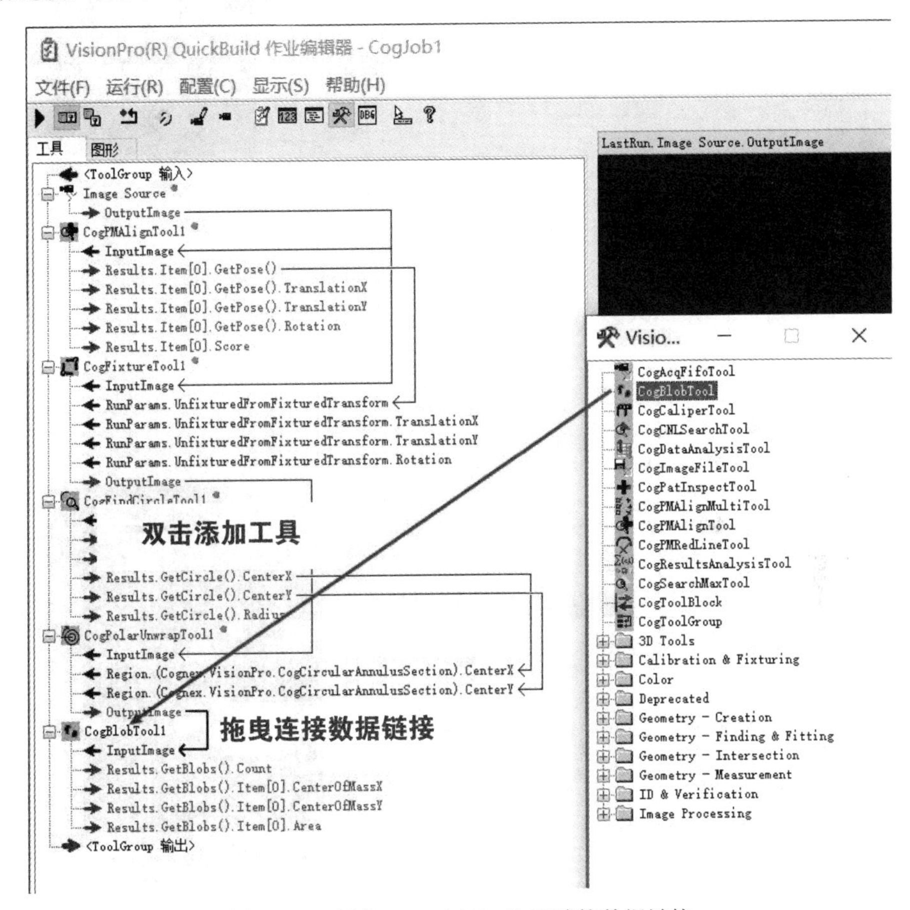

图 2.9.16　添加 CogBlobTool1 和连接数据链接

(15) 双击“CogBlobTool1”打开该工具参数设置界面，在其右上角点击选择“LastRun.BlobImage”，在分段模式中选择“硬阈值(固定)”，“极性”选择“黑底白点”，“连通性”的“最小面积”调到 40 像素，如图 2.9.17 所示。

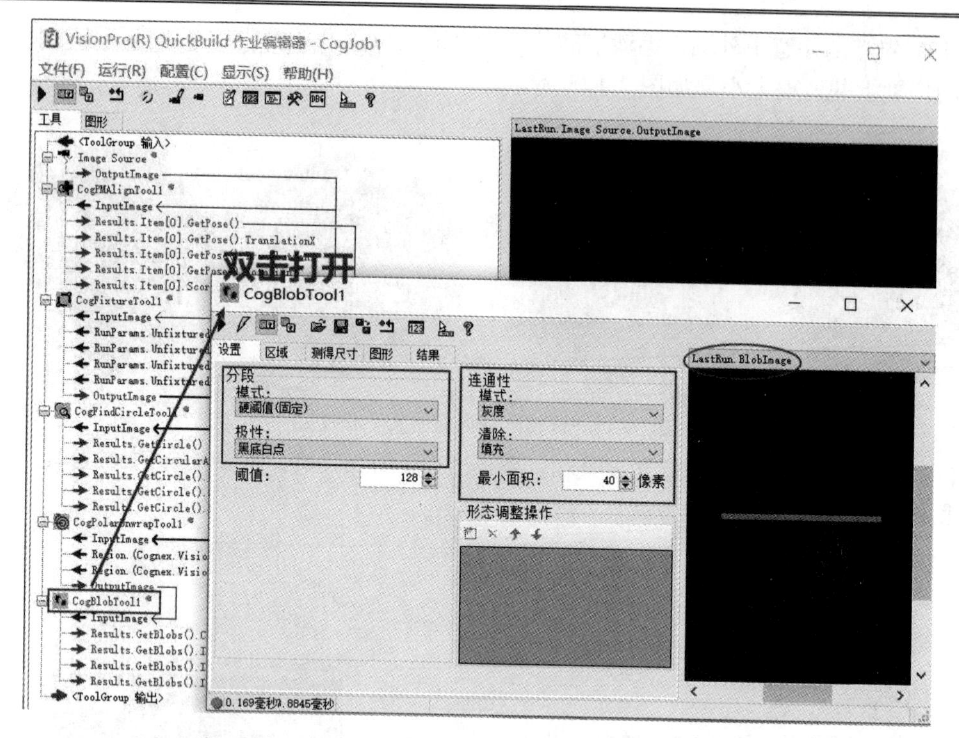

图 2.9.17　打开 CogBlobTool1 参数设置界面并修改参数

(16) 首先在 CogBlobTool1 参数设置界面中点击“测得尺寸”选项卡，然后点击新增按钮并选择“非环性”，并修改“范围”“高”“低”数值，如图 2.9.18 所示。

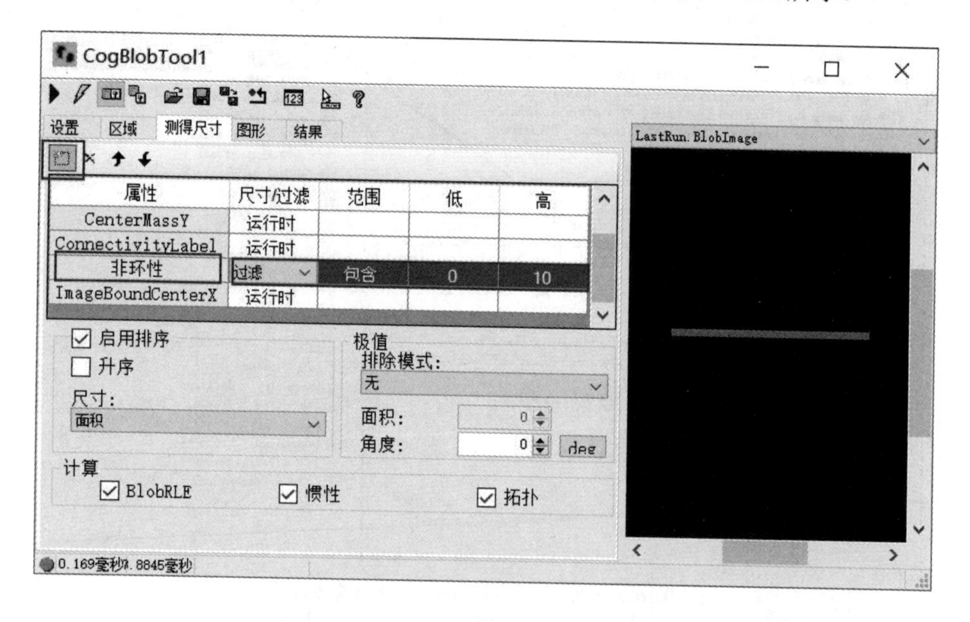

图 2.9.18　添加“非环性”属性过滤参数

(17) 首先在作业编辑器中打开工具箱，然后双击“CogToolBlock”添加工具 CogToolBlock1，最后选中“CogToolBlock1”，点击鼠标右键，在弹出菜单中选中“Add Output”→“Add new System Type”→“Add new System.String”命令，添加 CogToolBlock1 输出参数，如图 2.9.19 所示。

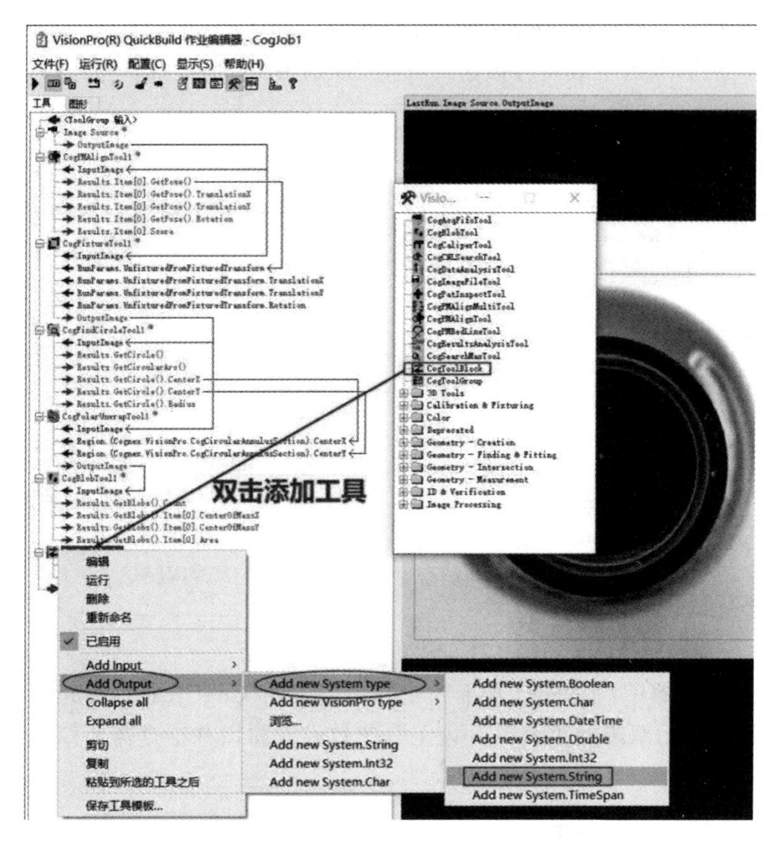

图 2.9.19　添加 CogToolBlock1 输出参数

(18) 先连接数据链接并双击“CogToolBlock1”打开该参数设置界面，再添加脚本(选择“C# Simple Script”)，如图 2.9.20 所示。

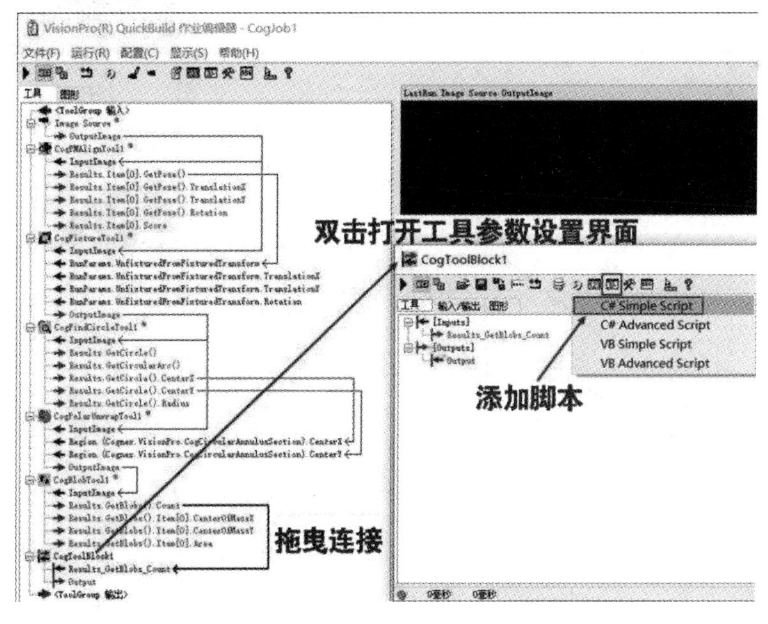

图 2.9.20　在 CogToolBlock1 工具中添加 C#简单脚本

(19) 在脚本界面中找到相应的位置，输入图 2.9.21 中框出的代码(注意：输入法要在英文状态下输入)，然后点击生成发行按钮，如图 2.9.21 所示。

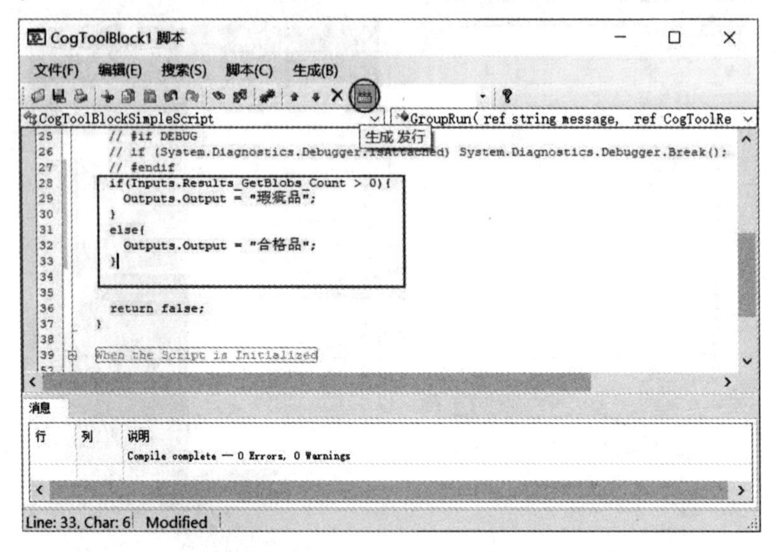

图 2.9.21 输入代码并生成发行

(20) 在作业编辑器中，首先打开工具箱并添加工具 CogCreateGraphicLabelTool1，然后连接数据链接，最后双击此工具打开该工具参数设置窗口并根据需要修改字体和颜色，如图 2.9.22 所示。

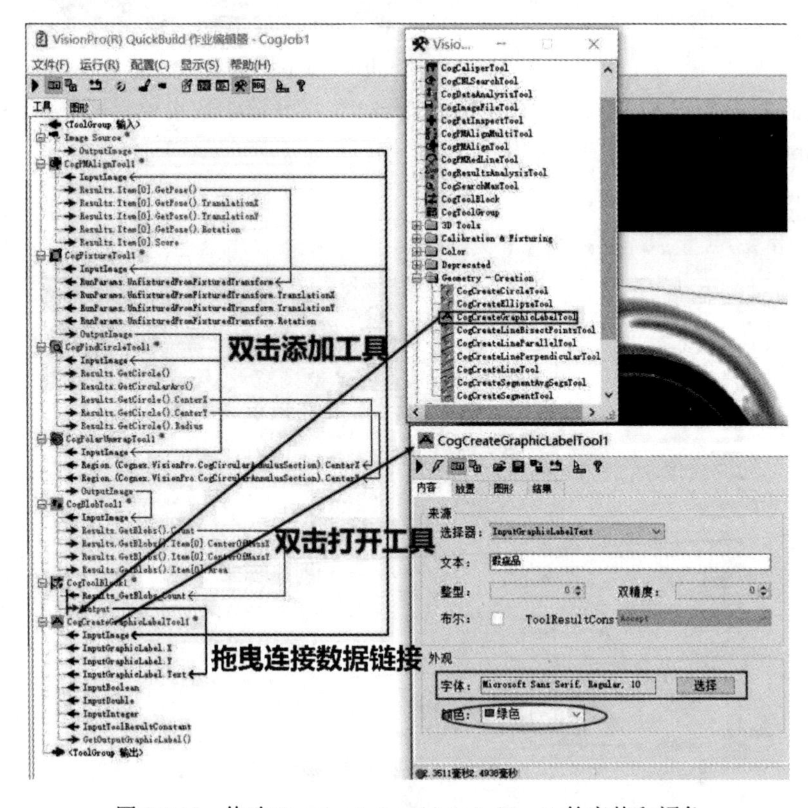

图 2.9.22 修改 CogCreateGraphicLabelTool1 的字体和颜色

(21) 在 CogCreateGraphicLabelTool1 参数设置界面中单击“放置”选项卡，并修改对齐方式为“TopLeft”，如图 2.9.23 所示。

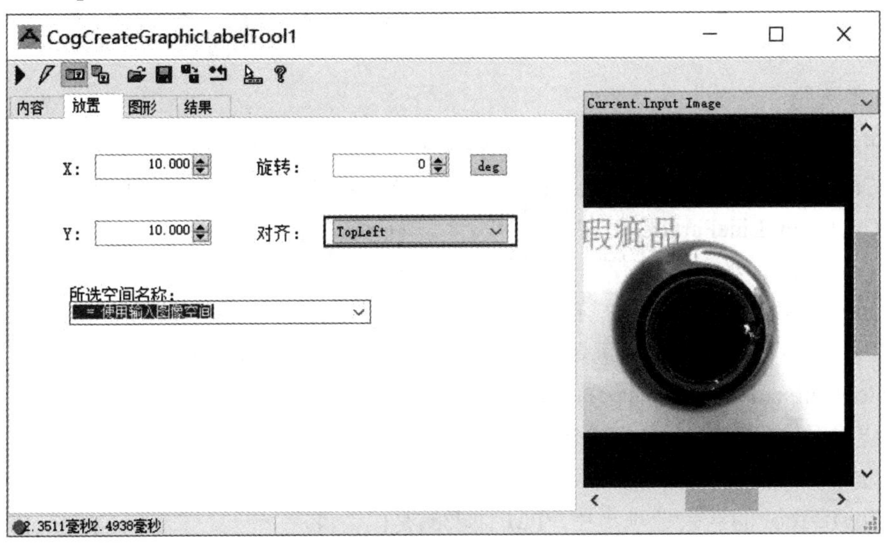

图 2.9.23　修改文字对齐方式

(22) 多次点击单次运行按钮，显示最终运行结果，如图 2.9.24 所示。然后进行批量测试，确认每张图像都能得到正确的检测结果。

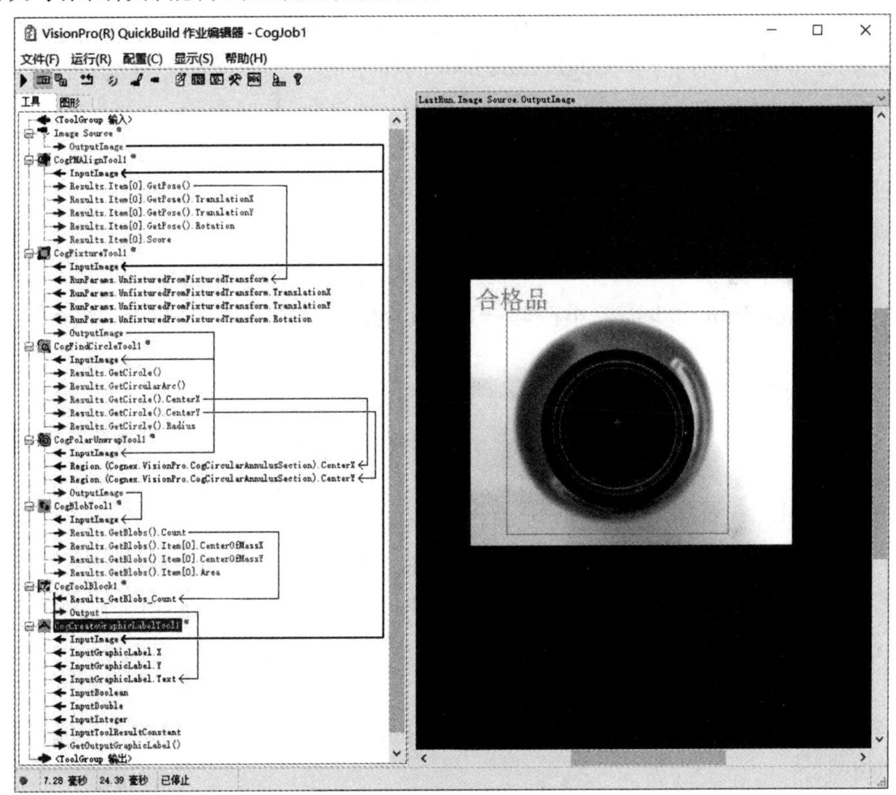

图 2.9.24　最终的运行结果

习　题

一、单选题

1. 在 VisionPro 软件中，过已知点做某直线的平行线，应使用(　　)工具。

A. CogCreateLinePerpendicularTool　　B. CogCreateLineBisectPointsTool

C. CogCreateLineParallelTool　　D. CogCreateSegmentAvgSegsTool

2. 在 VisionPro 软件中，使用 CogDistanceCircleCircleTool 求得的距离是(　　)。

A CircleA 和 CircleB 两个圆心之间的距离　B CircleA 到 CircleB 的最短距离

C CircleA 和 CircleB 的最远距离　　D CircleA 和 CircleB 的平均距离

3. CogCaliperTool 计分时选择 Contrast 意义是(　　)。

A. 边缘对比度越低，得分越高　　B. 阈值越高，分数越高

C. 边缘对比度越高，得分越高　　D. 阈值越低，得分越高

4. CogIDTool 的结果选项卡中 PPM 代表的是(　　)。

A. 便携式像素分布图格式(PortablePixelMapFomart)

B. 每百万有几个工件(PartsPerMillion)

C. 每个模块有几个像素(PixelsPerModule)

D. 处理器程序包管理(ProcessorPackageManagement)

5. VisionPro 软件工具库中 CogFixtureTool 的作用是(　　)。

A. 抓圆工具　　B. 计算距离

C. 建立坐标空间　　D. 设定矩形搜索范围

6. PMAlign 工具输出结果数据(X、Y、Angle 等)是在(　　)空间下。

A. 像素　　B. 输入图像

C. 训练区域选取　　D. 搜索区域选取

7. CogFitCircleTool 至少需要不在同一直线上的(　　)个点才能拟合一个圆。

A. 2　　B. 3　　C. 4　　D. 5

8. CogPMAlignTool 的算法中，速度最快的是(　　)。

A. PatQuick　　B. PatMax

C. PatFlex　　D. PerspectivePatMax

9. 在 VisionPro 软件中，(　　)工具可以保存图像。

A. CogImageConvertTool　　B. CogImageAverageTool

C. CogImageFileTool　　D. CogImageSharpnessTool

10. 在 CogCaliperTool 区域选项卡中，仿射矩形选择模式有(　　)种。

A. 2　　B. 3　　C. 4　　D. 5

11. 在 CogBlobTool 设置选项卡中，(　　)是根据输入图像的灰度分布自动计算一个合适的分割阈值。

A. 软阈值(固定)　　B. 硬阈值(固定)

C. 软阈值(相对)　　D. 硬阈值(动态)

12. 下列关于 CogFindLineTool 表述正确的是(　　)。

A. 可以找到多条边　　B. 只能找到一条边

C. 无法设置找边的极性　　D. 可以用于图像预处理

13. 在 VisionPro 工具集中，计算交点的工具集是(　　)。

A. Geometry-Creation　　B. Geometry-Finding&Fitting

C. Geometry-Intersection　　D. Geometry-Measurement

14. 使用 CreatLineTool 需要的已知信息有(　　)。

A. 点和点　　B. 点和线

C. 点和旋转角度　　D. 线和旋转角度

15. CogPMAlignTool 的模板匹配方式是基于(　　)。

A. 像素栅格　　B. 边缘轮廓　　C. 模板特征　　D. 灰度值

16. 在 CogBlobTool 工具中，形态学操作总是将白色像素当作是(　　)，黑色像素当作是(　　)。

A. 边缘；背景　　B. 背景；边缘　　C. 背景；Blob　　D. Blob；背景

17. 在 VisionPro 软件中过已知点做已知直线的垂线，应使用(　　)工具。

A. CogCreateLinePerpendicularTool　　B. CogCreateLineBisectPointsTool

C. CogCreateLineParallelTool　　D. CogCreateSegmentAvgSegsTool

18. 用 CogImageFileTool 工具打开的图像集后缀名为(　　)。

A. .cs　　B. .vpp　　C. .idb　　D. .dll

19. 在 VisionPro 软件工具集中，计算距离的工具集是(　　)。

A. Geometry-Creation　　B. Geometry-Finding&Fitting

C. Geometry-Intersection　　D. Geometry-Measurement

20. CogPMAlignTool 中接受阈值是一个(　　)范围的分值。

A. 0～0.5 之间　　B. 0～1.0 之间　　C. 0～1.5 之间　　D. 0～2.0 之间

21. 下列(　　)工具可以识别字符。

A. CogIDTool　　B. CogCaliperTool

C. CogBlobTool　　D. CogOCRMaxTool

22. 以下(　　)不是工业视觉的开发软件。

A. VisionPro　　B. HALCON　　C. NIVisionAssistant　　D. Python

23. 下列(　　)工具可以识别二维码。

A. CogIDTool　　B. CogCaliperTool

C. CogBlobTool　　D. CogOCRMaxTool

24. CogFindLineTool 中的每一个小栅栏是(　　)工具。

A. CogFindCircleTool　　B. CogFindLineTool

C. CogCaliperTool　　D. CogCreatCircleTool

二、多项选择题

1. 在 CogBlobTool 的区域选项卡中，支持的区域形状是(　　)。

A. CogCircle　　B. CogLine　　C. CogEllipse　　D. CogRectangle

2. 康耐视公司的 VisionPro 计算机视觉软件有(　　)特点。

A. 继承了平台中经过验证的、可靠的视觉工具

B. 快速且灵活的应用开发

C. 访问突破性的深度学习图像分析

D. 集成、通用的通信和图像采集

3. CogResultsAnalysisTool 可以使用(　　)类型的数据。

A. 数值　　B. 字符串　　C. 布尔值　　D. 结果值的数组

4. CogCaliperTool 选择极性的方法有(　　)。

A. 由明到暗　　B. 任何极性　　C. 无极性　　D. 由暗到明

5. CogCaliperTool 可以查找的边缘有(　　)。

A. 单个边缘　　B. Caliper 投影区域中的边缘对

C. 边缘对　　D. Caliper 投影区域中的单个边缘

6. 在 CogPMAlignTool 训练参数中，颗粒度与特征信息的关系是(　　)。

A. 颗粒度大，特征信息粗糙且多

B. 颗粒度大，特征信息粗糙且少

C. 颗粒度小，特征信息粗糙且多

D. 颗粒度小，特征信息精细且多

7. 下面(　　)方法可以减少 CogPMAlignTool 工具的运行时间。

A. 增大接受阈值　　B. 减小对比度阈值

C. 增大缩放范围　　D. 减小搜索区域范围

8. CogCalibCheckBoardTool 主要可以校正(　　)畸变。

A. 径向　　B. 切向　　C. 线性　　D. 曲性

9. 在 CogOCRMaxTool 参数中提高接受阈值会(　　)。

A. 提高运行速度　　B. 减慢运行速度

C. 有可能导致不能识别字符　　D. 有可能导致识别为错误的字符

三、判断题

1. 在 CogPMAlignTool 训练参数中，颗粒度的单位是 Pixel。　　(　　)

2. 使用 CogBlobTool 时，用固定阈值比相对阈值速度快。　　(　　)

3. 使用 CogBlobTool 时，应用像素加权会大大增加空间量化错误。　　(　　)

4. 在 CogPMAlignTool 运行参数中，训练图像的图案特征中绿线表示粗糙特征。　　(　　)

5. CogFixtureTool 的输出坐标空间只能选择定位空间。　　(　　)

6. CogIDTool 可以同时识别不同种类的二维码。　　(　　)

7. 一个 CogOCRMaxTool 可以识别多行字符。　　(　　)

8. 使用 CogDistanceSegmentSegmentTool 求得的距离是线段到线段的平均距离。　　(　　)

9. 使用 CogDistanceCircleCircleTool 求得的距离是两个圆心之间的距离。　　(　　)

10. 当 CogPMAlignTool 查找概数值设置为 1 时，只能找到一个结果。　　(　　)

11. 其他参数设置相同时，图像搜索范围越大，CogPMAlignTool 运行时间越长。（　）

12. 在 CogCaliperTool 参数中对比度阈值的作用是消除不满足最低对比度的边线。（　）

思政学习：大国工匠李刚

模块 3　综合应用

本模块通过“工件综合参数测量与特征检测”和“仪表数值智能识别”两个综合应用案例来提高读者应用视觉软件的能力。前一个应用案例思路较为简单，技术难度小，但任务较为庞杂，最终实现的完整程序较为复杂，重在提高读者对大型视觉软件程序的复用开发和工程管理能力；后一个应用案例任务较为单一，但涉及一定的算法构建，重在引导读者通过机器视觉技术完成一些深度定制化应用。

项目 3.1　工件综合参数测量与特征检测

工件综合参数测量与特征检测项目展示了机器视觉技术在工程应用中的基础功能，包括各种几何尺寸的测量、条形码和二维码的识别、Blob 分析等。该项目所用工件特征丰富，素材包含 8 张有显著局部差异的图像，非常适合机器视觉软件基础功能的教学。项目分为基础任务和拓展任务两个部分，前者的 10 个参数基本上都可以通过 VisionPro 软件工具箱里的单个工具直接获得或两个工具的运行结果通过直接计算获得，后者的两个参数的获取需要一些间接操作。

1. 项目要求

基础任务共包含 10 个参数的测量，图 3.1.1 对各参数进行了编号和批注说明。参数 1、参数 2 分别为工件左下角大圆的半径和小圆的半径，参数 3 为大圆和小圆的同心度(圆心之间的距离)，参数 4 为工件整体宽度(左右两条边线之间的距离)，参数 5 为工件右上角条形码的读取信息，参数 6 为工件中间二维码的读取信息，参数 7 为工件下方缺口的数目，参数 8 为工件右下角指定区域内的孔数(由 Blob 分析得到)，参数 9 为工件两条边线之间的夹角，参数 10 为参数 1 所对应大圆的圆心到参数 9 中的倾斜边线的距离(点线距离)。

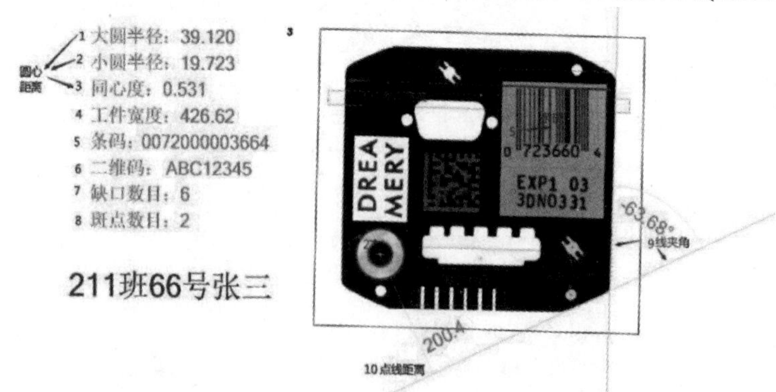

图 3.1.1　基础任务 10 个参数编号和批注说明

为了实现个人信息显示功能及显示位置能适应工件位置的变化，该部分还有一些潜在任务需要完成，包括个人信息的添加(通过CogCreateGraphicLabelTool 实现)、工件的定位(通过 CogPMAlignTool 实现)和坐标转换(通过 CogFixtureTool 实现)。

综合练习任务整体介绍

2. 项目开发思路

图 3.1.2 所示为项目流程折叠后的整体图。其中标签显示工具 CogCreateGraphicLabelTool1 实现个人信息(班级、姓名、学号)的添加；CogPMAlignTool1 实现工件的匹配定位，CogFixtureTool1 实现坐标系的转换；查找圆工具“CogFindCircleTool1 找大圆”和“CogFindCircleTool2 找小圆”实现两个圆的捕获及参数 1、参数 2(大圆的半径和小圆的半径)的获取；两点间距离工具“CogDistancePointPointTool1 同心度”实现参数 3 的获取；后续的 3 个标签显示工具 CogCreateGraphicLabelTool(包括“CogCreateGraphicLabelTool1 大圆”“CogCreateGraphicLabelTool1 小圆”“CogCreateGraphicLabelTool1 同心度”)实现参数 1 到参数 3 的结果显示(参数 4～10 的显示同样采用该工具)；卡尺工具“CogCaliperTool1 工件宽度”实现参数 4 的获取；读码工具“CogIDTool1 条码”和“CogIDTool1 二维码”实现参数 5 条形码和参数 6 二维码的读取，由于 VisionPro 软件的标签显示工具 CogCreateGraphicLabelTool 不方便支持字符串类型为参数结果格式化，因此条形码和二维码的显示分别需要两个标签显示工具；卡尺工具“CogCaliperTool1 数缺口”

工具　图形
<ToolGroup 输入>
Image Source
OutputImage
CogCreateGraphicLabelTool1
CogPMAlignTool1
CogFixtureTool1
CogFindCircleTool1找大圆
CogFindCircleTool2找小圆
CogDistancePointPointTool1同心度
CogCreateGraphicLabelTool1大圆
CogCreateGraphicLabelTool1小圆
CogCreateGraphicLabelTool1同心度
CogCaliperTool1工件宽度
CogCreateGraphicLabelTool2工件宽度
CogIDTool1条码
CogCreateGraphicLabelTool2条码
CogCreateGraphicLabelTool2条码0
CogIDTool1二维码
CogCreateGraphicLabelTool2二维码0
CogCreateGraphicLabelTool2二维码
CogCaliperTool1数缺口
CogCreateGraphicLabelTool2缺口数
CogBlobTool1斑点数目
CogCreateGraphicLabelTool2斑点数目
CogFindLineTool1直线1斜
CogFindLineTool1直线2
CogAngleLineLineTool1线夹角
CogResultsAnalysisTool1
CogCreateGraphicLabelTool2线夹角
CogDistancePointLineTool1点线距离
CogCreateGraphicLabelTool2点线距离
CogIntersectLineLineTool1两线交点
CogDistancePointPointTool1两点距离
CogCreateGraphicLabelTool3两点距离显示
CogFindCircleTool1找小圆1
CogFindCircleTool2找小圆2
CogFitLineTool1两小圆圆心连线
CogDistancePointLineTool1点线距离2
CogCreateGraphicLabelTool2点线距离2显示

图 3.1.2　项目流程的折叠图

实现参数 7(缺口数目)的获取；Blob 分析工具“CogBlobTool1 斑点数目”实现参数 8 的获取；找线工具“CogFindLineTool1 直线 1 斜”和“CogFindLineTool1 直线 2”实现参数 9 对应两直线的获取，然后由线夹角工具“CogAngleLineLineTool1 线夹角”计算出参数 9 对应的弧度，再由结果分析工具“CogResultsAnalysisTool1”转换为角度；点线距离工具“CogDistancePointLineTool1 点线距离”实现参数 10 的获取。

图 3.1.3 所示为项目流程展开图，共包含 3 个子图。

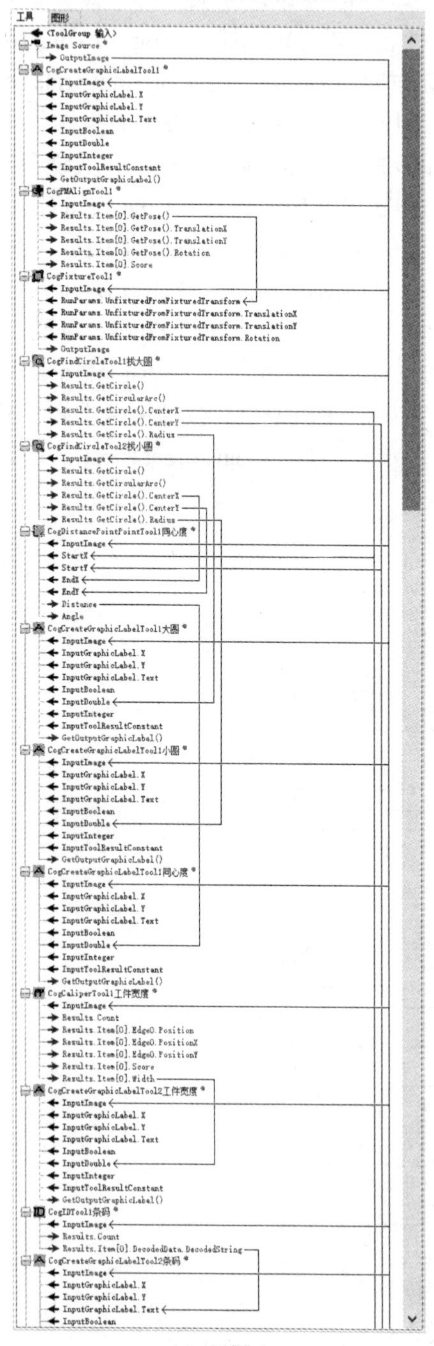

(a) 子图 1

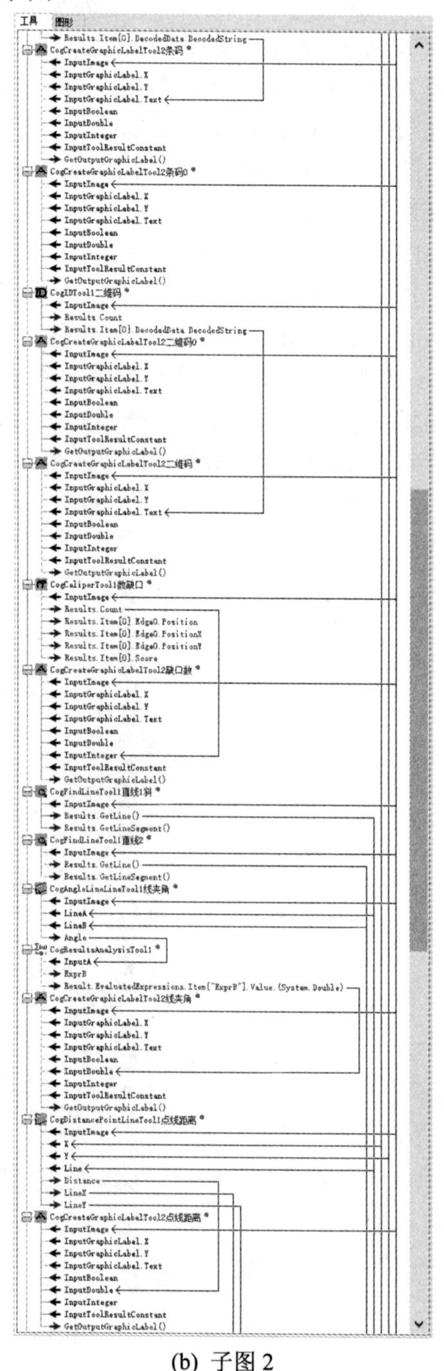

(b) 子图 2

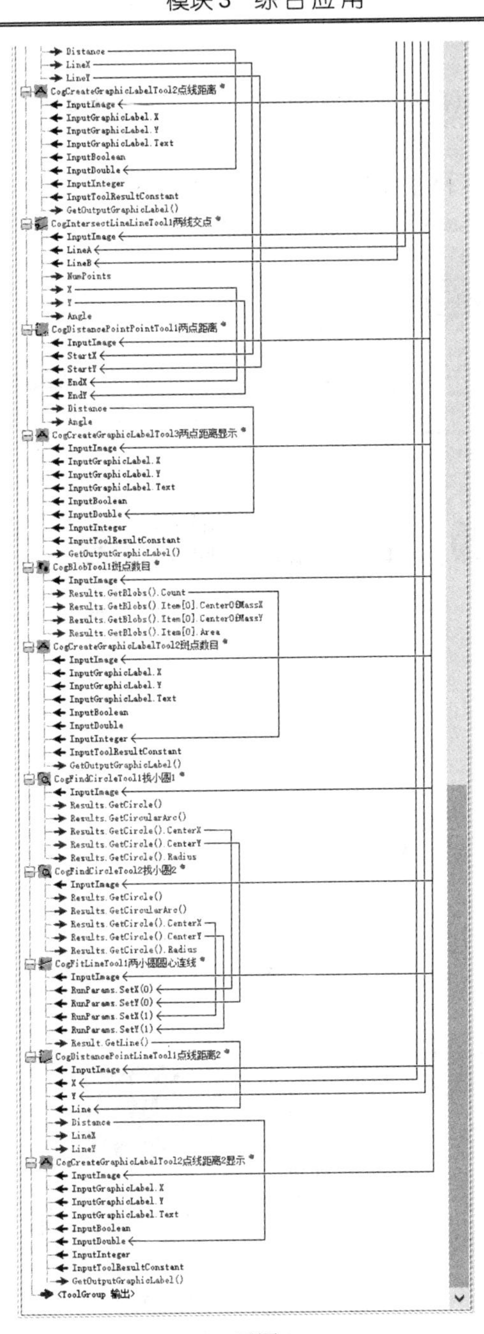

(c) 子图3

图 3.1.3 项目流程展开图

由于本项目涉及的工具较多，建议按照任务编号的顺序完成。完成任务过程中对有重复使用的工具应添加中文后缀(点击鼠标右键，在弹出菜单中选择“重新命名”命令)，以方便区分和后续引用。另外，每做完一个任务都要批量测试一遍，保证结果正确后，把已完成的工具树折叠起来，以免影响后续任务开发。否则，极易造成思路混乱，增大调试难度。

3. 项目实施

1) 两圆半径及同心度(参数 1 到参数 3)的测量与显示(任务 1)

显示班级学号和姓名

(1) 显示个人信息。

图 3.1.4 所示为添加素材图像和显示个人信息两个步骤。

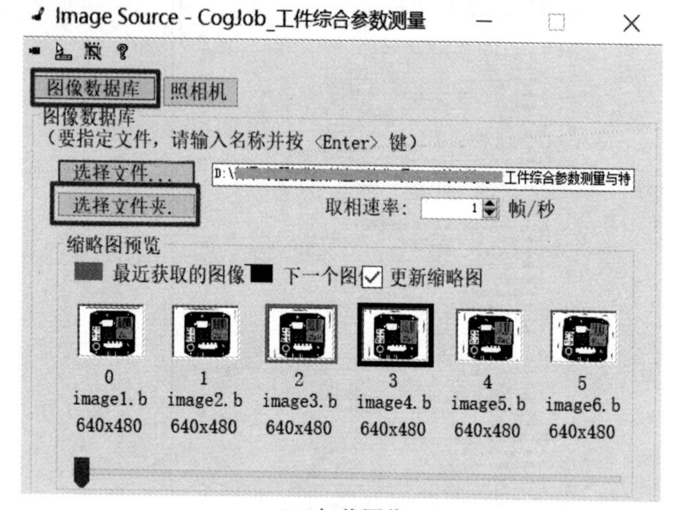

(a) 加载图像

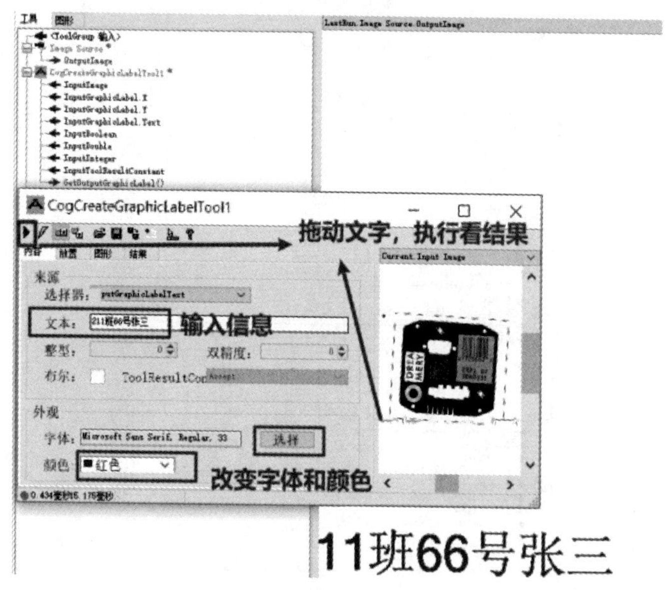

(b) 添加个人信息

图 3.1.4　添加素材图像并添加个人信息

首先，通过“Image Source-CogJob_工件综合参数测量”界面中的“图像数据库”→“选择文件夹”选择素材文件夹路径添加素材图像，如果在“缩略图预览”中可查看到数张图像则添加成功。

然后，通过标签显示工具 CogCreateGraphicLabelTool1 实现个人信息(如班级、姓名、学号等)的添加，并修改显示文字的字体和颜色，难点是显示位置的调整。由于在 VisionPro

软件中标签显示工具 CogCreateGraphicLabelTool 显示文字的字体不随图像缩放而缩放，因此需要把结果显示图像调整到合适大小(为了清晰可见，一般占据大部分屏幕)后，再设置和调整个人信息标签显示的位置。具体方法为：可以通过“设置”选项卡中的 X/Y 参数设置绝对位置的方式，也可以通过直接拖曳标签显示工具中的文字(必须为蓝色状态，红色状态下不可移动)的方式(后一种方式更加方便、快捷)，然后点击“工具”选项卡中的“执行”按钮，查看修改效果。一般经过几次调整即可快速确定位置。

(2) 工件的定位和坐标转换。由于被测工件的位置和角度在图像中是变动的，因此除了采用全局搜索的工具外，其他类型的工具均需要在新的参考坐标下进行，以保证在该参考坐标下工件的相对位置固定不变。图 3.1.5 所示为工件匹配定位和坐标转换两个步骤的程序和运行结果截图。

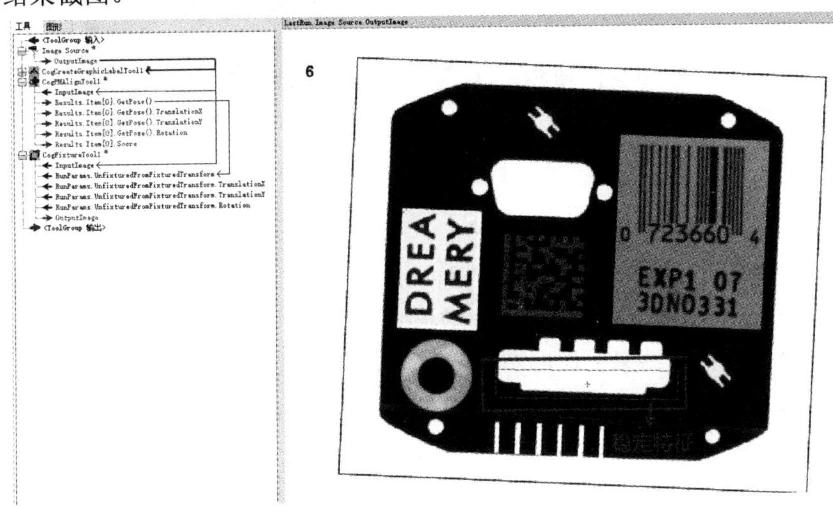

图 3.1.5 工件匹配定位和坐标转换

首先，按照模块二中“项目 2.2 PMAlign 工具的使用”里的方法添加并设置匹配工具 CogPMAlignTool1，建议选用图 3.1.5 中标注的稳定且特殊的部分为匹配区域。先在工具参数界面的“运行参数”选项卡中启用角度参数，由于 8 张图像的旋转角度不大，因此使用默认范围(−45°～45°)即可；接着在“图形”选项卡中勾选启用“显示匹配特征”和“显示搜索区域”，以便于在运行结果中快速确认匹配是否成功、精准。

两圆直径及同心度的测量与显示

其次，按照模块二中“项目 2.3 FixtureTool、CogCaliperTool 的使用”里的方法添加并设置坐标转换工具 CogFixtureTool1。

由于本任务所用的 CogPMAlignTool 和 CogFixtureTool 在整个项目中只使用一次，因此没有重命名和添加后缀。任务完成后需批量测试，保证 8 张图像都能成功搜索到并有较为准确的定位结果。

最后把该任务的工具树折叠起来，以免影响后续任务开发。

2) 两圆直径及同心度的测量与显示(任务 2)

首先，利用查找圆工具 CogFindCircleTool 捕获两个圆并获取参数 1、参数 2(大圆的半径和小圆的半径)。然后，利用两点间距离工具 CogDistancePointPointTool 得到参数 3，即两个圆的同心度。最后，利用 3 个标签显示工具 CogCreateGraphicLabelTool 实现参数 1 到参数 3 的结果显示。图 3.1.6 所示为大、小两个圆半径及同心度参数测量的相关程序和运行结果。

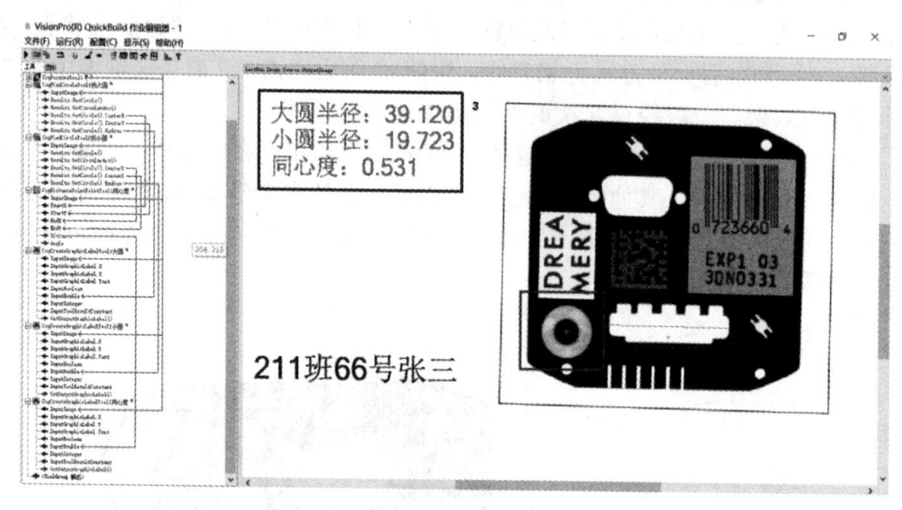

图 3.1.6　两圆半径及同心度测量的程序和运行结果

(1) 按照模块二中“项目 2.4 几何工具的使用”里介绍的方法添加并设置查找圆工具 CogFindCircleTool 参数，查找大圆和小圆的核心参数如图 3.1.7 所示。其中“卡尺数量”建议设置大一点，使拟合结果更加可靠；“搜索长度”和“投影长度”可以通过拖曳图像中的关键点进行修改，当拖曳结果出现混乱时建议直接修改；为了适应工件位置的变化，“所选空间名称”必须选用“@\Fixture”空间(注意：必须在前面的 CogFixtureTool1 运行后该空间才能产生，否则找不到该选项)；“起始角”和“角度范围”两个参数直接输入 0 和 360 即可，不要采用拖曳成圆的方式，否则很难刚好能得到一个 360°的圆的结果。

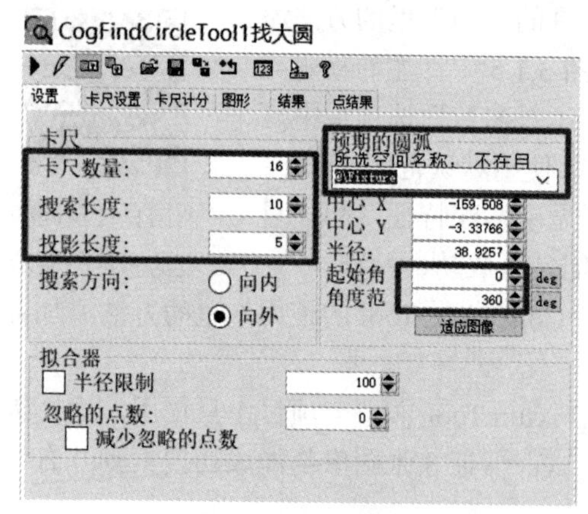

(a) 找大圆工具参数

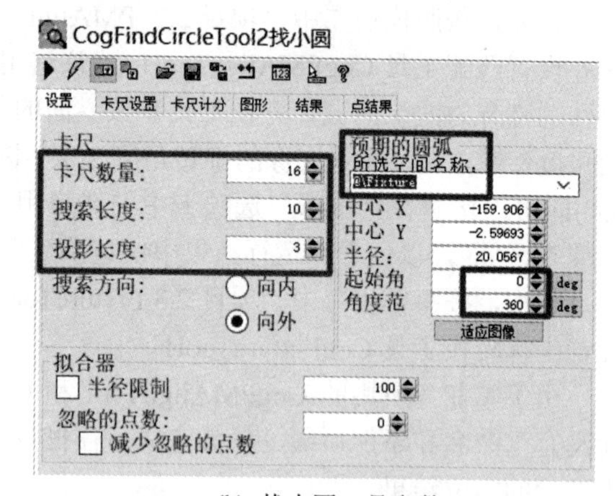

(b) 找小圆工具参数

图 3.1.7　设置两个找圆工具参数

(2) 以步骤(1)中的两个圆的圆心为参数，利用“Geometry-Measurement”集合里的 CogDistancePointPointTool 得到两个圆的同心度。

(3) 分别以步骤(1)中获取的两个圆的半径和步骤(2)中获取的两个圆的同心度为参数，

利用标签显示工具 CogCreateGraphicLabelTool 将 3 个参数显示在图像的左边。

其中的位置参数的设置和调整是重点。具体方法为：第一个标签显示工具的位置按上述个人信息显示位置的调整方法调整，“内容”选项卡中的“选择器”选择“Formatted”(格式化的)，“文本”参数框填写“大圆半径：{D:F3}”(特别注意：键入“{D:F3}”前需切换为纯英文输入法，且必须使用英文标点)；“放置”选项卡中的“对齐”方式选择“TopLeft”(左上角对齐)。

为了提高任务完成的效率，后面两个标签显示工具的添加建议采用复制、粘贴再修改部分参数的方式，需要修改的参数包括文本内容、位置中的 Y 坐标值(由于几个文本标签的对齐方式为 X 方向对齐、Y 方向均匀分布，因此在前两个标签显示工具调整好位置后，后续的标签只需将 Y 方向增加一个固定值即可，此例中为 40)。3 个标签显示工具的关键参数如图 3.1.8 所示。

完成后需批量测试，保证 8 张图像都能得到正确的结果。然后把该任务的工具树折叠起来，以免影响后续任务开发。由于本任务所用的 CogFindCircleTool、CogDistancePointPointTool 等工具在整个项目中多次使用且后期还要多处引用，因此强烈建议重命名时名称应添加后缀。

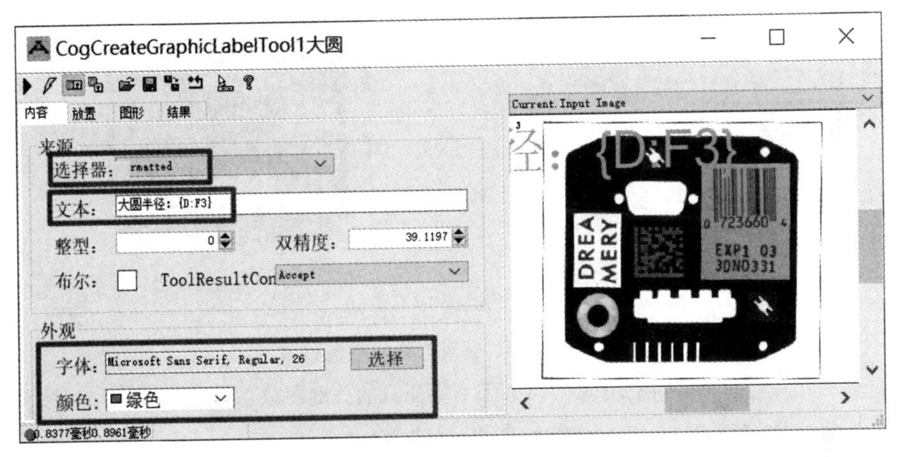

(a) 第 1 个标签显示工具的内容、字体和颜色设置

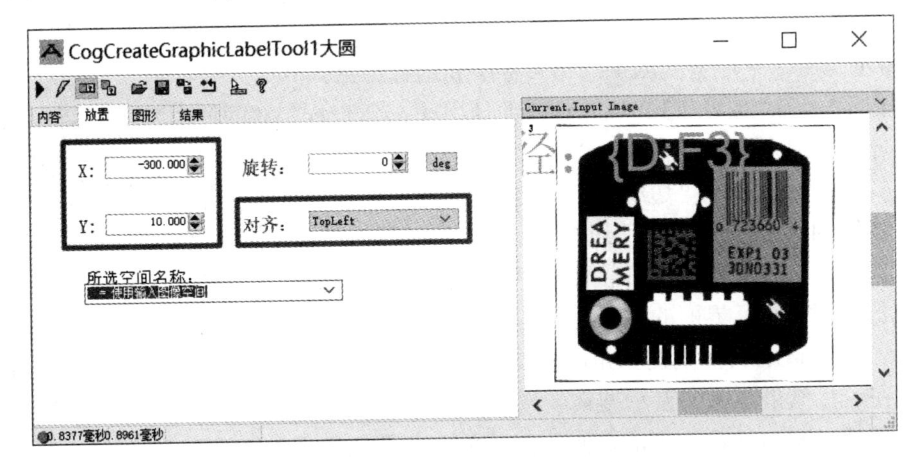

(b) 第 1 个标签显示工具的位置设置

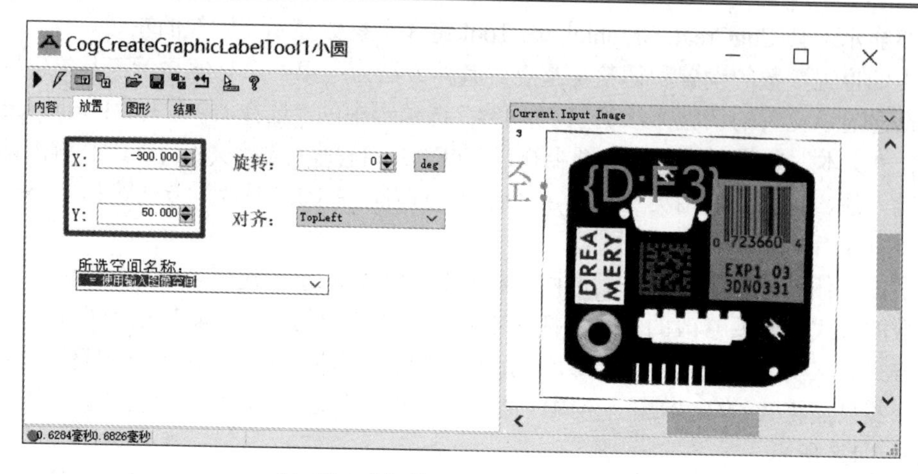

(c) 第 2 个标签显示工具的位置设置

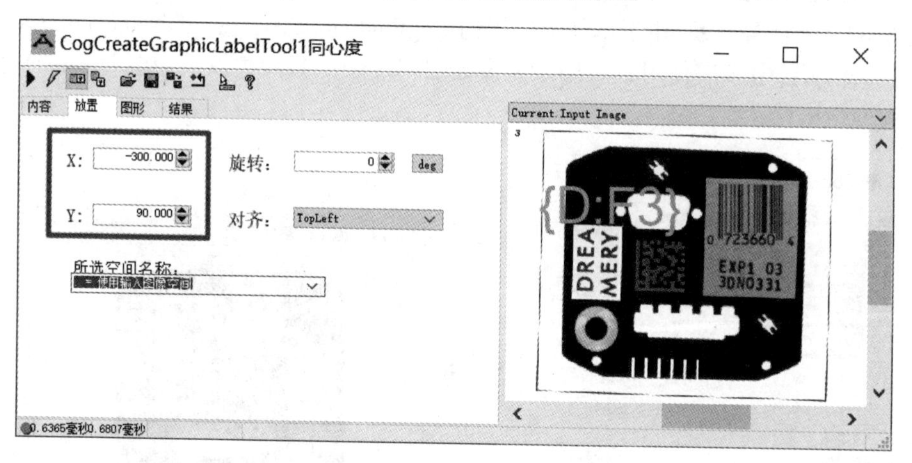

(d) 第 3 个标签显示工具的位置设置

图 3.1.8　3 个标签显示工具的关键参数

3) 工件整体宽度 (参数 4)的测量与显示(任务 3)

首先，利用卡尺工具“CogCaliperTool1 工件宽度”实现参数 4(工件整体宽度)的获取。然后，利用标签显示工具“CogCreateGraphicLabelTool2 工件宽度”实现参数 4 的结果显示。图 3.1.9 所示为工件整体宽度测量的相关程序和运行结果。

(1) 按照模块二“项目 2.3 FixtureTool 的使用、CogCaliperTool 的使用”里介绍的方法添加并设置卡尺工具“CogCaliperTool1 工件宽度”，主要参数如图 3.1.10 所示。其中“边缘对”的两个边缘的极性根据搜索框箭头的方向上边缘的过度极性设置，“边缘对宽度”的设置值要与实际宽度接近，其值可以通过各类图片查看软件(如 Windows 自带的画图工具)的选择工具获得。图像交互界面的搜索框投影方向要调整至与工件被测边缘接近平行。为了适应工件位置和角度的变化，“所选空间名称”必须选用“@\Fixture”空间。为了在运行结果图像中显示搜索区域，需启用“图形”选项卡里的“显示区域”参数。完成此步骤后，整体运行一次，以便于在下面的步骤(2)中添加终端数据。

工件整体宽度测量与显示

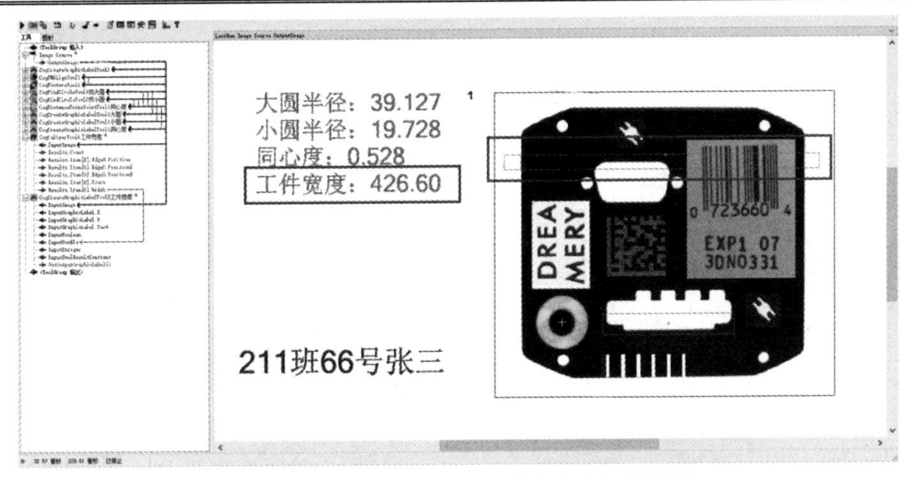

图 3.1.9 工件整体宽度测量的程序和运行结果

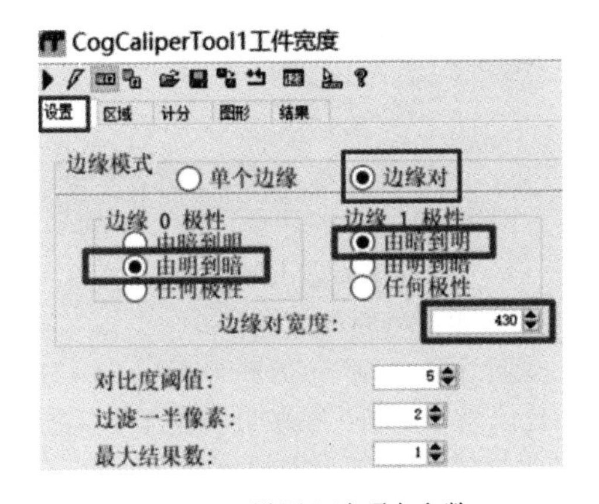

(a) “设置”选项卡参数

(b) 图像交互界面

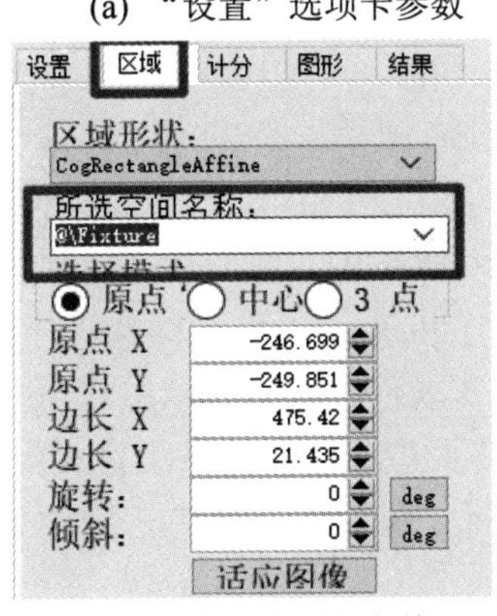

(c) “区域”选项卡参数

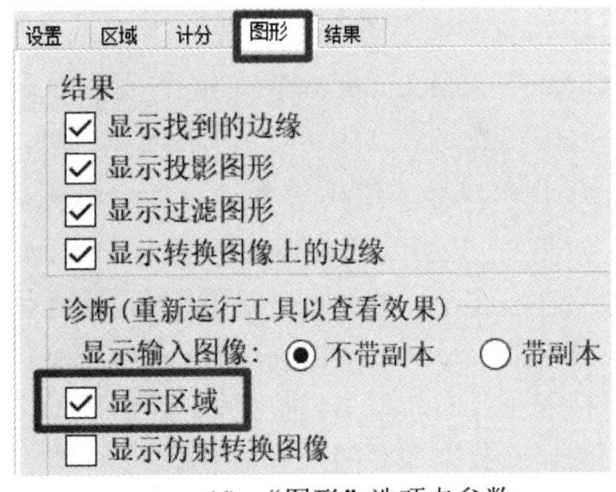

(d) “图形”选项卡参数

图 3.1.10 “CogCaliperTool1 工件宽度”工具的参数设置

(2) 给卡尺工具添加输出参数“Width”。操作方法如图 3.1.11 所示，鼠标右键点击卡尺工具“CogCaliperTool1 工件宽度”→“添加终端”，然后在“添加终端”对话框中添加输出参数“Width”。注意，添加终端数据前必须整体运行一次，否则在“添加终端”对话框里找不到输出参数“Width”。

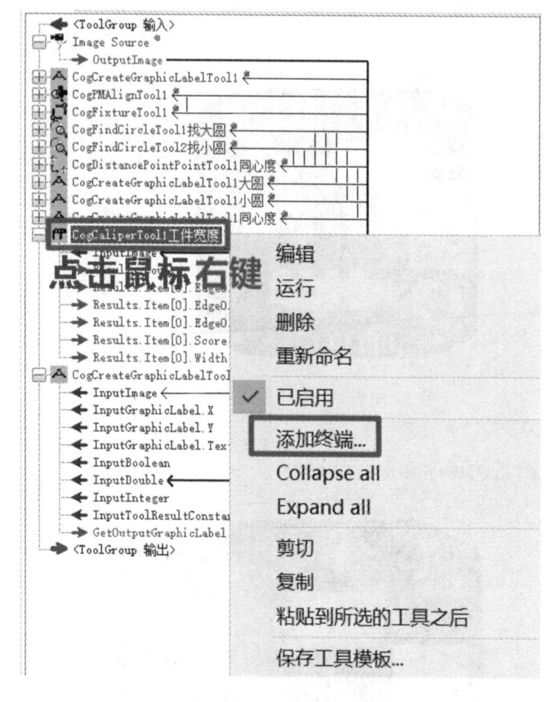

(a) 进入“添加终端”对话框

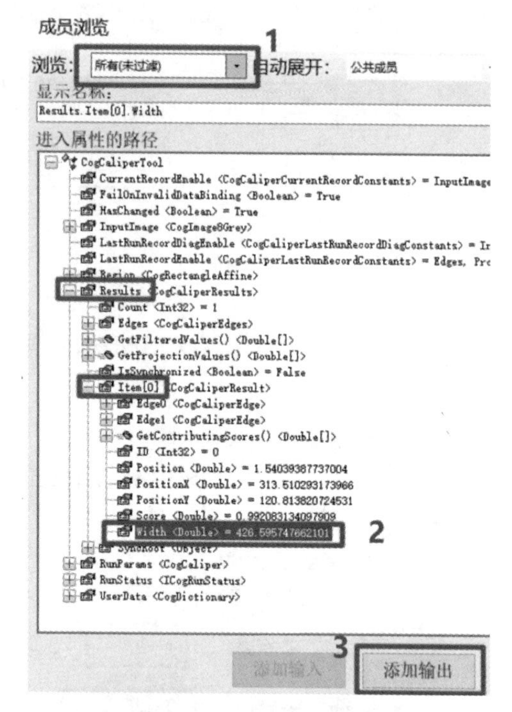

(b) 添加输出参数“Width”

图 3.1.11　给卡尺工具添加输出参数“Width”

(3) 与本项目任务 2 的 3 个参数类似，利用标签显示工具“CogCreateGraphicLabelTool2 工件宽度”将 3 个参数显示在图像的左边，依然建议采用复制、粘贴再修改部分参数的方式，需要修改的参数包括文本内容、位置中的 Y 坐标值(此例中为增加 40)。

(4) 完成后需批量测试，保证 8 张图像都得到正确的结果后，把该任务的工具树折叠起来，以免影响后续任务开发。由于本任务所用的 CogCaliperTool、CogCreateGraphicLabelTool 在整个项目中多次使用且后期需要多处引用，因此强烈建议重命名时名称应添加后缀。

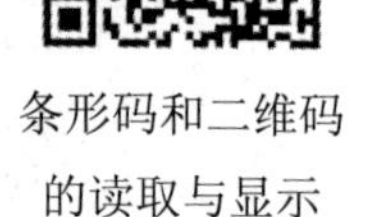

条形码和二维码的读取与显示

4) 条形码和二维码(参数 5、参数 6)的读取与显示(任务 4)

如图 3.1.12 所示为读取条形码和二维码的相关程序和运行结果。本任务的难点在于标签显示工具的使用，原因是 VisionPro 软件的标签显示工具 CogCreateGraphicLabelTool 不方便支持以字符串类型为参数的结果格式化(支持的类型包括 4 种：布尔型 B、整型 I、浮点型 D 和整体运行结果通过与否 T)，因此条形码和二维码的显示分别需要两个标签显示工具。

由于本任务的两个参数所使用的工具相同，只是参数稍有区别，因此下面仅对条形码(以下简称条码)参数的读取和显示步骤做详细介绍。

(1) 按照模块二“项目 2.6 ID 工具的使用”里介绍的方法添加并设置读码工具“CogIDTool1 条码”，无需修改“代码系统”参数。为了提高检测效率，可将“CogIDTool1 条码”工具的“区域”选项卡里的“区域形状”选择为“CogRectangle”，并将“所选空间名称”选用为“@\Fixture”空间，再将图像交互界面的搜索框调整至条形码所在区域。为了在运行结果图像中显示搜索区域，需启用“图形”选项卡里的“显示区域”参数。图 3.1.13(a)～图 3.1.13 (c)为“CogIDTool1 条码”工具的参数设置。

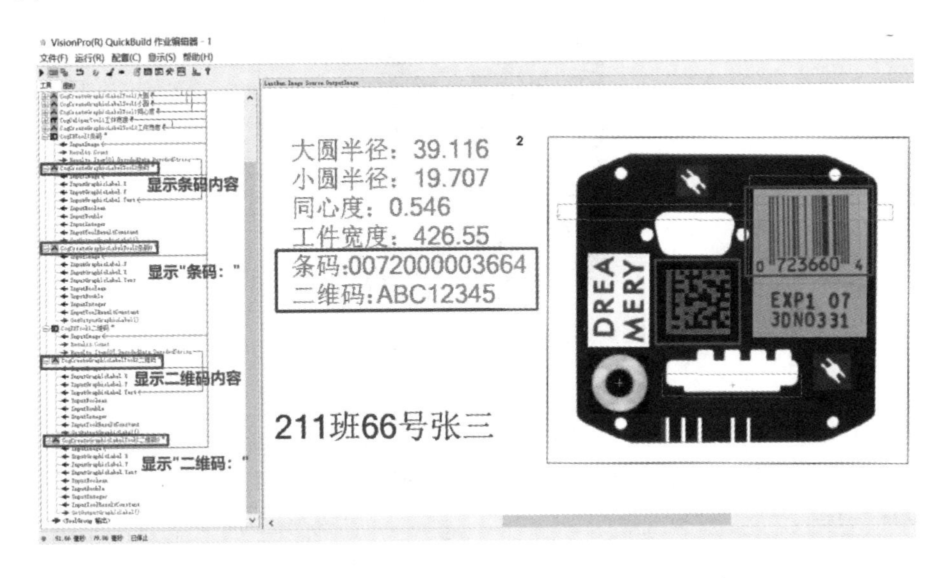

图 3.1.12　读取条形码和二维码的相关程序和运行结果

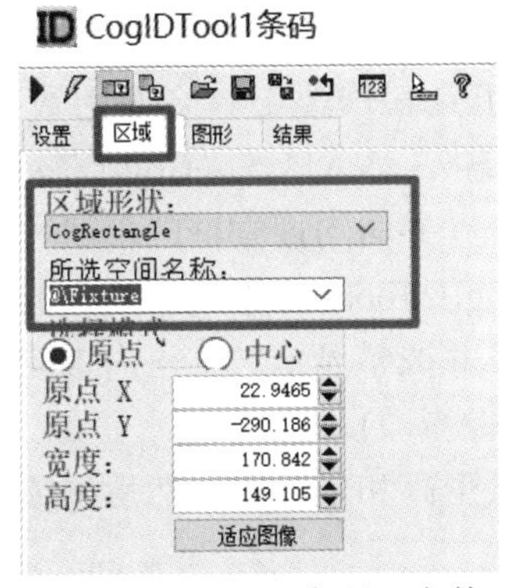

(a)“CogIDTool1 条码”参数 1

(b)“CogIDTool1 条码”参数 2

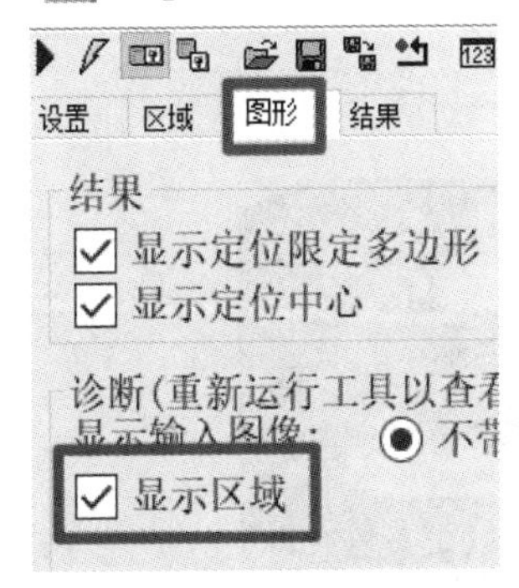

(c)“CogIDTool1 条码”参数 3

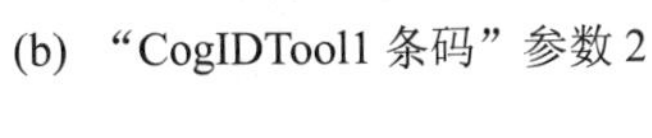
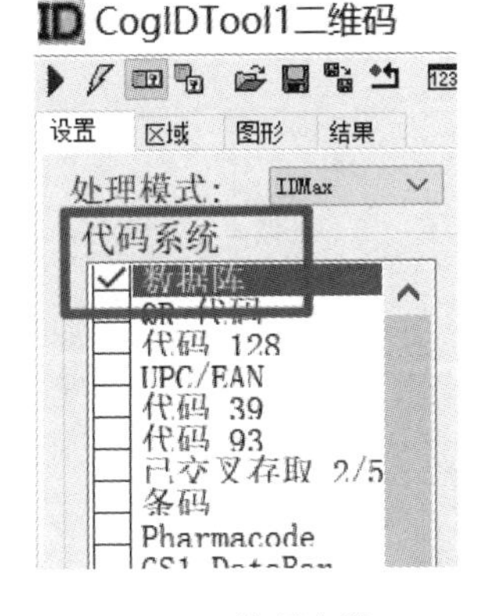

(d) 二维码参数 1

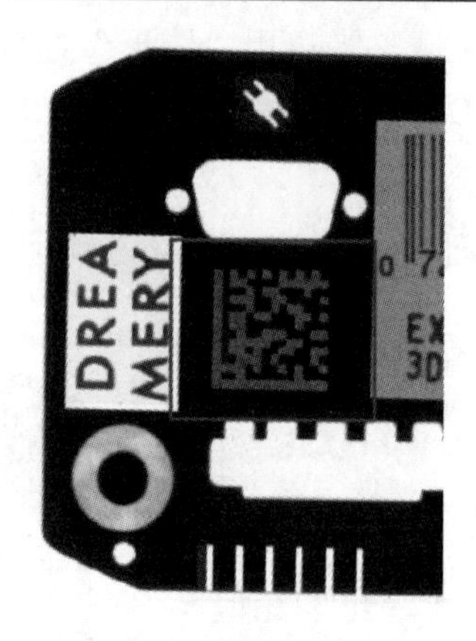

(e) 二维码参数 2

图 3.1.13　读码工具的参数设置

说明：如果整个图像中只有一个条形码且不关心效率问题，可不用设置“CogIDTool1 条码”工具的任何参数；对于二维码来说，也仅需要选择对应的“代码系统”即可(本例选择“数据库”)。

(2) 首先复制两份上述任务的标签显示工具“CogCreateGraphicLabelTool2 工件宽度”，然后粘贴后重命名并修改文本内容、位置中的 Y 坐标值(增加 40)，最后调整显示条形码内容的标签显示工具位置参数的 X 坐标值(增加约 3 个汉字占用空间的像素数)。

(3) 首先复制“CogIDTool1 条码”的 3 个工具和修改工具之间的数据链接，并将“CogIDTool1 条码”重命名为“CogIDTool1 二维码”。然后修改“CogIDTool1 二维码”工具“代码系统”参数为数据库，拖曳、修改图像交互界面的搜索框的形状和位置，调整至二维码所在区域，图 3.1.13(d)、图 3.1.13(e)为“CogIDTool1 二维码”工具的参数设置。最后修改标签显示工具位置中的 Y 坐标值(增加 40)，并调整显示二维码内容的标签显示工具位置参数的 X 坐标值(增加约 4 个汉字占用空间的像素数)。

(4) 进行批量测试，保证 8 张图像都能读出条形码和二维码。然后把该任务的工具树折叠起来，以免影响后续任务开发。

5) 缺口数目和斑点数目(参数 7、参数 8)的检测与显示(任务 5)

图 3.1.14 所示为检测缺口数目和斑点数目的相关程序和运行结果。

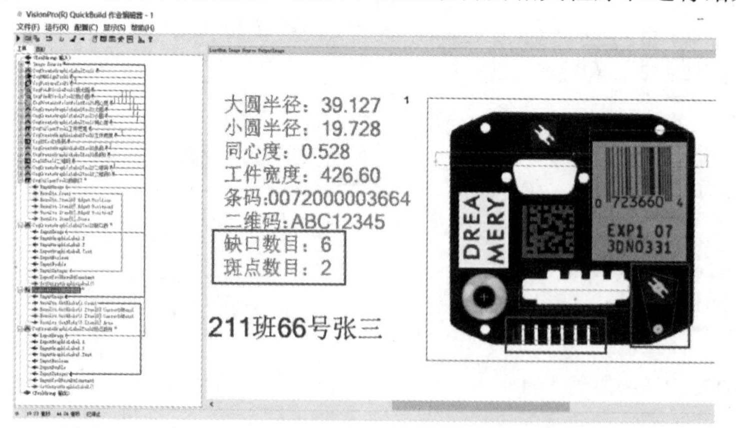

缺口数目和斑点数目的检测与显示

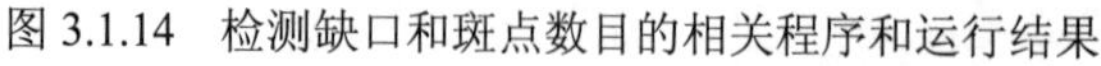

图 3.1.14　检测缺口和斑点数目的相关程序和运行结果

本任务的难度较小，实施步骤如下：

(1) 按照模块二“项目 2.3 FixtureTool、CogCaliperTool 的使用”里介绍的方法添加并设置卡尺工具“CogCaliperTool1 数缺口”，主要参数如图 3.1.15(a)～图 3.1.15(c)所示。其中关键步骤是增加参数“对比度阈值”的值(本例为 85)。由于本任务所用图像的边界黑白分明，梯度较大，可将该参数设高一些，并切换到 LastRun.RegionData 图确认各个边缘对比度的尖峰值。

(2) 按照模块二“项目 2.5 Blob 工具的使用”里介绍的方法添加并设置 Blob 工具“CogBlobTool1 斑点数目”，主要参数如图 3.1.15(d)～图 3.1.15(f)所示。其中较为关键的步骤是将“区域”选项卡参数“区域形状”设置为“CogPolygon”，即多边形区域，并调整各个顶点，使多边形在工件内且不接触其他孔及各类边缘。在“设置”选项卡里将“最小面积”设置为 100，使运行结果更加稳健。在“图形”选项卡里勾选“显示质心”“显示斑点覆盖图”和“显示区域”3 个复选框，以方便批量测试验证时直观查看运行结果。

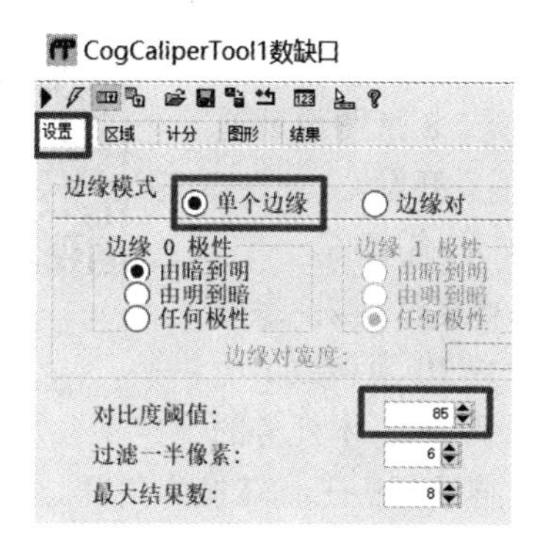

(a) “CogBlobTool1 数缺口”工具参数 1

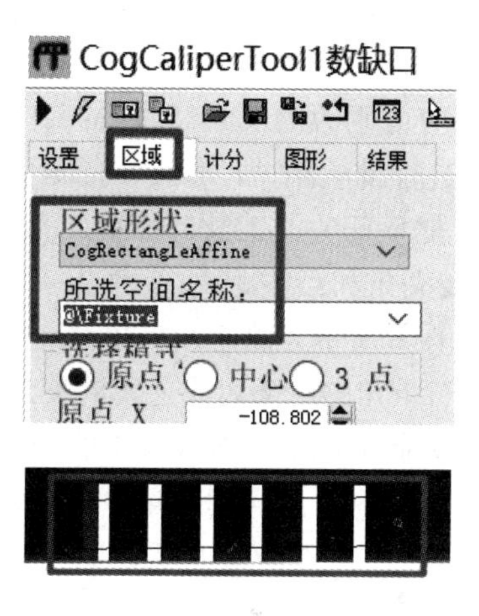

(b) “CogBlobTool1 数缺口”工具参数 2

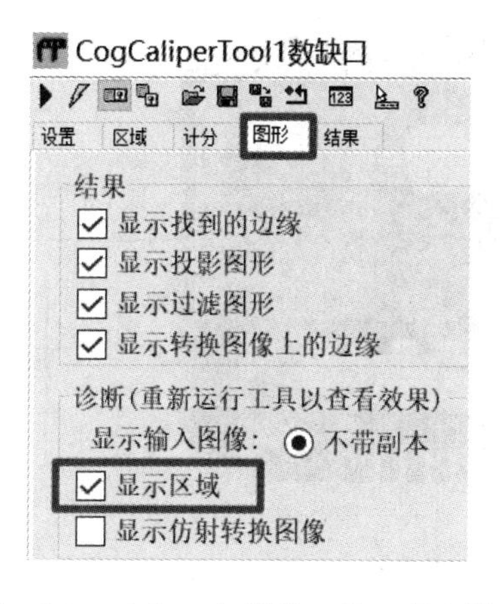

(c) “CogBlobTool1 数缺口”工具参数 3

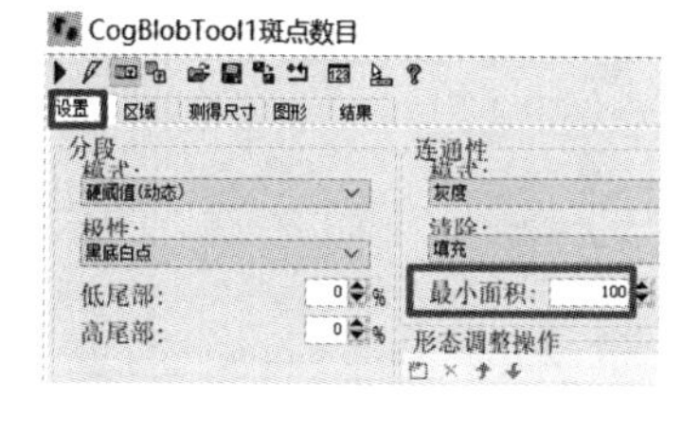

(d) “CogBlobTool1 斑点数目”工具参数 1

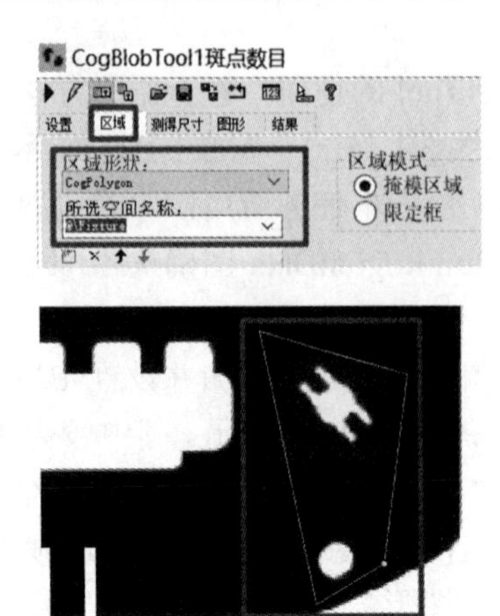

(e) “CogBlobTool1 斑点数目”工具参数 2

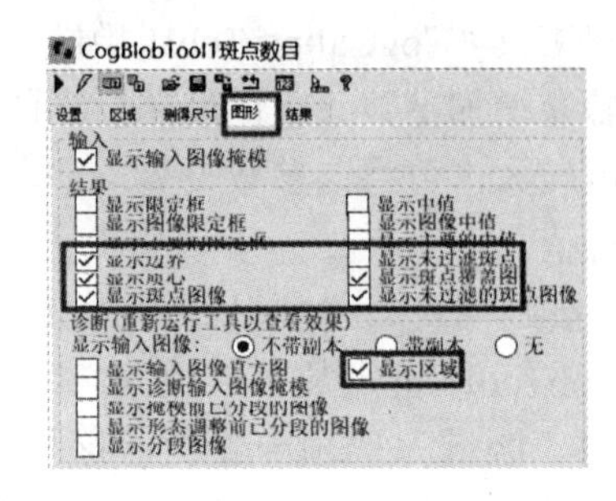

(f) “CogBlobTool1 斑点数目”工具参数 3

图 3.1.15　本任务各个工具的参数设置

(3) 复制本项目任务 4 的标签显示工具“CogCreateGraphicLabelTool2 二维码 0”，粘贴后重命名并修改文本内容、位置中的 Y 坐标值(分别增加 40 和 80)，并将缺口数和斑点数的文本内容分别改为“缺口数目：{I}”和“斑点数目：{I}”。

(4) 进行批量测试，确认 8 张图像都能得出正确结果。8 张图像都通过测试后把该任务的工具树折叠起来，以免影响后续任务开发。

点线距离和线夹角的测量与显示

6) 线夹角和点线距离(参数 9、参数 10)的测量与显示(任务 6)

图 3.1.16 所示为测量线夹角和点线距离的相关程序和运行结果，参数 9 为工件右下角的两条边线之间的夹角(单位为角度)，参数 10 为参数 1 所查找到的大圆的圆心到参数 9 中的倾斜边线的距离(点线距离)。本任务的难点在于线夹角工具得到的角度单位为弧度，需要通过结果分析工具转换为角度。

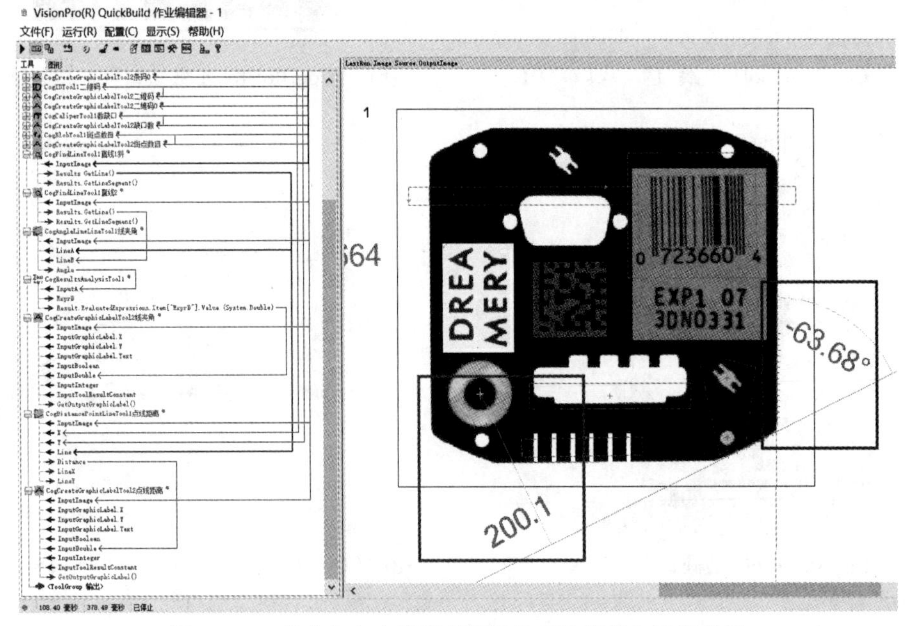

图 3.1.16　线夹角和点线距离测量的相关程序和运行结果

任务实施的详细步骤如下：

(1) 定位倾斜边线直线。按照模块二“项目 2.4 几何工具的使用”里介绍的方法添加并设置查找直线工具“CogFindLineTool1 直线 1 斜”，主要参数如图 3.1.17 所示。为了适应工件位置的变化，必须将“所选空间名称”选用为“@\Fixture”空间。卡尺边缘的极性方向应与图像交互界面的搜索框投影方向一致，尽量将卡尺的中线调整至与要定位的倾斜边线重合。

(2) 复制、粘贴查找直线工具“CogFindLineTool1 直线 1 斜”，重命名后拖曳图像交互界面的搜索框的位置，使得卡尺的中线与要定位的垂直边线重合。由于垂直边线较长，为了提高查找直线的准确性和稳定性，可适当增加卡尺的长度并增大“卡尺数量”，如 16。

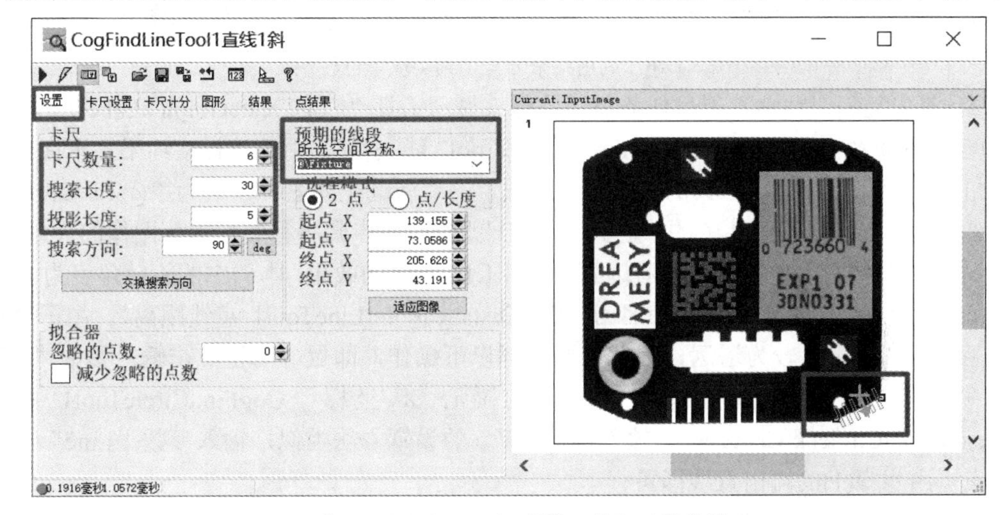

(a) “CogFindLineTool1 直线 1 斜”工具参数 1

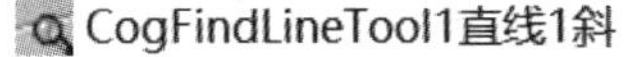
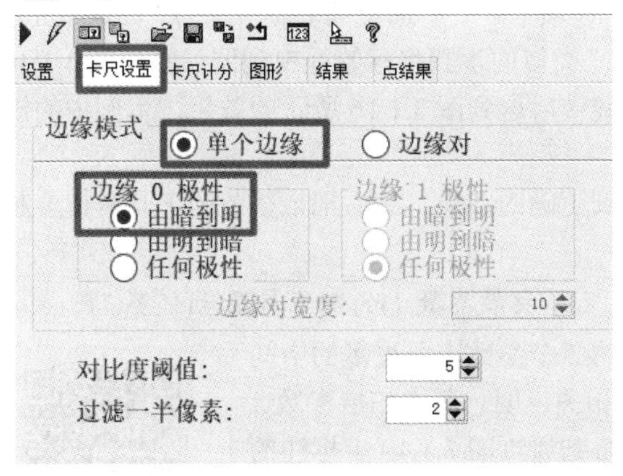

(b) “CogFindLineTool1 直线 1 斜”工具参数 2

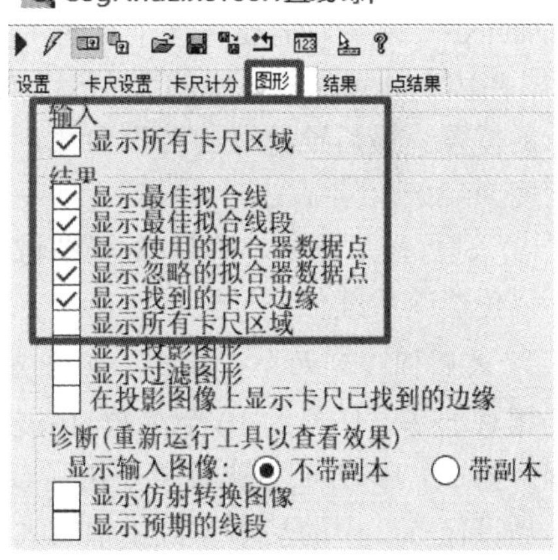

(c) “CogFindLineTool1 直线 1 斜”工具参数 3

图 3.1.17　查找倾斜边线直线工具的主要参数

(3) 获取线夹角的弧度值，添加并设置线夹角工具“CogAngleLineLineTool1 线夹角”，将输入 LineA、LineB 分别引用步骤(1)和步骤(2)获取的直线运行即可。

(4) 添加结果分析工具“CogResultsAnalysisTool1”，将步骤(3)的结果单位弧度转换为角度(弧度数乘以 57.32)，如图 3.1.18 所示。具体方法为按图 3.1.18 所示添加 1 个输入参数和 1 个表达式参数，并鼠标右键点击工具“CogResultsAnalysisTool1”→“添加终端”，并添加输出“Result.EvaluatedExpressions.Item["ExprB"].Value.(System.Double)”，即得出线夹角的角度值。

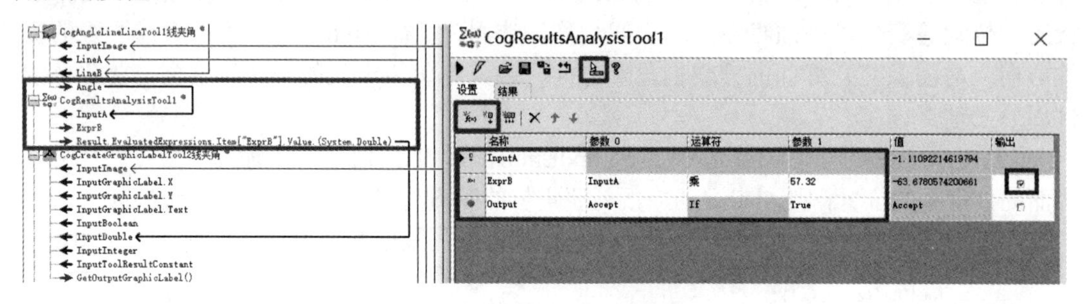

图 3.1.18　利用结果分析工具实现单位转换

(5) 首先复制、粘贴本项目任务 3 中的标签显示工具“CogCreateGraphicLabelTool2 工件宽度”，并重命名为“CogCreateGraphicLabelTool2 线夹角”。由于该标签结果显示在图像的夹角处，因此需要将该工具的“位置”选项卡的“所选空间名称”选为“@\Fixture”空间，然后按照本项目任务 2 中的“显示个人信息”类似的步骤将标签拖拽到图像的夹角处。最后设置“旋转”参数，使其旋转后达到如图 3.1.16 所示的效果，本例中的旋转角度为 30°。

(6) 添加点线距离工具并重命名为“CogDistancePointLineTool1 点线距离”。由于查找大圆工具距离本工具较为遥远，因此需要进行以下操作，即鼠标右键点击输入参数“X”→“链接自”→引用找大圆工具输出的圆心 X 坐标“CogFindCircleTool1 找大圆.Results.GetCircle(). CenterX”，输入参数“Y”的设置方法类似，输入参数“Line”可直接拖曳引用步骤(1)的输出直线即可。

(7) 首先复制、粘贴步骤(5)的标签显示工具“CogCreateGraphicLabelTool2 线夹角”，并重命名为“CogCreateGraphicLabelTool2 点线距离”，并重新引用步骤(6)的输出数据“Distance”。然后，需要将该工具的“位置”选项卡的“所选空间名称”选为“@\Fixture”空间，并按本项目任务 2 中的“显示个人信息”类似的步骤将标签拖曳到图像的如图 3.1.16 所示的位置。最后设置“旋转”参数，使其旋转后达到图 3.1.16 所示的效果，本例中的旋转角度为−30°。

(8) 进行批量测试，确认 8 张图像都得到正确的结果，然后把该任务的工具树折叠起来，以免影响后续任务开发。

7) 大圆圆心到两个小圆圆心拟合直线的距离(拓展参数 1)的测量与显示(任务 7)

相对于基本任务的 10 个参数，拓展任务的 2 个参数需要更多的中间过程。图 3.1.19 所示为测量两个拓展参数的相关说明。其中拓展参数 1 为本项目任务 2 中的基本参数 1 中的大圆圆心到通过图 3.1.19 中标注的两个小圆圆心的直线的距离，拓展参数 2 为本项目任务 6 中的倾斜直线上两个点之间的距离，第一个点为倾斜直线与右边缘垂直直线的交点，第二个点为任务 2 的基本参数 1 中的大圆圆心到倾斜直线的垂足，该垂足可以通过本项目任务 6 中求参数 10 的点到直线距离工具“CogDistancePointLineTool1 点线距离”的输出参数直接引用得到。

拓展任务说明

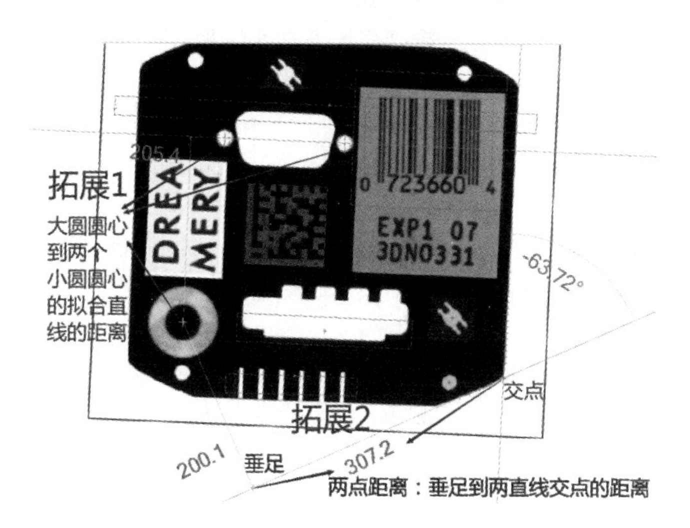

大圆圆心到两个小圆圆心拟合直线的距离的测量与显示

图 3.1.19　两个拓展参数说明

图 3.1.20 所示为测量两个拓展参数的相关程序。下面介绍测量拓展参数 1 的实施步骤。

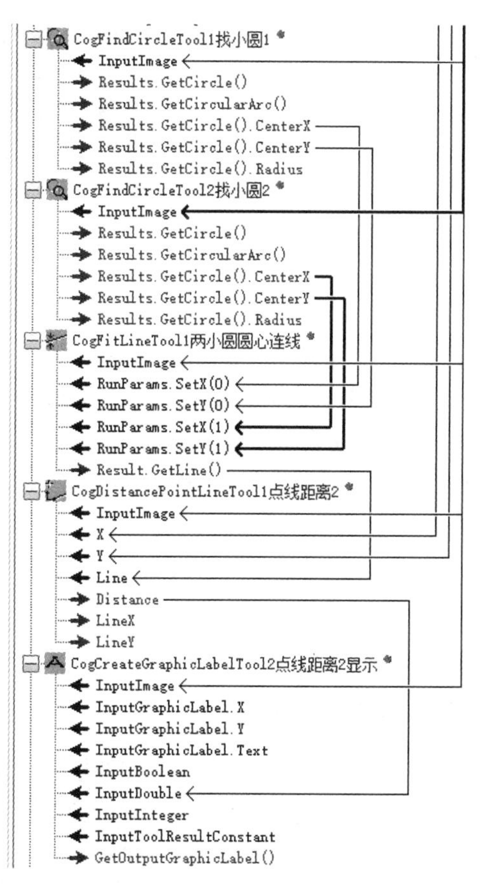

拓展参数 1

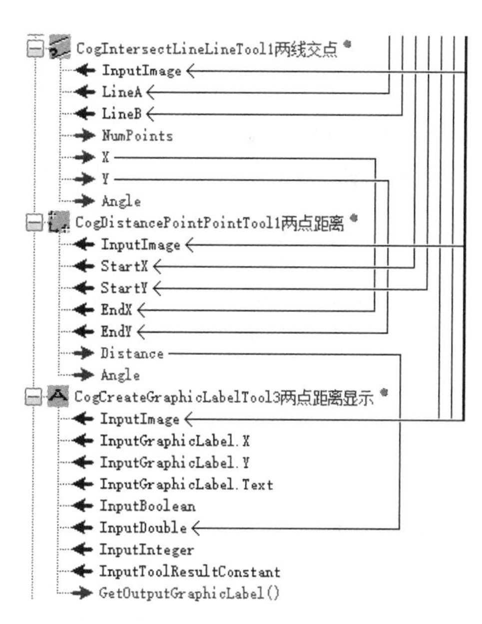

拓展参数 2

图 3.1.20　测量两个拓展参数的相关程序

(1) 复制本项目任务 2 中的工具“CogFindCircleTool1 大圆”并粘贴，重命名为“CogFindCircleTool1 找小圆 1”，将图像交互界面的搜索框拖曳至左边小圆所在区域并调整大小，运行查看结果。

(2) 复制步骤(1)的工具“CogFindCircleTool1 找小圆 1”并粘贴，重命名为“CogFindCircleTool1 找小圆 2”，将图像交互界面的搜索框拖曳至右边小圆所在区域，运行查看结果。

(3) 添加直线拟合工具“CogFitLineTool1 两小圆圆心连线”，并引用步骤(1)和步骤(2)两个查找圆工具输出的圆心坐标，运行查看拟合结果，确认新生成的一条直线通过两个小圆的圆心。

(4) 按本项目任务 6 中获取点线距离(参数 10)的方法，通过点线距离工具“CogDistancePointLineTool1 点线距离 2”完成拓展参数 1 的测量，输入点参数为任务 2 的基本参数 1 中的大圆圆心，输入线参数为步骤(3)得到的拟合直线。

(5) 按本项目任务 6 的方法添加测量结果的标签显示工具(采用复制、粘贴、调整的方式)。

(6) 批量测试，保证 8 张图像都得到正确的结果，再把该任务的工具树折叠起来，以免影响后续任务开发。

8) 两点距离(拓展参数 2)的测量与显示(任务 8)

两点距离的测量与显示

测量拓展参数 2 的实施步骤如下：

(1) 添加求直线交点工具“CogIntersectLineLineTool1 两线交点”，将输入参数 LineA 和 LineB 引用本项目任务 6 中的获取倾斜直线和右边缘垂直直线工具的输出，即“CogFindLineTool1 直线 1 斜”和“CogFindLineTool1 直线 2”的输出参数“Results.GetLine()”，运行后放大查看结果图像是否成功生成交点标记。

(2) 按本项目任务 2 中的基本参数 3(同心度)的测量方法，通过求两点距离工具“CogDistancePointPointTool1 两点距离”完成拓展参数 2 的测量，输入参数的第一个点 StartX/StartY 引用步骤(1)获取两线交点工具“CogIntersectLineLineTool1 两线交点”的输出参数 X/Y，第二个点的 EndX/EndY 坐标分别引用本项目任务 6 中求参数 10 的点到直线距离工具“CogDistancePointLineTool1 点线距离”的输出参数 LineX 和 LineY。

(3) 按本项目任务 6 的方法添加测量结果的标签显示工具(采用复制、粘贴、调整的方式)。

(4) 批量测试，保证 8 张图像都能得到正确的结果。

项目 3.2　仪表数值智能识别

1. 项目要求

仪表数值智能识别项目要求

本项目模拟一个机器视觉系统对仪表盘指针“能耗”数值的自动读取，在模拟过程中还介绍了 C#简单脚本的基本用法。

本项目包含的由脚本程序预先生成的 9 张图像(并非现实中采集得到)以及生成表盘指针位置的程序参数作为“标准值”一同显示在表盘下

方，以便于验证机器视觉系统软件程序结果的准确性。项目任务为：搭建一个 VisionPro 程序，以识别原图中表盘指针位置的“能耗”数值，并将读取结果显示在结果图左上角，精度要求保留小数点后一位，要求 VisionPro 程序通过识别图像中指针位置得出的读取结果(显示在左上角)与标准值四舍五入后的结果一致。图 3.2.1(a)为软件输入原图，图 3.2.1(b)为 VisionPro 软件程序的运行结果图。

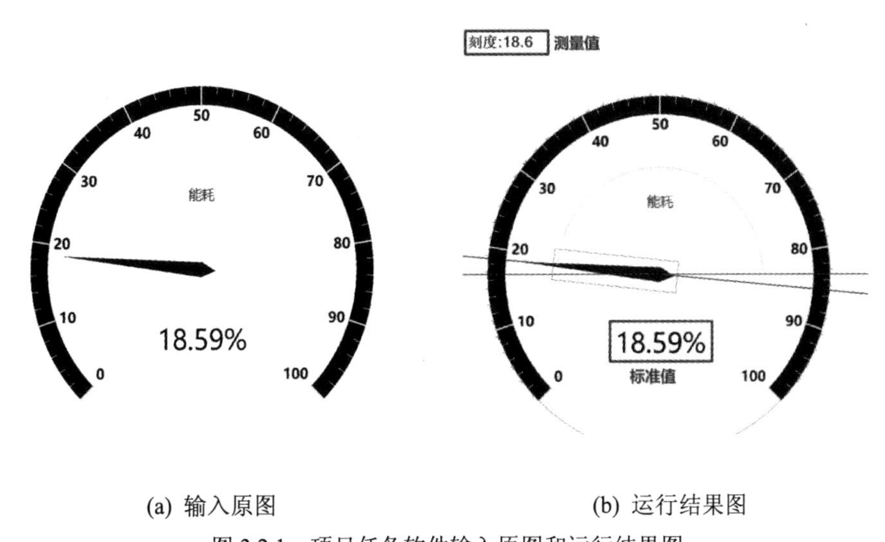

(a) 输入原图　　(b) 运行结果图

图 3.2.1　项目任务软件输入原图和运行结果图

2. 项目开发思路

核心思想是：首先，通过查找圆环的外圆定位仪表盘的中心点 C，并生成一条过点 C 的水平线 L0；然后，通过匹配定位工具定位指针，并将“中心原点”设置在指针尖端的中心处；最后，由匹配定位的“中心原点”与仪表盘的中心点 C 生成平分指针的直线 L1，通过 L0 和 L1 的夹角计算出仪表盘当前的“能耗”值。

仪表数值智能识别项目整体思路

注意事项：

(1) 由于输入图像是彩色图像，因此需先将其转换为灰度图。

(2) 由于图像中仪表盘的位置和角度是变化的，因此需要对仪表盘整体进行匹配定位和坐标转换。

(3) 由于指针的位置及标准值的数字是变化的，且其边缘像素数占整个图像的边缘总像素数的比例不可忽略，因此为了提高仪表盘整体匹配定位的精度，匹配定位工具需使用“图像掩膜”将指针和标准值部分屏蔽掉。

项目整体的 VisionPro 软件流程如图 3.2.2 所示。

为了使程序构建和数据引用的思路更加清晰，同时为了便于后续程序调试，强烈建议对非唯一出现或后面需要被引用的工具进行重命名，并添加中文批注。

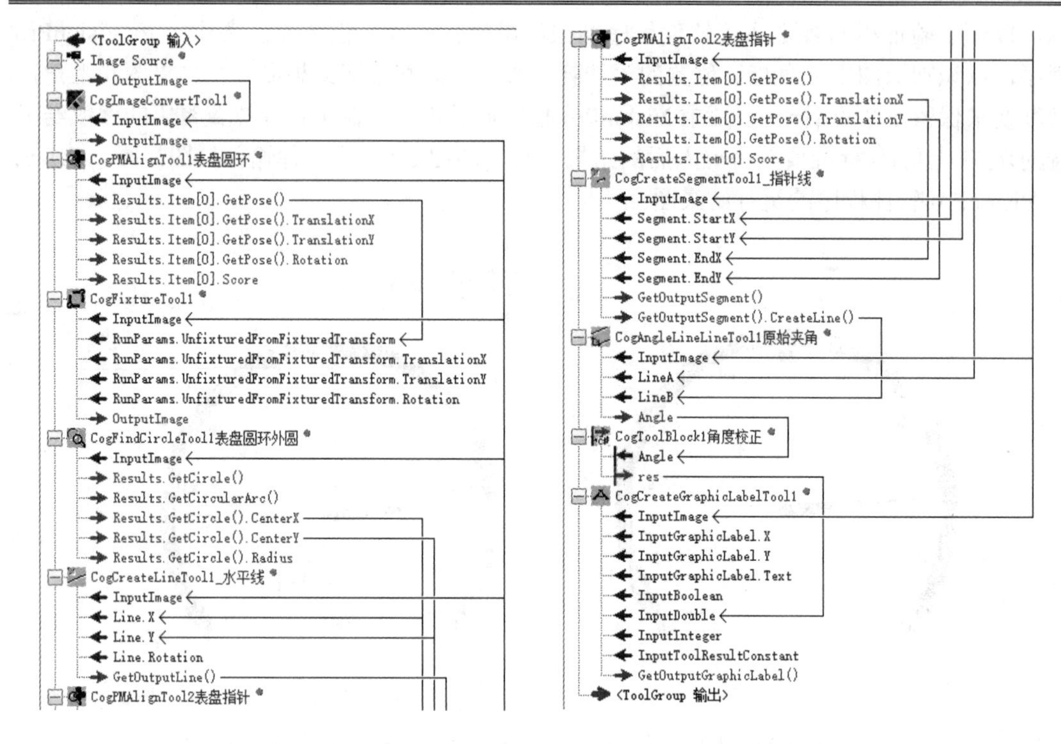

图 3.2.2　项目整体的 VisionPro 软件流程

3. 项目实施

项目实施具体步骤如下：

仪表数值智能识别项目实施

(1) 通过“Image Source”中的“图像数据库”→“选择文件夹”选择素材文件夹所在路径添加素材原图，如果在缩略图预览部分查看到数张图像，则添加成功。为了便于项目后期连续运行测试时确认结果，建议降低“Image Source”工具的“取相速率”参数，本例中将其从 5 改为 0.5。图 3.2.3 所示为图像加载工具的加载效果演示及“取相速率”参数修改示例。

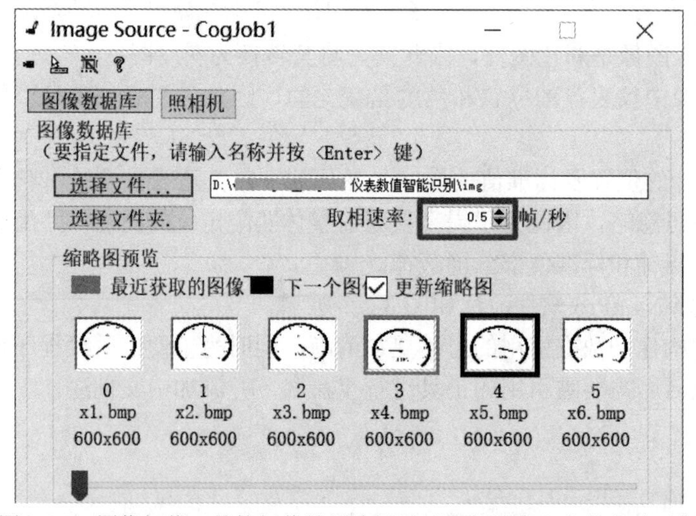

图 3.2.3　图像加载工具的加载效果演示及“取相速率”参数修改示例

(2) 在工具箱“ImageProcessing”集合中找到“CogImageConvertTool”工具，添加此工具后引用“Image Source”输出图像，即可将彩色格式的图像变为灰度图。说明：虽然原图肉眼看上去好像是黑白图像，但此转换步骤必不可少，如果直接将其输入给后面的匹配定位工具“CogPMAlignTool1 表盘圆环”，则建立训练模板时会报错。

(3) 按照模块二的方法添加匹配定位工具“CogPMAlignTool1 表盘圆环”和设置角度参数为±180°，并按如图 3.2.4 所示的样式设置模板掩膜。由于仪表盘的圆环部分特征稳定且唯一，因此可将该部分作为匹配特征。但由于该圆环部分内部包含位置变化的指针及内容变化的标准值数字，因此不能通过普通矩形区域选择后直接作为模板使用，而必须使用掩膜技术。方法为先将整个图片用掩膜覆盖，再擦除圆环周围的掩膜。

注意：掩膜不能覆盖圆环的边缘，同时尽量覆盖指针所能转动到的各种可能位置的区域。模板设置完成后，批量测试原图库中的每一张图像，确认每个定位结果的准确性。

(4) 按照模块二“项目 2.3 FixtureTool、CogCaliperTool 的使用”里介绍的方法并参照添加和设置坐标转换工具 CogFixtureTool1。注意：工具设置完成后要运行一次，否则后续工具无法找到坐标转换后的空间名称为“@\Fixture”的空间。

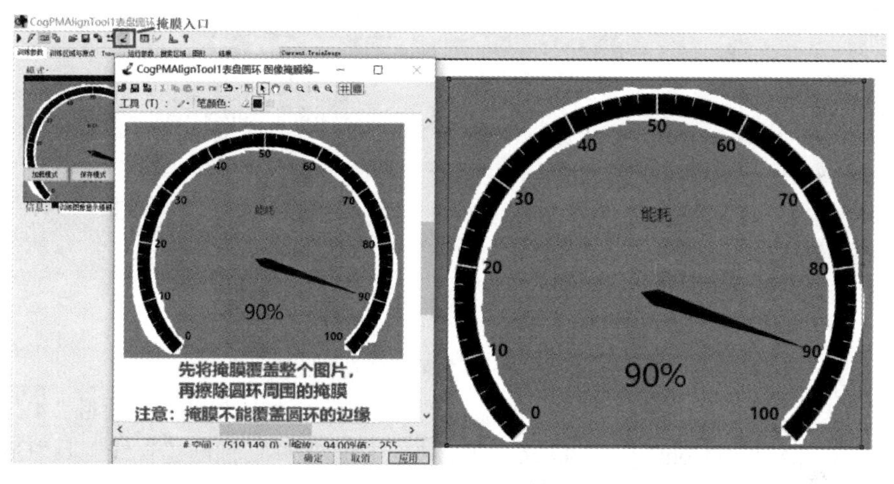

图 3.2.4 整体匹配定位工具的模板掩膜设置

(5) 首先，通过查找圆环的外圆定位仪表盘的中心点 C，参数如图 3.2.5 所示。然后按照模块二“项目 2.4 几何工具的使用”里添加“CogFindCircleTool”工具的方法添加并设置查找圆工具“CogFindCircleTool1 表盘圆环外圆”，在工具参数“设置”选项卡中，“卡尺数量”建议设置稍大一点，使拟合结果更加可靠；“搜索方向”选择“向内”，与“卡尺设置”选项卡里的边缘极性“由明到暗”相匹配；“搜索长度”和“投影长度”可以通过拖曳图像中的关键点修改，当拖曳结果出现混乱时建议直接修改；为了适应工件位置的变化，“所选空间名称”必须选用“@\Fixture”空间；“起始角”和“角度范”两个参数分别输入 0 和 360，此处采用拖曳成圆弧的方式更加合适。由于仪表盘 10 到 90 刻度处有 9 个细的白孔，因此可增大参数“忽略的点数”到 5。

设置完成后，批量测试原图库中的每一张图像，以确认大圆圆心 C 的准确性，即圆心 C 都落在指针的固定位置。

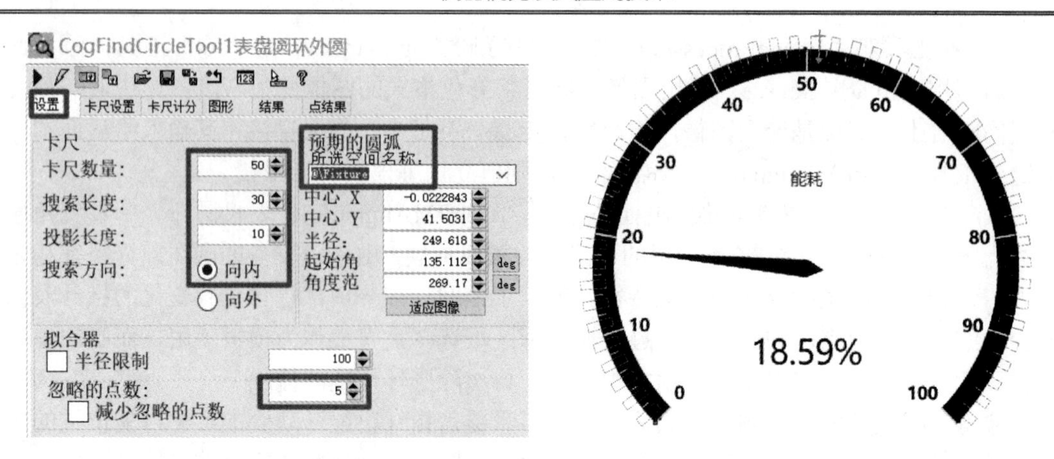

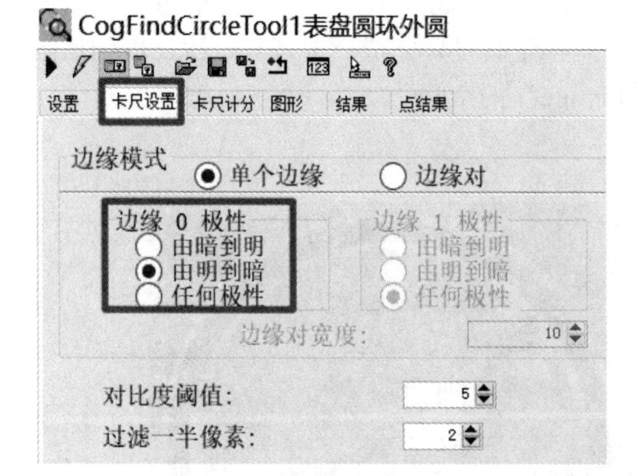

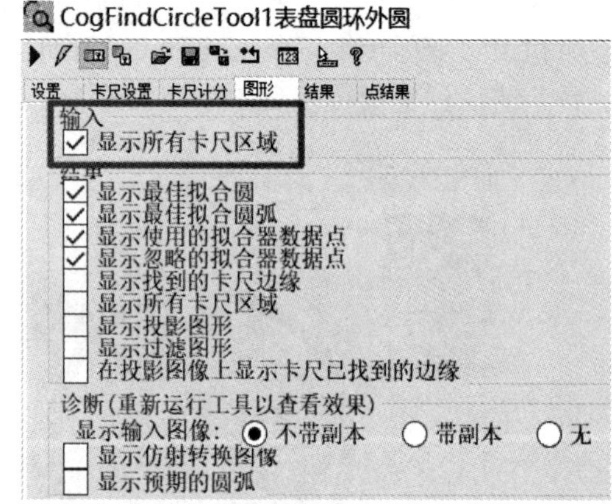

图 3.2.5　查找圆环的外圆工具参数设置

(6) 创建过大圆圆心 C 的水平线 L0，如图 3.2.6 所示。按照模块二“项目 2.4 几何工具的使用”里介绍的添加 CogCreateLineTool 工具的方法添加并设置创建直线工具“CogCreateLineTool1_水平线”，即按如图 3.2.2 所示的流程引用大圆圆心 C 的 X/Y 坐标数据即可。另外，在“设置”选项卡中修改输出直线绘制风格颜色为“洋红”。

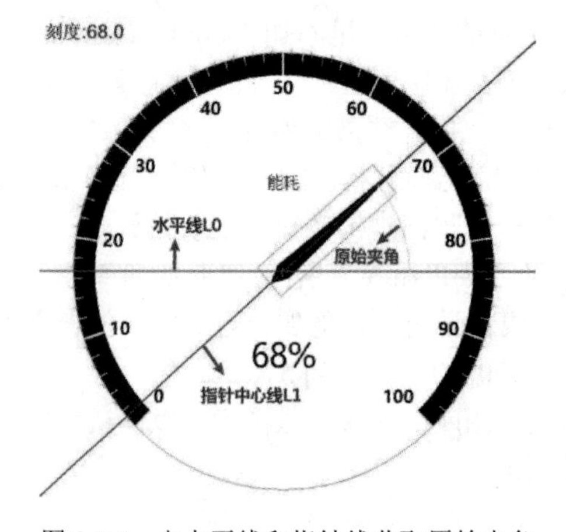

图 3.2.6　由水平线和指针线获取原始夹角

(7) 按照模块二“项目 2.2 PMAlign 工具的使用”里介绍的方法添加并设置匹配定位工具“Cog PMAlignTool2 表盘指针”，建议选用图 3.2.7 中所选用的稳定且特殊的部分为匹配区域，不要包含靠近数字的指针尖端部分，以免影响指针匹配定位的准确性。虽然 9 张样例图像的旋转角度不大，但为了保证程序的通用性，启用角度参数时，应将角度范围设置为-180°～180°。“所选空间名称”必须为默认值，即使用输入图像空间，如果采用“@\Fixture”空间将会导致结果出错。

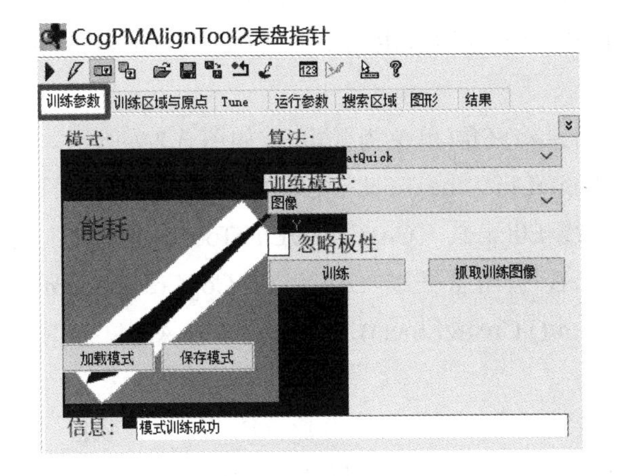

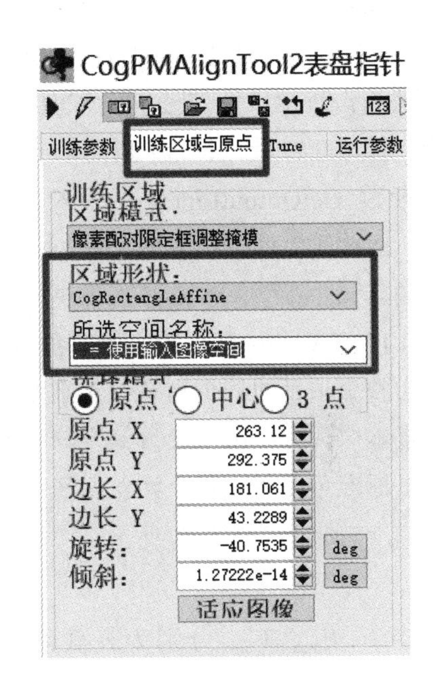

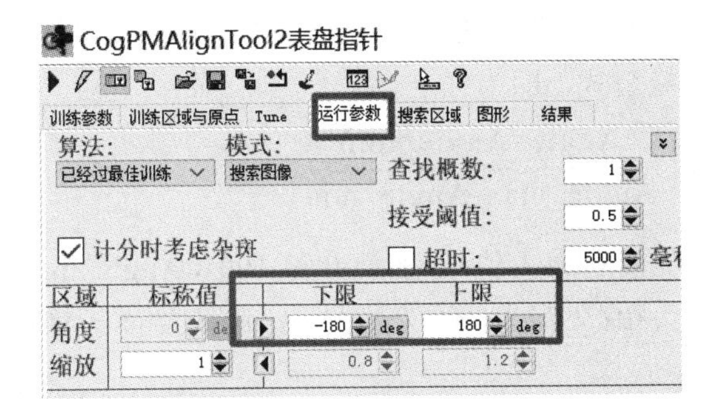

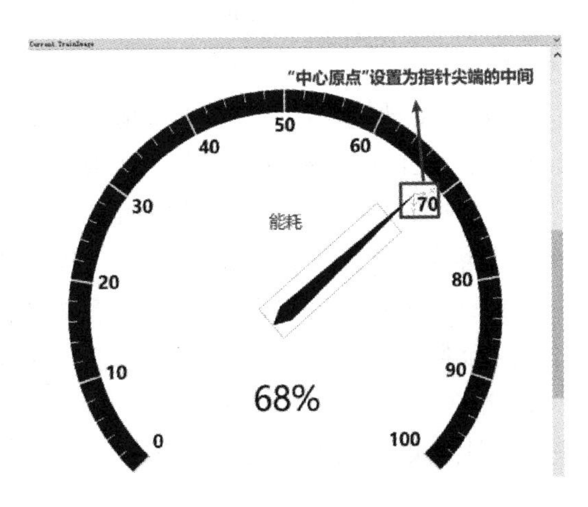

图 3.2.7 匹配定位指针工具的主要参数

说明：所选择的模板区域能覆盖图 3.2.7 中框选的指针部分即可，即使模板区域的中心线与指针的中心线不重合，也不会影响指针匹配定位的精度；但一定要将模板的“中心原点”设置在指针尖端的中间位置，否则将导致后续步骤得到的平分指针的直线 L1 出现固定偏差，从而导致表盘最终的读取结果存在固定偏差。

(8) 获取指针的中心线 L1，如图 3.2.6 所示。具体方法为：添加创建线段工具“CogCreateSegmentTool1_指针线”，并参照项目程序流程图 3.2.2，分别引用大圆圆心 C 和步骤(7)的“中心原点”的坐标作为起始点 Start 和终止点 End 的输入参数，由输出参数 GetOutputSegment().CreateLine()即可得到指针中心线 L1。

(9) 获取水平线 L0 到指针中心线 L1 的原始夹角(单位为弧度)，如图 3.2.7 所示。具体方法为：添加求两直线夹角工具“CogAngleLineLineTool1 原始夹角”，并参照项目程序流程图 3.2.2，输入参数 LineA 引用水平线 L0(工具“CogCreateLineTool1_水平线”的输出参数 GetOutputLine())，输入参数 LineB 引用水平线 L1(工具“CogCreateSegmentTool1_指针线”的输出参数 GetOutputSegment().CreateLine())，则输出参数 Angle 即为原始夹角。

(10) 将步骤(9)获得的原始夹角转化为最终结果，即表盘指针位置的“能耗”数值。此步骤为整个项目的一个具有一定难度的操作，下面介绍此转换操作的原理。

基本原理为：由于表盘刻度与标准角度之间为线性关系，因此可以由二者的极限值直接得出标准角度 Angle 计算表盘刻度 V 的转换公式，即为

$$V=V_{\min}+(V_{\max}-V_{\min})\times\frac{\text{Angle}-\text{Angle\_min}}{\text{Angle\_max-Angle\_min}}$$

式中：$V_{\min}$、$V_{\max}$ 分别为表盘刻度的最小值和最大值(分别为 0 和 100)，Angle_min、Angle_max 分别为标准角度的最小值和最大值(分别为−45°和 225°)。由此最终计算结果为

$$V=100\times\frac{\text{Angle}+45^\circ}{270^\circ}$$

标准角度的定义为：以中心点 C 沿水平线方向向左的射线到以中心点 C 沿指针方向的射线的角度，即如表 3.2.1(各角度之间的关系)中标注的“需要的结果”。

理清楚以上关系后，角度转换的操作变为如何由线夹角工具的结果得到标准角度。于是利用 VisionPro 软件脚本工具函数 CogMisc.RadToDeg 可将步骤(9)获得的线夹角的弧度值转化为角度值。通过观察表 3.2.1 所示内容，可发现线夹角工具的结果与标准角度之间存在如下规律：当指针位置对应的标准角度小于 0°时，需要的结果(标准角度)=线夹角工具结果−180°；当指针位置对应的标准角度大于 0°时，需要的结果(标准角度)=线夹角工具结果+180°。前一种情况的线夹角工具结果大于 90°，后一种情况的线夹角工具结果小于 90°。因此整个问题得以解决。

表 3.2.1 各角度之间的关系

表盘刻度	标准角度	线夹角结果	情况图解
0	−45°	135°	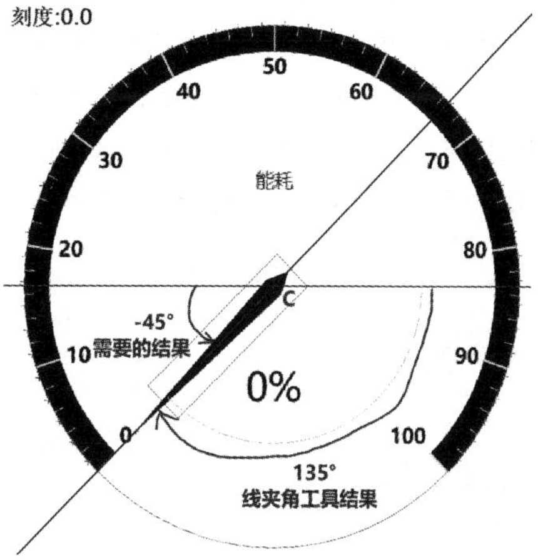 刻度:0.0 能耗 -45° 需要的结果 0% 135° 线夹角工具结果
50	90°	−90°	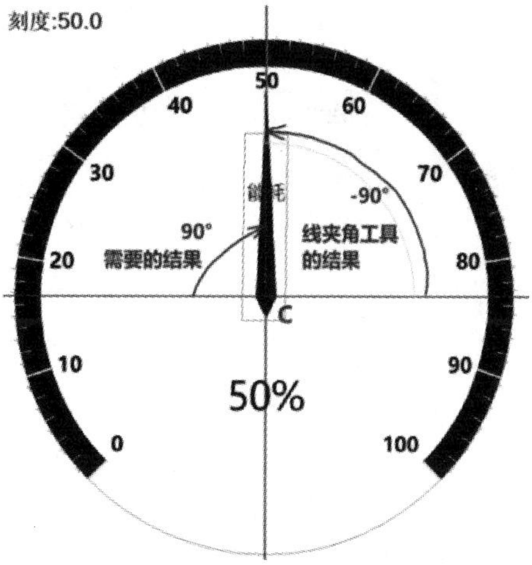 刻度:50.0 能耗 90° 需要的结果 -90° 线夹角工具的结果 50%
100	225°	45°	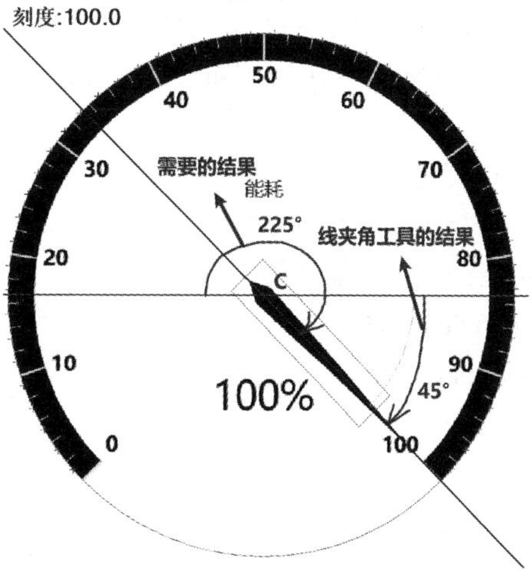 刻度:100.0 需要的结果 能耗 225° 线夹角工具的结果 45° 100%

具体实现方法为：首先添加工具块“CogToolBlock1 角度校正”，并添加一个输入参数和一个输出参数，然后引用步骤(9)获得的原始夹角后，添加简单 C#脚本，最后由脚本输出角度转化后形成最终结果。添加工具块的方法请参考模块二“项目 2.9 极坐标展开工具的使用”里介绍的方法，即：鼠标右键点击→选择“Add Input”→“Add new System Type”→“Add new System.Double”，输入参数重命名为“Angle”，如图 3.2.8 所示；鼠标右键点击→选择“Add Output”→“Add new System Type”→“Add new System.Double”，输出参数重命名为“res”。

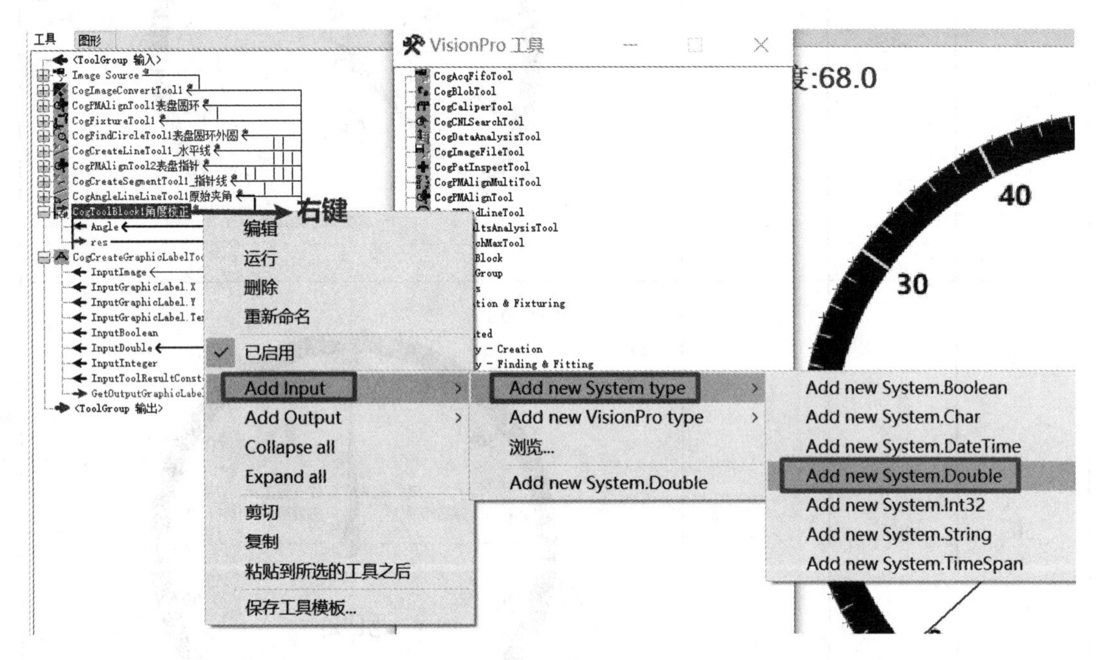

图 3.2.8　为“CogToolBlock1 角度校正”工具添加输入参数

根据前面的原理分析，编写如下的 C#实现脚本，输出结果 Outputs.res 即为 VisionPro 软件程序识别出的表盘刻度数值。

```
//1. 弧度转角度 Inputs.Angle 传入的弧度值
double Angle= CogMisc.RadToDeg( Inputs.Angle );   //Angle 当前的角度值


//2. 初始化表盘刻度和标准角度的最小值和最大值
double Vmin = 0;   //2.最小刻度 0
double Vmax = 100;   //2.最大刻度 100
double Angle_min = -45;
double Angle_max = 225;


//3. 按前述规律，将线夹角工具的结果转换为标准角度
if( Angle > 90)
{
  Angle-= 180;
```

```
}
else
{
  Angle += 180;
}

//4. 由标准角度计算出表盘刻度
Outputs.res = Vmin + (Vmax - Vmin) * ( Angle - Angle_min) / (Angle_max - Angle_min);
```

(11) 添加标签显示工具“CogCreateGraphicLabelTool1”将步骤(10)得到的表盘刻度数值显示在图像的左上角，精度要求保留小数点后一位，“选择器”选择“Formatted”，“文本”参数输入“刻度:{D:F1}”，其他参数的设置方法与之前的项目类似。

(12) 进行批量测试，确认9张图像的测量结果与表盘下方显示的标准值四舍五入后的结果一致。

习 题

请使用VisionPro软件统计图3.2.9中药片(红色)数量，素材为VisionPro软件安装路径下的示例图片文件，即“C:\Program Files\Cognex\VisionPro\Images\blister.tif”。

提示：首先使用所选颜色(如“红”色)的像素创建灰度图像，然后使用“图像处理扩大”工具和“斑点”工具计算红色斑点的数量。

图3.2.9 药片图像

思政学习：大国工匠张新停

参考文献

[1] 斯蒂格. 机器视觉算法与应用[M]. 2 版. 杨少荣，段德山，译. 北京：清华大学出版社，2019.

[2] 张广军. 机器视觉[M]. 北京：科学出版社，2005.

[3] 霍恩. 机器视觉[M]. 王亮，蒋欣兰，译. 北京：清华大学出版社，2014.

[4] 韩九强. 机器视觉技术及应用[M]. 北京：高等教育出版社，2009.

[5] 余文勇. 机器视觉自动检测技术[M]. 北京：化学工业出版社，2013.

[6] 冈萨雷斯. 数字图像处理[M]. 4 版. 阮秋琦，译. 北京：电子工业出版社，2020.